AF544528

EUL
VERLAG

Rechnungslegung und Wirtschaftsprüfung

Herausgegeben von Prof. (em.) Dr. Dr. h. c. Jörg Baetge, Münster, Prof. Dr. Hans-Jürgen Kirsch, Münster, und Prof. Dr. Stefan Thiele, Wuppertal

Band 45
Fabian Graupe
Die Bilanzierung von Leasingverhältnissen beim Leasinggeber in der Internationalen Rechnungslegung
Lohmar – Köln 2013 • 304 S. • € 59,- (D) • ISBN 978-3-8441-0281-9

Band 46
Irg Müller
Der Einfluss der Ergänzungsbilanz auf den Unternehmenswert der Personengesellschaft
Lohmar – Köln 2014 • 280 S. • € 58,- (D) • ISBN 978-3-8441-0297-0

Band 47
Timo Hesse
Debt Restructuring – Eine Untersuchung der Abbildung finanzieller Sanierungsmaßnahmen nach HGB unter Berücksichtigung der IFRS
Lohmar – Köln 2014 • 332 S. • € 63,- (D) • ISBN 978-3-8441-0351-9

Band 48
Dominik Dettenrieder
Hedge Accounting in Industrieunternehmen nach IFRS 9
Lohmar – Köln 2014 • 320 S. • € 62,- (D) • ISBN 978-3-8441-0337-3

Band 49
Florian Gallasch
Die Bilanzierung von Versicherungsverträgen nach IFRS 4 Phase II – Das Bewertungsmodell für Erst- und passive Rückversicherungsverträge im Schaden- und Unfallbereich
Lohmar – Köln 2014 • 344 S. • € 63,- (D) • ISBN 978-3-8441-0374-8

Band 50
Christoph Pier
Die Bilanzierung landwirtschaftlicher Vermögenswerte nach IAS 41 und den Regelungsänderungen „Agriculture: Bearer Plants“
Lohmar – Köln 2015 • 288 S. • € 58,- (D) • ISBN 978-3-8441-0383-0

JOSEF EUL VERLAG

Reihe: Rechnungslegung und Wirtschaftsprüfung · Band 50

Herausgegeben von Prof. (em.) Dr. Dr. h. c. Jörg Baetge, Münster, Prof. Dr. Hans-Jürgen Kirsch, Münster, und Prof. Dr. Stefan Thiele, Wuppertal

Dr. Christoph Pier

Die Bilanzierung landwirtschaftlicher Vermögenswerte nach IAS 41 und den Regelungsänderungen „Agriculture: Bearer Plants“

Mit einem Geleitwort von Prof. Dr. Hans-Jürgen Kirsch, Westfälische Wilhelms-Universität Münster

Bibliografische Information der Deutschen Nationalbibliothek

Die Deutsche Nationalbibliothek verzeichnet diese Publikation in der Deutschen Nationalbibliografie; detaillierte bibliografische Daten sind im Internet über <http://dnb.d-nb.de> abrufbar.

Dissertation, Westfälische Wilhelms-Universität Münster, 2014

D 6

ISBN 978-3-8441-0383-0
1. Auflage Februar 2015

JOSEF EUL VERLAG GmbH
Brandsberg 6
53797 Lohmar
Tel.: 0 22 05 / 90 10 6-6
Fax: 0 22 05 / 90 10 6-88
E-Mail: info@eul-verlag.de
http://www.eul-verlag.de

Bei der Herstellung unserer Bücher möchten wir die Umwelt schonen. Dieses Buch ist daher auf säurefreiem, 100% chlorfrei gebleichtem, alterungsbeständigem Papier nach DIN 6738 gedruckt.

Geleitwort

Die internationale Rechnungslegung widmet sich mit IAS 41 *Landwirtschaft* seit einigen Jahren explizit der landwirtschaftlichen Tätigkeit, einem bis dahin rechnungslegungstechnisch oftmals vernachlässigten Bereich. Die mit IAS 41 verbundene durchgängige Bewertung sämtlicher biologischer Vermögenswerte unabhängig von deren wirtschaftlicher Funktion auf Basis des beizulegenden Zeitwertes stand indes von Anfang an in der Kritik. Dies wurde nun im Rahmen der Regelungsänderungen „Agriculture: Bearer Plants (Amendments to IAS 16 and IAS 41)“ aufgegriffen. Durch die Änderungen wird mit den sogenannten fruchttragenden Pflanzen (*„bearer plants“*) ein Teil der landwirtschaftlichen Vermögenswerte der Bewertung mit den fortgeführten Anschaffungs-/Herstellungskosten unterworfen. Der Verfasser nimmt dies zum Anlass, die Regelungen des IAS 41 und die Regelungsänderungen zu konkretisieren, zu analysieren und zu untersuchen, wie eine zielkonforme Bilanzierung von biologischem Vermögen nach IFRS gestaltet werden kann.

Der Verfasser untergliedert seine Arbeit in sieben Kapitel. Im **ersten** Kapitel wird die Problemstellung erläutert. Zudem wird der Gang der Untersuchung beschrieben.

Im **zweiten** Kapitel führt der Verfasser in die Grundlagen der Landwirtschaft ein. Hierbei differenziert er die biologischen Güter in unterschiedliche, für die spätere Analyse relevante Kategorien. Zudem erörtert der Verfasser typische landwirtschaftliche Produktionsabläufe. Auf dieser Basis arbeitet er spezifische landwirtschaftliche Unsicherheiten heraus. Hier kommen dem Verfasser seine fundierten Kenntnisse der verschiedenen Sachverhalte zugute.

Im **dritten** Kapitel geht der Verfasser in der angemessenen Kürze auf die rechnungslegungsspezifischen und bilanztheoretischen Grundlagen ein. Zunächst stellt er als Analyse- und Würdigungsgrundlage für die späteren Kapitel die im Conceptual Framework verankerten qualitativen Anforderungen und die Zielsetzungen der IFRS vor. Zudem geht er auf die Definitions- und Ansatzkriterien von Abschlussposten ein. Vor dem Hintergrund der späteren Entwicklung einer Bewertungssystematik erläutert der Verfasser verschiedene bilanztheoretische Ansätze. Dabei ordnet er die IFRS in diesen Kontext ein und geht auf unterschiedliche Verständnisformen der erfolgsrechnerischen Nutzenentstehung ein. Abgerundet wird das dritte Kapitel durch eine Untersuchung des Erfolgsbegriffs in der Landwirtschaft. In diesem Zusammenhang arbeitet der Verfasser vor allem die biologische Transformation als Kern der gewöhnlichen betrieblichen Geschäftstätigkeit landwirtschaftlicher Unternehmen heraus. Die für die spätere Würdigung essentiellen konzeptionellen Grundlagen werden in diesem Kapitel vorgestellt.

Im **vierten** Kapitel stellt der Verfasser zunächst die Regelungen des IAS 41 dar. Neben Ausführungen zur Entstehung und zum Anwendungs- und Definitionsbereich des Standards liegt der Schwerpunkt auf der Erörterung der Bewertungsvorschriften. Zudem werden die Ansatz- und Erfolgsregelungen beschrieben. Der zweite Teil des Kapitels, der erste Hauptteil der Arbeit, befasst sich mit der Analyse der mit IAS 41 verbundenen Informationen und der Konkretisierung der Regelungen.

Der Verfasser stellt zunächst die theoretische Ansatzfähigkeit des landwirtschaftlichen Vermögens fest. Er befasst sich am Beispiel eines Vermehrungsprozesses intensiv mit dem konkreten Ansatzzeitpunkt im Rahmen der Eigenproduktion und findet eine gute Balance zwischen dem konzeptionellen Anspruch und der praktischen Umsetzbarkeit der einschlägigen Regelungen. So ist beispielsweise der Ansatz des biologischen Vermögens zum Zeitpunkt der Befruchtung der Eizelle theoretisch möglich, jedoch praktisch i. d. R. erst im Laufe der Entwicklung bzw. mit dem Ausscheiden der Frucht umsetzbar. Ein verstärkter Eingriff in den natürlichen Produktionsprozess kann den Zeitpunkt des Erstansatzes c. p. vorziehen. Die auf den einzelnen Vermögenswert bezogene Bilanzierungseinheit hält der Verfasser für unangebracht und plädiert stattdessen für eine weiter gefasste Abgrenzung der Bilanzierungseinheit.

Diese Abgrenzung wirkt sich auch auf die Bewertung nach IAS 41 aus, auf die der Verfasser im Anschluss eingeht. Während er zunächst die Einzelbewertung bei individuellen Vermögenswerten begrüßt, hält er allgemein die Option der Gruppenbewertung für sinnvoll. Bei der Analyse des nach IAS 41 durchgängig zugrunde zu legenden beizulegenden Zeitwertes weist er auf dessen hohe Relevanz hin, arbeitet aber auch deutliche Schwächen des Bewertungsmaßstabes heraus. Der Verfasser zeigt, dass der Grundsatz der höchst- und bestmöglichen Nutzung für lebende Vermögenswerte um die Komponente der psychischen Merkmale (z. B. Charakter der Tiere) ergänzt werden sollte. Danach konkretisiert der Verfasser die Bewertung auf Basis des beizulegenden Zeitwertes für die Landwirtschaft. Er verdeutlicht anhand verschiedener Beispiele, dass Marktpreise für viele biologische Vermögenswerte bzw. Erzeugnisse verfügbar sind, die Verfügbarkeit aber letztlich einzelfallabhängig ist. Für die Bewertung auf Basis der Inputparameter der zweiten und dritten Stufe stellt der Verfasser verschiedene, für landwirtschaftliche Vermögenswerte relevante Bewertungsverfahren vor. Im Anschluss konkretisiert der Verfasser die Verlässlichkeitsausnahme und empfiehlt deren inhaltliche Anpassung als „Ausnahme bezüglich der glaubwürdigen Darstellung“. Auch die Beschränkung der Ausnahme auf den Erstansatz und auf biologische Vermögenswerte wird kritisch diskutiert. Die Darstellungen sind ausgesprochen fundiert und zeigen die hohe Sachkenntnis des Verfassers auf der Sachverhaltsebene. Dieses betrifft insbesondere die Ausführungen zum Ansatz und zu den verschiedenen Bewertungsmethoden bzw. -parametern.

Im **fünften** Kapitel diskutiert der Verfasser die für fruchttragende Pflanzen beschlossenen Regelungsänderungen zu IAS 16 und IAS 41, mit denen der IASB bereits einen Schritt in die auch vom Verfasser intendierte Richtung geht, nämlich weg von der umfassenden Bewertung zum beizulegenden Zeitwert. Nach einer Erörterung der Inhalte werden die Regelungen analysiert und konkretisiert. Auf Basis der Ergebnisse aus dem vierten Kapitel begrüßt der Verfasser die offene Bilanzierungseinheit für fruchttragende Pflanzen aus konzeptioneller Hinsicht. Gleiches gilt für die wachsenden Früchte. Letztlich zeigt der Verfasser, dass die bilanzielle Trennung der fruchttragenden Pflanzen und der an diesen wachsenden Früchte konzeptionell stimmig ist, jedoch mit praktischen Herausforderungen verbunden sein kann.

Danach thematisiert der Verfasser die Bewertung der fruchttragenden Pflanzen. Bezüglich der Erstbewertung steht die Bestimmung des Zeitpunktes, zu dem die Pflanzen fertiggestellt sind und zu dem damit die Erstbewertung erfolgen kann, im Mittelpunkt. Die Analyse führt zu dem Ergebnis, dass jener Zeitpunkt für die Reifedefinition geeignet ist, zu dem erstmalig erwartet wird, dass die Ernte den für eine Veräußerung erforderlichen Marktanforderungen gerecht wird. Bei der Konkretisierung der Folgebewertung geht der Verfasser auf die einzelnen für die planmäßige Abschreibung benötigten Komponenten ein. Hierbei nimmt er Bezug auf die Besonderheiten fruchttragender Pflanzen. Bei der Beurteilung der Instandhaltungsaufwendungen und nachträglichen Anschaffungs- oder Herstellungskosten erkennt der Verfasser potentielle Defizite für die Praxis und empfiehlt bei einer schwierigen Zuordnung der Kostenarten vereinfachend eine Erfassung als Erhaltungsaufwand. Der Komponentenansatz ist nur bei höher aggregierten Einheiten biologischer Vermögenswerte relevant. Schließlich diskutiert der Verfasser auch die Bewertung der wachsenden Früchte.

Insgesamt profitiert der Verfasser hier von der im Kapitel vier gewählten Struktur. Damit hat er die im Kapitel fünf zu diskutierenden Aspekte sehr schön vorbereitet. Inhaltlich spielt der IASB dem Verfasser in die Karten, da mit den Regelungsänderungen Aspekte aufgegriffen werden, die auch der Verfasser während seines Promotionsprojektes im Entstehungsprozess der Standardänderung ähnlich diskutiert hat. Er arbeitet allerdings zutreffend verbleibende und neue Kritikpunkte heraus.

Diesen „Schritt in die richtige Richtung" zum Ausgangspunkt wählend, entwickelt der Verfasser im **sechsten** Kapitel eine Bewertungssystematik für biologische Vermögenswerte. Dabei macht er die Problematik des Bewertungskonzeptes nach IAS 41 bzw. nach den Regelungsänderungen deutlich und leitet darauf aufbauend das Grundgerüst der Systematik her. Er differenziert in konsumierbare und tragende biologische Vermögenswerte. Letztere werden weiter in dem Geschäftsbetrieb auf Dauer dienende und in einem hybriden Geschäftsmodell (mögliche spätere Eigenverwendung) eingesetzte tragende Vermögenswerte unterschieden.

Für die konsumierbaren biologischen Vermögenswerte macht der Verfasser deutlich, dass eine kostenbezogene Bewertung zu einem nicht an der biologischen Transformation orientierten Erfolgsausweis führt. Er zeigt, dass der betriebliche Erfolg als biologische Transformation der Vermögenswerte abgebildet werden muss. Nachdem er dafür die PoC-Methode auf Basis der Zahl fertiggestellter Teile sowie auf Kostenbasis zutreffend inhaltlich begründet ablehnt, stellt er mit der PoC-Methode nach Maßgabe des erreichten Leistungsfortschrittes den Bezug zum Leistungsfortschritt im Produktionsprozess bzw. zum Fortschritt der biologischen Transformation her. Er zeigt dabei jedoch die z. T. hohen Unsicherheiten im biologischen Transformationsprozess im Vergleich zur Auftragsfertigung sowie die Missachtung der Zeitwerte der Erträge und lehnt daher auch diese intuitiv naheliegende Methodik ab.

Die Lösung der sachgerechten Bewertung sieht der Verfasser bei konsumierbaren biologischen Vermögenswerten im Bewertungsmaßstab des beizulegenden Zeitwertes. Dabei unterscheidet er zwei Fälle. Ist für den jeweiligen Entwicklungszustand eines biologischen Vermögenswertes ein Marktwert gegeben, wird die biologische Transformation des Vermögenswertes c. p. im Wertmaßstab wiedergegeben, und zudem werden das Preisniveau, der Zeitwert des Geldes oder die ausstehenden Entwicklungsrisiken implizit berücksichtigt. Wird der beizulegende Zeitwert jedoch auf Basis des künftigen, fertigen Zustandes des biologischen Vermögenswertes berechnet, zeigt der Verfasser, dass es zu einem Erfolgsausweis kommen kann, bei dem der Fortschritt der biologischen Transformation pro

Periode unberücksichtigt bleibt. Dieses Problem behebt er durch die Bildung eines Abgrenzungspostens in Höhe des Barwertes des künftigen Marktwertes des fertigen Vermögenswertes. Der (dann passive) Abgrenzungsposten nimmt die noch nicht als Erfolg zu realisierenden Wertbestandteile/Wertänderungen des Bilanzansatzes auf und ist in den Folgeperioden entsprechend dem Fortschritt in der biologischen Transformation erfolgswirksam aufzulösen. Dies führt insgesamt dazu, dass neben dem Einbezug der Zeitwerte und der ausstehenden Entwicklungsunsicherheiten auch eine Verteilung der Erfolge nach der biologischen Transformation vollzogen wird.

Bei den tragenden, dem Geschäftsbetrieb dauerhaft dienenden biologischen Vermögenswerten erkennt der Verfasser, dass nicht die biologische Transformation der tragenden Vermögenswerte im Mittelpunkt steht, sondern die Produktion von Erzeugnissen. Diese sind wie konsumierbare Vermögenswerte zu bewerten. Dem daraus resultierenden Erfolg sollte ein entsprechender Aufwand im Sinne des *matching* gegenübergestellt werden. Hierfür hält der Verfasser die fortgeführten Anschaffungs- und Herstellungskosten als Bewertungsmaßstab für die tragenden, dem Geschäftsbetrieb dauerhaft dienenden biologischen Vermögenswerte für geeignet, da mit diesen aufwandswirksame Abschreibungen den Erträgen entgegenstehen.

Bei den tragenden Vermögenswerten im hybriden Geschäftsmodell stellt der Verfasser nach der Abwägung verschiedener Bewertungsalternativen auf eine gemischte Bewertungssystematik ab, wonach bis zur Fertigstellung des Vermögenswertes bzw. bis zum Eintreten der Veräußerungsabsicht zu den (fortgeführten) Anschaffungs- oder Herstellungskosten und danach zum beizulegenden Zeitwert bewertet wird. Dieses Neubewertungsmodell sieht eine erfolgsneutrale Erfassung der Differenz zwischen den fortgeführten Anschaffungs- oder Herstellungskosten und dem beizulegenden Zeitwert sowie eine planmäßige Abschreibung vor. Die den genannten Differenzbetrag betreffenden Abschreibungen werden dabei erfolgsneutral erfasst. Zudem ist ein Recycling der Neubewertungsrücklage bei deren Auflösung vorgesehen.

Die Arbeit schließt mit dem **siebten** Kapitel, in dem die wesentlichen Ergebnisse der Arbeit zusammengefasst werden.

Insgesamt wird in der vorgelegten Arbeit stringent und differenziert argumentiert. Der Wert der Arbeit liegt eindeutig in der sehr differenzierten Aufarbeitung und Konkretisierung des IAS 41 und dessen Änderungen in den Kapiteln vier und fünf. Hier bringt der Verfasser sehr überzeugend seine ausgezeichnete Sachkenntnis ein. Die selbst entwickelte differenzierte Bewertungssystematik ist kreativ und gelungen. Sie ist ein sehr schönes Beispiel für die kritische Auseinandersetzung mit der Abbildung von (eher untypischen) Sachverhalten durch Bilanzierungsnormen, die eigentlich nicht für diese Sachverhalte konzipiert sind. Insofern bin ich sicher, dass die Arbeit die Diskussion auch über den Bereich der landwirtschaftlichen Vermögenswerte nach IFRS hinaus befruchten wird.

Münster, im Januar 2015

Prof. Dr. Hans-Jürgen Kirsch

Vorwort des Verfassers

Die vorliegende Arbeit entstand während meiner Tätigkeit als wissenschaftlicher Mitarbeiter am Institut für Rechnungslegung und Wirtschaftsprüfung (IRW) der Westfälischen Wilhelms-Universität Münster unter der Leitung von Prof. Dr. Hans-Jürgen Kirsch. Sie wurde von der Wirtschaftswissenschaftlichen Fakultät in Münster im November 2014 als Dissertation angenommen.

An dieser Stelle möchte ich mich bei all jenen bedanken, die mich bei der Anfertigung dieser Arbeit auf vielfältige Weise unterstützt haben. Im Besonderen gilt dies für meinen verehrten akademischen Lehrer und Doktorvater, Herrn Prof. Dr. Hans-Jürgen Kirsch. Ihm danke ich neben der Möglichkeit zur Promotion für die ständige Diskussionsbereitschaft und die wertvollen fachlichen Hinweise, die erheblich zum Gelingen dieser Arbeit beigetragen haben. Weiterhin gilt mein Dank Herrn Prof. Dr. Wolfgang Berens für die Übernahme des Zweitgutachtens und Frau Prof. Dr. Theresia Theurl für ihr Mitwirken in der Promotionskommission. Für die Unterstützung seitens des Instituts der Wirtschaftsprüfer in Deutschland e. V. bedanke ich mich stellvertretend bei Herrn WP StB Prof. Dr. Klaus-Peter Naumann. Ferner danke ich Herrn Prof. Dr. Dr. h. c. Jörg Baetge und den Mitarbeitern seines Forschungsteams für die vielen Anregungen in den Doktorandenseminaren.

Ebenfalls ist es mir ein wichtiges Anliegen, meinen (ehemaligen) Kollegen am IRW für die inhaltlichen und die darüber hinausgehenden Diskussionen sowie für die an gebotener Stelle erforderliche sportliche und freundschaftliche Ablenkung zu danken. Ein ganz besonderer Dank gilt dabei meinem langjährigen Bürokollegen Herrn Dr. Florian Gallasch sowie Herrn Nils Gimpel-Henning, M. Sc. Durch ihre wertvollen fachlichen Anmerkungen und ihre zu jedem Zeitpunkt uneingeschränkte Diskussionsbereitschaft hat die vorliegende Arbeit erheblich an Qualität gewonnen. Herrn Dr. Dominik Dettenrieder gebührt Dank für viele fachliche Diskussionen sowie für sein unermüdliches Bemühen um Ablenkung und Zuspruch. Ebenso möchte ich mich bei Frau Dr. Corinna Ewelt-Knauer für ihre vielfältige Hilfsbereitschaft und ihren Rat in Sach- und Lebenslagen bedanken. Dank möchte ich darüber hinaus auch Herrn Dr. Timo Hesse und Frau Ariane Kraft, M. Sc, aussprechen. Ferner danke ich den wissenschaftlichen Hilfskräften des Instituts für die Unterstützung bei der Literaturbeschaffung.

Von ganzem Herzen möchte ich mich bei meiner Familie bedanken. Vor allem meine Eltern, meine Schwester sowie meine Großmutter haben mich auf meinem bisherigen Lebensweg immer wieder auf vielfältige Weise unterstützt und mir mit Rat und Tat zur Seite gestanden. Insbesondere danke ich ihnen für ihr Verständnis, ihren Zuspruch, ihren grenzenlosen Optimismus und ihre bedingungslose Unterstützung sowohl in meiner Dissertationszeit als auch in sämtlichen anderen Lebenslagen. All das und noch viel mehr hat mir in den letzten Jahren sehr viel Kraft gegeben und somit maßgeblich zum Gelingen dieser Arbeit beigetragen. Ihre Aufmunterungen waren mir während meiner Dissertationszeit sehr willkommen. Ohne ihren Einsatz, ihren Rückhalt und ihr Vertrauen wäre mit höchster Wahrscheinlichkeit nicht nur die Erstellung dieser Arbeit nie möglich gewesen. Ihnen ist diese Arbeit gewidmet.

Münster, im Januar 2015

Christoph Pier

Inhaltsübersicht

Inhaltsverzeichnis

Abbildungsverzeichnis

Tabellenverzeichnis

Abkürzungsverzeichnis

A

AASB	Australian Accounting Standards Board
Abs.	Absatz
Abt.	Abteilung
ADS	Adler/Düring/Schmaltz
a. F.	alte Fassung
AG	Aktiengesellschaft
AK	Anschaffungskosten
AOSSG	Asian-Oceanian Standard-Setters Group
Art.	Artikel
ASB	Accounting Standards Board
Aufl.	Auflage

B

B	Background (i. V. m. IFRS-Fundstellen)
BB	Betriebs-Berater (Zeitschrift)
BC	Basis for Conclusions (i. V. m. IFRS-Fundstellen)
Bd.	Band
BFH	Bundesfinanzhof
BGB	Bürgerliches Gesetzbuch
BGBl.	Bundesgesetzblatt
BGH	Bundesgerichtshof
BilReG	Bilanzrechtsreformgesetz
BMF	Bundesministerium der Finanzen
bspw.	beispielsweise
BStBl.	Bundessteuerblatt
bzw.	beziehungsweise

C

ca.	circa
CD	Compact Disc
CF	Conceptual Framework (i. V. m. IFRS-Fundstellen)
c. p.	ceteris paribus
CPA	Certified Public Accountant

D

DB	Der Betrieb (Zeitschrift)
d. h.	das heißt
DNA	Desoxyribonukleinsäure
DP	Discussion Paper (i. V. m. IFRS-Fundstellen)
DRSC	Deutsches Rechnungslegungs Standards Committee
DSOP	Draft Statement of Principles
DStR	Deutsches Steuerrecht (Zeitschrift)
DStZ	Deutsche Steuerzeitung (Zeitschrift)
dt.	deutsch

E

ED	Exposure Draft (i. V. m. IFRS-Fundstellen)
EFRAG	European Financial Reporting Advisory Group
EG	Europäische Gemeinschaft(en)
EStG	Einkommensteuergesetz
et al.	et alii (und andere)
etc.	et cetera
EU	Europäische Union
e. V.	eingetragener Verein
EWG	Europäische Wirtschaftsgemeinschaft

F

F	Framework
f.	folgende (Seite)
FASB	Financial Accounting Standards Board
Fn.	Fußnote

G

GAAP	Generally accepted accounting principles
ggf.	gegebenenfalls
GmbH	Gesellschaft(en) mit beschränkter Haftung
GoB	Grundsätze ordnungsmäßiger Buchführung

H

HdJ	Handbuch des Jahresabschlusses
HFA	Hauptfachausschuss des Instituts der Wirtschaftsprüfer in Deutschland e. V.
HGB	Handelsgesetzbuch

HK	Herstellungskosten
Hrsg.	Herausgeber
hrsg. v.	herausgegeben von

I

IAS	International Accounting Standard(s)
IASB	International Accounting Standards Board
IASC	International Accounting Standards Committee
i. d. R.	in der Regel
ICAEW	The Institute of Chartered Accountants in England and Wales
IDW	Institut der Wirtschaftsprüfer in Deutschland e. V.
IFRIC	International Financial Reporting Interpretations Committee
IFRS	International Financial Reporting Standard(s)
IN	Introduction (i. V. m. IFRS-Fundstellen)
INLB	Informationsnetz landwirtschaftlicher Buchführungen
IOSCO	International Organization of Securities Commissions
IRZ	Zeitschrift für Internationale Rechnungslegung
i. V. m.	in Verbindung mit

K

kg	Kilogramm
KoR	Zeitschrift für internationale und kapitalmarktorientierte Rechnungslegung
KTBL	Kuratorium für Technik und Bauwesen in der Landwirtschaft

M

MASB	Malaysian Accounting Standards Board
mbh	mit beschränkter Haftung
m. w. N.	mit weiteren Nachweisen

N

No.	Number
Nr.	Nummer
nv	Naamloze Vennootschap

O

OB	Objective (i. V. m. IFRS-Fundstellen)
OCI	Other Comprehensive Income

ÖGA	Österreichische Gesellschaft für Agrarökonomie
o. V.	ohne Verfasser

P

P	Preface (i. V. m. IFRS-Fundstellen)
PC	Personal Computer
PiR	Praxis der internationalen Rechnungslegung (Zeitschrift)
PLC	Public Limited Company
PoC	Percentage of Completion

Q

QC	Qualitative Characteristics (i. V. m. IFRS-Fundstellen)

R

Rn.	Randnummer
RS	Stellungnahme zur Rechnungslegung

S

S.	Seite
SE	Societas Europaea (Europäische Gesellschaft)
SEBI	Securities and Exchange Board of India
SIPH	Société Internationale de Plantations d'Hévéas

T

t	Tonne
Tz.	Textziffer

U

u. a.	unter anderem
US	United States
USA	United States of America
US-GAAP	United States Generally Accepted Accounting Principles
u. U.	unter Umständen

V

v.	vom
v. a.	vor allem
VerR	Versicherungsrecht (Zeitschrift)
vgl.	vergleiche
VO	Verordnung
vs.	versus

W

WBR	Waldbewertungsrichtlinie
WPg	Die Wirtschaftsprüfung (Zeitschrift)

Z

z. B.	zum Beispiel
ZfB	Zeitschrift für Betriebswirtschaft
z. T.	zum Teil

1 Problemstellung und Gang der Untersuchung

„Wir pflügen, und wir streuen
Den Samen auf das Land;
Doch Wachsthum und Gedeyen
Steht nicht in unserer Hand."[1]

Landwirtschaftliche Produktionsprozesse sind im Vergleich zu anderen Produktionsprozessen mit besonderen Unsicherheiten behaftet. Bei der Produktion von „Leben" in Form von Pflanzen oder Tieren als biologische Vermögenswerte handelt es sich nämlich um die Herstellung von Vermögenswerten, die sich grundlegend von den anderen, leblosen Vermögenswerten unterscheiden. Da bei Bilanzierungsfragen hauptsächlich leblose Vermögenswerte im Fokus stehen, ist es erforderlich, die Zweckmäßigkeit der Bilanzierung für biologische Vermögenswerte zu untersuchen. Vor allem die Bedeutung externer Faktoren ist für landwirtschaftliche Produktionsprozesse hoch. Von Natur aus vorgegebene Prozesse beschränken die Handlungsfähigkeit des Landwirtes während des Produktionsprozesses. Dies ist vor allem beim Anbau von Pflanzen der Fall, da deren Entwicklung stark von den Jahreszeiten abhängt. In der Tierproduktion stellen bspw. die regelmäßig wiederkehrenden Fruchtbarkeitszyklen und die Trächtigkeitsdauer bei Muttertieren natürliche Grenzen dar. Zwar kann der Landwirt oftmals die Steigerung seiner Ernteergebnisse durch geeignete Maßnahmen proaktiv fördern, jedoch ist er i. d. R. an die natürlichen Zyklen und Abläufe gebunden. Landwirtschaftliche Produktionsprozesse dauern im Vergleich zu industriellen Fertigungsprozessen oftmals auch wesentlich länger und haben nicht selten eine Entwicklungsdauer von mehreren Monaten oder sogar Jahren.

Durch die eingeschränkte Kontrollierbarkeit der Produktionsprozesse und den z. T. langen Produktionszeitraum wird der Produktionsprozess erheblich von sachlichen und zeitlichen Unsicherheiten begleitet. Letztlich sind durch technische Neuentwicklungen und Forschungserfolge die Eingriffsmöglichkeiten der Landwirte in den landwirtschaftlichen Produktionsprozess deutlich gestiegen. Dadurch wurden zwar die Abhängigkeit der landwirtschaftlichen Produktion von externen Faktoren und die damit verbundene Unsicherheit bei der Entwicklung von Leben reduziert, jedoch sind die Unsicherheiten heute immer noch bedeutsam. Insofern stellt sich in bilanzieller Hinsicht die Frage, wie die zusätzlichen Unsicherheiten bei der Bilanzierung der spezifischen landwirtschaftlichen Sachverhalte sinnvoll abgebildet werden können. Während in anderen Branchen die von einem Unternehmen in einen Produktionsprozess einzubringenden Inputleistungen relativ hoch sind, haben diese in der Landwirtschaft – vor allem in der Pflanzenproduktion – oftmals einen geringeren Umfang. In diesem Zusammenhang kann neben dem Bewertungsansatz für biologische Vermögenswerte hinterfragt werden, wie ein bilanzieller Erfolg in Zusammenhang mit der landwirtschaftlichen Tätigkeit definiert wird. Hierbei stellt sich vor allem bei mehrjährigen Produktionsprozessen auch die Frage, wie der Gesamterfolg über die Perioden zu verteilen ist.

[1] CLAUDIUS, M., Sämmtliche Werke des Wandsbecker Bothen, S. 69.

Bis heute werden viele landwirtschaftliche Betriebe als Familienunternehmen geführt.[2] Sie sind oftmals als Einzelunternehmen oder Personengesellschaft organisiert und daher i. d. R. weder von der handelsrechtlichen noch von der internationalen Rechnungslegung betroffen. Insgesamt ist aber in der Landwirtschaftsbranche ähnlich wie in anderen Wirtschaftszweigen eine zunehmende Konzentration zu erkennen. So scheiden viele kleinere landwirtschaftliche Betriebe aus wirtschaftlichen Gründen aus. Hierbei spielen vor allem ein starker Wettbewerb und damit geringe Gewinnmargen sowie die Pflicht zur Erfüllung umfangreicher agrarpolitischer Auflagen eine Rolle. Zudem werden kleine, familiär geführte Betriebe häufig eingestellt, wenn sich für die Übernahme des Betriebs kein Nachfolger findet.[3] Die verbleibenden landwirtschaftlichen Betriebe expandieren oftmals, indem sie sich intern durch die Erweiterung der Betriebsanlagen vergrößern oder extern bspw. durch Expansionen, Fusionen oder durch Übernahmen kleinerer Betriebe wachsen. Mit dem Anstieg der Größe der landwirtschaftlichen Betriebe ist tendenziell auch eine stärkere Neigung zum (Teil-)Übergang in haftungsbeschränkte bzw. juristische Rechtsformen zu erwarten. Dies hat auch Einfluss auf die Verbreitung der Pflicht zur Rechnungslegung. So steht in der Landwirtschaft aktuell zwar die steuerliche Gewinnermittlung im Vordergrund und längst nicht jeder Landwirt ist zur Buchführung inklusive der Aufstellung eines Jahresabschlusses verpflichtet,[4] jedoch ist auf Dauer mit einer steigenden Bedeutung der Rechnungslegung für Landwirte zu rechnen.

Diesbezüglich ist auch für die internationale Rechnungslegung im Bereich der Landwirtschaft von einer steigenden Bedeutung auszugehen. So kann eine sich ändernde Finanzmarktsituation im Sinne einer intensiveren Kapitalmarktorientierung eine stärkere Orientierung an der internationalen Rechnungslegung erfordern, bspw. wenn – wie im Mittelstand z. T. schon üblich – die Finanzierung über Eigenkapitalinstrumente oder gemischte Finanzierungsinstrumente die klassische Fremdfinanzierung über einen Bankkredit zunehmend ablöst[5] oder landwirtschaftliche Unternehmen vermehrt an Börsen gelistet werden. Des Weiteren könnten Kreditinstitute künftig in wachsendem Maße IFRS-Abschlüsse von ihren Kunden verlangen.[6] Zudem kann durch die Umsetzung der Verordnung (EG) Nr. 1606/2002 des Europäischen Parlaments und des Rates vom 19.07.2002, durch die Modernisierung der 4. EU-Richtlinie, durch eine Überarbeitung des Informationsnetzes landwirtschaftlicher Buchführungen (INLB) und durch das Heranziehen der IFRS bei steuerlichen Anwendungsfragen die

---

2 So stellten im Jahr 2010 von den Betrieben mit Gewinnermittlung oder Umsatzbesteuerung für steuerliche Zwecke 90,71 % der landwirtschaftlichen Betriebe Einzelunternehmen und 7,60 % Personengemeinschaften oder -gesellschaften dar, wobei lediglich 1,69 % der Betriebe in der Form einer juristischen Person tätig waren. Vgl. zu den zugrunde liegenden Daten STATISTISCHES BUNDESAMT (HRSG.), Agrarstrukturerhebung 2010, S. 44.

3 Ein Rückgang der Anzahl landwirtschaftlicher Betriebe lässt sich auch statistisch belegen. So erfasste das Statistische Bundesamt bei der Agrarstrukturerhebung 2007 noch 374.514 landwirtschaftliche Betriebe, wohingegen bei der Landwirtschaftszählung/Agrarstrukturerhebung 2010 lediglich 290.098 landwirtschaftliche Betriebe gezählt wurden. Vgl. STATISTISCHES BUNDESAMT (HRSG.), Agrarstrukturerhebung 2010, S. 103.

4 Im Jahr 2010 haben lediglich ca. 59,88 % der landwirtschaftlichen Betriebe in Deutschland zur steuerlichen Gewinnermittlung Bücher geführt. Vgl. STATISTISCHES BUNDESAMT (HRSG.), Agrarstrukturerhebung 2010, S. 44. Die restlichen Betriebe haben ihren Gewinn über eine Einnahmen-Ausgaben-Überschussrechnung (17,56 %) oder über die Durchschnittssätze nach § 13 EStG (18,53 %) ermittelt oder haben ihren Gewinn vom Finanzamt (4,03 %) schätzen lassen. Vgl. STATISTISCHES BUNDESAMT (HRSG.), Agrarstrukturerhebung 2010, S. 44.

5 Vgl. ähnlich JANZE, C., IFRS im landwirtschaftlichen Rechnungswesen, S. 50 f.

6 Vgl. tiefgehend JANZE, C., IFRS im landwirtschaftlichen Rechnungswesen, S. 49 f.

Anwendung der IFRS im landwirtschaftlichen Berichtswesen verbreitet werden.[7] In Deutschland sind von den landwirtschaftlichen Betrieben vor allem die kapitalmarktorientierten Betriebe von der Anwendung der IFRS betroffen. Landwirtschaftlich geprägte Unternehmen, die aktuell schon als kapitalmarktorientierte und gelistete Unternehmen der Pflicht zur Bilanzierung nach den internationalen Rechnungslegungsstandards unterliegen, sind z. B. die zuckeranbauende *Südzucker AG* und die für Nahrungs- und Energiezwecke verschiedene Pflanzenarten anbauende *KTG Agrar SE*. Dagegen bilden einzelne Landwirte, die zur Anwendung der IFRS verpflichtet sind oder zumindest freiwillig nach IFRS Rechnung legen, in Deutschland Ausnahmefälle. In anderen Ländern, die die IFRS auch auf der Einzelabschlussebene eingeführt haben, ist jedoch mit einer vermehrten Anwendung der IFRS durch einzelne Landwirte zu rechnen.

Die Besonderheiten landwirtschaftlicher Prozesse wurden in der Vergangenheit oftmals durch die Rechnungslegungsvorschriften vernachlässigt und werden dies z. T. heute immer noch.[8] Erst im Jahr 2000 wurde der zur damaligen Zeit finale Standard IAS 41 *Landwirtschaft* verabschiedet,[9] der sich explizit mit der Bilanzierung von Vermögenswerten im Rahmen einer landwirtschaftlichen Tätigkeit auseinandersetzt.[10] IAS 41 ist für ab dem 1. Januar 2003 oder danach beginnende Geschäftsjahre anzuwenden.[11] Dieser soll den Besonderheiten der landwirtschaftlichen Sachverhalte gegenüber anderen Branchen gerecht werden. Seit der Einführung des Standards wurde dieser einigen Änderungen unterworfen, die sich überwiegend als Folgeänderungen aus den Überarbeitungen anderer Standards ergaben.[12] Darüber hinaus sind jedoch auch die Inhalte des IAS 41 diskutiert und kritisiert worden, wodurch schließlich ein Änderungsbedarf am Standard identifiziert wurde. So stand kürzlich noch die bisherige, unreflektierte Bewertung aller biologischen Vermögenswerte im Rahmen einer landwirtschaftlichen Tätigkeit zum beizulegenden Zeitwert abzüglich der Veräußerungskosten in der Kritik, indem bilanzierende Unternehmen auf Probleme in der Anwendung von IAS 41 bei tragenden biologischen Vermögenswerten aufmerksam gemacht haben und eine Änderung des IAS 41 wünschten[13]. Dies zeigte sich sowohl durch den in diesem Zusammenhang im Juni 2013 vom IASB veröffentlichten Exposure Draft ED/2013/8 „Agriculture: Bearer Plants“[14], dessen Hauptvorschlag die verpflichtende Bilanzierung fruchttragender Pflanzen nach IAS 16 *Sachanlagen* war[15], als auch durch

---

7 Vgl. tiefgehend JANZE, C., IFRS im landwirtschaftlichen Rechnungswesen, S. 45-48 und S. 51 f.

8 So werden Betrieben der Land- und Forstwirtschaft die Eigenschaften eines Handelsbetriebes bzw. eines Kaufmanns grundsätzlich abgesprochen. Vgl. § 3 Abs. 1 HGB. Jedoch kann ein landwirtschaftlicher Betrieb durch den Eintrag ins Handelsregister als Handelsgewerbe gelten. Vgl. § 3 Abs. 2 HGB i. V. m. § 2 HGB. Theoretisch können Landwirte verschiedenen Rechnungslegungspflichten unterliegen, auch wenn sie oftmals von diesen befreit sind oder zumindest vereinfacht Rechnung legen können.

9 Vgl. IAS 41.B2.

10 Bis dahin schloss die internationale Rechnungslegung viele landwirtschaftlich spezifische Sachverhalte vom Anwendungsbereich ihrer Standards explizit aus. Damit wurde implizit unterstellt, dass die Standards den landwirtschaftlichen Sachverhalten nicht gerecht werden.

11 Vgl. IAS 41.58.

12 Vgl. zur umfassenden Darstellung der Änderungen auch SCHARPENBERG, R./SCHREIBER, S., in: Baetge et al., Rechnungslegung nach IFRS, IAS 41, Rn. 8 f. und Rn. 11-13.

13 Vgl. IASB (HRSG.), Feedback Statement: Agenda Consultation 2011, S. 14; IASB (HRSG.), IASB Update – September 2012, S. 12; IASB (HRSG.), ED: Agriculture: Bearer Plants 2013, S. 17, BC6; IASB (HRSG.), Agriculture: Bearer Plants, S. 17, BC42.

14 Vgl. IASB (HRSG.), ED: Agriculture: Bearer Plants 2013.

15 Vgl. IASB (HRSG.), ED: Agriculture: Bearer Plants 2013, S. 4, Introduction.

die Inhalte der dazu eingegangenen Kommentare. Letztlich wurde die Kritik durch die beschlossenen Regelungsänderungen „Agriculture: Bearer Plants“ angenommen und damit zumindest für fruchttragende Pflanzen umgesetzt.[16]

Ziel der Arbeit ist es zum einen, die bisherigen, noch gültigen Regelungsvorschriften des IAS 41 sowie die beschlossenen künftigen Regelungsänderungen mit Blick auf deren Zweckmäßigkeit, d. h. die Entscheidungsnützlichkeit der Informationen für die Abschlussadressaten kritisch zu analysieren und die praktische Anwendung auf biologische Vermögenswerte zu konkretisieren. Der Schwerpunkt liegt dabei auf den Bewertungsvorschriften. Das zweite Ziel ist die Beurteilung der Erfolgswirkung der Regelung(sänderungen). Auf Grundlage der Diskussion der Bewertungsvorschriften und den mit diesen verbundenen Erfolgswirkungen sollen für die Bewertung biologischer Vermögenswerte die Probleme bei der Erfolgsrealisation gezeigt werden. Hierbei wird die Frage aufgegriffen, inwieweit die bisher nach IAS 41 gültige grundsätzliche Bewertung sämtlicher biologischer Vermögenswerte auf Basis des beizulegenden Zeitwertes konzeptionell geeignet ist oder ob stattdessen ein *mixed model* mit verschiedenen Bewertungsmaßstäben für unterschiedliche Vermögenswerte sinnvoller erscheint, wie es bspw. nach den Regelungsänderungen „Agriculture: Bearer Plants“ vorgesehen ist. Dabei wird u. a. hinterfragt, inwiefern die aus den Regelung(sänderung)en resultierenden Informationen die mit der landwirtschaftlichen Tätigkeit einhergehenden sachlichen und zeitlichen Unsicherheiten sowie die z. T. sehr langfristigen landwirtschaftlichen Produktionsprozesse widerspiegeln.

Insgesamt möchte die Arbeit die Fragen beantworten, inwiefern die bisherigen Vorschriften und die künftigen Neuregelungen nach IFRS den Besonderheiten der landwirtschaftlichen Sachverhalte ausreichend Rechnung tragen und wie festgestellte Schwächen der Bilanzierung des biologischen Vermögens behoben werden können. Bei den Ausführungen wird auf die unterschiedlichen Wertschöpfungsprozesse und die damit verbundenen Risiken bei landwirtschaftlichen Sachverhalten abgestellt, wobei an verschiedenen Stellen Bezug zu den typischen, von der Rechnungslegung originär adressierten Branchen und Sachverhalten, wie z. B. Industrie- oder Handelsunternehmen, hergestellt wird.

Nach der Problemstellung und der Erörterung des Untersuchungsverlaufs werden im **zweiten Kapitel** die Besonderheiten landwirtschaftlicher Sachverhalte beschrieben. So sind landwirtschaftliche Betriebe auch von den normalen unternehmerischen Risiken betroffen. Jedoch sind darüber hinaus vor allem Sach- und Zeitrisiken für die Landwirtschaft von hoher Bedeutung und spielen hinsichtlich der Bilanzierung landwirtschaftlicher Sachverhalte eine Rolle.

Im **dritten Kapitel** werden zunächst die für die spätere Konkretisierung und Beurteilung erforderlichen Anforderungen an die Rechnungslegung nach IFRS beschrieben. Dabei stehen die Zielsetzung und die Grundsätze eines IFRS-Abschlusses im Vordergrund. Vor dem Hintergrund der späteren Betrachtung des Erfolgsausweises bei biologischem Vermögen werden auch bilanztheoretische Aspekte zur Erfolgsrealisation erörtert.

[16] Vgl. zu den beschlossenen Änderungen IASB (Hrsg.), Agriculture: Bearer Plants.

Im **vierten Kapitel** steht die bisherige Bilanzierung der landwirtschaftlichen Sachverhalte nach den IFRS bzw. nach **„IAS 41 – *Landwirtschaft*"** im Mittelpunkt. Dieser bezieht sich vorwiegend auf biologische Vermögenswerte, d. h. auf Tier- und Pflanzenvermögen, sowie auf die von diesem gewonnenen Erzeugnisse[17] und hebt damit die Sondersachverhalte der Landwirtschaft im Vergleich zu anderen Wirtschaftszweigen hervor. Landwirtschaftsunspezifische Sachverhalte, wie bspw. die Bilanzierung von Vorratsvermögen oder Maschinen, werden im Rahmen dieser Arbeit grundsätzlich nicht weiter betrachtet.[18] Nach einer Beschreibung der Bilanzierungsvorschriften werden diese vor dem Hintergrund der Entscheidungsnützlichkeit analysiert und konkretisiert. Dabei steht zunächst die Untersuchung der theoretischen **Ansatzfähigkeit** des biologischen Vermögens im Vordergrund. In diesem Zusammenhang wird der konkrete Ansatzzeitpunkt bei biologischen Vermögenswerten anhand eines idealtypischen Vermehrungsprozesses analysiert. Zudem erfolgt eine Analyse der Bilanzierungseinheit nach IAS 41. Anschließend wird die **Bewertung** des landwirtschaftlichen Vermögens nach IAS 41 betrachtet. Hierbei wird zunächst die Bewertungseinheit des IAS 41 auf ihre Entscheidungsnützlichkeit hin analysiert, bevor der beizulegende Zeitwert als der zentrale Bewertungsmaßstab nach IAS 41 diskutiert und konkretisiert wird. Hierbei wird zunächst die Bewertung der landwirtschaftlichen Vermögenswerte zum beizulegenden Zeitwert abzüglich der Veräußerungskosten auf Basis der Inputparameter der ersten Stufe veranschaulicht. Schwerpunktmäßig wird die Frage behandelt, ob dafür erforderliche Informationen für den Bereich der Landwirtschaft zur Verfügung stehen. Die Konkretisierung der Bewertung zum beizulegenden Zeitwert auf Basis der Inputparameter der zweiten und dritten Stufe wird gemeinsam in einem Kapitel behandelt.[19] Zum Abschluss des vierten Kapitels werden die Verlässlichkeitsausnahme des IAS 41 und die damit einhergehende Bewertung auf Basis des Anschaffungskostenmodells kritisch diskutiert.

Der Schwerpunkt des **fünften Kapitels** liegt auf der Analyse und Konkretisierung der Regelungsänderungen **„Agriculture: Bearer Plants"**. Nach einer Beschreibung der Regelungsinhalte werden die Neuregelungen „Agriculture: Bearer Plants" konkretisiert, analysiert und vor dem Hintergrund der Entscheidungsnützlichkeit gewürdigt. Wie im vierten Kapitels wird zuerst der **Ansatz** thematisiert. Danach wird das **Bewertungskonzept** der Regelungsänderungen analysiert und für die praktische Anwendung ausgelegt. Zunächst wird die Bewertung der fruchttragenden Pflanzen betrachtet. Die Bestimmung des Zeitpunktes, ab wann fruchttragende Pflanzen ihre Betriebsbereitschaft erreichen, ist dabei das zentrale Thema der Diskussion. Im Anschluss wird die Folgebewertung nach IAS 16 für fruchttragende Pflanzen ausgelegt. Hierbei werden mit der Nutzungsdauer, dem Restveräußerungserlös und der Abschreibungsmethode zuerst wesentliche Elemente konkretisiert, mit welchen die planmäßigen Abschreibungen bestimmt werden. Danach wird die Bestimmung der außerplanmäßigen Abschreibung betrachtet. Bei der Beurteilung des Bewertungsmaßstabes für fruchttragende Pflanzen nach den Regelungsänderungen steht letztlich die Diskussion der Instandhaltungsaufwendungen und der nachträglichen Anschaffungs- oder Herstellungskosten im Mittelpunkt. Die

17 Vgl. IAS 41.1.

18 Nicht landwirtschaftlich spezifische Sachverhalte werden lediglich thematisiert, wenn diese oder deren Bilanzierung für die Analyse der Bilanzierung der speziell landwirtschaftlichen Sachverhalte erforderlich erscheinen.

19 Dies liegt daran, dass für beide Stufen gleiche konkretisierende Bewertungsverfahren anwendbar sind, die Einordnung der Verfahren in die zweite oder dritte Stufe aber letztlich von der Qualität bzw. der Beobachtbarkeit der Inputparameter abhängt (vgl. hierzu IFRS 13.72) und diese einzelfallabhängig variieren können.

Untersuchung der Bewertungskonzeption der Regelungsänderungen „Agriculture: Bearer Plants" schließt mit einer Analyse des Bewertungsmaßstabes des beizulegenden Zeitwertes für die an den fruchttragenden Pflanzen wachsenden Früchte.

Im **sechsten Kapitel** der Arbeit wird ein **Bewertungskonzept für die zweckgerechte Erfolgsdarstellung** bei landwirtschaftlichen Transformationsprozessen hergeleitet. Dazu wird zunächst in die Problematik des aktuellen Bewertungskonzeptes des IAS 41 hinsichtlich eines die tatsächlichen Verhältnisse widerspiegelnden Erfolgsausweises eingeführt. Danach wird das Grundgerüst des späteren Bewertungskonzeptes aufgezogen, indem die biologischen Vermögenswerte hinsichtlich verschiedener Aspekte differenziert werden. Am Ende stehen drei Vermögenswertkategorien, für die jeweils ein entscheidungsnützlicher Bewertungsmaßstab bzw. ein entsprechender Erfolgsausweis abgeleitet wird.

Die Arbeit schließt mit dem **siebten Kapitel**, in dem die wesentlichen Ergebnisse der Arbeit zusammengefasst werden.

2 Produktspezifische Grundlagen landwirtschaftlicher Betriebe

21 Überblick

Im Folgenden wird das Wesen der Landwirtschaft beschrieben. Das Ziel der nächsten Abschnitte ist es dabei, die wesentlichen charakteristischen Züge der Landwirtschaft darzulegen und damit auch die Besonderheiten im Gegensatz zu anderen Branchen herauszustellen. Die Abgrenzung der Landwirtschaft zu anderen Wirtschaftszweigen ist im späteren Verlauf der Arbeit vor allem für die Beantwortung der Frage relevant, inwieweit die oftmals für produzierende, industrielle Unternehmen entwickelten und damit z. T. einen konzeptionell anderen Produktionsablauf als in der Landwirtschaft unterstellenden Bilanzierungsnormen auch für die Landwirtschaft anwendbar sind und inwieweit diese ggf. zu ändern sind. Für die nähere Beschreibung des landwirtschaftlichen Wesens werden zunächst die biologischen Güter charakterisiert und anhand verschiedener Dimensionen eingeordnet. Daraufhin werden grundlegende landwirtschaftliche Produktionsprozesse betrachtet, indem idealtypisch auf die Pflanzen- und Tierproduktion eingegangen wird. Danach werden die landwirtschaftlichen Produktionskreisläufe zunächst am Beispiel der Abhängigkeit von Pflanzen und Tieren und anschließend aus sachlicher und zeitlicher Perspektive dargestellt. Die Ausarbeitung der spezifischen Unsicherheiten in der Landwirtschaft, die diese Branche von anderen Branchen unterscheiden, steht schließlich im Mittelpunkt des Abschlussabschnitts.

22 Biologische Güter

Biologische Güter beruhen auf einer **natürlichen, lebendigen Basis.**[20] Sie nehmen für die landwirtschaftlichen Produktionsabläufe eine zentrale Stellung ein. Biologische Güter können auf unterschiedliche Weise differenziert werden. Die wohl inhaltlich bedeutsamste Trennung ist die Unterscheidung hinsichtlich ihrer Art, in pflanzliche und tierische biologische Güter. Die Unterscheidung zwischen Tieren und Pflanzen kann grob an zwei wesentlichen Merkmalen skizziert werden: anhand der Mobilität sowie des Stoffwechsels der Organismen.[21] Tiere betreiben ihren Stoffwechsel durch die Aufnahme von organischem Material, insbesondere von Pflanzen oder Tieren bzw. deren Endprodukten, und sind i. d. R. räumlich flexibel, d. h. sie sind standortungebunden in dem Sinne, dass sie sich aktiv fortbewegen können.[22] Pflanzen hingegen betreiben ihren Energiehaushalt anhand der Photosynthese, bei welcher sie mithilfe von Sonnenlicht, Kohlenstoffdioxid und Wasser in Sauer-

---

[20] Der Begriff Biologie leitet sich aus dem Griechischen von den Wörtern *bíos* (Leben, dt.), und *lógos* (Kunde, dt.) her und kann insofern als Wissenschaft der Lebewesen verstanden werden. Vgl. KYRIELEIS, A., Biologie.

[21] Die hier behandelte Unterscheidung zwischen tierischen und pflanzlichen biologischen Gütern soll lediglich einen skizzenhaften Überblick geben. Die genannten Merkmale stellen daher Unterscheidungskriterien zwischen Tieren und Pflanzen dar, die im Regelfall, indes nicht immer zutreffen. Ausnahmen von dieser Zuordnung sind z. B. standortgebundene Tiere wie Korallen oder Schwämme. Zudem können neben Pflanzen und Tieren auch weitere Gruppen gebildet werden, bspw. die Gruppe der Pilze, die zwar i. d. R. ähnlich wie viele Pflanzen standortgebunden sind, aber einen tierähnlichen Stoffwechsel betreiben. Vgl. für eine tiefergehende, eindeutige Differenzierung biologischer Güter anhand der Zellbiologie PLATTNER, H./HENTSCHEL, J., Zellbiologie; OSCHE, G./EMSCHERMANN, P., Tiere.

[22] Vgl. u. a. für die genannten Kriterien OSCHE, G./EMSCHERMANN, P., Tiere.

stoff, Zucker und Wasser umwandeln[23], und sind i. d. R. standortgebunden, d. h. sie können sich nicht aktiv fortbewegen.

Ein anderes Differenzierungsmerkmal bei biologischen Gütern ist die **Aufteilung nach Funktionen**. So können die Tiere in Nutztiere und Luxustiere unterteilt werden.[24] Diese Aufteilung veranschaulicht der deutsche Gesetzgeber im BGB relativ deutlich: Während ein Nutztier für den Eigner Nutzen im wirtschaftlichen Sinne stiften soll und dabei „dem Beruf, der Erwerbstätigkeit oder dem Unterhalt des Tierhalters zu dienen bestimmt ist“[25], betrifft ein Luxustier insbesondere den privaten Bereich des Halters und wird z. B. zu Vergnügungs-, Unterhaltungs- oder Sportzwecken gehalten[26], indes „ohne besondere Notwendigkeit“[27]. Dennoch kann ein Tier auch beide Funktionen innehaben.[28] In diesen Fällen ist nach der deutschen Rechtsprechung bei der Zuordnung des Tieres zum Nutz- oder Luxustier vor allem auf die hauptsächliche Zweckbestimmung des Tieres abzustellen.[29] Die Zuordnung kann analog auf Pflanzen übertragen werden. Aufgrund von deren Standortgebundenheit ist das Problem der Doppelfunktion bei Pflanzen in der Praxis aber lediglich von untergeordneter Bedeutung.

Zudem können biologische Nutzgüter weiter nach dem mit ihnen beabsichtigten **Nutzungszweck** differenziert werden. So lassen sich die Güter in konsumierbare und tragende Güter einteilen.[30] Konsumierbare biologische Güter stellen selbst das Ergebnis der späteren Ernte dar.[31] Sie sind lediglich einmal Ertrag bringend und werden nach der Ernte i. d. R. verbraucht oder verkauft. Beispiele für konsumierbare biologische Güter sind geerntete Äpfel oder Mastschweine. Tragende biologische Güter hingegen erzeugen die Ernte oder produzieren weitere biologische Güter.[32] Ihr Zweck ist es, regelmäßig über einen längeren Zeitraum Erträge zu generieren. Beispielhaft seien an dieser Stelle Apfelbäume oder Zuchtschweine in Analogie zu den konsumierbaren biologischen Gütern genannt.[33]

23 Vgl. NABORS, M. W., Botanik, S. 210.

24 Die Unterteilung in Nutz- und Luxustiere spielt insbesondere bei Haftungsfragen eine Rolle. Vgl. ALSING, I., Lexikon Landwirtschaft, S. 768; JOHN, J., Tierrecht, S. 49, S. 47 f. Sie ist aber auch für Zwecke der Rechnungslegung relevant.

25 § 833 Abs. 1 BGB.

26 Vgl. EBERL-BORGERS, C., in: Belling et al., Staudinger BGB-Kommentar, § 833, Rn. 123.

27 JOHN, J., Tierrecht, S. 49.

28 Vgl. für ein Beispiel auch JOHN, J., Tierrecht, S. 49. Vgl. zudem SPRAU, H., in: Palandt, BGB, § 833, Rn. 17.

29 Vgl. BGH, v. 03.05.2005, S. 1255. Vgl. hierzu zudem BGH, v. 16.03.1982, S. 670 f.; BGH, v. 12.01.1982, S. 366 f. und BGH, v. 26.11.1985 S. 345 f. sowie EBERL-BORGERS, C., in: Belling et al., Staudinger BGB-Kommentar, § 833, Rn. 144; SPRAU, H., in: Palandt, BGB, § 833, Rn. 17; WAGNER, G., in: Säcker et al., Münchener Kommentar BGB, § 833, Rn. 42 m. w. N.

30 Vgl. SCHARPENBERG, R./SCHREIBER, S., in: Baetge et al., Rechnungslegung nach IFRS, IAS 41, Rn. 21.

31 Vgl. SCHARPENBERG, R./SCHREIBER, S., in: Baetge et al., Rechnungslegung nach IFRS, IAS 41, Rn. 21.

32 Vgl. SCHARPENBERG, R./SCHREIBER, S., in: Baetge et al., Rechnungslegung nach IFRS, IAS 41, Rn. 21. Letztlich werden auch tragende biologische Güter oftmals selbst konsumiert, nachdem sie ihren Verwendungszweck erfüllt haben. Dies ist etwa bei einigen Zuchttieren der Fall, die am Ende ihres Deckzeitraums geschlachtet werden und deren Fleisch konsumiert wird.

33 Neben den konsumierbaren und tragenden biologischen Gütern können biologische Güter auch noch sonstige Nutzungszwecke erfüllen, die indes im Rahmen dieser Arbeit aufgrund der geringeren Relevanz nicht vertieft betrachtet werden. Hierzu zählen z. B. arbeitsverrichtende Tiere, bspw. Zugpferde oder Wachhunde, und weitere biologische Güter mit sonstigen Nutzungszwecken, bspw. Sporttiere (z. B. Rennpferde), Ausstellungstiere oder -pflanzen (z. B. Zootiere oder Pflanzen aus einem botanischen Garten) oder auch biologische Güter, die zu Forschungszwecken genutzt werden.

Die Differenzierung zwischen konsumierbaren und tragenden biologischen Vermögenswerten bzw. deren wirtschaftlichen Nutzungszweck ist für Fragen der Bilanzierung hochrelevant und spielt daher auch im folgenden Verlauf der Arbeit eine zentrale Rolle.

Die tragenden biologischen Güter können weiter bezüglich des mit ihnen verbundenen **Geschäftsmodells** differenziert werden. So ist mit vielen tragenden biologischen Gütern lediglich die Absicht verbunden, mit deren Nutzung landwirtschaftliche Erzeugnisse oder weitere biologische Güter zu erzeugen. Diese tragenden biologischen Güter sollen dem Geschäftsbetrieb **auf Dauer** dienen. Ein typisches Beispiel für solche Güter sind Spargelkulturen. Daneben gibt es andere tragende Güter, die zwar auch (vorerst) zur Erzeugung von landwirtschaftlichen Produkten eingesetzt werden, für die jedoch **in Abhängigkeit der Marktlage** auch eine Veräußerung vorgesehen ist. Mit diesen tragenden Gütern ist ein hybrides Geschäftsmodell verbunden, da es zum einen auf der Nutzungsabsicht und zum anderen auf der Veräußerungsabsicht basiert. Tragende biologische Güter in einem hybriden Geschäftsmodell sind z. B. oftmals wertvolle Zuchttiere.

Letztlich kann bei biologischen Gütern auch der Zeitraum bzw. die vorgesehene **Dauer der Betriebszugehörigkeit** der Güter als Unterscheidungskriterium dienen. So kann zwischen Gütern, die lediglich kurzzeitig genutzt bzw. angebaut werden, wie Schlachttiere oder angebauter Weizen, und solchen Gütern unterschieden werden, die über einen längeren Zeitraum genutzt bzw. angebaut werden, wie Zuchttiere oder Apfelbäume.[34]

Insgesamt ergeben sich verschiedene Differenzierungsmöglichkeiten der biologischen Güter. In Tabelle 2-1 werden die hier dargestellten Differenzierungskriterien sowie die daraus resultierenden Gruppierungen der biologischen Güter nochmals kurz zusammengefasst.

Differenzierungskriterium	Gruppierungen
Art	Tiere Pflanzen
Funktion	Nutzgüter Luxusgüter
Nutzungszweck	Konsumierbare Güter Tragende Güter
Geschäftsmodell	Dem Geschäftsbetrieb auf Dauer dienende Güter Güter in einem hybriden Geschäftsmodell
Dauer der Betriebszugehörigkeit	Kurzfristige Güter Langfristige Güter

Tabelle 2-1: Differenzierung der biologischen Güter

34 Vgl. SCHARPENBERG, R./SCHREIBER, S., in: Baetge et al., Rechnungslegung nach IFRS, IAS 41, Rn. 21.

23 Landwirtschaftliche Produktionsabläufe

231. Pflanzenproduktion

Bei der typischen landwirtschaftlichen Pflanzenproduktion[35] bearbeitet der Landwirt ein Grundstück und sät Pflanzensamen bzw. baut darauf Jungpflanzen an.[36] In der Folge gilt es für den Landwirt, das Wachstum der Pflanzen zu kontrollieren und abzuwarten, wobei der Landwirt die Pflanzen bei ihrer Entwicklung unterstützen kann, z. B. durch eine künstliche Bewässerung der Felder. Letztlich ist die Mitwirkung des Landwirtes am Produktionsprozess oftmals niedriger als bei industriellen Fertigungsprozessen, da der Produktionsprozess natürlich abläuft und die wesentlichen Ressourcen dabei von der Natur selbst gestellt werden, wie bspw. Sonnenlicht und Wasser.

Insgesamt ist der Produktionsprozess in der Pflanzenerzeugung vom natürlich vorgegebenen pflanzlichen Stoffwechsel abhängig. Je nach Pflanze dauert dieser Produktionsprozess i. d. R. mehrere Wochen bis mehrere Monate. In Extremfällen kann der Zeitraum bis zur Ernte aber auch Jahre dauern, wie z. B. bei der Anpflanzung junger Bäume. Somit dauern die landwirtschaftlichen Produktionsvorgänge für Pflanzenvermögen oftmals wesentlich länger als bspw. bei vielen industriellen Produktionen. Tragen die Pflanzen reife Früchte oder haben sie selbst ihren Erntezustand erreicht, werden sie bzw. ihrer Früchte schließlich geerntet. Danach kann der Landwirt dem Boden zur Regeneration wieder Düngemittel zusetzen und damit eine Erholung des Bodens einleiten. Schließlich beginnt der hier dargestellte Prozess wieder von neuem.

232. Tierproduktion

Die landwirtschaftliche Tierproduktion ist als Veredlungsprozess zu verstehen, bei dem u. a. organisches Material, insbesondere Pflanzen, zur Erzeugung von Tieren oder tierischen Gütern als höherwertige Produkte an Tiere verfüttert wird.[37] Analog zur Pflanzenproduktion ist dabei die Möglichkeit der Einflussnahme auf den Produktionsprozess durch den natürlichen Stoffwechsel von Tieren beschränkt. Jedoch kann der Landwirt die Einleitung des Produktionsprozesses im gewissen Rahmen steuern sowie den Prozessablauf unterstützend begleiten. Insgesamt ist die Beteiligung des Faktors „Mensch" am Produktionsprozess bei der Tierproduktion im Vergleich zur Pflanzenproduktion höher. Allgemein besteht die landwirtschaftliche Tierproduktion aus den Produktionszweigen der Tierzucht und der Tiermast. Daneben werden Tiere ebenfalls zur Erzeugung bestimmter (Neben-)Produkte eingesetzt.

---

35 Der Fokus dieser Arbeit liegt auf typischen Sachverhalten der landwirtschaftlichen Produktion. Daher wird im Rahmen der Pflanzenproduktion die Züchtung von Pflanzen (sogenannter Nachbau) durch den Landwirt nicht weiter vertiefend betrachtet. Denn die Züchtung liegt meistens in der Hand von wenigen spezialisierten Unternehmen und Landwirten. Der Nachbau weicht zudem vom eigentlichen pflanzlichen Produktionsprozess nicht signifikant ab. Vgl. allgemein zum Nachbau und Sortenschutzrecht EDER, J./KUPFER, H./KILLERMANN, B., Pflanzenzüchtung und Saatgutwesen, S. 353-355.

36 Dazu sollte der Landwirt das Grundstück artgerecht bestellen bzw. in einen einsaatfähigen Zustand bringen. Dies ist i. d. R. ein Ziel der Bodenbearbeitung. Vgl. hierzu KREITMAYR, J./DEMMEL, M., Bodenbearbeitung, S. 107. Derartige Maßnahmen sind bspw. die Befreiung des Grundstücks von Restpflanzenteilen, das Pflügen oder das Düngen des Bodens.

37 Vgl. ähnlich ALSING, I., Lexikon Landwirtschaft, S. 815 f.

Bei der **Tierzucht** werden neue Tiere produziert, wie bspw. bei der Schweinezucht. Dafür gilt es zunächst, Tiere als Zuchttiere auszuwählen, welche angemessene Zuchtwerte vorweisen können bzw. bestimmten Abstammungslinien entsprechen und spezifische Eigenschaften aufweisen.[38] Soweit ein Muttertier gedeckt ist,[39] sollte der Landwirt während der gesamten Zeit der Trächtigkeit des Tieres möglichst optimale, konstante Rahmenbedingungen schaffen, um auf diese Weise den natürlichen Produktionsprozess zu fördern. Einige Zeit nach ihrer Geburt werden die Jungtiere i. d. R. von ihren Müttern getrennt und separat weiter aufgezogen oder verkauft. Für die Muttertiere ist regelmäßig eine Regenerationsphase vorgesehen, bevor sie zum nächsten Decken eingesetzt werden. Ab einem gewissen Alter können die gehaltenen Jungtiere danach geprüft werden, ob sie einen Zuchttierstatus haben, sodass der Landwirt bedarfsgerecht für seinen Zuchtbestand neue, junge Zuchttiere auswählen kann. Der Rest der Jungtiere wird oftmals zeitnah veräußert oder aber in der Masthaltung weitergenutzt.

Spätestens wenn Jungtiere in Zucht- und Masttiere getrennt werden, beginnt der Prozess der Masthaltung der Tiere (**Tiermast**). Der Zweck der Tiermast ist i. d. R. die Produktion von Fleisch. Bei der Tiermast kommt es darauf an, dass die Jungtiere innerhalb eines bestimmten Zeitraums ihr Gewicht erhöhen, aber auch eine zufriedenstellende Fleischqualität[40] liefern. Der Landwirt sollte dabei dafür Sorge tragen, dass die Tiere am Ende der Mast ein vorher genau konkretisiertes oder in einer Bandbreite vorgegebenes Gewicht erzielen, da es ansonsten durch Abschläge zu Ertragseinbußen beim Verkauf der Tiere kommen kann[41]. Wenn die Tiere eine gewisse Dauer gemästet wurden oder ggf. ein gewisses Gewicht erreicht haben, werden sie i. d. R. verkauft und geschlachtet. Aus den Schlachtkörpern werden unterschiedliche Fleischprodukte erzeugt.[42]

Neben der Tierzucht und der Tiermast kann ein Landwirt weitere Absichten mit der Tierproduktion verbinden (**Nebenproduktion**). So kann er durch die Produktion von tierischen Nebenprodukten, die während oder am Ende der Nutzungsdauer eines Nutztieres anfallen, Zuflüsse wirtschaftlichen Nutzens erzielen. Dies kann bei manchen Tieren auch solch ein Ausmaß annehmen, dass die eigentliche

---

[38] Dabei werden die entsprechenden Leistungsdaten in einem Zuchtbuch festgehalten. Vgl. bezogen auf Kühe LUNTZ, B., Leistungsprüfungen beim Rind, S. 277. Bei Kühen stellen z. B. die Zuchtleistung (Fruchtbarkeit, Kalbeverlauf), die Milchleistung (Fettmenge, Eiweißmenge), die Fleischleistung (Gewichtszunahme, Fleischanteil) und z. T. auch die äußere Erscheinung Leistungsmerkmale dar. Vgl. LUNTZ, B., Tierzuchtrecht, S. 370 f. Vgl. für Leistungsmerkmale in der Schweinezucht DAHINTEN, G., Schweinezucht, S. 564.

[39] Für ein erfolgreiches Decken muss sich das Muttertier in einem deckfähigen Zustand befinden. Dieser liegt bei vielen Tierarten nicht immer vor, sondern tritt in regelmäßig wiederkehrenden Zyklen für eine bestimmte Dauer ein. Die Dauer variiert zwischen den verschiedenen Tierarten und ist zudem vom individuellen Tier abhängig. Bei typischen Nutztieren wie Schweinen, Rindern, Ziegen oder Pferden wiederholt sich der Zyklus nach ca. 21 Tagen. Vgl. o. V., Zyklusdauer; für Schweine HAASE, H., Ratgeber für den praktischen Landwirt, S. 550; für Rinder NIBLER, T., Praktischer Zuchtbetrieb und Herdenführung, S. 246.

[40] Die Fleischzunahme und die Fleischqualität sind einerseits vom Erbgut der Elterntiere abhängig, werden andererseits aber auch von weiteren Faktoren beeinflusst. Beispielsweise können Schweine erblich bedingt sehr stark auf Stresssituationen reagieren. Vgl. LOCHNER, H./BREKER, J., Fachstufe Landwirt, S. 548.

[41] Vgl. LITTMANN, E., Vermarktung und Qualität von Schweinefleisch, S. 596 f.

[42] Die Schlachtung und Weiterverarbeitung der Schlachtkörper findet i. d. R. auf externen Schlachthöfen statt. Zum Teil erfolgen auch Hausschlachtungen, die allerdings dazu führen, dass das Fleisch der Tiere lediglich eingeschränkt weitergenutzt werden kann. So ist das Fleisch bei einer typischen Hausschlachtung nicht an Dritte weiter zu veräußern. Vgl. z. B. o. V., Merkblatt Hausschlachtung und MÜNSTERER, P., Hausschlachtung.

Nebenproduktion die Hauptproduktion darstellt.[43] Beispiele für die Herstellung tierischer (Neben-)Produkte sind die landwirtschaftliche Milchproduktion bei Kühen und die Erzeugung von Wolle durch Schafe. Sofern die Tiere nach einigen Nutzungsperioden zu wenige oder qualitativ zu schlechte Erzeugnisse erbringen oder auch altersbedingt zu ersetzen sind, werden sie i. d. R. geschlachtet und das Fleisch wird bspw. in der Lebensmittelindustrie verwertet. Bei solchen Nebenproduktionen entstehen über die gesamte Produktionsdauer hinweg verschiedene Produkte. Beim Beispiel der Milchproduktion werden Kälber, Milch und Fleisch produziert. Daneben können die von den Rindern hinterlassenen Ausscheidungsprodukte als Dünger für die Felder eingesetzt werden.

Insgesamt ist der Beitrag des Landwirtes zum Wertschöpfungsprozess in der Tierproduktion im Allgemeinen größer als dessen Beitrag in der Pflanzenproduktion. So kann der Landwirt in diesem Zusammenhang für den tierischen Produktionsprozess i. d. R. auch weniger auf freie Güter zurückgreifen. Letztlich zeigen sich die Unterschiede bei der Mitwirkung am tierischen Produktionsprozess im Vergleich zu anderen Branchen auch nicht so stark wie beim pflanzlichen Produktionsprozess. Indes muss der Landwirt auch beim Tiervermögen die natürlich vorgegebenen Transformationsprozesse abwarten.

233. Der landwirtschaftliche Produktionskreislauf

233.1 Die gegenseitige Abhängigkeit der tierischen und pflanzlichen Güter

Die Produktionsprozesse von pflanzlichen und tierischen Gütern ergänzen sich. Zwischen ihnen besteht dabei ein Abhängigkeitsverhältnis, welches als gesamtheitlicher Kreislauf dargestellt werden kann, der die spezifischen Kreisläufe der in den Vorabschnitten beschriebenen Produktionsabläufe integriert. So sind viele Landwirte teilweise betrieblich selbstversorgend tätig. Der Anbau pflanzlicher Güter dient vielen Viehhaltern vor allem zur Grundfutterversorgung ihrer Tiere, sodass der Zukauf von zusätzlichen Futtermitteln auf das Nötigste beschränkt werden kann. Sehr weitgehend betrachtet produzieren Pflanzen auch den für die meisten in der Landwirtschaft genutzten Tiere überlebensnotwendigen Sauerstoff, sodass diese auch über dieses Element ihres Stoffwechsels von den Pflanzen abhängen.[44] Dies ist allerdings bezogen auf die unmittelbar vom Landwirt selbst angebauten Pflanzen lediglich ein sehr schwacher Zusammenhang. Insgesamt wurde aber dennoch gezeigt, dass eine **Abhängigkeit der Tiere von den pflanzlichen Gütern** besteht.

Ein Abhängigkeitsverhältnis kann aber auch in der umgekehrten Richtung existieren, d. h. als **Abhängigkeit der Pflanzen von den tierischen Gütern**. So sind den bewirtschafteten Böden nach der Ernte Nährstoffe zuzuführen, damit die nachfolgenden Pflanzenkulturen auch erfolgreich angebaut werden können. Neben zugekauftem Chemiedünger können Landwirte dabei Gebrauch von ihrem eigenen Naturaldünger machen. Viehhalter können dabei die Ausscheidungen ihres gehaltenen Viehs nutzen. In den Böden wandeln dann Bakterien den Naturaldünger in Humus um.[45] Dieser stellt dann

---

43 Dies ist bspw. bei Pelztierfarmen der Fall, in denen es primär um die Erzeugung und Verwertung des Fells als um die Vermarktung des Fleisches der Tiere geht.

44 Vgl. hierzu ähnlich NABORS, M.W ., Botanik, S. 209 f.

45 Vgl. HAASE, H., Ratgeber für den praktischen Landwirt, S. 45.

für Pflanzen eine Nährstoffquelle dar und verbessert gleichzeitig die physikalischen Charakteristika des bewirtschafteten Bodens.[46]

233.2 Der sachliche landwirtschaftliche Produktionskreislauf bei der konventionellen und der ökologischen Landwirtschaft

Insgesamt besteht ein natürlicher Kreislauf zwischen den landwirtschaftlichen Prozessen.[47] Die Intensität dieses Kreislaufs findet sich insbesondere in zwei verschiedenen Formen der Landwirtschaft wieder. So wird zwischen konventioneller und ökologischer Landwirtschaft unterschieden.[48]

Bei der **konventionellen Landwirtschaft** steht die Gewinn- und Erzeugungsmaximierung[49] im Fokus. Dazu wird versucht, die natürlichen Produktionsabläufe durch verschiedenste Unterstützungsmaßnahmen zu optimieren. Im Pflanzenbau werden chemische Substanzen und künstlicher Dünger eingesetzt. Tiere werden auf möglichst engem Raum gehalten und mit gewichtserhöhendem Futter angefüttert. Gegebenenfalls werden die natürlichen Prozesse selbst verändert, indem künstliche Mutationen bei den Organismen hervorgerufen werden, wie dies z. B. bei der Züchtung genveränderter Pflanzen der Fall sein kann. Insgesamt ist die konventionelle Landwirtschaft stark an die **Strukturen und Prozesse einer industriellen Produktion** angelehnt und damit durch eine hohe Produktivität gekennzeichnet. Dies wird auch durch einen erhöhten Grad der Verwendung externer Produktionsmittel deutlich. Darüber hinaus wird z. T. stark in die natürlichen Gegebenheiten und Rahmenbedingungen eingegriffen.

Von der industriell geprägten konventionellen Landwirtschaft ist die **ökologische Landwirtschaft** zu unterscheiden. Diese wird seitens der EU sowohl gefördert als auch in Teilen reguliert.[50] Ziel der ökologischen Landwirtschaft ist die Herstellung eines nachhaltigen landwirtschaftlichen Bewirtschaftungssystems, in dem die natürlichen Systeme und Kreisläufe beachtet und die Gesundheit von Tieren, Pflanzen, Böden und Wasser sowie ein Gleichgewicht zwischen diesen Komponenten erhal-

---

46 Vgl. HAASE, H., Ratgeber für den praktischen Landwirt, S. 45.

47 Landwirte sind oftmals lediglich zusammen mit Dritten in einem gesamten Kreislauf eingebunden.

48 Vgl. bspw. für die konventionelle und ökologische Tierhaltung WEIß, J./PABST, W./GRANZ, S., Tierproduktion, S. 6 f. Während bei der Unterscheidung in konventionelle und ökologische Landwirtschaft der Fokus auf der Nachhaltigkeit und Natürlichkeit des landwirtschaftlichen Produktionsverfahrens liegt, bezieht sich die Unterteilung in intensive und extensive Landwirtschaft vor allem auf die Intensität der Nutzung der landwirtschaftlichen Flächen. Trotz der unterschiedlichen Schwerpunkte überschneiden sich die Unterscheidungsformen in ihren Ausprägungen. So wird eine intensive Landwirtschaft häufig mit der konventionellen Landwirtschaft in Verbindung gebracht, bspw. bei der industriellen Ferkelaufzucht. Gleiches gilt für die extensive Landwirtschaft und die ökologische Landwirtschaft, bspw. bei der Tierhaltung auf maschinentechnisch lediglich schwer zu bewirtschaftenden Berghängen. Dennoch sind auch die Fälle einer ökologischen intensiven und konventionellen extensiven Landwirtschaft möglich.

49 Vgl. bspw. für die konventionelle und ökologische Tierhaltung WEIß, J./PABST, W./GRANZ, S., Tierproduktion, S. 7.

50 Vgl. für diesbezügliche Rechtsvorschriften z. B. Verordnung (EG) Nr. 834/2007, Verordnung (EG) Nr. 889/2008, Verordnung (EG) Nr. 1235/2008. Die ökologische Landwirtschaft konnte in den letzten Jahren ein erhebliches Wachstum verzeichnen. Der Absatz an Lebensmitteln aus ökologischem Anbau in Deutschland stieg von 1997 bis 2012 von 1,48 Milliarden Euro auf geschätzte 7,04 Milliarden Euro (ohne Außer-Haus-Verpflegung). Vgl. o. V., Ökologischer Landbau in Deutschland, S. 17.

ten und gefördert werden sollen.[51] Dabei soll der landwirtschaftliche Betrieb einen „Organismus mit den Bestandteilen Mensch, Tier, Pflanze und Boden“[52] darstellen. Das Bewirtschaftungssystem soll zudem die biologische Vielfalt fördern, natürliche Ressourcen und Energie verantwortungsvoll nutzen, hohe Tierschutzstandards verfolgen sowie den verhaltensbedingten Bedürfnissen der gehaltenen Tierarten nachkommen.[53] Eine weitere Zielsetzung der ökologischen Landwirtschaft ist die Produktion von hochqualitativen sowie vielfältigen, auf den Wunsch der Verbraucher nach Natürlichkeit ihrer Lebensmittel zugeschnittenen Produkten.[54] Letztlich steht die Qualität der Produkte bei der ökologischen Produktion im Mittelpunkt.[55] Dabei entstehende Mehrkosten im Vergleich zum konventionellen Produktionsverfahren sollen von den Konsumenten in Form einer höheren Zahlungsbereitschaft honoriert werden.[56] Durch die ausgeprägte Natürlichkeit des Produktionsprozesses entstehen zudem andere und ggf. insgesamt **mehr Risiken als im Vergleich zur konventionellen Produktion**. So wird bspw. das Verhalten bzw. der Zustand von Tieren auf weitläufigen Freiflächen weitaus unkontrollierbarer und unersichtlicher, als wenn sie in Ställen gehalten werden. Auch eine erhöhte Anfälligkeit gegenüber Krankheiten und damit eine geringere Ernte sind bei ökologisch angebauten Pflanzen üblich. Insgesamt ist die ökologische Landwirtschaft durch einen sehr hohen Verwendungsgrad interner Produktionsmittel gekennzeichnet und veranschaulicht somit gut einen **sachlichen Produktionskreislauf** in der Landwirtschaft.

233.3 Der zeitliche landwirtschaftliche Produktionskreislauf

Ein **zeitlicher Produktionskreislauf** im Sinne eines wiederkehrenden Prozesses ist jeweils bei den landwirtschaftlichen Herstellungsprozessen von Pflanzen und Tieren zu beobachten. Insbesondere die Pflanzenproduktion hängt sehr von der Jahreszeit ab, denn die saisonalen, natürlichen Schwankungen der Umweltbedingungen haben einen großen Einfluss auf das Wachstum der Pflanzen. Aus diesem Grund muss sich der Landwirt bei seiner Produktionsplanung oftmals am wiederkehrenden zeitlichen Verlauf eines Jahres orientieren. Die mit den Jahreszeiten einhergehenden Produktionsregeln sollten dabei explizit berücksichtigt werden, da sie den Herstellungsprozess und die Eingriffs-

---

51 Vgl. Verordnung (EG) Nr. 834/2007, Art. 3 Abs. a Buchstabe i nach Änderung durch Verordnung (EG) Nr. 967/2008.

52 o. V., Ökologischer Landbau in Deutschland, S. 3.

53 Vgl. Verordnung (EG) Nr. 834/2007, Art. 3 Abs. a Buchstabe ii-iv nach Änderung durch Verordnung (EG) Nr. 967/2008.

54 Vgl. Verordnung (EG) Nr. 834/2007, Art. 3 Abs. b und c nach Änderung durch Verordnung (EG) Nr. 967/2008. Für das Erreichen der genannten Ziele gibt die EU in der Verordnung (EG) Nr. 834/2007 des Rates vom 28.06.2007 nach Änderung durch Verordnung (EG) Nr. 967/2008 des Rates vom 29.09.2008 verschiedene Grundsätze für eine ökologische landwirtschaftliche Erzeugung aus. So fordert sie bspw. die Minimierung des Einsatzes von nicht regenerativen Rohstoffen und außerbetrieblichen Produktionsmitteln (Art. 5 Nr. b), die Wiederverwertung pflanzlicher und tierischer Nebenerzeugnisse und Abfallstoffe als Produktionsmittel in der Pflanzen- und Tierproduktion (Art. 5 Nr. c) sowie weitere natürliche Maßnahmen zur Erhaltung der Pflanzen- und Tiergesundheit (wie z. B. der Anbau von Fruchtfolgen bei Pflanzen) (Art. 5 Nr. f bzw. e) oder die Anwendung von das tierische Immunsystem stärkenden Tierhaltungspraktiken wie z. B. Bewegungsmaßnahmen oder die Ermöglichung eines Zugangs der Tiere zu Freigelände (Art. 5 Nr. l). Vgl. Verordnung (EG) Nr. 834/2007, Art. 5 nach Änderung durch Verordnung (EG) Nr. 967/2008.

55 Vgl. bspw. für die konventionelle und ökologische Tierhaltung Weiß, J./Pabst, W./Granz, S., Tierproduktion, S. 7.

56 Vgl. bspw. für die konventionelle und ökologische Tierhaltung Weiß, J./Pabst, W./Granz, S., Tierproduktion, S. 7.

möglichkeiten durch den Landwirt auf eine natürliche Art und Weise begrenzen.[57] Eine solche Begrenzung ist in anderen Branchen oftmals nicht gegeben. Bei der Tierproduktion kommt ein natürlich wiederkehrender Kreislauf durch den Sexualzyklus der weiblichen Nutztiere zustande. Auch hieran hat sich der Landwirt ähnlich wie bei den Jahreszeiten für den Pflanzenbau zu orientieren.

Neben den für die Landwirtschaft besonderen natürlichen zeitlichen Produktionsabläufen existieren in der Landwirtschaft, wie z. T. in anderen Branchen auch, künstlich geschaffene zeitliche Produktionskreisläufe. Bei der Pflanzenhaltung kann hiervon gesprochen werden, wenn regelmäßig die gleichen Pflanzensorten in mehreren Perioden nacheinander auf demselben Feld angebaut werden oder wenn mithilfe von sortenabhängigen Fruchtfolgen als „[f]achlich begründete, periodisch wiederkehrende Aufeinanderfolge von Fruchtarten auf ein und demselben Feld“[58] gewirtschaftet wird.[59] Bei der Tierproduktion gestaltet sich der Prozess von Zucht über Aufzucht und Mast zyklisch. Bestimmte von Zuchttieren geworfene Jungtiere werden dabei einem späteren Zeitpunkt selbst Zuchttiere und lösen ihre Vorgenerationen ab. Zudem finden alle drei Stufen von Zucht über Aufzucht und Mast bis zur weiteren Produktion i. d. R. in verschiedenen Betrieben, Betriebsstätten oder Stallungen statt und sind dabei im Regelfall ein vertikal aufgebauter, wiederkehrender und ganzheitlicher Prozess.

24 Spezifische Unsicherheiten in der Landwirtschaft

Grundsätzlich sind landwirtschaftliche Betriebe mit den üblichen unternehmerischen Risiken behaftet. So sieht LEHRNER in der Landwirtschaft Produktions-, Personen-, Finanz-, Anlagen-, Politik-, Markt- und Preisrisiken sowie sonstige Risiken.[60] Indes sind bestimmte landwirtschaftliche Ausprägungen und Formen der Risiken so in keiner anderen Branche zu finden. Die originären landwirtschaftlichen Prozesse unterscheiden sich nämlich z. T. wesentlich von den Prozessen in der Industrie. Mit Blick auf die Relevanz der Besonderheiten der Landwirtschaft für die Rechnungslegung wird auf Basis der definierten Risiken von LEHRNER im Folgenden näher auf die Transformations-, Personal-, Politik- und Markt- und Preisrisiken eingegangen. Denn diese Risikoarten haben für die Landwirtschaft im Vergleich zu anderen Branchen oftmals eine besonders hohe Bedeutung.

---

57 An dieser Stelle ist darauf hinzuweisen, dass mithilfe der Gentechnik künstlich in natürliche Prozesse und Eigenschaften biologischer Güter eingegriffen werden kann. Damit sind die natürlichen Grenzen in der Produktion biologischer Güter mittel- bis langfristig verschiebbar. Indes werden die genetischen Veränderungen oftmals von spezialisierten Unternehmen durchgeführt, sodass die direkten Eingriffsmöglichkeiten von Landwirten in den Änderungsprozessen gering sind.

58 LOCHNER, H./BREKER, J., Fachstufe Landwirt, S. 645.

59 Der Einsatz von Fruchtfolgen fördert nachhaltig die Fruchtbarkeit des Bodens im Zeitablauf und beugt der Ausbreitung von Schädlingen, Krankheiten und Unkräutern vor (vgl. ALSING, I., Lexikon Landwirtschaft, S. 263). Vgl. AIGNER, A., Fruchtfolgegestaltung, S. 186-192.

60 Vgl. LEHRNER, J., Risiko-Management in landwirtschaftlichen Betrieben, S. 97, zitiert nach SCHAPER, C./WOCKEN, C./ABELN, K./LASSEN, B./SCHIERENBECK, S./SPILLER, A./THEUVSEN, L., Risikomanagement in Milchviehbetrieben, S. 143; SCHAPER, C./WOCKEN, C./ABELN, K./LASSEN, B./SCHIERENBECK, S./SPILLER, A./THEUVSEN, L., Risikomanagement in Milchviehbetrieben, S. 143. Bei den Risiken kann unterschieden werden zwischen internen Risiken, die überwiegend im landwirtschaftlichen Betrieb ihren Ursprung haben und z. T. vom Landwirt innerbetrieblich gesteuert werden können, und externen Risiken, die im Umfeld des landwirtschaftlichen Betriebes entstehen und auf deren Eintrittswahrscheinlichkeit der Landwirt kaum Einfluss hat. Vgl. WOCKEN, C./SCHAPER, C./LASSEN, B./SPILLER, A./THEUVSEN, L., Risikowahrnehmung in Milchviehbetrieben, S. 156 f.

Rechnungslegungsrelevante spezifische Risiken der Landwirtschaft stellen in erster Linie **Risiken des Transformationsprozesses**[61] der biologischen Güter dar oder gehen auf diese zurück. Die landwirtschaftlichen Risiken sind ursächlich damit verbunden, dass der originäre landwirtschaftliche Produktionsprozess sich unabhängig vom Eingriff des Menschen aus der Natur heraus entwickelt hat und prinzipiell auch ohne seine Hilfe ablaufen kann. Wachstumsprozesse sind dabei in quantitativer und qualitativer Hinsicht stark durch unternehmensexterne Faktoren beeinflusst.[62] Dennoch kann der Mensch bzw. der Landwirt die natürlichen Prozesse fördernd unterstützen und in beschränktem Maße steuern.[63]

Die beiden Risiken des Transformationsprozesses bestehen beim landwirtschaftlichen Produktionsprozess zum einen in der sachlichen und zum anderen in der zeitlichen Unsicherheit.[64] Die **zeitliche Unsicherheit** bezieht sich auf die Dauer des Produktionsprozesses. So ist es bei biologischen Gütern oftmals nicht sicher vorhersehbar, wie lange der biologische Transformationsprozess genau dauert bzw. wann dieser endet. Insbesondere bei einer zunehmenden Produktionsdauer bzw. langfristigen Produktionsprozessen ist die zeitliche Unsicherheit hoch. Es gibt zwar für die Dauer bestimmter Produktionsprozesse publizierte, erfahrungsbasierte Richtwerte und Bandbreiten.[65] Die Produktionsdauer für ein spezifisches biologisches Gut hängt aber letztlich insbesondere von den individuellen Gegebenheiten beim Landwirt, von dessen persönlicher Qualifikation sowie vom spezifisch zu erzeugenden biologischen Gut ab.

An diesem Punkt setzt auch das zweite Hauptrisiko, die **sachliche Unsicherheit**, an. So ist bei natürlichen Wachstumsprozessen zwar i. d. R. bekannt, welches Ergebnis am Ende des Produktionsprozesses entstehen soll. Allerdings hängt die Produktion wie erwähnt in hohem Maße von den individuellen Rahmenbedingungen ab. Die Qualität und die Quantität des Outputs sind z. T. mit großen Unsicherheiten behaftet.[66] Bereits leichte Änderungen der Rahmenbedingungen können einen signifikanten Einfluss auf das Produktionsergebnis haben. Dies bezieht sich sowohl auf tierische biologische Güter, wie bspw. eine tragende Zuchtsau, als auch auf pflanzliche Güter, wie bspw. ein Maisfeld. Bei der Zuchtsau bestehen z. B. Unsicherheiten bezüglich der Anzahl, des Gewichts, der Überlebensfähigkeit und weiterer Qualitätsmerkmale der Ferkel. Beim Maisfeld ist der spätere Ertrag u. a. aufgrund von

---

61 Vgl. zu Transformationsrisiken z. B. PLOCK, M., Ertragsrealisation nach IFRS, S. 238. Die Transformationsrisiken haben dabei den Charakter von Produktionsrisiken in nicht-landwirtschaftlichen Betrieben und können synonym als diese Produktionsrisiken verwendet werden.

62 Vgl. PLOCK, M., Ertragsrealisation nach IFRS, S. 238.

63 Dies wird am Beispiel der Tierproduktion deutlich. So gefährden hier zwar vor allem Tierkrankheiten und -seuchen den Erfolg eines Landwirtes, jedoch bestehen auch durch Fütterungs- und Haltungsfehler sowie durch sonstige Managementfehler Erfolgsrisiken. Vgl. SCHAPER, C./WOCKEN, C./ABELN, K./LASSEN, B./SCHIERENBECK, S./SPILLER, A./THEUVSEN, L., Risikomanagement in Milchviehbetrieben, S. 144.

64 Die sachliche Unsicherheit ist dabei durch die Bestandteile Qualität, Menge sowie ggf. Kosten geprägt, die zeitliche Unsicherheit durch den Bestandteil Zeit. Vgl. für die Einordnung der Bestandteile Transformationsrisiken PLOCK, M., Ertragsrealisation nach IFRS, S. 238.

65 So existieren bspw. Richtwerte für die Dauer bis zur Geschlechtsreife, zur Deckreife oder zur Tragezeit. Beispielsweise sind Rinder i. d. R. nach 10-12 Monaten geschlechtsreif, sollten aber erst nach etwa 15-18 Monaten das erste Mal gedeckt werden. Vgl. NIBLER, T., Praktischer Zuchtbetrieb und Herdenführung, S. 245.

66 Vgl. zu sogenannten Mengenrisiken auch MUßHOFF, O./HIRSCHAUER, N., Modernes Agrarmanagement, S. 346.

Unsicherheiten bezüglich der zu erntenden Menge oder des Trockenheitsgrades des Maises nicht eindeutig vorhersehbar.

Die zeitlichen und sachlichen Unsicherheiten hängen z. T. von den gleichen Komponenten ab. Durch die bei Pflanzen, aber z. T. auch bei Tieren übliche Produktion unter freiem Himmel stellen vor allem Wetterphänomene wie Dürre, Hagel, Stürme und Monsunregen oder Hochwasser externe bestandsbedrohliche Gefahren dar.[67] Bei der Wettergefahr handelt es sich um eine externe Gefahr, auf die der Landwirt wenig bis keinen direkten Einfluss ausüben kann. Stattdessen kann er vorbeugend tätig werden, indem er z. B. möglichst wetterresistente Pflanzensorten aussät, Schutzvorrichtungen installiert oder seine Pflanzen lediglich in wetterrisikoarmen Gebieten anbaut[68]. Wetterbedingt, aber ebenfalls abhängig von anderen Rahmenfaktoren und der individuellen Qualität der biologischen Güter können Krankheiten, Seuchen oder Keimbefälle auftreten, die den Entwicklungsprozess der biologischen Güter nachhaltig schädigen können.[69] Die Möglichkeit der direkten Einflussnahme hierauf durch den Landwirt ist vom jeweiligen Einzelfall abhängig, kann aber durchaus groß sein. Insbesondere vorbeugende Maßnahmen wie z. B. das Schaffen einer angemessenen Stallhygiene spielen bei dieser Risikobekämpfung eine bedeutsame Rolle.

Ein weiteres, nicht unerhebliches Risiko geht in der Landwirtschaft vom Landwirt selbst bzw. seinen Beschäftigten aus (**Personalrisiko**).[70] Diese erkennen möglicherweise optimale Rahmenbedingungen nicht, leiten daher notwenige Veränderungen im Betrieb nicht oder unangemessen ein oder behindern durch sonstige Fehler den Produktionsprozess. Wie bereits erläutert, ist für den Ablauf des natürlichen Produktionsprozesses menschliches Mitwirken nicht zwangsläufig erforderlich. Für eine gute Organisation der Produktion ist das Mitwirken allerdings förderlich und daher i. d. R. auch aus wirtschaftlichen Gründen zu empfehlen.

Neben den beschriebenen Transformations- und Personalrisiken bestehen in einem landwirtschaftlichen Betrieb verstärkt auch **Politikrisiken**. Diese resultieren aus politischen Entscheidungen und beziehen sich vor allem auf Änderungen von Rechtsbereichen wie der Gemeinsamen Agrarpolitik.[71] Unter den Politikrisiken sind speziell die Subventionsrisiken bedeutsam, da die landwirtschaftliche Tätigkeit stark vom Staat subventioniert wird. Verändert der Gesetzgeber bzw. die EU die Verteilung der Subventionen, kann dies die Ertragssituation und die wirtschaftliche Lage der Landwirte bedeutend beeinflussen. Auch Politikrisiken im Zusammenhang mit der konkreten Ausübung der Tätigkeit stellen für Landwirte eine große Herausforderung dar. Vor allem die EU hat in der Vergangenheit

---

67 Vgl. hierzu auch PLOCK, M., Ertragsrealisation nach IFRS, S. 238.

68 Für landwirtschaftliche Konzerne sind Betriebsstättenverlagerungen in andere Regionen i. d. R. relativ einfach durchführbar. Einzelne Landwirte sind allerdings mit ihrem Hof standortgebunden und daher i. d. R. lediglich sehr regional tätig. Ein Wechsel des Pflanzenanbaus in ggf. signifikant wetterrisikoärmere Gebiete ist dabei im Regelfall aus wirtschaftlichen Gründen nicht oder lediglich sehr eingeschränkt möglich. Letztlich ist hier aber nochmals darauf hinzuweisen, dass einzelne Landwirte nur in Ausnahmefällen von der verpflichtenden Anwendung der IFRS betroffen sein dürften.

69 Vgl. hierzu auch PLOCK, M., Ertragsrealisation nach IFRS, S. 238.

70 Vgl. hierzu sowie für eine Darstellung von Personalrisiken m. w. N. SCHAPER, C./WOCKEN, C./ABELN, K./LASSEN, B./SCHIERENBECK, S./SPILLER, A./THEUVSEN, L., Risikomanagement in Milchviehbetrieben, S. 145.

71 Vgl. SCHAPER, C./BRONSEMA, H./THEUVSEN, L., Risikomanagement in der Landwirtschaft, S. 15.

regelmäßig verschiedenste, die landwirtschaftliche Tätigkeit betreffende Vorgaben erlassen, z. B. bezüglich der artgerechten Tierhaltung, der einzusetzenden Düngemittel oder der erlaubten Feldbewirtschaftung. Diesen Vorgaben hat ein Landwirt Folge zu leisten, sodass hiermit ggf. neue Investitionen und Aufwendungen für Anpassungen im Betrieb und der Betriebsabläufe erforderlich sind. Dies kann wiederum auch die Ertragslage und wirtschaftliche Situation des Landwirtes gefährden. Die ausgeprägte Regulierungsintensität mit häufigen Regelungsänderungen kann zudem beim Landwirt zu großen Unsicherheiten gegenüber den Rechtsvorgaben führen. Letztlich stellen neben der Agrarpolitik vor allem Entscheidungen bezüglich der Umwelt-, Außen-, Sozial-, Steuer- und Handelspolitik bedeutende politische Risiken dar.[72]

Die **Markt- und Preisrisiken** haben im Rahmen der zunehmenden Liberalisierung der Agrarmärkte sowohl auf der Beschaffungs- als auch auf der Absatzseite für Landwirte eine hohe Bedeutung, wobei negative Entwicklungen der Absatzpreise die landwirtschaftlichen Betriebe i. d. R. wirtschaftlich stärker gefährden als volatile Inputpreise.[73] Die Markt- und Preisrisiken können sowohl regional als auch national und international auftreten bzw. verursacht sein. Dies hängt vor allem von der Verbreitung der Nachfrage nach bestimmten landwirtschaftlichen Produkten zusammen. So kann bei sehr standardisierten und weltweit auf Börsen gehandelten Erzeugnissen, bspw. Weizen, eine äußerst gute Ernte in einer größeren ausländischen Volkswirtschaft zu einem (Preis-)Risiko für die inländischen Landwirte werden, da hierdurch der Preis für das Gut c. p. zu sinken droht. Letztlich sind die Markt- und Preisrisiken aufgrund der oftmals standardisierten Produkte sowie der vielen landwirtschaftlichen Mitproduzenten in den allermeisten Fällen exogen für die landwirtschaftlichen Betriebe vorgegeben, sodass diese die Risiken nicht selbst beheben, sondern lediglich darauf reagieren bzw. sich in einem bestimmtem Maße dagegen absichern können. Insgesamt haben die Markt- und Preisrisiken einen besonderen Einfluss auf die Bewertung von Vermögenswerten und betreffen die Cashflows der Unternehmen i. d. R. direkt. Für eine marktnahe Bewertung ist hier vor allem auch zu berücksichtigen, inwieweit überhaupt unverzerrte Marktpreise und die Liquidität der Märkte gegeben sind.

72 Vgl. SCHAPER, C./WOCKEN, C./ABELN, K./LASSEN, B./SCHIERENBECK, S./SPILLER, A./THEUVSEN, L., Risikomanagement in Milchviehbetrieben, S. 143.

73 Vgl. SCHAPER, C./BRONSEMA, H./THEUVSEN, L., Risikomanagement in der Landwirtschaft, S. 15.

3 Anforderungen an die Rechnungslegung nach IFRS und Theorie der Ertragsrealisation

31 Anforderungen an die Rechnungslegung nach IFRS

311. Überblick zum Conceptual-Framework-Projekt

Das derzeitige Rahmenkonzept der internationalen Rechnungslegung (Conceptual Framework) resultierte aus einem im Jahr 2002 beschlossenen Konvergenzprozess zwischen dem IASB und dem FASB. Als unmittelbare Folge des in diesem Zusammenhang abgeschlossenen Norwalk-Agreements, in dem sich beide Standardsetter zur gemeinsamen Ausarbeitung neuer und zur Überarbeitung existierender Standards bereit erklärt haben, wurde auch das sogenannte Conceptual-Framework-Projekt eingeleitet.[74] Ausgangspunkt der Entwicklung des neuen Rahmenkonzeptes waren die bestehenden Rahmenkonzepte vom IASB und vom FASB, sodass das Conceptual Framework nicht grundsätzlich neu konzipiert werden sollte.[75]

Das Conceptual-Framework-Projekt wurde zu Beginn in acht größtenteils voneinander unabhängig verlaufende Phasen (Phasen A–H) aufgeteilt, die nach ihrem Abschluss sukzessive in das Framework der Standardsetter aufgenommen werden sollten.[76] Im September 2010 schlossen die Standardsetter die erste Phase des Konvergenzprojektes ab und veröffentlichten mit „Chapter 1 *The objective of general purpose financial reporting*“ sowie „Chapter 3 *Qualitative characteristics of useful financial information*“ die Ergebnisse der Phase A.[77] Diese umfassen eine Definition der Zwecksetzung der allgemeinen Finanzberichterstattung sowie der von den Abschlussinformationen im Hinblick auf diese neu definierte Zwecksetzung zu erfüllenden qualitativen Kriterien.[78] Die Regelungen sind bereits Bestandteil des neuen Conceptual Framework und lösen damit die inhaltlich korrespondierenden Vorgängerregelungen ab.[79]

---

74 Vgl. WHITTINGTON, G., The critical role of the IASB conceptual framework review, S. 497 f.

75 Vgl. WIEDMANN, H./SCHWEDLER, K., Die Rahmenkonzepte von IASB und FASB, S. 693; IASB (HRSG.), DP: Conceptual Framework 2006, P4-P6.

76 Vgl. PELGER, C., Rechnungslegungszweck und qualitative Anforderungen im Conceptual Framework, S. 909. Vgl. für tiefergehende Erklärungen zum Conceptual-Framework-Projekt PELGER, C., Rechnungslegungszweck und qualitative Anforderungen im Conceptual Framework, S. 909 f.; GASSEN, J./FISCHKIN, M./HILL, V., Das Rahmenkonzept-Projekt des IASB und des FASB, S. 874 f. Die aktive Arbeit am gemeinsamen Conceptual Framework seitens des IASB und des FASB startete im Jahr 2004. Vgl. IASB (HRSG.), IASB Update – April 2004, S. 4; IASB (HRSG.), IASB Update – Oktober 2004.

77 Vgl. CF.Foreword. Den endgültigen Ergebnisse zur Phase A gingen im Juli 2006 ein Diskussionspapier (vgl. IASB (HRSG.), DP: Conceptual Framework 2006) sowie im Mai 2008 ein Exposure Draft (vgl. IASB (HRSG.), ED: Conceptual Framework 2008) zur Phase A „Objective and qualitative characteristics“ voraus.

78 Vgl. HOFFMANN, S./DETZEN, D., Das Joint Conceptual Framework, S. 53.

79 Vgl. PELGER, C., Rechnungslegungszweck und qualitative Anforderungen im Conceptual Framework, S. 909. Wesentliche, nicht von den Ergebnissen der Phase A direkt betroffene Regelungen des alten Rahmenkonzeptes (1989, *Rahmenkonzept für die Aufstellung und Darstellung von Abschlüssen* (vgl. hierzu Framework (1989))) wurden inhaltlich unverändert, indes mit abweichenden Paragrafennummern in das Conceptual Framework (2010) übernommen. Vgl. LÜDENBACH, N./FREIBERG, J., BB-IFRS-Report 2010, S. 3139.

Nach der Veröffentlichung der ersten Ergebnisse wurde das Projekt im Herbst 2010 aufgrund von anderen Projekten mit höherer Dringlichkeit vorübergehend unterbrochen.[80] Im Mai 2012 wurde der Fortführung des Projektes seitens des IASB wieder Priorität eingeräumt.[81] Das Projekt wird nun allerdings lediglich durch den IASB und als ein ganzheitliches Einphasenprojekt fortgeführt.[82] Im Juli 2013 veröffentlichte der IASB dazu das Diskussionspapier DP/2013/1 „A Review of the Conceptual Framework for Financial Reporting“[83]. Demnach werden wesentliche nicht behandelte bzw. nicht beendete Elemente des gemeinsamen Conceptual-Framework-Projektes auf einen Änderungsbedarf hin untersucht.[84]

Das aktuelle Conceptual Framework stellt eine Deduktionsbasis zur Entwicklung von Rechnungslegungsstandards dar.[85] So werden ausgehend von der Zielsetzung der Rechnungslegung, die sich aus dem Informationsbedarf der Rechnungslegungsadressaten bestimmt, allgemeine Rechnungslegungsgrundsätze sowie Grundsätze für Ansatz- und Bewertungsfragen abgeleitet.[86] Die abgeleiteten Grundsätze dienen dann der Entwicklung von künftigen, der Weiterentwicklung von bereits bestehenden und der Auslegung von existierenden Rechnungslegungsstandards,[87] die möglichst prinzipienbasiert, intern konsistent sowie international konvergent sein sollen[88].

Das Conceptual Framework stellt selbst keinen Standard dar und definiert folglich auch keine Anforderungen für konkrete Bewertungsfragen oder für Angaben.[89] Es ist bei offenen Fragestellungen für die Auslegung eines Sachverhaltes lediglich dann zu verwenden, sofern kein entsprechender Standard und keine entsprechende Interpretation für den betroffenen Sachverhalt vorliegen.[90] Insgesamt veranschaulicht das Conceptual Framework die Konzeptionen, auf denen die Aufstellung und die Darstellung von für externe Adressaten vorgesehenen Abschlüssen basieren.[91] Bezüglich des Verbind-

80 Vgl. IASB (Hrsg.), IASB Update – November 2010, S. 2; Lüdenbach, N./Freiberg, J., BB-IFRS-Report 2010, S. 3142.

81 Vgl. IASB (Hrsg.), IASB Update – Mai 2012, S. 8.

82 Vgl. IASB (Hrsg.), IASB Update – September 2012, S. 15.

83 Vgl. IASB (Hrsg.), DP/2013/1: Conceptual Framework.

84 Dabei setzt der IASB wieder auf dem existierenden Conceptual Framework auf. Vgl. IASB (Hrsg.), DP/2013/1: Conceptual Framework, 1.8. Eine erneute generelle Überprüfung der bereits 2010 verabschiedeten Regelungen findet nicht statt. Vgl. IASB (Hrsg.), DP/2013/1: Conceptual Framework, 9.2. Dennoch behält sich der IASB das Recht vor, mögliche Änderungen vorzunehmen, sofern bei der Überarbeitung des restlichen Conceptual Framework Änderungsbedarf deutlich wird. Vgl. IASB (Hrsg.), DP/2013/1: Conceptual Framework, 9.3.

85 Vgl. z. B. Kampmann, H./Schwedler, K., Zum Entwurf eines gemeinsamen Rahmenkonzepts, S. 521 und S. 522; Dobler, M./Hettich, S., Geplante Änderungen der Rahmenkonzepte, S. 29; Wiedmann, H./Schwedler, K., Die Rahmenkonzepte von IASB und FASB, S. 693 i. V. m. S. 687.

86 Vgl. Schoo, L., Umsatzrealisierung nach IFRS, S. 7; Wiedmann, H./Schwedler, K., Die Rahmenkonzepte von IASB und FASB, S. 678.

87 Vgl. CF.Purpose and status.

88 Vgl. Gassen, J./Fischkin, M./Hill, V., Das Rahmenkonzept-Projekt des IASB und des FASB, S. 874; Kampmann, H./Schwedler, K., Zum Entwurf eines gemeinsamen Rahmenkonzepts, S. 521; McGregor, W./Street, D. L., IASB and FASB Face Challenges, S. 39. Vgl. ähnlich Dobler, M./Hettich, S., Geplante Änderungen der Rahmenkonzepte, S. 29; Ballwieser, W., IFRS-Rechnungslegung, S. 9 und S. 12.

89 Vgl. CF.Purpose and status.

90 Vgl. Schöllhorn, T./Müller, M., Bedeutung und praktische Relevanz des Rahmenkonzepts (I), S. 1624.

91 Vgl. CF.Purpose and status.

lichkeitsgrades ist das Conceptual Framework daher gegenüber einem IFRS nachrangig.[92] Indes kommt dem Rahmenkonzept insofern ein verpflichtender Charakter für IFRS-Anwender zu, als wesentliche Teile des Rahmenkonzeptes inhaltlich und z. T. wörtlich in IAS 1 übernommen wurden[93] und damit zu großen Teilen materiell verpflichtend sind[94]. Zudem erhält das Rahmenkonzept über IAS 8.10 mit der „Lückenfüllungsfunktion"[95] eine bindende Wirkung, indem ihm die „Rolle eines Auffangnetzes"[96] für nicht durch die IFRS explizit geregelte, bilanziell abzubildende Sachverhalte beigemessen wird.[97]

312. Zielsetzung und Adressaten

Die Zielsetzung der Rechnungslegung nach IFRS liegt in der Bereitstellung von unternehmensspezifischen Finanzinformationen, die für derzeitige und künftige Investoren, Kreditgeber sowie weitere Gläubiger bei deren Kapitalallokationsentscheidungen nützlich sind (***decision usefulness***).[98] Dem Standardsetter ist hierbei bewusst, dass er nicht sämtlichen Informationsinteressen aller möglichen Abschlussadressaten gerecht werden kann.[99] Er ist aber der Meinung, dass die für Kapitalgeber entscheidungsnützlichen Informationen wahrscheinlich auch den Informationsbedarf der nicht im Hauptadressatenkreis eingeschlossenen Interessengruppen abdecken.[100] Daher definiert der IASB die **Kapitalgeber[101] eines Unternehmens als die Hauptadressaten der allgemeinen Finanzberichterstattung** (*general purpose financial reporting*).[102] Die Ausrichtung der Finanzberichterstattung auf die Kapitalgeber ist aus der Sicht des IASB auch dadurch begründet, dass diese den wichtigsten und akutesten Informationsbedarf haben, sie jedoch das berichtende Unternehmen im Regelfall nicht dazu zwingen können, ihnen unmittelbar Informationen bereitzustellen[103], und daher auf die Informationen

---

92 Vgl. CF.Purpose and status.

93 Vgl. WAWRZINEK, W., in: Bohl et al., Beck'sches IFRS Handbuch, § 2, Rn. 9; PELLENS, B./FÜLBIER, R. U./GASSEN, J./SELLHORN, T., Internationale Rechnungslegung, S. 87.

94 Vgl. PELLENS, B./FÜLBIER, R. U./GASSEN, J./SELLHORN, T., Internationale Rechnungslegung, S. 87.

95 KIRSCH, H., Zielsetzung der Finanzberichterstattung und qualitative Anforderungen, S. 27. Vgl. auch RUHNKE, K./NERLICH, C., Behandlung von Regelungslücken innerhalb der IFRS, S. 392.

96 PELGER, C., Rechnungslegungszweck und qualitative Anforderungen im Conceptual Framework, S. 910.

97 Vgl. RUHNKE, K./NERLICH, C., Behandlung von Regelungslücken innerhalb der IFRS, S. 932; BLAUM, U./HOLZWARTH, J./WENDLANDT, G., in: Baetge et al., Rechnungslegung nach IFRS, IAS 8, Rn. 54. Letztlich ist der Verbindlichkeitsgrad des Conceptual Framework über IAS 8 formal aber erst dann durchsetzbar, wenn der Standard an die mit dem Conceptual Framework eingeführten Neuerungen angepasst und somit der Bezug zu den Inhalten und Begrifflichkeiten des alten Rahmenkonzeptes entfernt wurde. Vgl. HOFFMANN, S./DETZEN, D., Das Joint Conceptual Framework, S. 54 f.

98 Vgl. CF.OB2. Vgl. auch bereits BAETGE, J./ZÜLCH, H., in: Wysocki et al., HdJ, Abt. I/2, Rn. 204.

99 Vgl. CF.BC1.18; CF.Introduction; BAETGE, J./KIRSCH, H.-J./THIELE, S., Bilanzen, S. 151. So stellen bereits BAETGE und THIELE fest, dass ein weit gefasster Kreis schutzwürdiger Interessen für den Jahresabschluss die Problematik divergierender Interessen mit sich bringt. Vgl. BAETGE, J./THIELE, S., Rechenschaft vs. Kapitalerhaltung, S. 17.

100 Vgl. CF.BC1.16 (c).

101 Die Kapitalgeber stellen dabei nicht nur „typische" Kapitalgeber wie z. B. Banken oder Großaktionäre dar. Auch bspw. Arbeitnehmer, die Belegschaftsaktien besitzen, oder Lieferanten, die noch Außenstände gegenüber dem berichtenden Unternehmen haben, zählen zum Kapitalgeberkreis. Vgl. BALLWIESER, W., Informations-GoB, S. 116.

102 Vgl. CF.OB5. Der Board legt im Rahmenkonzept das Ziel der Rechnungslegung bzw. allgemeinen Finanzberichterstattung und nicht explizit das Ziel von Jahres- und Konzernabschlüssen fest, wobei diese einen wesentlichen Teil der Finanzberichterstattung ausmachen. Vgl. CF.BC1.4. Weitere Teile der Finanzberichterstattung können bspw. Lageberichte oder Prognoserechnungen umfassen. Vgl. KIRSCH, H., Zielsetzung der Finanzberichterstattung und qualitative Anforderungen, S. 28.

103 Vgl. CF.BC1.16 (a); CF.OB5.

der Finanzberichterstattung angewiesen sind[104].[105] Die bedeutende Stellung des Informationsbedarfs der Kapitalgeber ergibt sich dabei daraus, dass diese durch den potenziellen Ausfall ihrer dem Unternehmen bereitgestellten Ressourcen ein erhöhtes finanzielles Risiko eingehen.[106]

Das **Informationsbedürfnis der Kapitalgeber** leitet sich theoretisch aus der Prinzipal-Agenten-Beziehung[107] zwischen den Kapitalgebern und der Unternehmensleitung ab.[108] Der Kapitalgeber (Prinzipal) überträgt dabei dem Management (Agent) Kapital, über dessen weitere Verwendung dann der Agent bestimmt, wobei primär der Prinzipal und nicht der Agent selbst die aus den Entscheidungen des Agenten resultierenden wirtschaftlichen Folgen trägt.[109] Durch das unterstellte Interesse an der Maximierung des eigenen Nutzens können zwischen dem Agenten und dem Prinzipal Interessenkonflikte entstehen.[110] Dabei kann der Prinzipal die Aktivitäten des Agenten nicht oder nicht vollständig beobachten[111] und befindet sich somit im Vergleich zum Agenten im Informationsrückstand[112]. Die Informationsasymmetrie[113] schränkt die Beurteilbarkeit der Kapitalanlage aus der Perspektive der Kapitalgeber insgesamt ein.[114] Damit der Kapitalgeber letztlich seine Kapitalanlageentscheidungen treffen kann,[115] ist es daher notwendig, dass dieser vom Management über dessen Aktivitäten ausreichend informiert wird.[116]

---

104 Vgl. CF.OB5.

105 Zudem begründet der Standardsetter die Abgrenzung des Hauptadressatenkreises auf Kapitalgeber damit, dass er sich nach seiner Zuständigkeit auf die Bedürfnisse der Teilnehmer am Kapitalmarkt konzentrieren muss und diese sowohl bestehende als auch potenzielle Investoren, Kreditgeber und sonstige Gläubiger umfassen. Vgl. CF.BC1.16 (b).

106 Vgl. BAETGE, J./KIRSCH, H.-J./THIELE, S., Bilanzen, S. 152; HEPERS, L., Entscheidungsnützlichkeit der Bilanzierung von Intangible Assets, S. 13. Vgl. auch HARTUNG, S., Anhang und Lagebericht im Spannungsfeld, S. 13-15. Die Kapitalgeber können in diesem Zusammenhang noch tiefer in Eigenkapitalgeber und Fremdkapitalgeber unterteilt werden, wovon Erstere dem höchsten Einkommensrisiko ausgesetzt sind (vgl. BALLWIESER, W., Informations-GoB, S. 116), da der Anspruch der Eigenkapitalgeber nachrangig ist und sich erst nach Abzug der Zahlungen an die Fremdkapitalgeber und weiteren Gläubiger als Residualbetrag ergibt (vgl. VOLKART, R., Corporate Finance, S. 480; FRANKE, G./HAX, H., Finanzwirtschaft des Unternehmens und Kapitalmarkt, S. 4 f.).

107 Vgl. zu umfassenden Ausführungen zur Prinzipal-Agenten-Theorie z. B. JENSEN, M. C./MECKLING, W. H., Theory of the Firm, S. 305-360; RICHTER, R./FURUBOTN, E. G., Neue Institutionenökonomik, S. 173-181, S. 220 f. und S. 225-266.

108 Vgl. OLBRICH, A., Wertminderung von finanziellen Vermögenswerten, S. 7.

109 Vgl. KOELEN, P., Investitionstheoretische Bewertungskalküle, S. 10. Vgl. ähnlich PELGER, C., Entscheidungsnützlichkeit in neuem Gewand, S. 159.

110 Vgl. ALPARSLAN, A., Prinzipal-Agent-Theorie, S. 17.

111 Vgl. BEAVER, W. H., Financial Reporting, S. 31; FRITSCH, M., Marktversagen und Wirtschaftspolitik, S. 258.

112 Vgl. z. B. NEUS, W., Einführung in die Betriebswirtschaftslehre, S. 100; BEAVER, W. H., Financial Reporting, S. 31; WULFERT, I./WIESKE, D., Die externe Rechnungslegung aus der Perspektive der Prinzipal-Agenten-Theorie, S. 111; BUSSE VON COLBE, W., Unternehmenskontrolle durch Rechnungslegung, S. 43. Dadurch werden dem Agenten Anreize zur Ausnutzung seines Informationsvorteils gesetzt. Vgl. FRITSCH, M., Marktversagen und Wirtschaftspolitik, S. 258. Vgl. auch EIERLE, B., Entwicklung der Differenzierung der Unternehmensberichterstattung, S. 25; ALPARSLAN, A., Prinzipal-Agent-Theorie, S. 17; BEAVER, W. H., Financial Reporting, S. 31; NEUS, W., Einführung in die Betriebswirtschaftslehre, S. 100.

113 Vgl. zu den verschiedenen Typen von Informationsasymmetrien bspw. FRITSCH, M., Marktversagen und Wirtschaftspolitik, S. 258-262; ALPARSLAN, A., Prinzipal-Agent-Theorie, S. 21-24.

114 Vgl. KOELEN, P., Investitionstheoretische Bewertungskalküle, S. 11

115 Vgl. OLBRICH, A., Wertminderung von finanziellen Vermögenswerten, S. 7.

116 Vgl. KOELEN, P., Investitionstheoretische Bewertungskalküle, S. 11.

Die Zielsetzung der Rechnungslegung nach IFRS liegt, wie erwähnt, in der Vermittlung von entscheidungsnützlichen Informationen und wird im Rahmenkonzept vom Standardsetter tiefgehender erläutert. Letztlich kann die Zielsetzung nach IFRS mit der Differenzierung in die **Valuation-Usefulness-Funktion** (Bewertungsnützlichkeit) und die **Stewardship**[117]**-Funktion** (Rechenschaft) in zwei Subziele untergliedert werden.[118]

Die bereitgestellten Informationen müssen für die Entscheidungsfindung der Kapitalgeber in der Frage nützlich sein, inwiefern diese dem berichtenden Unternehmen Ressourcen im Sinne von Kapital zur Verfügung stellen.[119] Die Entscheidungen der Kapitalgeber hängen maßgeblich von den von einem Investitionsobjekt seitens der Kapitalgeber erwarteten Erträgen ab.[120] Damit die Kapitalgeber ihre Einschätzungen bezüglich der zukünftigen Zahlungsmittelzuflüsse aus einer Investition fundieren können, benötigen sie Informationen.[121] Dabei sind insbesondere Informationen über die Vermögens-, Finanz- und Ertragslage des Unternehmens sowie über deren zeitliche Veränderung von Bedeutung.[122] Die Informationen sind vor allem förderlich, soweit sie sich auf die Höhe, den Zeitpunkt oder auch auf die Unsicherheit der künftigen Nettomittelzuflüsse der Investition beziehen.[123] Diesbezüglich besteht die mit den Finanzberichten verbundene Absicht darin, Informationen zu vermitteln, mit denen die Kapitalgeber das Unternehmen bewerten können.[124] Als bewertungsrelevant erachtet der Standardsetter Informationen über die Ressourcen und Verpflichtungen des berichtenden Unternehmens sowie über die Effizienz und die Effektivität des Managements bei der Erfüllung seiner Verpflichtung, die Unternehmensressourcen zu verwenden.[125] Das Bereitstellen dieser bewertungsnützlichen Informationen ist als **Valuation-Usefulness-Funktion** (Bewertungsnützlichkeit) der Rechnungslegung bekannt.[126]

Die **Stewardship-Funktion** (Rechenschaft) basiert inhaltlich auf der Prinzipal-Agenten-Theorie, denn mit ihr ist primär der Abbau von Informationsasymmetrien sowie von Interessenkonflikten zwischen den Kapitalgebern und der Unternehmensleitung verbunden.[127] Die Rechnungslegung dient

---

117 Der Begriff *stewardship* wird indes im aktuellen Conceptual Framework aufgrund von Übersetzungsschwierigkeiten nicht verwendet, sondern lediglich inhaltlich umschrieben. Vgl. CF.BC1.28.

118 Vgl. z. B. PELLENS, B./FÜLBIER, R. U./GASSEN, J./SELLHORN, T., Internationale Rechnungslegung, S. 89 und GASSEN, J./FISCHKIN, M./HILL, V., Das Rahmenkonzept-Projekt des IASB und des FASB, S. 18, die hierfür die Begriffe Koordinationsfunktion (Rechenschaft) und Bewertungsfunktion (Entscheidungsnützlichkeit) verwenden.

119 Vgl. CF.OB2. Der Standardsetter spezifiziert die Entscheidungen der Kapitalgeber als den Kauf, den Verkauf oder auch das Halten von Eigen- und Fremdkapitalinstrumenten sowie als die Vergabe oder die Rückzahlung von Darlehen und anderweitigen Kreditarten. Vgl. CF.OB2. Vgl. auch DETTENRIEDER, D., Hedge Accounting, S. 8 f.

120 Vgl. CF.OB3.

121 Vgl. CF.OB3.

122 Vgl. BAETGE, J./KIRSCH, H.-J./THIELE, S., Bilanzen, S. 152.

123 Vgl. SCHOO, L., Umsatzrealisierung nach IFRS, S. 10 i. V. m. CF.OB3; BERENTZEN, C., Die Bilanzierung von finanziellen Vermögenswerten, S. 20 f.

124 Vgl. CF.OB7.

125 Vgl. CF.OB4. Beispiele für die Verpflichtungen des Managements sind der Schutz des Unternehmens gegen nachteilige wirtschaftliche Entwicklungen (bspw. Technologie- oder Preisänderungen) oder die Sicherung der Erfüllung rechtlicher Vorgaben und vertraglicher Regelungen. Vgl. CF.OB4.

126 Vgl. DETTENRIEDER, D., Hedge Accounting, S. 9.

127 Vgl. COENENBERG, A. G./STRAUB, B., Rechenschaft vs. Entscheidungsnützlichkeit, S. 17.

hierbei dem Schutz der Kapitalgeber[128] und hat die Aufgabe, diesen Informationen zur Beurteilung der Leistung des Managements bereitzustellen[129]. Hierzu bedarf es möglichst manipulationsfreier, intersubjektiv nachprüfbarer Informationen.[130] Als Kontrollinstrument ist mit der Rechnungslegung unweigerlich eine Ex-post-Betrachtungsweise verbunden, jedoch gehen von der Rechenschaftsfunktion gleichzeitig auch Ex-ante-Wirkungen aus, indem die Kontrollmöglichkeit der Kapitalgeber Anreize für das künftige Verhalten des Managements setzt.[131] Der Standardsetter macht in CF.OB4 deutlich, dass die Rechenschaftsentscheidungen mithilfe der für die Cashflow-Schätzung gewonnenen Informationen über die Leistung des Managements unterstützt werden können.[132] Auf diese Weise werden Rechenschaftsinformationen materiell lediglich mit Bezug zu den Informationen zur Beurteilung der künftigen Nettomittelzuflüsse, und damit zur Bewertungsnützlichkeit, umschrieben[133] und nicht eigens definiert. Demnach unterstützt die IFRS-Rechnungslegung Rechenschaftsentscheidungen nur insofern, wie die bereitgestellten Informationen auch einem gleichartigen Informationsbedarf für die Bewertungsnützlichkeit dienlich sind.[134]

Insgesamt ist die Rechenschaftsfunktion keine vollumfängliche Untergruppe der Bewertungsfunktion und geht somit nicht vollends in dieser auf[135]. Die Rechenschaftsfunktion umfasst bspw. eine Kontrollkomponente, die die Bewertungsfunktion nicht enthält[136] und die somit bei der Ermittlung der für Kapitalallokationsentscheidungen nützlichen Informationen vernachlässigt wird[137]. Ein weiterer Unterschied zwischen den beiden Subzielen ist, dass bei der Rechenschaftsfunktion die Beurteilung der Leistung des Managements im Fokus steht, bei der Bewertungsnützlichkeit indes die Leistung

128 Vgl. COENENBERG, A. G./STRAUB, B., Rechenschaft vs. Entscheidungsnützlichkeit, S. 17. Vgl. zum Schutz der Kapitalgeber durch Jahresabschlüsse MOXTER, A., Grundsätze ordnungsgemäßer Rechnungslegung, S. 3 f. und S. 7.

129 Vgl. KÖHLING, K., Barwertorientierte Fair Value-Ermittlung für Renditeimmobilien, S. 11; PELGER, C., Entscheidungsnützlichkeit in neuem Gewand, S. 159. Die Beurteilung der Leistung des Managements stellt dabei eine Herausforderung dar, weil die Unternehmensleistung nicht ausschließlich aus Handlungen des Managements resultiert, sondern auch von der Entwicklung nicht beeinflussbarer Faktoren abhängt. Vgl. COENENBERG, A. G./STRAUB, B., Rechenschaft vs. Entscheidungsnützlichkeit, S. 19.

130 Vgl. DETTENRIEDER, D., Hedge Accounting, S. 10. Vgl. ähnlich COENENBERG, A. G./STRAUB, B., Rechenschaft vs. Entscheidungsnützlichkeit, S. 22.

131 Vgl. COENENBERG, A. G./STRAUB, B., Rechenschaft vs. Entscheidungsnützlichkeit, S. 18. Der IASB weist diesbezüglich darauf hin, dass Informationen über das Erfüllen der Pflichten seitens des Managements auch für die Entscheidungen jener bestehenden Kapitalgeber nützlich sind, die die Tätigkeiten des Managements beeinflussen können, (vgl. CF.OB4) und betont damit bereits die Rechenschaftsfunktion der IFRS-Rechnungslegung (vgl. BALLWIESER, W., IFRS-Rechnungslegung, S. 15). Darüber hinaus hält er für die Beurteilung der Managementleistung die für die Ressourcenallokationsentscheidung erforderlichen Informationen in den meisten Fällen für entscheidungsnützlich. Vgl. CF.BC.1.26.

132 Vgl. CF.OB4; PELGER, C., Rechnungslegungszweck und qualitative Anforderungen im Conceptual Framework, S. 911.

133 Vgl. KIRSCH, H., Zielsetzung der Finanzberichterstattung und qualitative Anforderungen, S. 29.

134 Vgl. PELGER, C., Rechnungslegungszweck und qualitative Anforderungen im Conceptual Framework, S. 911. Dabei ist zu berücksichtigen, dass die Anforderungen an die beiden Subziele nicht vollkommen identisch sind, (vgl. COENENBERG, A. G./STRAUB, B., Rechenschaft vs. Entscheidungsnützlichkeit, S. 22) auch wenn die Rechenschaftsfunktion und die Bewertungsnützlichkeitsfunktion bedeutsame Überschneidungen aufweisen (vgl. HETTICH, S., Zweckadäquate Gewinnermittlungsregeln, S. 12).

135 Vgl. KAMPMANN, H./SCHWEDLER, K., Zum Entwurf eines gemeinsamen Rahmenkonzepts, S. 525.

136 Vgl. COENENBERG, A. G./STRAUB, B., Rechenschaft vs. Entscheidungsnützlichkeit, S. 25.

137 Vgl. DOBLER, M./HETTICH, S., Geplante Änderungen der Rahmenkonzepte, S. 32.

des gesamten Unternehmens[138]. Zudem ist die Rechenschaftsfunktion als Kontrollfunktion vergangenheitsorientiert, die Bewertungsnützlichkeit basiert indes auf einer prospektiven Ausrichtung der Informationen,[139] sodass die Rechenschaftsfunktion i. d. R. auf verlässlicheren Informationen beruht.[140] Insgesamt schließen sich die beiden Subziele der Rechnungslegung nicht gegenseitig aus, mit ihnen sind allerdings unterschiedliche inhaltliche Schwerpunkte in der Rechnungslegung verbunden.[141] Von immenser Bedeutung für diese Unterschiede ist dabei eine andersgeartete Gewichtung von Relevanz und Verlässlichkeit der geforderten Informationen.[142]

Die teilweise resultierende Zieldisharmonie zwischen Stewardship und Valuation Usefulness löst der Standardsetter durch eine **Betonung der Bewertungsnützlichkeit als Zielsetzung** der Finanzberichterstattung.[143] Auch wenn er bekundet, eine Hierarchisierung der Bewertungsnützlichkeit und der Rechenschaft hinsichtlich ihrer Bedeutung für die Entscheidungsnützlichkeit nicht beabsichtigt zu haben,[144] wird die Rechenschaft in der IFRS-Rechnungslegung aus obengenannten Gründen nicht als eigene Zielsetzung neben der Bewertungsnützlichkeit, sondern als eine dieser untergeordneten Ziel-

---

138 Vgl. COENENBERG, A. G./STRAUB, B., Rechenschaft vs. Entscheidungsnützlichkeit, S. 23.

139 Vgl. KÜTING, K./LAUER, P., Die Jahresabschlusszwecke nach HGB und IFRS, S. 1988; COENENBERG, A. G./STRAUB, B., Rechenschaft vs. Entscheidungsnützlichkeit, S. 23; KOELEN, P., Investitionstheoretische Bewertungskalküle, S. 37.

140 Vgl. noch zum Verlässlichkeitsbegriff KOELEN, P., Investitionstheoretische Bewertungskalküle, S. 37; COENENBERG, A. G./STRAUB, B., Rechenschaft vs. Entscheidungsnützlichkeit, S. 22. Indes trifft die Aussage in Bezug auf die glaubwürdige Darstellung zu.

141 Vgl. LENNARD, A., Stewardship and the Objectives of Financial Statements, S. 65 sowie für beispielhafte Unterschiede in der Normgestaltung S. 59-64. Vgl. ähnlich auch WHITTINGTON, G., Fair Value and the IASB/FASB Conceptual Framework Project, S. 156-163.

142 Vgl. noch zum Verlässlichkeitsbegriff COENENBERG, A. G./STRAUB, B., Rechenschaft vs. Entscheidungsnützlichkeit, S. 22. Indes trifft die Aussage auch in Bezug auf die glaubwürdige Darstellung zu. Vgl. zum Spannungsverhältnis zwischen Relevanz und Verlässlichkeit BALLWIESER, W., Anforderungen des Kapitalmarkts an Bilanzansatz- und Bilanzbewertungsregeln, S. 161; BAETGE, J., Objektivierung des Jahreserfolgs, S. 169; WHITTINGTON, G., Fair Value and the IASB/FASB Conceptual Framework Project, S. 146; BALLWIESER, W., Informations-GoB, S. 118; SCHRUFF, W., Spannungsfeld zwischen Cashflow-Prognose und Rechenschaft, S. 859.

143 Vgl. DETTENRIEDER, D., Hedge Accounting, S. 12. Die Fragwürdigkeit der Betonung der Bewertungsnützlichkeit als die Zielsetzung der internationalen Rechnungslegung wird durch die Rückmeldungen aus dem Entwicklungsprozess des Framework deutlich. So befürworteten diese Ausgestaltung der Rechnungslegung lediglich 14 % der zu diesem Thema zum Diskussionspapier eingetroffenen Stellungnahmen. Vgl. IASB (HRSG.), Conceptual Framework (Agenda paper 3A) – Februar 2007, Rn. 40. Bei einer Vernachlässigung der Rechenschaftsfunktion haben regulierende Instanzen auf nationaler Ebene durch Installation von Kontroll- und Berichtsinstrumenten ein Anreizsystem für das Management zu schaffen, damit dieses die internationalen Rechnungslegungsstandards angemessen anwendet. Vgl. GASSEN, J./FISCHKIN, M./HILL, V., Das Rahmenkonzept-Projekt des IASB und des FASB, S. 878; WATTS, R. L., What has the invisible hand achieved?, S. 51-61.

144 Vgl. CF.BC.1.27. Im Diskussionspapier DP/2013/1 betont der Standardsetter sogar, nicht beabsichtigt zu haben, das Stewardship-Konzept aus der Zielsetzung der Finanzberichterstattung zu entfernen. Vgl. IASB (HRSG.), DP/2013/1: Conceptual Framework, 9.7.

setzung angesehen[145] und somit die Bewertungsnützlichkeit als singuläres Ziel der IFRS-Rechnungslegung wahrgenommen[146].

Um die Zielsetzung, den Adressaten der Finanzberichterstattung entscheidungsnützliche Informationen bereitzustellen, erfüllen[147] und damit ein den realen Verhältnissen entsprechendes Bild der unternehmerischen Vermögens-, Finanz- und Ertragslage im Sinne der ***true and fair view*** vermitteln[148] zu können, konkretisiert der IASB die **Entscheidungsnützlichkeit von Informationen**. Dazu formuliert er im Rahmen des Conceptual Framework qualitative Anforderungen, die Finanzinformationen erfüllen sollten,[149] und setzt diese Anforderungen zueinander in Beziehung[150].

313. Das System der qualitativen Anforderungen nach IFRS

313.1 Der Prüfungsprozess

Die qualitativen Anforderungen nach IFRS werden in **fundamentale Anforderungen** (*fundamental qualitative characteristics*, Fundamentalgrundsätze)[151] und **fördernde Anforderungen** (*enhancing qualitative characteristics*, Erweiterungsgrundsätze)[152] aufgeteilt. Um die Frage zu klären, ob und wenn ja, in welcher Intensität es sich bei einer Information um eine entscheidungsnützliche Information handelt, werden im Conceptual Framework für jede der beiden Gruppen von Anforderungen Prozesse zu deren Anwendung dargestellt, wobei der Prozess zur Anwendung der Fundamentalgrundsätze dem zur Anwendung der Erweiterungsgrundsätze logisch vorangeht, wie im Folgenden noch erläutert wird.

Die **Fundamentalgrundsätze** bestehen aus der Relevanz (*relevance*) und der glaubwürdigen Darstellung (*faithful representation*)[153] und begründen die Entscheidungsnützlichkeit von Informationen[154]. Hinsichtlich der Zielsetzung, entscheidungsnützliche Informationen zu vermitteln, sind beide

145 Vgl. PELLENS, B./FÜLBIER, R. U./GASSEN, J./SELLHORN, T., Internationale Rechnungslegung (2011), S. 121; HOFFMANN, S./DETZEN, D., Das Joint Conceptual Framework, S. 53; PELGER, C., Rechnungslegungszweck und qualitative Anforderungen im Conceptual Framework, S. 911 f. Zudem lässt sich ableiten, dass der IASB kaum zwischen der Bewertungsfunktion und der Koordinationsfunktion unterscheidet. Vgl. PELLENS, B./FÜLBIER, R. U./GASSEN, J./SELLHORN, T., Internationale Rechnungslegung, S. 89.

146 Vgl. PELGER, C., Rechnungslegungszweck und qualitative Anforderungen im Conceptual Framework, S. 916. Vgl. ähnlich SCHRUFF, W., Spannungsfeld zwischen Cashflow-Prognose und Rechenschaft, S. 859.

147 Vgl. CF.QC1.

148 Vgl. BAETGE, J./KIRSCH, H.-J./THIELE, S., Bilanzen, S. 152; KAMPMANN, H./SCHWEDLER, K., Zum Entwurf eines gemeinsamen Rahmenkonzepts, S. 529; CF.BC3.44.

149 Vgl. CF.BC3.6. Die Entscheidungsnützlichkeit von Informationen hängt von mehreren Faktoren ab. Vgl. bereits IJIRI, Y./JAEDICKE, R. K., Reliability and Objectivity of Accounting Measurements, S. 474. Die qualitativen Anforderungen können dabei als Proxy für die Adressaten angesehen werden, indem durch sie die Elemente des Entscheidungsproblems ersetzt werden. Vgl. CHRISTENSEN, J., Conceptual frameworks of accounting, S. 293.

150 Vgl. KIRSCH, H., Zielsetzung der Finanzberichterstattung und qualitative Anforderungen, S. 30.

151 Vgl. CF.QC5-QC18. Vgl. zur Verwendung des Begriffs „Fundamentalgrundsätze" BAETGE, J./KIRSCH, H.-J./THIELE, S., Bilanzen, S. 153.

152 Vgl. CF.QC19-QC34. Vgl. zur Verwendung des Begriffs „Erweiterungsgrundsätze" BAETGE, J./KIRSCH, H.-J./THIELE, S., Bilanzen, S. 153.

153 Vgl. CF.QC5.

154 Vgl. CF.QC4; OLBRICH, A., Wertminderung von finanziellen Vermögenswerten, S. 9.

Fundamentalgrundsätze formal als gleichrangig anzusehen.[155] Damit eine Information überhaupt entscheidungsnützlich sein kann, muss diese die Kriterien der Relevanz und der glaubwürdigen Darstellung erfüllen, sodass weder relevante, aber unglaubwürdig dargestellte Informationen noch irrelevante, aber glaubwürdig dargestellte Informationen über einen Sachverhalt den Anforderungen der Entscheidungsnützlichkeit genügen.[156]

Um zu prüfen, ob die fundamentalen Anforderungen erfüllt sind, gibt der Standardsetter in CF.QC18 folgenden Prozess[157] vor: Als **Erstes** muss ein wirtschaftlicher Sachverhalt identifiziert werden, der für die kapitalanlagebezogenen Entscheidungen der Adressaten des berichtenden Unternehmens nützlich sein kann. **Zweitens** muss die Form von Informationen über den Sachverhalt bestimmt werden, die – vorbehaltlich der Verfügbarkeit sowie der glaubwürdigen Darstellbarkeit – die höchste Relevanz aufweist. Als **Drittes** und Letztes gilt es zu bestimmen, ob die Informationen aus Schritt 2 überhaupt verfügbar sind und, sofern das der Fall ist, ob sie sich glaubwürdig darstellen lassen. Sofern beide Fragestellungen bejaht werden können, handelt es sich um entscheidungsnützliche Informationen, da somit beide Fundamentalgrundsätze erfüllt werden. Sollte den beiden Fragen ganz oder teilweise nicht zugestimmt werden können, gilt es, den Prozess vom zweiten Schritt an erneut zu durchlaufen, indem die nächst relevanten Informationen auf ihre Entscheidungsnützlichkeit hin geprüft werden.[158]

Zwar sind sowohl die Relevanz als auch die glaubwürdige Darstellung als Fundamentalgrundätze von entscheidungsnützlichen Informationen zu erfüllen und bezüglich ihrer formalen Stellung in der IFRS-Rechnungslegung als gleichrangig anzusehen[159], dennoch wird durch den dargestellten Prüfungsprozess der Eindruck erweckt, dass die **Relevanz** eine insgesamt **dominantere Rolle** einnimmt[160]. Die Relevanz agiert „als primäres Einfallstor“[161], indem sie durch die Vorauswahl potenzieller wirtschaftlicher Sachverhalte die in der Finanzberichterstattung zu berücksichtigenden Sachverhalte maßgeblich beeinflusst.[162] Im Gegensatz zu den anderen qualitativen Kriterien stellt die Relevanz nämlich nicht lediglich eine Anforderung für die im Rahmen der Rechnungslegung zu veröffentlichenden Informationen dar, sondern bezieht sich auch unmittelbar auf reale ökonomische Sach-

155 Vgl. bereits LORSON, P./GATTUNG, A., Die Forderung nach einer „Faithful Representation“, S. 556.

156 Vgl. CF.QC17.

157 Der Standardsetter hält dabei den von ihm vorgegebenen Prozess für den im Regelfall effektivsten und effizientesten Prozess zur Anwendung der Fundamentalgrundsätze. Vgl. CF.QC18.

158 Vgl. für Absatz CF.QC18.

159 Vgl. bereits LORSON, P./GATTUNG, A., Die Forderung nach einer „Faithful Representation“, S. 556.

160 Vgl. KIRSCH, H., Zielsetzung der Finanzberichterstattung und qualitative Anforderungen, S. 33.

161 Vgl. PELGER, C., Rechnungslegungszweck und qualitative Anforderungen im Conceptual Framework, S. 914.

162 Vgl. PELGER, C., Rechnungslegungszweck und qualitative Anforderungen im Conceptual Framework, S. 914. Vgl. auch bereits WIEDMANN, H./SCHWEDLER, K., Die Rahmenkonzepte von IASB und FASB, S. 710.

verhalte.[163] Die Relevanz ist damit zum einen auf der Ebene der Informationsabbildung und zum anderen auf der Ebene der realen ökonomischen Sachverhalte anzuwenden.[164]

Die **weiterführenden qualitativen Anforderungen** bestehen aus der Vergleichbarkeit (*comparability*), der Nachprüfbarkeit (*verifiability*), der Zeitnähe (*timelineness*) und der Verständlichkeit (*understandability*).[165] Die fördernden Anforderungen sind den Fundamentalgrundsätzen nachrangig[166] und erst heranzuziehen, sofern zwei Informationsalternativen gleichwertig relevant und glaubwürdig darstellbar erscheinen[167]. Die Entscheidungsnützlichkeit von Informationen hängt demnach im Gegensatz zu den Fundamentalgrundsätzen nicht von den fördernden qualitativen Anforderungen ab, sondern wird allenfalls durch die Erfüllung dieser Anforderungen erhöht.[168] Somit kann im Extremfall eine Information entscheidungsnützlich sein, auch wenn keine der fördernden qualitativen Anforderungen erfüllt wird.[169] Dementsprechend ist der Verbindlichkeitsgrad der fördernden Grundsätze tendenziell gering.[170] Dienlich sind die Erweiterungsanforderungen aber insbesondere bei der Auswahl einer von mehreren alternativen Informationsformen, sofern die zur Wahl stehenden Informationsformen in gleicher Weise relevant und glaubwürdig darstellbar erscheinen.[171] Bei solch einer Gleichwertigkeit in den fundamentalen Anforderungen ist nämlich die Informationsform die entscheidungsnützlichste, die den fördernden Anforderungen am besten nachkommt.[172] Die fördernden Anforderungen werden dafür nicht untereinander hierarchisiert,[173] sondern einzelfallabhängig gegeneinander abgewogen.[174] So kann bspw. eine fördernde Anforderung zu Gunsten einer anderen fördernden Anforderung reduziert werden, sodass dadurch letztlich die Entscheidungsnützlichkeit einer bestimmten Informationsform erhöht werden kann.[175] Im Kontrast zum geordneten, dreiphasigen Prozess der Anwendung der Fundamentalgrundsätze findet die Anwendung der fördernden qualitativen Anforderungen als iterativer Prozess ohne eine vorgeschriebene Ordnung statt[176].

---

163 Vgl. KIRSCH, H., Zielsetzung der Finanzberichterstattung und qualitative Anforderungen, S. 33. Vgl. auch bereits WIEDMANN, H./SCHWEDLER, K., Die Rahmenkonzepte von IASB und FASB, S. 710. Indes ist zu hinterfragen, welche Folgen daraus resultieren, dass durch die Filtrierung der ökonomischen Sachverhalte bereits vor der Anwendung der Fundamentalgrundsätze auf die Abbildung der Finanzinformationen scheinbar keine Vollständigkeit bei der Sachverhaltsabbildung beabsichtigt wird. Vgl. KIRSCH, H., Zielsetzung der Finanzberichterstattung und qualitative Anforderungen, S. 31.

164 Vgl. hierzu KIRSCH, H., Zielsetzung der Finanzberichterstattung und qualitative Anforderungen, S. 33.

165 Vgl. CF.QC19.

166 Vgl. SCHOO, L., Umsatzrealisierung nach IFRS, S. 13; GALLASCH, F., Die Bilanzierung von Versicherungsverträgen, S. 41. Vgl. auch HOFFMANN, S./DETZEN, D., Das Joint Conceptual Framework, S. 53 i. V. m. CF.QC33.

167 Vgl. HOFFMANN, S./DETZEN, D., Das Joint Conceptual Framework, S. 55.

168 Vgl. CF.QC33 i. V. m. CF.QC4.

169 Vgl. CF.BC.3.10.

170 Vgl. DETTENRIEDER, D., Hedge Accounting, S. 13.

171 Vgl. CF.QC.19; HOFFMANN, S./DETZEN, D., Das Joint Conceptual Framework, S. 55.

172 Vgl. HOFFMANN, S./DETZEN, D., Das Joint Conceptual Framework, S. 55 i. V. m. CF.QC34.

173 Vgl. SCHOO, L., Umsatzrealisierung nach IFRS, S. 13; DETTENRIEDER, D., Hedge Accounting, S. 13. Vgl. auch CF.QC34.

174 Vgl. PELGER, C., Rechnungslegungszweck und qualitative Anforderungen im Conceptual Framework, S. 914 f. i. V. m. CF.QC34.

175 Vgl. CF.QC34.

176 Vgl. CF.QC34.

Nachdem die fundamentalen Kriterien und ggf. daran anschließend die fördernden Kriterien geprüft wurden, ist eine als am entscheidungsnützlichsten eingestufte Informationsart letztlich noch aus einer **Kosten-Nutzen-Sichtweise** zu hinterfragen. Möglicherweise muss dann die bis hierhin optimale Lösung aufgrund einer ungünstigen Kosten-Nutzen-Situation abgelehnt und stattdessen auf die nächstbeste Informationsalternative zurückgegriffen werden.[177]

313.2 Fundamentalgrundsätze

313.21 Relevanz

Informationen erfüllen die Fundamentalanforderung der **Relevanz**, sofern sie Einfluss auf die Entscheidungen der Adressaten nehmen können.[178] Die Relevanz der Informationen ist dabei auch dann gegeben, wenn manche Adressaten die Informationen für ihre Entscheidungsfindung nicht verwenden[179] oder wenn sie die Informationen bereits vor der Berichterstattung des berichtenden Unternehmens von anderer Seite aus erhalten haben, sodass diese für die Adressaten nicht mehr neu sind.[180] Bei der Definition der Relevanz ist hervorzuheben, dass diese lediglich die hypothetische Einflussnahme auf Entscheidungen einschließt und sich damit nicht direkt auf die tatsächliche Einflussnahme bezieht.[181]

Der Standardsetter konkretisiert relevante Finanzinformationen, indem er ihren **vorhersagenden** (*predictive*) und/oder **bestätigenden** (*confirmatory*) **Wert** hervorhebt.[182] Einen vorhersagenden Wert haben Finanzinformationen, wenn sie als Inputparameter in einem Verfahren verwendet werden, welches die Adressaten zur Prognose künftiger Ergebnisse nutzen, wobei diese Finanzinformationen selbst nicht notwendigerweise eine Prognose oder Vorhersage darstellen müssen.[183] Der vorhersagende Wert von Informationen ist zukunftsorientiert und dient primär der Valuation-Usefulness-Funktion.[184] Finanzinformationen verfügen über einen bestätigenden Wert, wenn sie die Evaluation vorheriger Bewertungen ermöglichen, indem sie diese bestätigen oder aber korrigieren.[185] Mit dieser in der Tendenz eher vergangenheitsorientierten Ausrichtung stützt der bestätigende Wert die

---

177 Vgl. für Absatz HOFFMANN, S./DETZEN, D., Das Joint Conceptual Framework, S. 55 i. V. m. CF.QC35.

178 Vgl. CF.QC6; MACKENZIE, B./COETSEE, D./NJIKIZANA, T./SELBST, E./CHAMBOKO, R./COLYVAS, B./HANEKOM, B., WILEY IFRS 2014, S. 31.

179 Dabei wird zwar impliziert, dass ein rationaler Nutzer die Informationsqualität im Vorfeld bewerten kann, indes werden diese Bewertungen bei der Standardsetzung faktisch durch die Beurteilungen des IASB ersetzt. Vgl. KAMPMANN, H./SCHWEDLER, K., Zum Entwurf eines gemeinsamen Rahmenkonzepts, S. 528; WIEDMANN, H./SCHWEDLER, K., Die Rahmenkonzepte von IASB und FASB, S. 707.

180 Vgl. CF.QC6.

181 Vgl. CF.BC3.11 f. Vgl. zur relativ weichen Definition der Relevanz KIRSCH, H., Zielsetzung der Finanzberichterstattung und qualitative Anforderungen, S. 30. Dennoch ist zu berücksichtigen, dass die tatsächliche Einflussnahme als Teilmenge der hypothetischen Einflussnahme gesehen werden kann und somit ebenfalls indirekt miteinbezogen wird.

182 Vgl. CF.QC7.

183 Vgl. CF.QC8.

184 Vgl. für diesen Zusammenhang m. w. N. auch EWELT-KNAUER, C., Der Konzernabschluss als Berichtsinstrument, S. 17.

185 Vgl. CF.QC9.

Stewardship-Funktion der Rechnungslegung.[186] Der vorhersagende Wert und der bestätigende Wert stehen insofern in einem Zusammenhang, als eine Information beide Werte gleichzeitig haben kann.[187] Insbesondere vorhersagende Informationen besitzen nämlich oft auch einen bestätigenden Wert.[188] So können Gewinnzahlen eines Geschäftsjahres zum einen als Grundlage zur Vorhersage des Gewinns der folgenden Geschäftsjahre verwendet werden (vorhersagender Wert), gleichzeitig aber auch dazu dienen, die früheren Prognoseverfahren durch Abweichungsanalysen zu hinterfragen und letztendlich anzupassen (bestätigender Wert).[189] Im Zusammenhang mit der Bewertungsnützlichkeit sind zukunftsorientierte (vorhersagende) Informationen als direkte prognoseorientierte Entscheidungshilfen und vergangenheitsorientierte (bestätigende) Informationen als indirekte prognoseorientierte Entscheidungshilfen anzusehen.[190] Letztlich können hinsichtlich der Relevanz vor allem Informationen bezüglich der Nachhaltigkeit von Erfolgen oder bezüglich deren Wahrscheinlichkeitsgrad und Verursachungsgrad durch das Management einen Mehrwert bieten.[191]

Eine bedeutsame Komponente der Relevanz ist die **Wesentlichkeit**, da sich unwesentliche Informationen nicht auf die Entscheidungen der Kapitalgeber auswirken und somit nicht relevant sind[192].[193] Wesentliche Informationen zeichnen sich dadurch aus, dass sich ihre fehlerhafte Darstellung oder ihre fehlende Einbeziehung auf die Entscheidungen der Adressaten auswirken können.[194] Als „Toleranzgrenze für Bilanzierungs- und Bewertungsfehler"[195] bezieht sich der Wesentlichkeitsgrundsatz auf den Umfang und die Form der Finanzberichterstattung.[196] Wesentlichkeit beruht dabei auf der

---

186 Vgl. für diesen Zusammenhang m. w. N. auch EWELT-KNAUER, C., Der Konzernabschluss als Berichtsinstrument, S. 17.

187 Vgl. CF.QC10 i. V. m. CF.QC7.

188 Vgl. CF.QC10.

189 Vgl. für ein ähnliches Beispiel CF.QC10.

190 Vgl. ähnlich mit Bezug auf Erfolgsinformationen PLOCK, M., Ertragsrealisation nach IFRS, S. 68. Darüber hinaus kann die Verwendungsmöglichkeit vergangenheitsorientierter Erfolgsinformationen im Rahmen der aufgrund der Vergangenheitsorientierung gesetzten Grenzen lediglich über den Ausweis der Informationen in Form einer erweiterten Darstellung bzw. in Form von Anhangangaben gesteigert werden. Vgl. PLOCK, M., Ertragsrealisation nach IFRS, S. 68. Vgl. in diesem Zusammenhang bspw. für detailliertere Informationen MOXTER, A., Grundsätze ordnungsgemäßer Rechnungslegung, S. 223-336 und S. 323-336 für die internationale Rechnungslegung.

191 Vgl. PLOCK, M., Ertragsrealisation nach IFRS, S. 68 f. So sind lediglich regelmäßige bzw. nachhaltige Erfolgsgrößen für die Prognose relevant. Vgl. zur Nachhaltigkeit bzw. Regelmäßigkeit im Rahmen der Bilanzanalyse BAETGE, J./KIRSCH, H.-J./THIELE, S., Bilanzanalyse, S. 108 f. und S. 336 f. Informationen zur Verursachung des Erfolgs durch das Management gelten als entscheidungsrelevant, wobei der Beurteilungsmaßstab schwierig bzw. nicht praktisch umsetzbar erscheint, da eine Trennung von Erträgen in durch das Management und in nicht durch das Management verursachte Erträge i. d. R. nur eingeschränkt möglich ist. Vgl. PLOCK, M., Ertragsrealisation nach IFRS, S. 70. So sind zwar Umweltänderungen als externe Einflüsse zu bezeichnen, können indes in Teilen durch das Risikomanagement auch zur Managementleistung gerechnet werden. Vgl. MUJKANOVIC, R., Fair Value im Financial Statement nach IAS, S. 91 f.; PLOCK, M., Ertragsrealisation nach IFRS, S. 69 f. Informationen hinsichtlich des Wahrscheinlichkeitsgrades werden dem Umstand gerecht, dass die künftigen Nutzenzuflüsse in Form von Erträgen unsicher sind, (vgl. PLOCK, M., Ertragsrealisation nach IFRS, S. 70) und beugen damit der Gefahr von Missinterpretationen durch die Adressaten vor (vgl. PLOCK, M., Ertragsrealisation nach IFRS, S. 71).

192 Vgl. BALLWIESER, W., Informations-GoB, S. 118.

193 Vgl. CF.BC3.18.

194 Vgl. CF.QC11.

195 BAETGE, J./KIRSCH, H.-J./WOLLMERT, P./BRÜGGEMANN, P., in: Baetge et al., Rechnungslegung nach IFRS, Teil A, Kapitel 2, Rn. 44.

196 Vgl. BAETGE, J./KIRSCH, H.-J./WOLLMERT, P./BRÜGGEMANN, P., in: Baetge et al., Rechnungslegung nach IFRS, Teil A, Kapitel 2, Rn. 44.

Größe und/oder der Art von Positionen, auf die sich die Finanzberichterstattung eines bilanzierenden Unternehmens bezieht,[197] und ist somit unternehmensspezifisch zu interpretieren.[198] Aus diesen Gründen gibt der Standardsetter auch weder quantitative Schwellenwerte für die Wesentlichkeit vor noch definiert er qualitative, situationsbezogene Wesentlichkeitsmerkmale.[199] Insgesamt soll mithilfe des Wesentlichkeitsgrundsatzes die i. d. R. sehr große Anzahl an theoretisch relevanten Informationen, die zwar aus einer konsequenten Auslegung des Kriteriums der Relevanz folgen würde,[200] indes z. B. aus Wettbewerbsgründen oder aufgrund von zu hohen Anschaffungs- und Auswertungskosten nicht optimal wäre, auf die Menge der zu veröffentlichenden Informationen beschränkt werden.[201]

313.22 Glaubwürdige Darstellung

Für die Vermittlung entscheidungsnützlicher Informationen müssen Informationen nicht nur den Grundsatz der Relevanz erfüllen, sondern auch jene Sachverhalte, auf denen sie basieren, glaubwürdig und damit in Übereinstimmung mit der tatsächlichen wirtschaftlichen Lage des Unternehmens darstellen.[202] Der IASB konkretisiert die **glaubwürdige Darstellung** (*faithful representation*) anhand von **drei Sekundärgrundsätzen**, wonach ein Sachverhalt dann glaubwürdig dargestellt wird, wenn seine Abbildung zugleich **vollständig, neutral sowie frei von Fehlern** ist.[203] Da die perfekte Erfül-

197 Vgl. CF.QC11.

198 Vgl. CF.BC3.18; CF.QC11.

199 Vgl. CF.QC.11. Die Wesentlichkeit hat somit sowohl einen quantitativen wie auch einen qualitativen Aspekt. Vgl. KIRSCH, H., Zielsetzung der Finanzberichterstattung und qualitative Anforderungen, S. 30 i. V. m. CF.QC.10. So können bestimmte Informationen losgelöst von der quantitativen Wesentlichkeit relevant sein (vgl. BAETGE, J./KIRSCH, H.-J./THIELE, S., Bilanzen, S. 153 f.), indem ihr zugrunde liegender Sachverhalt qualitativ wesentlich ist. Dies ist bspw. bei der Bildung eines neuen Segments der Fall, dessen Umsatz zwar kurz nach der Eröffnung gering und quantitativ nicht wesentlich ist, das aber für die Zukunft ein großes Erfolgspotenzial hat. Vgl. BAETGE, J./KIRSCH, H.-J./THIELE, S., Bilanzen, S. 154.

200 So sind bei einer konsequenten Auslegung der Relevanz auch fast sämtliche unternehmensinternen Informationen bereitzustellen. Vgl. PELLENS, B./FÜLBIER, R. U./GASSEN, J./SELLHORN, T., Internationale Rechnungslegung, S. 92.

201 Vgl. PELLENS, B./FÜLBIER, R. U./GASSEN, J./SELLHORN, T., Internationale Rechnungslegung, S. 92; BALLWIESER, W., Informations-GoB, S. 116 f.; BIEG, H./KÄUFER, A., Rahmenkonzept, S. 8.

202 Vgl. CF.QC12; LORSON, P./GATTUNG, A., Die Forderung nach einer „Faithful Representation", S. 556; LORSON, P./GATTUNG, A., Faithful Representation - Quantitative und qualitative Schranken, S. 657 und 660; BAETGE, J./KIRSCH, H.-J./THIELE, S., Bilanzen, S. 154; BAETGE, J./KIRSCH, H.-J./WOLLMERT, P./BRÜGGEMANN, P., in: Baetge et al., Rechnungslegung nach IFRS, Teil A, Kapitel 2, Rn. 48 f. Das vormals eigenständige Kriterium der wirtschaftlichen Betrachtungsweise (*substance over form*) wird nicht explizit im Conceptual Framework berücksichtigt, da es mit der glaubwürdigen Darstellung untrennbar verbunden ist. Vgl. THEILE, C., in: Heuser et al., IFRS-Handbuch, B. II, Rn. 91; CF.BC3.26. Mit dem Bezug zur tatsächlichen wirtschaftlichen Lage des Unternehmens ist in der glaubwürdigen Darstellung nämlich die wirtschaftliche Betrachtungsweise mit inbegriffen, nach der Informationen den wirtschaftlichen Gehalt eines Sachverhaltes und nicht lediglich dessen rechtliche Gestaltung abbilden müssen (vgl. SCHÖLLHORN, T./MÜLLER, M., Bedeutung und praktische Relevanz des Rahmenkonzepts (I), S. 1626). Vgl. CF.BC3.26; KIRSCH, H., Zielsetzung der Finanzberichterstattung und qualitative Anforderungen, S. 31; BAETGE, J./KIRSCH, H.-J./THIELE, S., Bilanzen, S. 154. Der IASB merkt hierzu an, dass die Darstellung eines vom wirtschaftlichen Gehalt abweichenden rechtlichen Gehaltes eines Sachverhaltes nicht zu einer glaubwürdigen Abbildung führen könne. Vgl. CF.BC3.26.

203 Vgl. CF.QC12; BAETGE, J./KIRSCH, H.-J./WOLLMERT, P./BRÜGGEMANN, P., in: Baetge et al., Rechnungslegung nach IFRS, Teil A, Kapitel 2, Rn. 49; GALLASCH, F., Die Bilanzierung von Versicherungsverträgen, S. 38. Vgl. auch bereits GASSEN, J./FISCHKIN, M./HILL, V., Das Rahmenkonzept-Projekt des IASB und des FASB, S. 878.

lung dieser Kriterien aber kaum möglich erscheint,[204] strebt der Standardsetter stattdessen zumindest die Maximierung der die glaubwürdige Darstellung konkretisierenden Anforderungen an.[205]

Eine Darstellung ist **vollständig**, wenn sie sämtliche zum Verständnis des dargestellten Sachverhaltes für den Abschlussadressaten erforderlichen Informationen, wie z. B. wichtige Erläuterungen und Beschreibungen, wiedergibt.[206] Die Vollständigkeit bezieht sich vorrangig auf den Ausweis von Informationen[207], jedoch wird über die die Bilanzierungsfähigkeit betreffenden Vorschriften des IAS 1.13 auch die Erfassung von Sachverhalten vom Vollständigkeitsgrundsatz mit eingeschlossen.[208]

Der Sekundärgrundsatz der **Neutralität** verlangt, dass Finanzinformationen ohne Verzerrungen ausgewählt und dargestellt werden.[209] Eine neutrale Abbildung muss entsprechend frei von Manipulationen[210] sein, die darauf abzielen, dass die vermittelten Finanzinformationen durch die Adressaten im Sinne des berichtenden Unternehmens beurteilt werden, und damit ein vom Unternehmen gewünschtes Verhalten der Adressaten bei der Kapitalallokationsentscheidung gefördert wird.[211] Der Standardsetter macht in diesem Zusammenhang deutlich, dass neutrale Informationen nicht generell mit Informationen ohne jeden Einfluss auf das Verhalten der Adressaten gleichzusetzen sind, da relevante Informationen zwingend das Potenzial zur Veränderung von Entscheidungen der Adressaten aufweisen müssen.[212] Mit der Anforderung der Neutralität von Informationen ist stattdessen die Absicht verbunden, dem Adressaten die Sicherheit zu geben, dass die Finanzberichterstattung innerhalb des bestehenden Regelungssystems fair erstellt wurde.[213] Somit sind z. B. auch rechtskonforme bilanzpolitische Maßnahmen für die Neutralität von Informationen unschädlich.[214]

Die Sekundäranforderung der **Fehlerfreiheit** impliziert, dass zum einen bei der Darstellung eines Sachverhaltes keine Fehler oder Unterlassungen vorliegen und zum anderen bei der Auswahl und

---

204 Vgl. BAETGE, J./KIRSCH, H.-J./THIELE, S., Bilanzen, S. 154.

205 Vgl. CF.QC12.

206 Vgl. CF.QC13. Dem theoretisch möglichen Optimum der Vollständigkeit der Berichterstattung sind in der praktischen Anwendung indes Grenzen gesetzt, da die entscheidungsrelevanten Informationen auch bezüglich der Verständlichkeit und Kostenverträglichkeit zu beurteilen sind. Vgl. KAMPMANN, H./SCHWEDLER, K., Zum Entwurf eines gemeinsamen Rahmenkonzepts, S. 528.

207 Der IASB nennt in CF.QC13 für die vollständige Abbildung mehrerer Vermögenswerte in einer Gruppe als der Vollständigkeit dienende Faktoren bspw. die Erläuterung der Vermögenswertart, die Quantifizierung aller Vermögenswerte (z. B. beizulegender Zeitwert oder Anschaffungs- und Herstellungskosten) sowie eine Erläuterung dieser Quantifizierung. Darüber hinaus hält er im Rahmen der Vollständigkeit für manche Sachverhalte Erläuterungen zu bedeutsamen Informationen über die Art und Güte dieser Sachverhalte sowie diese und deren Quantifizierungsprozess beeinflussenden Faktoren für sinnvoll. Vgl. CF.QC13.

208 Vgl. BAETGE, J./KIRSCH, H.-J./WOLLMERT, P./BRÜGGEMANN, P., in: Baetge et al., Rechnungslegung nach IFRS, Teil A, Kapitel 2, Rn. 53 f. Vgl. ähnlich auch THEILE, C., in: Heuser et al., IFRS-Handbuch, B. II, Rn. 274.

209 Vgl. CF.QC14; SCHÖLLHORN, T./MÜLLER, M., Bedeutung und praktische Relevanz des Rahmenkonzepts (I), S. 1626.

210 Manipulationen können z. B. bestimmte Hervorhebungen, Gewichtungen, Einseitigkeiten und Abschwächungen in der allgemeinen oder speziellen Informationsdarstellung sein. Vgl. CF.QC14.

211 Vgl. CF.QC14. Verzerrte, nicht neutrale Informationen werden z. B. durch konsequent vorsichtige oder konservative Darstellungen erzeugt, die dann bspw. in früheren Perioden zu unterbewerteten und in späteren Perioden zu überbewerteten Erfolgsausweisen führen. Vgl. CF.BC3.27-BC3.29.

212 Vgl. CF.QC14.

213 Vgl. KAMPMANN, H./SCHWEDLER, K., Zum Entwurf eines gemeinsamen Rahmenkonzepts, S. 528.

214 Vgl. LORSON, P./GATTUNG, A., Die Forderung nach einer „Faithful Representation", S. 560.

Anwendung der Verfahren zur Informationserzeugung keine Fehler gemacht wurden.[215] Der IASB fordert dabei keine absolute Fehlerfreiheit,[216] sondern lediglich die korrekte Herleitung von Informationen[217]. Er verweist darauf, dass Fehlerfreiheit nicht immer mit vollkommener Genauigkeit übereinstimmt, und zeigt in diesem Zusammenhang beispielhaft auf, dass bei der Schätzung nicht-beobachtbarer Preise nicht im Vorfeld ermittelt werden kann, ob diese richtig oder falsch bzw. genau oder ungenau sind.[218] Indes könne der Schätzwert glaubwürdig bzw. fehlerfrei im Sinne des Board ausgewiesen werden, indem die Ermittlungsmethode als Schätzungsprozess deklariert, dessen Form und Beschränkungen formuliert sowie keine Fehler in der Auswahl und Anwendung des Schätzprozesses gemacht werden.[219] Die Angemessenheit der in den Schätzungsprozess einfließenden Parameter oder auch konkrete Untergrenzen bezüglich der Sicherheit von Schätzungen werden im Conceptual Framework nicht berücksichtigt.[220] Indes wird vom Standardsetter zumindest verdeutlicht, dass bei einem sehr großen Unsicherheitsgrad von Schätzungen trotz deren fehlerfreier Darstellung die Entscheidungsnützlichkeit im Zuge einer mit der hohen Unsicherheit verbundenen fraglichen Relevanz eingeschränkt bis nicht vorhanden ist.[221]

Insgesamt ist die glaubwürdige Darstellung von Erfolgsinformationen nicht direkt mit einer vollständig richtigen Darstellung von Informationen und auch nicht mit einer objektiven oder intersubjektiven Nachprüfbarkeit verbunden. Es ist jedoch tendenziell davon auszugehen, dass objektiv nachprüfbare Informationen auch im Rahmen der Unterkriterien Freiheit von Fehlern und Neutralität c. p. gegenüber nicht nachprüfbaren oder intersubjektiv nachprüfbaren Informationen vorzuziehen sind, da mit ihnen eine geringere Gefahr von Manipulationen und von absoluten Fehlern verbunden ist.[222]

313.3 Erweiterungsgrundsätze

313.31 Vergleichbarkeit

Finanzinformationen sind **vergleichbar**, wenn sie die Adressaten bei der Identifikation und dem Verständnis von Gemeinsamkeiten, Ähnlichkeiten und Unterschieden zwischen mehreren Sachverhalten

[215] Vgl. CF.QC15. Vgl. dazu auch PELGER, C., Rechnungslegungszweck und qualitative Anforderungen im Conceptual Framework, S. 914; BAETGE, J./KIRSCH, H.-J./THIELE, S., Bilanzen, S. 154.

[216] Vgl. CF.QC15; KIRSCH, H.-J./KOELEN, P./OLBRICH, A./DETTENRIEDER, D., Die Bedeutung der Verlässlichkeit der Berichterstattung, S. 769; KIRSCH, H., Zielsetzung der Finanzberichterstattung und qualitative Anforderungen, S. 31; HEUSER, P. J./THEILE, C., IFRS-Handbuch, B. II, Rn. 277. Vgl. auch bereits IASB (HRSG.), ED: Conceptual Framework 2008, QC11. Insofern kann von einer weichen Definition der Fehlerfreiheit gesprochen werden. Vgl. ähnlich bereits GASSEN, J./FISCHKIN, M./HILL, V., Das Rahmenkonzept-Projekt des IASB und des FASB, S. 878.

[217] Vgl. PELLENS, B./FÜLBIER, R. U./GASSEN, J./SELLHORN, T., Internationale Rechnungslegung, S. 93.

[218] Vgl. CF.QC15.

[219] Vgl. CF.QC15.

[220] Vgl. KIRSCH, H.-J./KOELEN, P./OLBRICH, A./DETTENRIEDER, D., Die Bedeutung der Verlässlichkeit der Berichterstattung, S. 769.

[221] Vgl. CF.QC16. Die Beachtung des nicht weiter konkretisierten Unsicherheitsgrades kann somit auch als ergänzende Nebenbedingung zu den drei Sekundärgrundsätzen Vollständigkeit, Neutralität und Fehlerfreiheit gesehen werden. Vgl. KIRSCH, H.-J./KOELEN, P./OLBRICH, A./DETTENRIEDER, D., Die Bedeutung der Verlässlichkeit der Berichterstattung, S. 769.

[222] Vgl. im Rahmen des Kriteriums der Verlässlichkeit des alten Framework PLOCK, M., Ertragsrealisation nach IFRS, S. 60 f.

unterstützen.[223] Dabei können Informationen der Vergleichbarkeit lediglich gerecht werden, wenn gleiche Sachverhalte gleich und ungleiche Sachverhalte ungleich dargestellt werden.[224] Da den Kapitalgebern bei den Kapitalallokationsentscheidungen mehrere Entscheidungsalternativen zur Auswahl stehen, sind Finanzinformationen über ein Unternehmen umso nützlicher, je vergleichbarer sie die Sachverhalte darstellen.[225] Der Standardsetter konkretisiert die Vergleichbarkeit, indem er mit der **unternehmensübergreifenden** und der **zeitlichen Vergleichbarkeit** auf **zwei Formen der Vergleichbarkeit** eingeht.[226] Während Erstere die Entscheidungsfindung des Adressaten hinsichtlich einer Investition in das berichtende Unternehmen oder in alternative Anlagemöglichkeiten fördert, ermöglicht die zeitliche Vergleichbarkeit die (Früh-)Erkennung von Tendenzen in der Entwicklung der Vermögens-, Finanz- und Erfolgslage des berichtenden Unternehmens.[227] **Stetigkeit** in der Anwendung von Rechnungslegungsmethoden ist für die Vergleichbarkeit notwendig.[228] Sie dient dieser als Mittel zum Zweck,[229] indem sie den Einsatz der gleichen Rechnungslegungsmethoden für gleiche Sachverhalte – entsprechend den zwei Formen der Vergleichbarkeit – entweder im zeitlichen Verlauf bei einem berichtenden Unternehmen oder in einer Berichtsperiode bei mehreren Unternehmen verlangt.[230] Wahlrechte zwischen verschiedenen Bilanzierungs- und Bewertungsmethoden für die Darstellung bestimmter Sachverhalte verringern die Vergleichbarkeit.[231]

313.32 Nachprüfbarkeit

Der fördernde Grundsatz der **Nachprüfbarkeit** bedeutet, dass unterschiedliche fachkundige und voneinander unabhängige Beobachter übereinstimmend zu dem Schluss kommen können, dass die Darstellung eines wirtschaftlichen Sachverhaltes dem Fundamentalgrundsatz der glaubwürdigen Darstellung entspricht,[232] sodass die Adressaten den ihnen bereitgestellten Informationen auch vertrauen können[233]. Die dem Grundsatz entsprechenden Informationen sind dabei als **intersubjektiv nachprüfbar** zu interpretieren.[234] Eine vollständige Übereinstimmung der Meinungen der Beobachter ist

---

223 Vgl. CF.QC21.

224 Vgl. CF.QC23. Vergleichbarkeit ist somit keinesfalls mit Einheitlichkeit zu verwechseln. Vgl. PEEMÖLLER, V. H., in: Ballwieser et al., Handbuch IFRS 2011, Abschnitt 1, Rn. 59, CF.QC23.

225 Vgl. CF.QC20.

226 Vgl. CF.QC20; BAETGE, J./KIRSCH, H.-J./WOLLMERT, P./BRÜGGEMANN, P., in: Baetge et al., Rechnungslegung nach IFRS, Teil A, Kapitel 2, Rn. 58.

227 Vgl. DETTENRIEDER, D., Hedge Accounting, S. 17.

228 Vgl. BAETGE, J./KIRSCH, H.-J./WOLLMERT, P./BRÜGGEMANN, P., in: Baetge et al., Rechnungslegung nach IFRS, Teil A, Kapitel 2, Rn. 59.

229 Vgl. KIRSCH, H., in: Vater et al., IFRS Änderungskommentar 2009, ED of an improved Conceptual Framework for Financial Reporting: The Objective of Financial Reporting and Qualitative Characteristics and Constraints of Decision-useful Financial Reporting Information, Rn. 115; PEEMÖLLER, V. H., in: Ballwieser et al., Handbuch IFRS 2011, Abschnitt 1, Rn. 59.

230 Vgl. CF.QC22. Die Stetigkeit bezieht sich dabei sowohl auf die Anwendung von Bewertungs- und Bilanzierungsmethoden als auch auf die Abbildung der Konsequenzen ähnlicher Sachverhalte. Vgl. WAGENHOFER, A., Internationale Rechnungslegungsstandards IAS/IFRS, S. 132.

231 Vgl. CF.QC25; KIRSCH, H., in: Vater et al., IFRS Änderungskommentar 2009, ED of an improved Conceptual Framework for Financial Reporting: The Objective of Financial Reporting and Qualitative Characteristics and Constraints of Decision-useful Financial Reporting Information, Rn. 116.

232 Vgl. CF.QC26; BAETGE, J./KIRSCH, H.-J./THIELE, S., Bilanzen, S. 155.

233 Vgl. CF.BC3.34.

234 Vgl. BAETGE, J./KIRSCH, H.-J./THIELE, S., Bilanzen, S. 155.

dabei nicht erforderlich,[235] vielmehr bedarf es lediglich einer Bandbreite vertretbarer Werte,[236] wodurch letztlich dem Anwender-Bias konkret Grenzen gesetzt werden können[237] und damit einer mit dem Anwender-Bias verbundenen verzerrten Darstellung vorgebeugt wird[238]. Dementsprechend müssen nachprüfbare quantifizierbare Informationen auch nicht notwendigerweise einzelne Punktschätzungen sein.[239] Vielmehr kann bereits die Angabe mehrerer möglicher Werte sowie der dazugehörigen Eintrittswahrscheinlichkeiten die Anforderung der Nachprüfbarkeit erfüllen.[240] Da die abzubildenden Sachverhalte regelmäßig mit Unsicherheiten behaftet sind, werden die Ergebnisse der Beobachter um den Erwartungswert streuen,[241] sodass sich die Nachprüfbarkeit eines Verfahrens bspw. anhand der Varianz der aus dem Verfahren resultierenden Ergebnisse quantitativ beurteilen lässt.[242]

Die sachverhaltsbezogene Darstellung kann entweder **direkt**, d. h. durch unmittelbare Beobachtung wie z. B. durch das Zählen des Kassenbestandes, oder **indirekt**, d. h. durch die Prüfung der in ein Bewertungsverfahren eingehenden Parameter sowie durch die Kontrolle der Ausgangsparameter mithilfe des dargestellten Bewertungsverfahrens nachgeprüft werden.[243] Dabei werden direkt nachprüfbare Informationen als geeigneter für eine glaubwürdige Sachverhaltsdarstellung angesehen als indirekt nachprüfbare Informationen.[244] Insbesondere bei bestimmten Erläuterungen oder Informationen mit starkem Zukunftsbezug ist es teilweise nicht möglich, überhaupt oder zumindest bis zu einer späteren Periode die Darstellungen zu überprüfen.[245] Aus diesem Grund ist regelmäßig die Angabe der zugrunde liegenden Annahmen, der Methoden zur Informationsgenerierung sowie der weiteren mit dem Sachverhalt in Verbindung stehenden Faktoren und Umstände erforderlich.[246] Aufgrund der

235 Vgl. CF.QC26; BAETGE, J./KIRSCH, H.-J./THIELE, S., Bilanzen, S. 155; DETTENRIEDER, D., Hedge Accounting, S. 18.

236 Vgl. KÜTING, K., Der Objektivierungsgrundsatz im HGB- und IFRS-System, S. 1405.

237 Vgl. LORSON, P./GATTUNG, A., Die Forderung nach einer „Faithful Representation“, S. 562; KIRSCH, H.-J./KOELEN, P./OLBRICH, A./DETTENRIEDER, D., Die Bedeutung der Verlässlichkeit der Berichterstattung, S. 764.

238 Vgl. auch DETTENRIEDER, D., Hedge Accounting, S. 18.

239 Vgl. CF.QC26; BAETGE, J./KIRSCH, H.-J./THIELE, S., Bilanzen, S. 155.

240 Vgl. CF.QC26; BAETGE, J./KIRSCH, H.-J./THIELE, S., Bilanzen, S. 155.

241 Vgl. DETTENRIEDER, D., Hedge Accounting, S. 18.

242 Vgl. KIRSCH, H.-J./KOELEN, P./OLBRICH, A./DETTENRIEDER, D., Die Bedeutung der Verlässlichkeit der Berichterstattung, S. 764.

243 Vgl. CF.QC27. Vgl. zur direkten und indirekten Nachprüfbarkeit auch KIRSCH, H., Zielsetzung der Finanzberichterstattung und qualitative Anforderungen, S. 32. Vgl. hierzu auch bereits DOBLER, M./HETTICH, S., Geplante Änderungen der Rahmenkonzepte, S. 33; KAMPMANN, H./SCHWEDLER, K., Zum Entwurf eines gemeinsamen Rahmenkonzepts, S. 528. In Anlehnung an die weiche Definition der Fehlerfreiheit (vgl. hierzu Fn. 216) kann hier auch von einer weichen Definition der Nachprüfung gesprochen werden, da diese sich nicht unmittelbar auf den abzubildenden Sachverhalt, sondern auf dessen Bewertung durch Beobachter bezieht (vgl. bereits KAMPMANN, H./SCHWEDLER, K., Zum Entwurf eines gemeinsamen Rahmenkonzepts, S. 528; WIEDMANN, H./SCHWEDLER, K., Die Rahmenkonzepte von IASB und FASB, S. 708 f.).

244 Vgl. KAMPMANN, H./SCHWEDLER, K., Zum Entwurf eines gemeinsamen Rahmenkonzepts, S. 528. Es ist dabei aber zu berücksichtigen, dass der jeweilige maximal erreichbare Nachprüfbarkeitsgrad vom einzelnen abzubildenden Sachverhalt abhängt. Vgl. LORSON, P./GATTUNG, A., Die Forderung nach einer „Faithful Representation“, S. 562.

245 Vgl. CF.QC28; SCHOO, L., Umsatzrealisierung nach IFRS, S. 14.

246 Vgl. CF.QC28. Vgl. auch HOFFMANN, S./DETZEN, D., Das Joint Conceptual Framework, S. 54.

Einstufung der Nachprüfbarkeit als fördernden Grundsatz kann eine Information letztlich aber auch glaubwürdig dargestellt sein, ohne dass die Darstellungen direkt oder indirekt nachprüfbar sind.[247]

313.33 Zeitnähe

Finanzinformationen sollen **zeitnah** bereitgestellt werden, damit sie noch das Potenzial haben, Einfluss auf die Kapitalallokationsentscheidungen der Adressaten zu nehmen, womit deutlich wird, dass Informationen mit zunehmendem Alter allgemein an Relevanz und damit ebenso an Entscheidungsnützlichkeit verlieren[248].[249] In Einzelfällen ist es dennoch möglich, dass Informationen auch noch für einen langen Zeitraum nach dem Abschlussstichtag bzw. relativ alte Informationen auch noch für einen aktuellen Abschluss relevant sind, bspw. wenn sie für die Identifikation und Einschätzung von Trendbewegungen dienlich sind.[250] Die Finanzinformationen sollen letztlich im Sinne der Zeitnähe immer dann zur Verfügung gestellt werden, wenn sie für den Entscheidungsprozess der Adressaten den höchsten Nutzen bringen.[251]

313.34 Verständlichkeit

Damit die Anforderung der **Verständlichkeit** von Informationen erfüllt wird, müssen die Klassifizierung, die Beschreibung und die Darstellung jener Informationen deutlich und präzise sein,[252] sodass diese für die Adressaten möglichst leicht zu verstehen sind[253]. Der dieser Definition von Ver-

---

247 Vgl. bereits KIRSCH, H., in: Vater et al., IFRS Änderungskommentar 2009, ED of an improved Conceptual Framework for Financial Reporting: The Objective of Financial Reporting and Qualitative Characteristics and Constraints of Decision-useful Financial Reporting Information, Rn. 97; WIEDMANN, H./SCHWEDLER, K., Die Rahmenkonzepte von IASB und FASB, S. 709. Vgl. auch CF.BC3.34 und 3.36; SCHRUFF, W., Spannungsfeld zwischen Cashflow-Prognose und Rechenschaft, S. 859; KIRSCH, H.-J./KOELEN, P./OLBRICH, A./DETTENRIEDER, D., Die Bedeutung der Verlässlichkeit der Berichterstattung, S. 766. Die Möglichkeit der Entscheidungsnützlichkeit von Informationen trotz einer schlechten oder unmöglichen Nachprüfbarkeit ist das Resultat der Herabstufung des Nachprüfbarkeitskriteriums während der Phase A des Conceptual-Framework-Projektes von einem notwendigen, implizit bzw. explizit enthaltenen Element der Verlässlichkeit (*Rahmenkonzept, 1989*) bzw. der glaubwürdigen Darstellung (*Discussion Paper: Conceptual Framework, 2006*) auf einen fördernden Grundsatz. Vgl. CF.BC.3.35 f. Die mit der Herabstufung dem IASB implizit zu unterstellende Annahme, dass keine anreizbedingten Prinzipal-Agenten-Konflikte zwischen den Kapitalgebern und dem Management bestehen, ist kritisch zu sehen. Vgl. GASSEN, J./FISCHKIN, M./HILL, V., Das Rahmenkonzept-Projekt des IASB und des FASB, S. 879. Darüber hinaus wird mit der Herabstufung der Nachprüfbarkeit die Rechnungslegung tendenziell entobjektiviert. Vgl. KIRSCH, H.-J./KOELEN, P./OLBRICH, A./DETTENRIEDER, D., Die Bedeutung der Verlässlichkeit der Berichterstattung, S. 771, sowie bereits LORSON, P./GATTUNG, A., Faithful Representation - Quantitative und qualitative Schranken, S. 665. Vgl. zur Diskussion auch GASSEN, J./FISCHKIN, M./HILL, V., Das Rahmenkonzept-Projekt des IASB und des FASB, S. 879 f.; SCHRUFF, W., Spannungsfeld zwischen Cashflow-Prognose und Rechenschaft, S. 858 f.

248 Vgl. hinsichtlich der Relevanz KAMPMANN, H., in: Buschhüter et al., Kommentar IFRS, Rahmenkonzept, Rn. 31; ADS International, Abschnitt 1, Rn. 90, und hinsichtlich der Entscheidungsnützlichkeit BAETGE, J./KIRSCH, H.-J./THIELE, S., Bilanzen, S. 155. Vgl. auch PELLENS, B./FÜLBIER, R. U./GASSEN, J./SELLHORN, T., Internationale Rechnungslegung, S. 95; THEILE, C., in: Heuser et al., IFRS-Handbuch, B. II, Rn. 283.

249 Vgl. CF.QC29; THEILE, C., in: Heuser et al., IFRS-Handbuch, B. II, Rn. 283.

250 Vgl. CF.QC29; BAETGE, J./KIRSCH, H.-J./THIELE, S., Bilanzen, S. 155.

251 Vgl. PEEMÖLLER, V. H., in: Ballwieser et al., Handbuch IFRS 2011, Abschnitt 1, Rn. 59.

252 Vgl. CF.QC30; BAETGE, J./KIRSCH, H.-J./THIELE, S., Bilanzen, S. 155. Vgl. auch THEILE, C., in: Heuser et al., IFRS-Handbuch, B. II, Rn. 280.

253 Vgl. BAETGE, J./KIRSCH, H.-J./WOLLMERT, P./BRÜGGEMANN, P., in: Baetge et al., Rechnungslegung nach IFRS, Teil A, Kapitel 2, Rn. 63.

ständlichkeit zugrunde liegende Adressatenkreis setzt Fachkunde voraus[254], d. h. die Adressaten sollten über ein angemessenes Wissen zu rechnungslegungsspezifischen und ökonomischen Sachverhalten verfügen und die die bereitgestellten Informationen auch tatsächlich einer sorgfältigen Prüfung und Analyse unterziehen.[255] Dennoch räumt der IASB in Einzelfällen, insbesondere bei der Rechnungslegung über sehr komplexe Sachverhalte, ein, dass selbst dieser Adressatenkreis zum Verständnis der Finanzinformationen auf die Hilfe externer Berater mit entsprechender Expertise angewiesen sein kann.[256]

313.4 Kostenbegrenzung als Nebenbedingung

Die fundamentalen und fördernden qualitativen Anforderungen an Finanzinformationen werden im Conceptual Framework durch eine zusätzliche Anforderung, die **Kostenrestriktion**, ergänzt.[257] Die Kostenrestriktion der Rechnungslegung zielt darauf ab, dass die durch das Bereitstellen von Informationen in der Berichterstattung verursachten Kosten in ihrer Gesamtheit einem diese Kosten rechtfertigenden Nutzen gegenüberstehen und somit ein angemessenes Kosten-Nutzen-Verhältnis für die Berichterstattung eingehalten wird.[258] Letztlich sind die Finanzinformationen immer dann bereitzustellen, wenn ihr **Nutzen größer ist als ihre Kosten**.[259]

Die Kostenrestriktion ist sowohl vom **Standardsetter** als auch von den berichterstattenden **Unternehmen** sowie von den **Adressaten** der Berichterstattung zu berücksichtigen.[260] Dabei werden zum einen die dem IFRS-Anwender im Rahmen der Berichterstattung durch die Sammlung, Auswertung und Verbreitung der Informationen entstehenden Aufwendungen und zum anderen die Kosten auf der Nutzerseite miteinbezogen.[261] Letztere bestehen aus den direkten Kosten, verursacht durch die Auswertung der veröffentlichten Finanzinformationen sowie durch die etwaige Suche nach zusätzlichen, über die Finanzberichte hinausgehenden Informationen, und aus den indirekten Kosten, verursacht durch die beim Anwender entstehenden Kosten der Berichterstattung und die damit verbundenen reduzierten auszahlbaren Kapitalerträge.[262] Der Nutzen spiegelt sich in der Steigerung des Effizienzgrades der Kapitalmärkte, in damit in Verbindung stehenden, etwaigen geringeren Kapitalkosten

---

254 Vgl. BAETGE, J./KIRSCH, H.-J./THIELE, S., Bilanzen, S. 155.

255 Vgl. CF.QC32. Die Erfassung der wirtschaftlichen Lage des berichtenden Unternehmens durch die Adressaten muss dabei mit einem angemessenen zeitlichen Aufwand möglich sein. Vgl. WAGENHOFER, A., Internationale Rechnungslegungsstandards IAS/IFRS, S. 128.

256 Vgl. CF.QC.32.

257 Vgl. SCHOO, L., Umsatzrealisierung nach IFRS, S. 15. Die Kostenrestriktion stellt selbst weder einen fundamentalen noch einen fördernden Grundsatz dar. Vgl. ähnlich CF.BC3.47. Sie gehört damit nicht zu den qualitativen Anforderungen an Finanzinformationen, sondern ist als Anforderung an den zur Informationsbereitstellung verwendeten Prozess zu interpretieren. Vgl. CF.BC3.47.

258 Vgl. CF.QC35

259 Vgl. PELLENS, B./FÜLBIER, R. U./GASSEN, J./SELLHORN, T., Internationale Rechnungslegung, S. 96. Vgl. auch bereits BAETGE, J./ZÜLCH, H., in: Wysocki et al., HdJ, Abt. I/2, Rn. 255.

260 Vgl. CF.BC3.47.

261 Vgl. CF.QC36; BAETGE, J./KIRSCH, H.-J./THIELE, S., Bilanzen, S. 156.

262 Vgl. CF.QC36; BAETGE, J./KIRSCH, H.-J./THIELE, S., Bilanzen, S. 156.

für das berichtende Unternehmen sowie für die Nutzer in der Verbesserung ihrer Entscheidungsgrundlage in der Kapitalallokationsfrage[263] wider.[264]

Da die Beurteilung von Kosten und Nutzen der Finanzinformationen teilweise **lediglich subjektiv möglich** ist[265] und somit unterschiedliche Bewertungen des Kosten-Nutzen-Verhältnisses für bestimmte Finanzinformationen entstehen, beabsichtigt der IASB im Standardsetzungsprozess die Verhältnismäßigkeit von Kosten und Nutzen für die Berichterstattung allgemein und damit unabhängig von konkreten Unternehmen zu beurteilen.[266] Dennoch sind bestimmte Rechnungslegungsvorschriften aufgrund von wesentlichen Unterschieden zwischen Unternehmen, z. B. in der Größe, der Finanzierungsform oder den Informationsbedürfnissen der Kapitalgeber, hinsichtlich der Kosten-Nutzen-Abwägungen auch entsprechend unterschiedlich zu bewerten.[267]

314. Ergänzende Konzeptionen zu den Abschlussposten

314.1 Übersicht

Auf die Konzeption der Abschlussposten geht das Conceptual Framework separat ein. Die dafür relevanten Vorschriften entstammen noch dem *Rahmenkonzept für die Aufstellung und Darstellung von Abschlüssen* (1989).[268] Dort werden die ökonomischen Sachverhalte und Folgen von geschäftlichen Ereignissen in verschiedenartige Abschlussposten gruppiert.[269] Während in der Bilanz für die Beurteilung der Vermögens- und Finanzlage auf **Vermögenswerte, Schulden und Eigenkapital** eingegangen wird, stellen zur Beurteilung der Ertragslage in der Gewinn- und Verlustrechnung **Erträge und Aufwendungen** die relevanten Abschlussposten dar.[270]

Um sowohl die bilanzorientierten als auch die mit der Gewinn- und Verlustrechnung in Verbindung stehenden Abschlussposten zu erfassen bzw. die allgemeine Bilanzierungsfähigkeit von Sachverhal-

---

263 Der Standardsetter macht indes deutlich, dass es die allgemeine Zwecksetzung der Berichterstattung nicht ermöglicht, die Informationen auf die Bedürfnisse eines jeden Nutzers zuzuschneiden. Vgl. CF.QC37.

264 Vgl. CF.QC37; BAETGE, J./KIRSCH, H.-J./THIELE, S., Bilanzen, S. 156.

265 So bestehen bei der Schätzung der Kosten und des Nutzens z. T. große Unsicherheiten, sodass verschiedenste, oftmals subjektive Annahmen zu treffen sind. Zudem existieren vor allem bei der Bestimmung des Nutzens auch Erfassungs- und Quantifizierungsprobleme. Vgl. für die gesamte Fußnote allgemein BASKERVILLE, R. F./CORDERY, C. J., Small GAAP, S. 9; PELLENS, B./FÜLBIER, R. U./GASSEN, J./SELLHORN, T., Internationale Rechnungslegung, S. 96.

266 Vgl. CF.QC39. Die Beurteilungen des Standardsetters basieren dabei i. d. R. auf quantitativen und qualitativen Informationen und schließen die Erwartungen verschiedener an der Berichterstattung direkt und indirekt Beteiligter, wie z. B. die berichtenden Unternehmen, die Adressaten, die Wirtschaftsprüfer und die Wissenschaft, hinsichtlich der Form und Höhe der Kosten und Nutzen eines Rechnungslegungsstandards mit ein. Vgl. CF.QC38. Erfassungs- bzw. Quantifizierungsprobleme vor allem bei der Bestimmung des Nutzens ergeben sich durch die Erfassung jener Sachverhalte durch den IASB ähnlich, wie es bei der Erfassung durch einzelne Unternehmen der Fall wäre (vgl. hierzu Fn. 265).

267 Vgl. CF.QC39

268 Vgl. CF.4, Introduction. Im Rahmen der Fortführung des Conceptual-Framework-Projektes (vgl. Abschnitt 31) ist auch die Überarbeitung der Regelungen zur Konzeption der Abschlussposten vorgesehen. So hat sich der IASB im Diskussionspapier DP/2013/1 „A Review of the Conceptual Framework for Financial Reporting" (vgl. Abschnitt 31) bereits umfangreich mit der Abschlusspostenkonzeption beschäftigt und sich dieser insbesondere in Abschnitt *Section 2* und *Section 4* gewidmet. Vgl. IASB (HRSG.), DP/2013/1: Conceptual Framework, Section 2 und Section 4.

269 Vgl. CF.4.2.

270 Vgl. CF.4.2.

ten zu prüfen, ist ein **zweistufiger auf Definitions- und Ansatzkriterien basierender Prozess** vorgesehen[271]. Zuerst ist im Rahmen der abstrakten Bilanzierungsfähigkeit ein Sachverhalt daraufhin zu prüfen, ob er die allgemeinen, für eine Einstufung als Vermögenswert bzw. als Schuld erforderlichen Eigenschaften erfüllt (***Definitionskriterien***).[272] Fällt die Prüfung positiv aus, ist in einem zweiten Schritt im Rahmen der konkreten Bilanzierungsfähigkeit anhand weiterer Kriterien (***Ansatzkriterien***) die konkrete Ansatzfähigkeit des Posten zu bestimmen[273]. Somit sind lediglich diejenigen Sachverhalte bilanziell anzusetzen, die sowohl die allgemeinen Definitionskriterien als auch die Ansatzkriterien erfüllen.[274] Indes ist auch hier die in den Vorkapiteln angesprochene Nachrangigkeit des Conceptual Framework gegenüber einzelnen Standards zu berücksichtigen, sodass bei einer abweichenden Ansatzkonzeption des Standards im Vergleich zum Conceptual Framework die Regelung des Standards Vorrang hat.[275]

314.2 Definitionskriterien

Von den Bilanzpositionen im Conceptual Framework werden **Vermögenswerte** (*assets*) als in der Verfügungsmacht des bilanzierenden Unternehmens stehende Ressourcen definiert, welche aus vergangenen Ereignissen resultieren und mit denen die Erwartung verbunden ist, dass sie dem berichtenden Unternehmen künftigen wirtschaftlichen Nutzen einbringen.[276] Bei **Schulden** (*liabilities*) handelt es sich um gegenwärtige Verpflichtungen des berichtenden Unternehmens, welche zwar ebenfalls die Ergebnisse vergangener Ereignisse darstellen, deren Erfüllung aber erwartungsgemäß mit einem Abfluss von wirtschaftlich nutzbaren Ressourcen beim berichtenden Unternehmen einhergeht.[277] Das **Eigenkapital** (*equity*) wird indirekt über die Definition der Vermögenswerte und Schulden definiert und stellt den Residualanspruch an den nach Abzug aller Schulden beim berichtenden

---

271 Vgl. WOLLMERT, P./ACHLEITNER, A.-K., Konzeptionelle Grundlagen der IAS-Rechnungslegung (Teil I), S. 215; WAWRZINEK, W., in: Bohl et al., Beck'sches IFRS Handbuch, § 2, Rn. 122. Vgl. auch bereits GOEBEL, A./FUCHS, M., Rechnungslegung nach den IAS, S. 878. Vgl. ähnlich in Bezug auf Aufwendungen und Erträge BASSEN, Y., Internationale Rechnungslegung von Nonprofit-Organisationen, S. 45.

272 Vgl. CF.4.4; ADS International, Abschnitt 1, Rn. 142.

273 Vgl. hierzu CF.4.38, 4.44-4.53; ADS International, Abschnitt 1, Rn. 142.

274 Vgl. BAETGE, J./KIRSCH, H.-J./THIELE, S., Bilanzen, S. 191.

275 Vgl. BAETGE, J./KIRSCH, H.-J./THIELE, S., Bilanzen, S. 191.

276 Vgl. CF.4.4 (a). Vgl. vertiefend zur Vermögenswert-Definition BAETGE, J./KIRSCH, H.-J./WOLLMERT, P./BRÜGGEMANN, P., in: Baetge et al., Rechnungslegung nach IFRS, Teil A, Kapitel 2, Rn. 70-74; WOLLMERT, P./ACHLEITNER, A.-K., Konzeptionelle Grundlagen der IAS-Rechnungslegung (Teil I), S. 215 f. Im Rahmen der Überarbeitung des Conceptual Framework wird ein *asset* im Diskussionspapier DP/2013/1 neu definiert als „a present economic resource controlled by the entity as a result of past events" (IASB (HRSG.), DP/2013/1: Conceptual Framework, 2.11), wobei die „economic resource" als „a right, or other source of value, that is capable of producing economic benefits" (IASB (HRSG.), DP/2013/1: Conceptual Framework, 2.11) definiert wird. Das Ziel dieser neuen Definition besteht darin, zu betonen, dass es sich bei einem Vermögenswert um eine Ressource handelt und dass diese zur Generierung des Zuflusses wirtschaftlichen Nutzens fähig ist. Vgl. IASB (HRSG.), DP/2013/1: Conceptual Framework, 2.10. Insofern dienen die Regeländerungsvorschläge hauptsächlich der Klarstellung. Vgl. SCHOO, L., Umsatzrealisierung nach IFRS, S. 17, Fn. 113.

277 Vgl. CF.4.4 (b). Vgl. vertiefend zur Schulden-Definition BAETGE, J./KIRSCH, H.-J./WOLLMERT, P./BRÜGGEMANN, P., in: Baetge et al., Rechnungslegung nach IFRS, Teil A, Kapitel 2, Rn. 75-81; WOLLMERT, P./ACHLEITNER, A.-K., Konzeptionelle Grundlagen der IAS-Rechnungslegung (Teil I), S. 216. Im Rahmen der Überarbeitung des Conceptual Framework wird eine *liability* im Diskussionspapier DP/2013/1 neu definiert als „a present obligation of the entity to transfer an economic resource as a result of past events" (IASB (HRSG.), DP/2013/1: Conceptual Framework, 2.11). Das Ziel dieser neuen Definition ist es, zu betonen, dass es sich bei einer Schuld um eine Verpflichtung

Unternehmen noch verbleibenden Vermögenswerten dar.[278] Bei der Beurteilung von Sachverhalten hinsichtlich der genannten Definitionen darf nicht allein die rechtliche Gestaltung der Sachverhalte betrachtet werden, vielmehr gilt es, deren tatsächliche wirtschaftliche Gestaltung zu beurteilen.[279] Während der wirtschaftliche Nutzen von Vermögenswerten in deren Potenzial gesehen wird, unmittelbar oder mittelbar den Zufluss von Zahlungsmitteln oder von Zahlungsmitteläquivalenten zu fördern,[280] wird bei Schulden analog auf das Potenzial eines erwarteten Abflusses von Zahlungsmitteln abgestellt[281].

Die direkt mit der Ermittlung des Gewinns verbundenen Positionen sind Erträge (*income*) und Aufwendungen (*expenses*). **Erträge** werden als eine in der Berichtsperiode anfallende Zunahme des wirtschaftlichen Nutzens, die sich als Zufluss oder Erhöhung von Vermögenswerten oder aber als Abnahme von Schuldpositionen ergibt, definiert.[282] Das Eigenkapital muss sich als Folge der genannten Veränderungen der Vermögenswerte und Schulden erhöhen, wobei die Erhöhung für die Berechnung des Erfolgs nicht durch Einlagen seitens der Anteilseigner entstehen darf.[283] Die Definition der **Aufwendungen** ergibt sich analog zur Definition der Erträge als in der Berichtsperiode anfallende Abnahme des wirtschaftlichen Nutzens infolge von Vermögenswertverminderungen oder Schulderhöhungen, die in einer nicht durch Ausschüttung an die Anteilseigner beeinflussten Eigenkapitalreduktion resultieren.[284] Die Definitionen von Erträgen und Aufwendungen bauen auf den Definitionen von Vermögenswerten und Schulden auf und sind somit in erster Linie bilanzorientiert.[285] Wie schon bei den Vermögenswerten und Schulden nimmt der Begriff des wirtschaftlichen Nutzens auch für die Positionen der Gewinn- und Verlustrechnung eine zentrale Rolle ein. So entsteht ein Ertrag immer dann, wenn sich der wirtschaftliche Nutzen während einer Berichtsperiode erhöht.[286] Ein Ertrag kann materiell letztlich als gestiegener erwarteter Zufluss von Zahlungsmitteln oder Zahlungsmitteläqui-

handelt und diese mit der Generierung eines Abflusses wirtschaftlichen Nutzens verbunden ist. Vgl. IASB (Hrsg.), DP/2013/1: Conceptual Framework, 2.10. Insofern dienen die Regeländerungsvorschläge hauptsächlich der Klarstellung. Vgl. Schoo, L., Umsatzrealisierung nach IFRS, S. 19, Fn. 126.

278 Vgl. CF.4.4 (c). Vgl. vertiefend zur Eigenkapital-Definition Baetge, J./Kirsch, H.-J./Wollmert, P./Brüggemann, P., in: Baetge et al., Rechnungslegung nach IFRS, Teil A, Kapitel 2, Rn. 82-85; Wollmert, P./Achleitner, A.-K., Konzeptionelle Grundlagen der IAS-Rechnungslegung (Teil I), S. 216 f. Im Rahmen der Überarbeitung des Conceptual Framework soll das *equity* inhaltlich nicht neu definiert werden. Vgl. IASB (Hrsg.), DP/2013/1: Conceptual Framework, 5.2. Das Eigenkapital wird weiterhin als „total assets, less total liabilities, as recognised and measured in the financial statements" (IASB (Hrsg.), DP/2013/1: Conceptual Framework, 5.3) interpretiert. Dabei wird allerdings angemerkt, dass das auf diese Weise definierte Eigenkapital nicht den Wert (*value*) des Eigenkapitals beschreibt. Vgl. IASB (Hrsg.), DP/2013/1: Conceptual Framework, 5.3. Bei dem Wert des Eigenkapitals handelt es sich um den Marktwert des Eigenkapitals. Die Anmerkung des IASB ist dabei so zu verstehen, dass der Buchwert des Eigenkapitals i. d. R. nicht dem Marktwert des Eigenkapitals entspricht. Der Marktwert des Eigenkapitals lässt sich abhängig von der Kapitalmarktorientierung des Unternehmens bspw. über aktuelle Tagespreise von Eigenkapitalanteilen am bilanzierenden Unternehmen ermitteln und kann entsprechend variieren.

279 Vgl. CF.4.6.

280 Vgl. CF.4.8.

281 Vgl. Plock, M., Ertragsrealisation nach IFRS, S. 47; CF.4.17.

282 Vgl. CF.4.25 (a).

283 Vgl. CF.4.25 (a).

284 Vgl. CF.4.25 (b).

285 Vgl. Plock, M., Ertragsrealisation nach IFRS, S. 46.

286 Vgl. ADS International, Abschnitt 1, Rn. 187.

valenten, der auf Ereignisse in der Berichtsperiode zurückzuführen ist, aufgefasst werden[287]. Eine Aufwendung ist analog als entsprechender Abfluss zu interpretieren.

Bei der Definition von Erträgen (*income*) und Aufwendungen (*expenses*) unterscheidet das Conceptual Framework zwischen **Erlösen** (*revenue*) **und anderen Erträgen** (*gains*)[288] bzw. zwischen **im Rahmen der gewöhnlichen Geschäftstätigkeit anfallenden Aufwendungen** (*expenses that arise in the course of the ordinary activities of the entity*) **und Verlusten** (*losses*)[289]. Die jeweils Erstgenannten entstehen im Rahmen der gewöhnlichen Tätigkeit des berichtenden Unternehmens.[290] Die anderen Erträge und die Verluste umfassen letztlich all jene Erträge und Aufwendungen, die nicht zu den zuvor jeweils erstgenannten Erträgen und Aufwendungen zu zählen sind.[291] Eine eindeutige inhaltliche Abgrenzung der Erlöse und der anderen Erträge existiert im Conceptual Framework jedoch nicht,[292] stattdessen wird lediglich eine Zuordnung anhand von Beispielen gegeben.[293] Auch auf eine Definition der „Gewöhnlichkeit“ und „Außergewöhnlichkeit“ von Tätigkeiten wird in den IFRS verzichtet.[294] Abbildung 3-1 veranschaulicht die vom IASB angesprochene inhaltliche Aufgliederung der Erträge und Aufwendungen im Conceptual Framework:

287 Vgl. PLOCK, M., Ertragsrealisation nach IFRS, S. 47.

288 Vgl. CF.4.29.

289 Vgl. CF.4.33.

290 Vgl. bezüglich der Erträge CF.4.29 und bezüglich der Aufwendungen CF.4.33. So können von der Ertragsseite her vor allem Umsatzerlöse und Dienstleistungsentgelte, Miet- und Zinserträge oder Dividenden und von der Aufwandsseite her Umsatzkosten, Aufwendungen sowie Gehälter und Löhne in diesen Bereich fallen. Zu den Ertragsbeispielen vgl. CF.4.30 und zu den Aufwandsbeispielen vgl. CF.4.33.

291 Bezüglich der Erträge vgl. CF.40; SCHOO, L., Umsatzrealisierung nach IFRS, S. 17 und bezüglich der Aufwendungen vgl. CF.4.34. Beispiele für die anderen Erträge sind Erträge aus dem Verkauf von langfristigen Vermögenswerten oder realisierte Gewinne aus der Buchwertzunahme langfristiger Vermögenswerte und aus der Neubewertung von marktgängigen Wertpapieren. Vgl. CF.4.31. Beispiele für die Verluste sind entsprechende Aufwendungen aus dem Verkauf von langfristigen Vermögenswerten oder aufgrund von Naturkatastrophen sowie nicht realisierte Aufwendungen wie die mit einem Wechselkursanstieg verbundenen Verluste bei den Krediten eines Unternehmens. Vgl. CF.4.35.

292 So werden nicht sämtliche durch die gewöhnliche Geschäftstätigkeit generierten Erträge den Erlösen zugeteilt, sondern ein Teil davon kann entsprechend auch die anderen Erträge darstellen. Vgl. NOBES, C., On the Definitions of Income and Revenue in IFRS, S. 89. Die Zuordnung von Sachverhalten zur gewöhnlichen Geschäftstätigkeit ist geschäftsmodellabhängig. Für ein beispielhaftes Geschäftsmodell, bei dem der Verkauf von langfristigen Vermögenswerten als gewöhnliche Tätigkeit eingestuft werden kann, vgl. NOBES, C., On the Definitions of Income and Revenue in IFRS, S. 88. Letztlich kann bspw. auch der Verkauf von langfristigen Vermögenswerten im Rahmen der gewöhnlichen Geschäftstätigkeit anfallen. Vgl. SCHOO, L., Umsatzrealisierung nach IFRS, S. 18.

293 Vgl. NOBES, C., On the Definitions of Income and Revenue in IFRS, S. 87. Vgl. zu den Beispielen Fn. 290 und Fn. 291. Insgesamt sind die anderen Erträge und Erlöse insofern auch von ihren Eigenschaften her als ähnlich anzusehen, als mit beiden eine Zunahme des wirtschaftlichen Nutzens verbunden ist. Vgl. CF.4.30. Daher werden die anderen Erträge im Conceptual Framework nicht als eigenständige, separate Abschlussposition gesehen. Vgl. CF.4.30. Analog zu den Ausführungen bezüglich der anderen Erträge ist die Untergruppe der Verluste im Conceptual Framework ebenfalls nicht als eigenständige, separate Abschlussposition zu betrachten. Vgl. zur Argumentation und zum Ergebnis CF.4.34.

294 Vgl. NOBES, C., On the Definitions of Income and Revenue in IFRS, S. 89.

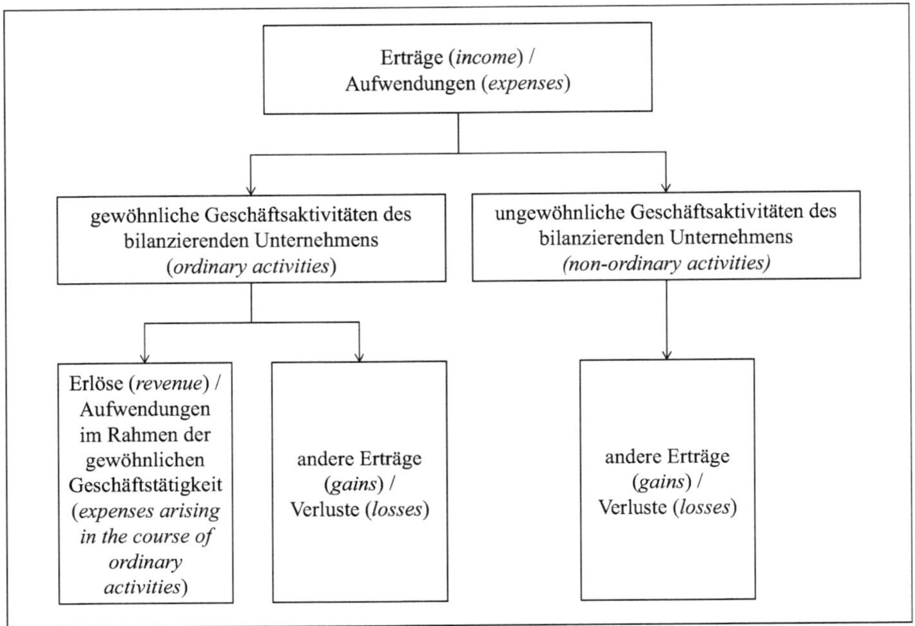

Abbildung 3-1: Ertrags- und Aufwandsdefinition im Conceptual Framework[295]

314.3 Ansatzkriterien

Unabhängig von der Art des abzubildenden Sachverhaltes ist ein die Definition eines Abschlusspostens erfüllender Sachverhalt erst zu erfassen, wenn er die beiden **Ansatzkriterien** des Conceptual Framework erfüllt[296].[297] So ist solch ein Abschlussposten lediglich dann anzusetzen, wenn es zum einen **wahrscheinlich** ist, dass dem Unternehmen ein in Verbindung mit dem Sachverhalt stehender **wirtschaftlicher Nutzen zu- oder abfließen wird** und wenn zum anderen der **Wert** des Sachverhaltes oder dessen Anschaffungs- und Herstellungskosten **verlässlich**[298] **bestimmbar** sind.[299] [300] Der

[295] In Anlehnung an die Grafiken zur Ertragsdefinition von NOBES, C., On the Definitions of Income and Revenue in IFRS, S. 87, sowie SCHOO, L., Umsatzrealisierung nach IFRS, S. 18.

[296] Vgl. CF.4.38.

[297] Vgl. SCHOO, L., Umsatzrealisierung nach IFRS, S. 18 f.

[298] Die Verlässlichkeit von Informationen setzt deren Vollständigkeit, Neutralität und Fehlerfreiheit voraus. Vgl. CF.4.38. Die Wortwahl „Verlässlichkeit" entstammt noch dem alten *Rahmenkonzept für die Aufstellung und Darstellung von Abschlüssen* (1989) und liegt darin begründet, dass das Kapital 4 des Conceptual Framework noch nicht konzeptionell überarbeitet wurde. Vgl. SCHOO, L., Umsatzrealisierung nach IFRS, S. 20, Fn. 137. Die Verlässlichkeit wird aber zumindest neu über die Sekundärgrundsätze der glaubwürdigen Darstellung konkretisiert und ist somit mit dieser gleichzusetzen. Vgl. SCHOO, L., Umsatzrealisierung nach IFRS, S. 20, Fn. 137. Vgl. zu den Sekundärgrundsätzen der glaubwürdigen Darstellung Abschnitt 313.22.

[299] Vgl. CF.4.38. Vgl. zur Wesentlichkeit Abschnitt 313.21.

[300] Neben den Definitionskriterien für Abschlusspositionen (vgl. Fn. 276, 277 und 278) widmet sich der IASB bei der Überarbeitung des Conceptual Framework auch den Ansatzkriterien. Im Gegensatz zu den tendenziell eher formalen, verdeutlichenden Regeländerungsvorhaben bei den Definitionskriterien (vgl. SCHOO, L., Umsatzrealisierung

Ansatz ist letztlich noch vor dem Hintergrund der Wesentlichkeit der Sachverhalte zu beurteilen.[301] Es ist zu beachten, dass sich die Ansatzkriterien direkt auf Vermögenswerte und Schulden beziehen, Erträge und Aufwendungen aufgrund ihres inhaltlichen, definitorischen Bezuges zu den Vermögenswerten und Schulden aber lediglich indirekt von den Ansatzkriterien betroffen sind.[302] So sind Erträge lediglich zu erfassen, wenn der künftige wirtschaftliche Nutzen im Rahmen einer verlässlich ermittelbaren Vermögenswertzunahme oder Schuldenabnahme zugenommen hat.[303] Aufwendungen sind entsprechend nur dann abzubilden, wenn der künftige wirtschaftliche Nutzen im Rahmen einer verlässlich ermittelbaren Vermögenswertabnahme oder Schuldenzunahme abgenommen hat.[304]

Das **Kriterium der Wahrscheinlichkeit** (*probability*) berücksichtigt die mit den Gegebenheiten der wirtschaftlichen Aktivität eines bilanzierenden Unternehmens verbundene Unsicherheit und betont somit die mit einem Sachverhalt verbundene Unsicherheit des Zuflusses bzw. des Abflusses von wirtschaftlichem Nutzen für ein bilanzierendes Unternehmen.[305] Die inhaltlichen Aspekte des Wahrscheinlichkeitsbegriffs werden im Conceptual Framework nicht weiter konkretisiert,[306] außer dass die Beurteilung des Unsicherheitsgrades auf Basis der Informationen zum Abschlussstichtag zu erfolgen hat[307]. So werden auch keine quantitativen Richtwerte als spezifische Wahrscheinlichkeitsgrenzen vorgegeben,[308] stattdessen wird von der Bestimmung der Wahrscheinlichkeitsgrenzen in Abhängigkeit vom jeweiligen Sachverhalt ausgegangen[309]. Letztlich fällt die Konkretisierung des Wahrscheinlichkeitsbegriffs somit in den subjektiven, einzelfallbezogenen Entscheidungsbereich des Bilanzie-

nach IFRS, S. 17, Fn. 113) sind bei den Ansatzkriterien allerdings wesentliche inhaltliche Veränderungen geplant (vgl. SCHOO, L., Umsatzrealisierung nach IFRS, S. 19, Fn. 126). So zählt das Wahrscheinlichkeitskriterium nach dem Diskussionspapier DP/2013/1 nicht mehr zu den Ansatzkriterien. Vgl. IASB (HRSG.), DP/2013/1: Conceptual Framework, 2.35 (a) und 4.8. Das Kriterium der Verlässlichkeit bleibt in seiner ursprünglichen Form auch nicht mehr bestehen. Stattdessen sollen künftig grundsätzlich alle Vermögenswerte und Schulden als Abschlussposten angesetzt werden, wobei der IASB zwei Ausnahmesituationen einräumt. Vgl. IASB (HRSG.), DP/2013/1: Conceptual Framework, 4.24. So kann sich der IASB bei der Standardüberarbeitung oder der Standardentwicklung dafür aussprechen, dass ein Unternehmen einen Vermögenswert bzw. eine Schuld nicht ansetzen muss bzw. soll, (a) sofern ihr Ansatz nicht zu relevanten Informationen für die Abschlussadressaten führen würde oder ihr Ansatz keine derart große Relevanz besitzt, dass er die Kosten des Ansatzes rechtfertigt, oder (b) sofern die Bewertung des Vermögenswertes bzw. der Schuld nicht zu einer glaubwürdigen Darstellung des Abschlusspostens oder der Veränderung des Abschlusspostens führen würde. Vgl. IASB (HRSG.), DP/2013/1: Conceptual Framework, 4.25. Für die Identifikation der Situation, dass der Ansatz im Abschluss nicht zu relevanten Informationen führt, gibt der IASB beispielhaft mögliche Indikatoren an, u. a. dass in bestimmten Fällen die Wahrscheinlichkeit für einen Nutzenzufluss bzw. -abfluss lediglich sehr gering ist. Vgl. IASB (HRSG.), DP/2013/1: Conceptual Framework, 4.26. Insgesamt wird durch die neuen Regelungsvorschläge des Diskussionspapiers DP/2013/1 eine starke Orientierung an den beiden Fundamentalgrundsätzen der Relevanz und der glaubwürdigen Darstellung (vgl. Abschnitt 313.2) deutlich.

301 Vgl. CF.4.39.

302 Vgl. ADS International, Abschnitt 1, Rn. 192.

303 Vgl. CF.4.47.

304 Vgl. CF.4.49.

305 Vgl. CF.4.40.

306 Vgl. CAIRNS, D. H., IASC - Individual Accounts, S. 1694; BAETGE, J./KIRSCH, H.-J./WOLLMERT, P./BRÜGGEMANN, P., in: Baetge et al., Rechnungslegung nach IFRS, Teil A, Kapitel 2, Rn. 99; SCHOO, L., Umsatzrealisierung nach IFRS, S. 19; ADS International, Abschnitt 1, Rn. 150.

307 Vgl. CF.4.40.

308 Vgl. WAGENHOFER, A., Internationale Rechnungslegungsstandards IAS/IFRS, S. 146.

309 Vgl. ADS International, Abschnitt 1, Rn. 150.

renden.[310] Indes ist grundsätzlich zumindest davon auszugehen, dass für die Erfüllung des Wahrscheinlichkeitskriteriums der Eintritt des Nutzenzuflusses größer sein muss als der Nicht-Eintritt des Nutzenzuflusses und damit die **Eintrittswahrscheinlichkeit höher als 50 %** liegen muss.[311] Insbesondere bei den Vermögenswerten und den Erträgen wird aber teilweise auch eine höhere Eintrittswahrscheinlichkeit von 70 bis 80 % oder sogar mehr gefordert.[312]

Das **Kriterium der verlässlichen Ermittlung**[313] des Wertmaßstabes stützt sich insbesondere auf die Unsicherheit von Ereignissen.[314] Die Verwendung von Schätzungen wird dabei nicht grundsätzlich ausgeschlossen,[315] sondern sogar als erforderlich erachtet, sofern die verwendeten Schätzungen angemessen,[316] d. h. hinreichend genau sind[317]. So sollten die Schätzungen auf unternehmensexternen oder -internen Erfahrungswerten basieren.[318] Sofern der Wert eines bestimmten Sachverhaltes nicht verlässlich ermittelt werden kann, ist der entsprechende Sachverhalt nicht in der Bilanz oder in der Gewinn- und Verlustrechnung abzubilden.[319] Kann ein Sachverhalt aufgrund nicht erfüllter Ansatzkriterien nicht erfasst werden, erfüllt er aber gleichzeitig die Definitionskriterien für einen bestimmten Abschlussposten, kann aus Gründen der Relevanz zumindest eine Berichterstattung im Anhang oder in den ergänzenden und erläuternden Darstellungen sinnvoll sein.[320]

---

310 Vgl. BAETGE, J./KIRSCH, H.-J./WOLLMERT, P./BRÜGGEMANN, P., in: Baetge et al., Rechnungslegung nach IFRS, Teil A, Kapitel 2, Rn. 99.

311 Vgl. z. B. ADS International, Abschnitt 1, Rn. 150. Vgl. ähnlich auch BAETGE, J./KIRSCH, H.-J./WOLLMERT, P./BRÜGGEMANN, P., in: Baetge et al., Rechnungslegung nach IFRS, Teil A, Kapitel 2, Rn. 99, die in diesem Zusammenhang von mehr Gründen für den Eintritt eines Ereignisses als gegen den Eintritt eines Ereignisses sprechen (vgl. BAETGE, J./KIRSCH, H.-J./WOLLMERT, P./BRÜGGEMANN, P., in: Baetge et al., Rechnungslegung nach IFRS, Teil A, Kapitel 2, Rn. 99). Dies erscheint indes insofern ungenau, als letztlich nicht nur die Anzahl an Gründen, sondern auch die Gewichtung der Gründe berücksichtigt werden sollte. Die Eintrittswahrscheinlichkeit von 50 % leitet sich aus IAS 37.23 ab, in dem gegenwärtige Verpflichtungen dann das Wahrscheinlichkeitskriterium erfüllen, wenn ihr Eintritt „more likely than not to occur" (IAS 37.23) ist. Vgl. ADS International, Abschnitt 1, Rn. 150; BAETGE, J./KIRSCH, H.-J./WOLLMERT, P./BRÜGGEMANN, P., in: Baetge et al., Rechnungslegung nach IFRS, Teil A, Kapitel 2, Rn. 99; SCHOO, L., Umsatzrealisierung nach IFRS, S. 19, Fn. 131. Grundsätzlich ist eine pauschale Übernahme der Regelung aus IAS 37 für andere Standards aber zu hinterfragen, da in IAS 37 darauf aufmerksam gemacht wird, dass die konkretisierte Wahrscheinlichkeitsgrenze nicht unbedingt auf andere Sachverhalte bzw. Standards übertragen werden kann. Vgl. IAS 37.23; ADS International, Abschnitt 1, Rn. 150.

312 Vgl. CAIRNS, D. H., IASC - Individual Accounts, S. 1694.

313 Vgl. inhaltliche Gleichsetzung der Verlässlichkeit mit der glaubwürdigen Darstellung Fn. 298.

314 Vgl. ähnlich WAGENHOFER, A., Internationale Rechnungslegungsstandards IAS/IFRS, S. 147.

315 Vgl. BAETGE, J./KIRSCH, H.-J./WOLLMERT, P./BRÜGGEMANN, P., in: Baetge et al., Rechnungslegung nach IFRS, Teil A, Kapitel 2, Rn. 100; WAGENHOFER, A., Internationale Rechnungslegungsstandards IAS/IFRS, S. 147.

316 Vgl. CF.4.41.

317 Vgl. PLOCK, M., Ertragsrealisation nach IFRS, S. 50.

318 Vgl. BAETGE, J./KIRSCH, H.-J./WOLLMERT, P./BRÜGGEMANN, P., in: Baetge et al., Rechnungslegung nach IFRS, Teil A, Kapitel 2, Rn. 100.

319 Vgl. CF.4.41. Grundsätzlich kann ein Sachverhalt, der die Ansatzkriterien der Wahrscheinlichkeit und Verlässlichkeit in einer bestimmten Berichtsperiode nicht erfüllt und damit in dieser Berichtsperiode nicht zu erfassen ist, in späteren Berichtsperioden die Kriterien schon erfüllen und somit in den Bilanzen oder Gewinn- und Verlustrechnungen dieser Berichtsperioden verpflichtend anzusetzen sein. Vgl. CF.4.42 i. V. m. CF.4.38. Vgl. bezüglich der Verlässlichkeit WAGENHOFER, A., Internationale Rechnungslegungsstandards IAS/IFRS, S. 147.

320 Vgl. CF.4.43; CF.4.41.

315. Zwischenbemerkung

In diesem Abschnitt 31 wurden zunächst die Anforderungen der IFRS-Rechnungslegung und danach die durch die Rechnungslegungsvorschriften des Conceptual Framework konkretisierten Konzeptionen der bilanziellen und erfolgsrechnerischen Rechnungslegungspositionen dargestellt. Damit sind die wesentlichen Konkretisierungs-, Analyse- und Würdigungsgrundlagen für den Untersuchungsablauf in den Abschnitten 42 und 52 erarbeitet worden. Vor allem mit Blick auf die spätere Entwicklung eines Bewertungskonzeptes für die sachgerechte Erfolgsdarstellung im landwirtschaftlichen Transformationsprozess (Abschnitt 6) ist zusätzlich zu diskutieren, auf welchem theoretischen Fundament die zuvor beschriebenen konkretisierten Grundsätze und Konzeptionen der IFRS fußen. Dabei geht es nicht lediglich um die Frage, was ein Erfolg bilanztheoretisch ist, sondern vor allem darum, wie sich dieser herleiten lässt bzw. wann er – aus der Theorie heraus begründet – zu erfassen ist. Diese Frage ist auch insofern von Bedeutung, als ihre Beantwortung neben der Ertrags- und Aufwandserfassung der Höhe und der Zeit nach Einfluss auf die Bewertung von Vermögenswerten und Verbindlichkeiten hat.[321] Es handelt sich bei dieser theoretischen Konzeption insgesamt also nicht um Inhalte der konkreten Rechnungslegungsvorschriften der IFRS, sondern um deren übergeordnetes Konzept. Dies gilt es letztlich auch bezüglich der Anwendung auf den Bereich der Landwirtschaft zu prüfen.

32 Theorie der Erfolgsrealisation

321. Bilanztheorien als konzeptionelle Darstellungsformen der Erfolgsrealisation nach IFRS

Bereits vor einer endgültigen Liquidation oder Auflösung eines Unternehmens am Ende seiner Lebensdauer besteht ein Interesse verschiedener Interessenten, bspw. der Gesellschafter, des Managements oder der Interessenten im Rahmen des Steuer- oder Handelsrechts, an der zwischenzeitlichen Entwicklung des Unternehmens.[322] Daher ist es erforderlich, Gewinnrechnungen zu erstellen, die sich nicht auf den vollständigen Lebenszeitraum eines Unternehmens beziehen, sondern die Lebensdauer in mehrere Teilabschnitte unterteilen.[323] Damit ist implizit der Gedanke verbunden, das Unternehmen fortzuführen.[324] Letztlich gehen auch die IFRS explizit von der **Unternehmensfortführung als zugrunde liegende Annahme** (*underlying assumption*) aus.[325] Dabei ergibt sich die Darstellung der Ertragslage nach dem **Konzept der Periodenabgrenzung** (*accrual accounting*)[326]. Eng hiermit verbunden ist das **Kongruenzprinzip** des Erfolgs, wonach sich die Summe der einzelnen Periodener-

[321] Vgl. ähnlich zur Periodenabgrenzung PLOCK, M., Ertragsrealisation nach IFRS, S. 28.
[322] Vgl. SCHMALENBACH, E., Dynamische Bilanz, S. 49 f.
[323] Vgl. SCHMALENBACH, E., Dynamische Bilanz, S. 50.
[324] Anders würde dies theoretisch lediglich bei dem letzten zu betrachtenden Teilabschnitt der Gesamtlebensdauer eines Unternehmens sein. Dies stellt indes lediglich eine Ausnahme dar und wird daher im weiteren Verlauf nicht weiter betrachtet.
[325] Vgl. CF.4.1
[326] Vgl. CF.OB17.

folge und der Gesamterfolg über die Totalperiode bzw. die Lebenszeit des Unternehmens entsprechen müssen.[327]

Das Konzept der Periodenabgrenzung stellt die Auswirkungen von das Unternehmen betreffenden Sachverhalten auf die unternehmerischen wirtschaftlichen Ressourcen sowie Verpflichtungen in jener Periode dar, in der die Auswirkungen stattfinden, wobei dies grundsätzlich unabhängig vom zeitlichen Anfall der zugehörigen Ein- und Auszahlungen ist.[328] Allgemein ist die Periodenabgrenzung von Erfolgen sehr bedeutsam, da sie Einfluss auf den Ansatz und die Bewertung von Vermögenswerten und Verbindlichkeiten sowie auf die Ertrags- und Aufwandserfassung der Höhe und der Zeit nach hat.[329] Die Periodenabgrenzung kann unabhängig von Rechnungslegungssystemen auf unterschiedlichen Konzepten beruhen.[330] Die international bekanntesten Konzeptionen, der *revenue and expense approach* und der *asset and liability approach,* werden im Folgenden allgemein vorgestellt. Abschließend wird die Rechnungslegung nach IFRS in die beiden Theorien der Erfolgsrealisation eingeordnet.

Beim ***revenue and expense approach*** steht die Gewinn- und Verlustrechnung im Vergleich zur Bilanz als das zentrale Rechnungslegungsinstrument zur Ermittlung des korrekten Periodenerfolgs im Mittelpunkt.[331] Bedeutende Vertreter dieser dynamischen Interpretation der Rechnungslegung sind PATON/LITTLETON.[332] Der Unternehmenswert leitet sich nach PATON/LITTLETON aus der Ertragskraft als Grundlage her, nicht aus dem Substanzwert des Unternehmens.[333] Daher gilt die Erfolgsrechnung auch als wichtigstes Berichtsinstrument.[334] Die Bilanz dient dementsprechend lediglich als Verbindungsinstrument zwischen den Gewinn- und Verlustrechnungen aufeinanderfolgender Berichtsperi-

327 Vgl. hierzu bspw. LEFFSON, U., Die Grundsätze ordnungsmäßiger Buchführung, S. 225; PELLENS, B./FÜLBIER, R. U./GASSEN, J./SELLHORN, T., Internationale Rechnungslegung, S. 370.

328 Vgl. CF.OB17. Die Abgrenzung von Erfolgen könnte indes grundsätzlich auch auf Ein- und Auszahlungen basieren, sodass in der Folge die Erfolgsrechnung als Einzahlungs- und Auszahlungsrechnung sowie die Bilanz den stichtagsbezogenen Zahlungsmittelbestand wiedergeben würde. Vgl. PLOCK, M., Ertragsrealisation nach IFRS, S. 28. Dies wird explizit vom IASB mit dem Verweis auf eine potenziell schlechtere Möglichkeit zur Beurteilung der vergangenen, gegenwärtigen und künftigen Ertragslage eines Unternehmens abgelehnt. Vgl. CF.OB17. Vgl. dagegen für eine mögliche Präferenz der Kapitalflussrechnung zur Erfolgsabgrenzung im Ergebnis BUSSE VON COLBE, W., Kapitalflußrechnungen, S. 114.

329 Vgl. PLOCK, M., Ertragsrealisation nach IFRS, S. 28.

330 Vgl. in Bezug auf die Ertragsrealisation PLOCK, M., Ertragsrealisation nach IFRS, S. 27.

331 Vgl. HALLER, A., Die Grundlagen der externen Rechnungslegung in den USA S. 271 und S. 133; ANTONAKOPOULOS, N., Gewinnkonzeptionen und Erfolgsdarstellung nach IFRS, S. 18 f.

332 Vgl. ANTONAKOPOULOS, N., Gewinnkonzeptionen und Erfolgsdarstellung nach IFRS, S. 19; PLOCK, M., Ertragsrealisation nach IFRS, S. 37; HALLER, A., Die Grundlagen der externen Rechnungslegung in den USA S. 129. Vgl. zum Standardwerk von PATON/LITTLETON PATON, W. A./LITTLETON, A. C., An Introduction to Corporate Accounting Standards. In gewisser Weise ähnlich zum *revenue and expense approach* ist für den deutschsprachigen Raum insbesondere die dynamische Bilanztheorie. Vgl. hierzu insbesondere SCHMALENBACH, E., Dynamische Bilanz. Vgl. zu Weiterentwicklungen der Idee der dynamischen Bilanztheorie WALB, E., Finanzwirtschaftliche Bilanz; KOSIOL, E., Pagatorische Bilanz.

333 Vgl. PATON, W. A./LITTLETON, A. C., An Introduction to Corporate Accounting Standards, S. 10; PLOCK, M., Ertragsrealisation nach IFRS, S. 37; ANTONAKOPOULOS, N., Gewinnkonzeptionen und Erfolgsdarstellung nach IFRS, S. 20.

334 Vgl. PATON, W. A./LITTLETON, A. C., An Introduction to Corporate Accounting Standards, S. 10. Mit der Erfolgsrechnung kann auch die Effektivität des Managements beim Einsatz der vorhandenen Ressourcen nachvollzogen werden. Vgl. PATON, W. A./LITTLETON, A. C., An Introduction to Corporate Accounting Standards, S. 10.

oden.[335] In ihr finden sich jegliche Sachverhalte wieder, die bisher noch nicht, sondern erst künftig im Rahmen der periodengerechten Erfolgsermittlung berücksichtigt in der Gewinn- und Verlustrechnung werden.[336] Vermögenswerte werden somit auch als Bestände nicht amortisierter Kosten interpretiert.[337] Hauptzweck der Bilanz ist dabei nicht die Ermittlung des Vermögens, sondern die Abbildung noch nicht erfolgswirksam erfasster Einnahmen und Ausgaben.[338] Für das Ziel der sachgerechten Gewinnermittlung wird eine Verzerrung der Darstellung der Vermögenslage in Kauf genommen.[339] Beim stromgrößenorientierten *revenue and expense approach* besteht dabei die **Tendenz zur anschaffungskostenorientierten Bewertung**.[340]

Die Rechnungslegung zielt nach der Idee des *revenue and expense approach* auf die **Bestimmung eines periodengerechten Unternehmenserfolgs** ab[341] und damit auf die Verteilung von Erträgen und Aufwendungen auf die gegenwärtigen und künftigen Berichtsperioden[342]. Diese Hauptaufgabe der Rechnungslegung spiegelt sich zum einen bei der Ermittlung der Periodenerträge im Realisationsprinzip (*realization principle*) und zum anderen bei der Zuordnung der Aufwendungen zu den jeweiligen Erträgen im Sinne einer sach- und periodengerechten Abgrenzung des Aufwands (*matching principle*) wider.[343] Gemäß dem **Realisationsprinzip** dürfen Erträge erst in der Erfolgsrechnung erfasst werden, wenn die zugehörige Transaktion abgeschlossen ist und die Ressource in Zahlungsansprüche oder Geld transformiert wurde.[344] Die Erträge müssen bei dem *revenue and expense approach* durch operative betriebliche Prozesse bzw. durch geschäftliche Bemühungen verdient werden.[345] Sie stellen dabei jene unternehmerische Leistungserstellung dar, die durch die Kunden bzw. durch deren Bereitschaft zur Hingabe von Vermögenswerten für die unternehmerischen Bemühungen bewertet werden.[346] Die wirtschaftliche Aktivität des bilanzierenden Unternehmens steht dabei im

---

335 Vgl. PATON, W. A./LITTLETON, A. C., An Introduction to Corporate Accounting Standards, S. 67.

336 Vgl. GERBAULET, C., Reporting Comprehensive Income, S. 11. So gelten im Rahmen der Produktion angeschaffte Vermögenswerte in der Bilanz als noch nicht als Aufwand verrechnete Ausgaben. Vgl. PATON, W. A./LITTLETON, A. C., An Introduction to Corporate Accounting Standards, S. 25.

337 Vgl. PATON, W. A./LITTLETON, A. C., An Introduction to Corporate Accounting Standards, S. 10 f.

338 Vgl. GERBAULET, C., Reporting Comprehensive Income, S. 34.

339 Vgl. GERBAULET, C., Reporting Comprehensive Income, S. 17. Die korrekte Bewertung bei Vermögenswerten und Schuldpositionen steht bei dem *revenue and expense approach* damit nicht im Mittelpunkt. Vgl. GERBAULET, C., Reporting Comprehensive Income, S. 11; ANTONAKOPOULOS, N., Gewinnkonzeptionen und Erfolgsdarstellung nach IFRS, S. 19.

340 Vgl. GERBAULET, C., Reporting Comprehensive Income, S. 34.

341 Vgl. PLOCK, M., Ertragsrealisation nach IFRS, S. 37.

342 Vgl. PATON, W. A./LITTLETON, A. C., An Introduction to Corporate Accounting Standards, S. 67.

343 Vgl. HALLER, A., Die Grundlagen der externen Rechnungslegung in den USA S. 256 f. Vgl. ähnlich PLOCK, M., Ertragsrealisation nach IFRS, S. 37.

344 Vgl. CHAMBERS, R. J., Measurement and Objectivity in Accounting, S. 73; PATON, W. A./LITTLETON, A. C., An Introduction to Corporate Accounting Standards, S. 46 und S. 49; ANTONAKOPOULOS, N., Gewinnkonzeptionen und Erfolgsdarstellung nach IFRS, S. 20. Vgl. zur Sicherheit von Erträgen im Rahmen des HGB EULER, R., Grundsätze ordnungsmäßiger Gewinnrealisierung, S. 67-69.

345 Vgl. PATON, W. A./LITTLETON, A. C., An Introduction to Corporate Accounting Standards, S. 46. Der Ansatz geht auf die Idee zurück, dass sich die Rechnungslegungstheorie zuerst an das Unternehmen als produktive, wirtschaftliche Einheit richtet und erst danach an die Investoren. Vgl. PATON, W. A./LITTLETON, A. C., An Introduction to Corporate Accounting Standards, S. 11.

346 Vgl. ANTONAKOPOULOS, N., Gewinnkonzeptionen und Erfolgsdarstellung nach IFRS, S. 20.

Fokus der Betrachtung.[347] Ergebnisse aus Wertsteigerungen zählen nicht zum Ertrag und gehen damit nicht in den Gewinn einer Periode ein.[348] Mit der intensiven Betonung des Realisationsprinzips geht die Bewertung von Vermögenswerten zu ihren historischen Anschaffungs- bzw. Herstellungskosten als Wertmaßstab einher (*historical cost accounting*).[349] Nach dem ***matching principle*** müssen die realisierten Erträge mit den Aufwendungen verglichen werden, die sich ihnen zuordnen lassen.[350] Aus der Differenz von den Erträgen und Aufwendungen, die beide als stromgrößenorientierte Hauptelemente des Jahresabschlusses gelten, ergibt sich dann der Periodenerfolg.[351] Gewinn entsteht demnach, wenn die mit den Vermögenswerten verbundenen Erträge die gesamten zurechenbaren Aufwendungen übersteigen.[352]

Wie die Bezeichnung bereits andeutet, steht beim ***asset and liability approach*** die **Bewertung von Vermögenswerten und Schuldpositionen** im Vordergrund, sodass sich die Bestandsgrößen Vermögenswerte und Schuldpositionen als Hauptelemente der Rechnungslegung ergeben[353]. Dabei werden die Schuldpositionen als mit künftigen Nutzenabflüssen verbundene Verpflichtungen und Vermögenswerte als mit künftigen Nutzenzuflüssen verbundene wirtschaftliche Ressourcen betrachtet, wobei das Eigenkapital als Differenz aus Vermögenswerten und Schulden resultiert.[354] Eine sachgerechte Gewinnermittlung ist daher lediglich über eine sachgerechte Ermittlung der Werte der Vermögenswerte und Schulden möglich.[355] Per Definition hängen Erträge und Aufwendungen von der Bewertung der Vermögenswerte und Schuldpositionen als Bilanzpositionen ab, sodass Erträge in der Gewinn- und Verlustrechnung mit einer Wertsteigerung eines Vermögenswertes oder einer Verminderung einer Schuldposition verbunden sind.[356] Der Periodenerfolg ergibt sich beim *asset and liability approach* als Saldo der nicht aus den Transaktionen zwischen dem Unternehmen und deren Eigner resultierenden Wertänderungen der Vermögenswerte und Schulden und damit als Differenz zwischen dem Eigenkapital an zwei aufeinanderfolgenden Berichtsstichtagen.[357] Er gilt dabei als Mess-

---

347 Vgl. GERBAULET, C., Reporting Comprehensive Income, S. 19.

348 Vgl. PATON, W. A./LITTLETON, A. C., An Introduction to Corporate Accounting Standards, S. 46.

349 Vgl. PLOCK, M., Ertragsrealisation nach IFRS, S. 37; IJIRI, Y., Historical Cost Accounting and its Rationality, S. 77.

350 Vgl. hierzu PATON, W. A./LITTLETON, A. C., An Introduction to Corporate Accounting Standards, S. 14-17; PLOCK, M., Ertragsrealisation nach IFRS, S. 37.

351 Vgl. ANTONAKOPOULOS, N., Gewinnkonzeptionen und Erfolgsdarstellung nach IFRS, S. 18 f.

352 Vgl. PATON, W. A./LITTLETON, A. C., An Introduction to Corporate Accounting Standards, S. 46.

353 Vgl. ANTONAKOPOULOS, N., Gewinnkonzeptionen und Erfolgsdarstellung nach IFRS, S. 21. Der *asset and liability approach* ähnelt der statischen Bilanztheorie nach SIMON (vgl. PLOCK, M., Ertragsrealisation nach IFRS, S. 40) durch die erhöhte Bedeutung der Positionen der Bilanz. Vgl. zur statischen Bilanztheorie nach SIMON SIMON, H. V., Die Bilanzen der Aktiengesellschaften und der Kommanditgesellschaften auf Aktien; BAETGE, J./KIRSCH, H.-J./THIELE, S., Bilanzen, S. 15-19.

354 Vgl. ANTONAKOPOULOS, N., Gewinnkonzeptionen und Erfolgsdarstellung nach IFRS, S. 21. Eine vollständige Gleichsetzung des *asset and liability approach* mit der statischen Bilanztheorie ist indes bereits insofern nicht gegeben, als bei der statischen Bilanztheorie die Bilanz das zentrale Instrument darstellt und die Erfolgsrechnung eine im Vergleich dazu lediglich untergeordnete Rolle einnimmt. Vgl. ANTONAKOPOULOS, N., Gewinnkonzeptionen und Erfolgsdarstellung nach IFRS, S. 21, Fn. 54.

355 Vgl. GERBAULET, C., Reporting Comprehensive Income, S. 13.

356 Vgl. GERBAULET, C., Reporting Comprehensive Income, S. 13. Ein- oder Auszahlungen an Anteilseigner oder die Korrektur von Ergebnissen vergangener Berichtsperioden sind dabei nicht Bestandteile eines Periodenerfolgs. Vgl. SOLOMONS, D., Guidelines for Financial Reporting Standards, S. 19.

357 Vgl. GERBAULET, C., Reporting Comprehensive Income, S. 34.

größe für Vermögensveränderungen.[358] Bei einer strengen Auslegung des *asset and liability approach* hat das Realisationsprinzip keine Bedeutung, da nicht zwischen realisierten und nicht realisierten Erfolgen unterschieden wird und stattdessen alle Wertänderungen von Vermögenswerten und Schuldpositionen in einer Periode Erfolge für diese Periode darstellen.[359] Allerdings ist bei den Befürwortern der bestandsgrößenorientierten Bilanztheorie keine einheitliche Meinung zu erkennen, ob die sich aufgrund von Wertänderungen ergebenden Erfolge im Periodenerfolg oder ohne Berührung der Erfolgsrechnung in einem Eigenkapitalkorrekturposten bzw. einer Rücklage erfasst werden sollen.[360] Ein Abschluss von Markttransaktionen ist für die Erfolgsermittlung nicht mehr einzig maßgeblich, stattdessen gilt ein Erfolg bereits bei Bewertungsänderungen von Bilanzpositionen als realisiert.[361]

Bei der Bewertung wird **selektiv** auf den **beizulegenden Zeitwert als Wertmaßstab** abgestellt.[362] SPROUSE/MOONITZ als bekannte Vertreter des *asset and liability approach* sehen vor, monetäres Umlaufvermögen und Schuldpositionen grundsätzlich zum Barwert der künftig erwarteten Zahlungsströme, kurzfristig zur Veräußerung gehaltene Vorräte zu Nettoverkaufspreisen und davon abweichendes Vorratsvermögen zu Wiederbeschaffungskosten sowie Sachanlagevermögen und immaterielles Anlagevermögen aufgrund einer nicht bestehenden Veräußerungsabsicht zu historischen Kosten zu bewerten.[363]

Bei einem Vergleich des *revenue and expense approach* und des *asset and liability approach* ist festzustellen, dass beide Theorien sich grundsätzlich mit der **gleichen Fragestellung** auseinandersetzen, sie inhaltlich dennoch sehr **unterschiedlich** sind. Dies resultiert aus der unterschiedlichen Betrachtungsweise der Ansätze, durch die beim *asset and liability approach* die Erfolgsmessung und beim *revenue and expense approach* die Vermögensmessung technische Nebenprodukte sind[364]. Beim *asset and liability approach* resultiert durch die Bewertung zu Zeitwerten ein früher bzw. vorgezogener Erfolgsausweis. Letztlich kann dies sogar dazu führen, dass bereits mit der Fertigstellung eines produzierenden Vermögenswertes aufgrund der Berücksichtigung der künftigen Erträge aus dem Vermögenswert zum Bewertungszeitpunkt ein relativ hoher Erfolg ausgewiesen wird, während die Erfolge in den eigentlichen Produktionsperioden verhältnismäßig gering sind. Zum Zeitpunkt des Ausweises des hohen Erfolgs muss der Vermögenswert noch nicht einmal mit der Produktion begon-

358 Vgl. GERBAULET, C., Reporting Comprehensive Income, S. 19.

359 Vgl. ANTONAKOPOULOS, N., Gewinnkonzeptionen und Erfolgsdarstellung nach IFRS, S. 22.

360 Vgl. HALLER, A., Die Grundlagen der externen Rechnungslegung in den USA, S. 139; GERBAULET, C., Reporting Comprehensive Income, S. 14.

361 Vgl. PLOCK, M., Ertragsrealisation nach IFRS, S. 41.

362 Vgl. PLOCK, M., Ertragsrealisation nach IFRS, S. 41. Der beizulegende Zeitwert wird dabei jedoch in der Literatur uneinheitlich definiert. Vgl. PLOCK, M., Ertragsrealisation nach IFRS, S. 39. Vgl. für eine Übersicht unterschiedlicher Vertreter mit unterschiedlichen Vorschlägen zu den Wertansätzen HALLER, A., Die Grundlagen der externen Rechnungslegung in den USA, S. 142-146. Grundsätzlich kann eine Tendenz zur marktwertorientierten Bewertung festgestellt werden. Vgl. GERBAULET, C., Reporting Comprehensive Income, S. 34.

363 Vgl. SPROUSE, R. T./MOONITZ, M., A Tentative Set of Broad Accounting Principles for Business Enterprises, S. 56-58; PLOCK, M., Ertragsrealisation nach IFRS, S. 40 f.

364 Vgl. ZIMMERMANN, J./WERNER, J. R./HITZ, J.-M., Buchführung und Bilanzierung nach IFRS, S. 132. Vgl. im Ergebnis auch ZÜLCH, H./FISCHER, D./WILLMS, J., Die Neugestaltung der Ertragsrealisation nach IFRS, S. 8 f.

nen haben. Insofern kann es durch die Zeitwertbewertung u. U. zu einer (zu) frühen Erfolgsverlagerung in Bezug auf die tatsächlichen wirtschaftlichen Sachverhalte kommen (**vorgezogener Erfolgsausweis**).

Insgesamt unterscheiden sich die beiden Konzeptionen vor allem hinsichtlich der Erfolgsabgrenzung. Während der *revenue and expense approach* auf einem transaktionsbasierten Modell basiert, liegt dem *asset and liability approach* eine marktinduzierte Abgrenzungssystematik zugrunde.[365] Im Gegensatz zum *asset and liability approach* entsteht ein Gewinn beim *revenue and expense approach* dabei nicht durch den Anstieg des Marktwertes noch nicht veräußerter Vermögensgegenstände, sondern erst wenn ein Vermögensgegenstand am Markt abgesetzt worden und die Verkaufstransaktion weitestgehend abgeschlossen ist[366].

Ein theoretisches Konzept, das zwischen dem eher bilanzorientierten *asset and liability approach* und dem eher gewinn- und verlustrechnungsorientierten *revenue and expense approach* steht, ist das Konzept der organischen Bilanztheorie nach SCHMIDT[367], das die richtige Vermögens- und die richtige Erfolgsermittlung als nebeneinander gleichrangige Rechnungslegungsfunktionen sieht[368]. Nach der organischen Bilanztheorie kommt es zu einem positiven Erfolg, wenn das bilanzierende Unternehmen seine relative gesamtwirtschaftliche Stellung erhält, d. h. seine leistungswirtschaftliche Substanz bewahren kann[369].[370] Bei einer Preissteigerung der im Unternehmen befindlichen Vermögenswerte sollte insofern ein Teil des Erfolgs verwendet werden, um im Rahmen der Wiederbeschaffung von Vermögenswerten das Leistungspotenzial auf dem gleichen Level wie zuvor erhalten zu können.[371] Der Gewinn setzt sich somit aus einem absatzbedingten Umsatzgewinn (dem eigentlichen organischen Gewinn)[372] und einem inflationsverursachten Scheingewinn[373] zusammen.[374] Der Scheinerfolg resultiert dabei nicht aus einer unternehmerischen Tätigkeit, sondern ist lediglich auf Preisänderungen zurückzuführen.[375] Er errechnet sich aus der Differenz zwischen den Anschaffungswerten und den Tagesbeschaffungswerten der als Kostenbestandteile deklarierten Vermögenswerte.[376] SCHMIDT erfasst den Scheingewinn buchhalterisch auf einem wertberichtigenden Vermögenswertkonto auf der

365 Vgl. ZIMMERMANN, J./WERNER, J. R./HITZ, J.-M., Buchführung und Bilanzierung nach IFRS, S. 132.

366 Vgl. in Zusammenhang mit der dynamischen Bilanztheorie BAETGE, J./KIRSCH, H.-J./THIELE, S., Bilanzen, S. 23.

367 Vgl. hierzu ursprünglich SCHMIDT, F., Die organische Bilanz sowie in der neuesten Fassung SCHMIDT, F., Die organische Tageswertbilanz.

368 Vgl. TSCHAKERT, N., Stille Lasten im Jahresabschluss nach IAS/IFRS, S. 36. Sie ist somit als dualistisch zu bezeichnen. Vgl. SEICHT, G., Die kapitaltheoretische Bilanz und die Entwicklung der Bilanztheorien, S. 330; TSCHAKERT, N., Stille Lasten im Jahresabschluss nach IAS/IFRS, S. 36.

369 Vgl. dazu detailliert SCHMIDT, F., Die organische Tageswertbilanz, S. 132-147 und S. 358 f.

370 Vgl. SCHMIDT, F., Die organische Tageswertbilanz, S. 127; BAETGE, J./KIRSCH, H.-J./THIELE, S., Bilanzen, S. 25.

371 Vgl. BAETGE, J./KIRSCH, H.-J./THIELE, S., Bilanzen, S. 25. Hierbei geht SCHMIDT von einer Bewertung zu Tageswerten bzw. Wiederbeschaffungskosten aus. Vgl. SCHMIDT, F., Die organische Tageswertbilanz, S. 83 f.; TANSKI, J. S., Rechnungslegung und Bilanztheorie, S. 100. Dies steht grundsätzlich im Gegensatz zur Exit-Price-Orientierung des IFRS 13. Vgl. hierzu Abschnitt 414.21.

372 Vgl. hierzu SCHMIDT, F., Die organische Tageswertbilanz, S. 155.

373 Vgl. hierzu SCHMIDT, F., Die organische Tageswertbilanz, S. 153.

374 Vgl. BAETGE, J./KIRSCH, H.-J./THIELE, S., Bilanzen, S. 25. Vgl. zur kritischen Auseinandersetzung mit der Scheingewinneliminierung MOXTER, A., Bilanzlehre, S. 75-79.

375 Vgl. TANSKI, J. S., Rechnungslegung und Bilanztheorie, S. 99.

376 Vgl. TANSKI, J. S., Rechnungslegung und Bilanztheorie, S. 99.

Passivseite und spricht in diesem Zusammenhang von „Wertänderungen am ruhenden Vermögen“[377].[378] Die damit verbundene Korrekturbuchung erfolgt erfolgsneutral.[379]

Im **Rechnungslegungssystem der IFRS** finden sich sowohl Ausprägungen des *revenue and expense approach* als auch des *asset and liability approach* wieder.[380] Ein übergeordnetes Prinzip der Gewinnrealisation existiert nach den IFRS somit nicht.[381] So geht das Conceptual Framework explizit auf das Konzept der Periodenabgrenzung ein,[382] Erträge und Aufwendungen werden indes lediglich gemeinsam mit Vermögenswertänderungen bzw. über Wertänderungen der Schuldpositionen definiert[383] und entsprechen so der Idee des *asset and liability approach*[384]. Zeitwertbewertungsverbote bzw. Erfassungsverbote nicht realisierter Wertänderungen als Folge des Realisationsprinzips weisen auf den *revenue and expense approach* hin, während erfolgsneutrale Erfassungen von Wertänderungen mit keinem der beiden Ansätze in ihrer Reinform übereinstimmen[385] und darüber hinaus deren weitere Zuordnung vom konkret zugrundeliegenden Bewertungssachverhalt abhängt. Neubewertungsrücklagen zur erfolgsneutralen Erfassung von Werterhöhungen, bspw. nach IAS 16, ähneln buchtechnisch letztlich der Substanzerhaltungsrücklage der organischen Bilanztheorie.[386] Für die IFRS ist der beizulegende Zeitwert als Bewertungsmaßstab ein Charakteristikum, allerdings werden auch andere Bewertungsmaßstäbe nach IFRS verwendet.[387] Insgesamt kann daher hinsichtlich der IFRS-Bewertungskonzeption von einem *mixed model* gesprochen werden,[388] auch wenn tendenziell die Idee des *asset and liability approach* im Vergleich zu jener des *revenue and expense approach* eine bedeutsamere Stellung einnimmt[389]. Dies wird auch bei IAS 41 *Landwirtschaft* deutlich, da hier die Bewertung auf Basis des beizulegenden Zeitwertes der zentrale Bewertungsmaßstab ist und die Bewertung zu Anschaffungs- oder Herstellungskosten lediglich als Ausnahme bei der Erfüllung von restriktiven Bedingungen möglich ist.[390] Letztlich sind die Bilanzierung oder Bilanzierungsvor-

---

377 SCHMIDT, F., Die organische Tageswertbilanz, S. 98.

378 Vgl. SCHMIDT, F., Die organische Tageswertbilanz, S. 94 und S. 97 f.

379 Vgl. TANSKI, J. S., Rechnungslegung und Bilanztheorie, S. 99 und S. 100. Als Substanzerhaltungsrücklage dient die Position letztlich dem Ausgleich der Inflationswirkungen. Vgl. TSCHAKERT, N., Stille Lasten im Jahresabschluss nach IAS/IFRS, S. 37.

380 Vgl. bereits ANTONAKOPOULOS, N., Gewinnkonzeptionen und Erfolgsdarstellung nach IFRS, S. 26.

381 Vgl. SESSAR, C., Grundsätze ordnungsmäßiger Gewinnrealisierung im deutschen Bilanzrecht, S. 222.

382 Vgl. CF.OB17-19.

383 Vgl. CF.4.2-4.35; Abschnitt 314.2.

384 Vgl. ANTONAKOPOULOS, N., Gewinnkonzeptionen und Erfolgsdarstellung nach IFRS, S. 27.

385 Vgl. ANTONAKOPOULOS, N., Gewinnkonzeptionen und Erfolgsdarstellung nach IFRS, S. 27.

386 Vgl. TSCHAKERT, N., Stille Lasten im Jahresabschluss nach IAS/IFRS, S. 37. Die IAS bzw. IFRS beziehen sich allerdings diesbezüglich nicht auf Substanzerhaltungsaspekte, sondern auf die Informationsfunktion der Finanzinformationen. Vgl. TSCHAKERT, N., Stille Lasten im Jahresabschluss nach IAS/IFRS, S. 38.

387 Vgl. BAETGE, J./KIRSCH, H.-J./THIELE, S., Bilanzen, S. 230. Vgl. zum *mixed model* BÖCKING, H.-J./LOPATTA, K./RAUSCH, B., Fair Value-Bewertung vs. Anschaffungskostenprinzip, S. 99 f.

388 Vgl. BAETGE, J./KIRSCH, H.-J./THIELE, S., Bilanzen, S. 230. Vgl. zum *mixed model* BÖCKING, H.-J./LOPATTA, K./RAUSCH, B., Fair Value-Bewertung vs. Anschaffungskostenprinzip, S. 99 f. Vgl. ähnlich ZIMMERMANN, J./WERNER, J. R./HITZ, J.-M., Buchführung und Bilanzierung nach IFRS, S. 133.

389 Vgl. hierzu auch ZIMMERMANN, J./WERNER, J. R./HITZ, J.-M., Buchführung und Bilanzierung nach IFRS, S. 133; ANTONAKOPOULOS, N., Gewinnkonzeptionen und Erfolgsdarstellung nach IFRS, S. 242 f. Vgl. ähnlich bereits ZÜLCH, H./FISCHER, D./WILLMS, J., Die Neugestaltung der Ertragsrealisation nach IFRS, S. 10.

390 Vgl. Abschnitt 414.4. Vgl. zur Bewertung auf Basis des beizulegenden Zeitwertes IAS 41.12 und IAS 41.13. Vgl. zur Bewertung mit den Anschaffungs- oder Herstellungskosten IAS 41.30.

schläge für bestimmte Sachverhalte in der internationalen Rechnungslegung bei ihrer Beurteilung auch vor der soeben beschriebenen gemischten Konzeption einzuordnen.

322. Konzepte der Erfolgsentstehung

Für eine idealtypisch entscheidungsnützliche Ermittlung des Periodenerfolgs muss der Erfolg durch eine periodisierte Aufteilung des mit dem abzubildenden Sachverhalt verbundenen Nutzenzuflusses entsprechend der Verursachung bzw. wirtschaftlichen Entstehung des Erfolgs zugerechnet werden.[391] Indes ist dabei zu beachten, dass solch ein Zuteilungsprinzip als Messgröße für Regelungen zur Periodenabgrenzung der Erfolge in der Rechnungslegung nicht geeignet ist, da eine vollständige, verursachungsgerechte Lösung der Zuteilungsproblematik praktisch nicht möglich ist[392].[393] Die Regelungen zur Erfolgsrealisation lassen sich stattdessen danach beschreiben und beurteilen, inwieweit der Nutzenzufluss aus einem Sachverhalt erfolgsrechnerisch abgebildet wird.[394] Dabei geht es nicht um eine Bewertung, inwieweit eine Regelung den Erfolg in der Realität verursachungsgerecht zurechnet, sondern um die Beschreibung der dem bilanziellen Nutzenzufluss zugrunde liegenden Annahmen über den unternehmerischen Ablauf[395].[396] Um den Nutzenzufluss zuzurechnen existieren verschiedene theoretische Ansätze, die z. T. auch die Ideen der Bilanztheorien widerspiegeln. Im Folgenden werden diesbezüglich als drei idealtypische Konzepte das Critical-Event-Konzept, das Accretion-Konzept und das kapitaltheoretischen Konzept vorgestellt.[397]

Nach dem **Critical-Event-Konzept** ist die Gewinnentstehung an den Eintritt eines bestimmten bedeutsamen Zeitpunktes im Leistungserstellungsprozess gebunden.[398] Dabei kann es sich um den Zeitpunkt des Fällens der kritischsten Entscheidung oder der Erledigung der schwierigsten Aufgabe im Produktionsprozess handeln.[399] Da eine solche Realisation des Gewinns somit das konkrete Geschäftsmodell des Unternehmens einbezieht,[400] kommen für verschiedene Unternehmen bzw. Geschäftsmodelle auch unterschiedliche Ansatzzeitpunkte in Frage.[401] Letztlich ist mit der Gewinnrealisation im Zeitpunkt des konkreten *critical event* ein Wertsprung verbunden.[402] Dieser wird somit trotz ggf. mehrerer Produktionsschritte nicht verteilt, sondern lediglich dem einem bedeutenden Ereignis zugerechnet. Auf einen solchen Wertsprung greift i. d. R. auch das Realisationsprinzip des *revenue and expense approach* zurück.[403] Der Wertsprung wird dabei u. a. zum Zeitpunkt der wirt-

391 Vgl. PLOCK, M., Ertragsrealisation nach IFRS, S. 63.
392 Vgl. BAETGE, J., Objektivierung des Jahreserfolgs, S. 18.
393 Vgl. LEFFSON, U., Die Grundsätze ordnungsmäßiger Buchführung, S. 305 f.
394 Vgl. PLOCK, M., Ertragsrealisation nach IFRS, S. 63.
395 Vgl. zu den Annahmen BAETGE, J., Objektivierung des Jahreserfolgs, S. 18.
396 Vgl. PLOCK, M., Ertragsrealisation nach IFRS, S. 63.
397 Vgl. für eine ähnliche Auflistung PLOCK, M., Ertragsrealisation nach IFRS, S. 63.
398 Vgl. SCHRÖER, T., Das Realisationsprinzip in Deutschland und Großbritannien, S. 200. Vgl. zu ausführlicheren Darstellungen zum Critical-Event-Konzept SCHRÖER, T., Das Realisationsprinzip in Deutschland und Großbritannien, S. 200-205.
399 Vgl. MYERS, J. H., The Critical Event and Recognition of Net Profit, S. 529.
400 Vgl. MYERS, J. H., The Critical Event and Recognition of Net Profit, S. 532.
401 Vgl. MYERS, J. H., The Critical Event and Recognition of Net Profit, S. 529-532.
402 Vgl. GELHAUSEN, H. F., Das Realisationsprinzip, S. 83.
403 Vgl. LEFFSON, U., Die Grundsätze ordnungsmäßiger Buchführung, S. 248.

schaftlichen Erfüllung eines üblichen Verkaufsgeschäfts durch den Verkäufer gesehen.[404] Dabei steht vor allem der Absatz von Vermögenswerten bzw. eine Quasisicherheit der Gewinne im Mittelpunkt der Betrachtung.[405] Der Gewinn wird als Prämie für die Überwindung fast aller Risiken bzw. für die Bewältigung des Marktrisikos interpretiert.[406]

Beim **Accretion-Konzept** wird argumentiert, dass die Vermögenswerte nicht zeitpunktabhängig im Wert springen, sondern der Ertrag stetig während der Produktion anfällt, wie dies grundsätzlich z. B. bei der Percentage-of-Completion-Methode der Fall ist[407].[408] So definieren SPROUSE/MOONITZ in Abgrenzung zum Gewinn nach dem Critical-Event-Konzept: „profit is attributable to the whole process of business activity, not just to the moment of sale“[409].[410] Somit ist jeder Arbeitsstufe bzw. jedem Arbeitsschritt ein entsprechender Erfolgsbeitrag anteilig zuzurechnen, sodass die Erzeugnisse aus konzeptioneller Sicht kontinuierlich dem Ertrag entgegenreifen[411].[412] Der Gesamtgewinn entsteht beim Accretion-Konzept im Vergleich zum Critical-Event-Konzept also nicht aus einem einmaligen Wertsprung,[413] indem er an einzelne Realakte gebunden ist[414], sondern durch Akkumulation im gesamten Produktionsprozess[415]. Letztlich ist in den vorangegangenen Ausführungen die Gewinnrealisation bzw. die Akkumulation an reale Produktionsschritte gebunden und ergibt sich insofern als Prämie für den erfolgreichen Abbau von Produktionsrisiken[416] je Periode. Ein Beispiel für das Accretion-Konzept ist die Percentage-of-Completion-Methode (PoC-Methode) bei Anlagenaufträgen.[417] Konzeptionell ähnlich sind diesbezüglich Ansätze, die die Erfolgsrealisation an objektivierte Maßstäbe binden. Dabei wird Ertrag als Erhöhung einer objektiv festzustellenden wirtschaftlichen Leistungsfähigkeit gesehen.[418] Hierfür kommen primär Marktwerte in Betracht.[419] Eine solche Bewertung wird oftmals beim *asset and liability approach* genutzt, bspw. indem beim biologischen Vermögen nach IAS 41 der beizulegende Zeitwert als Bewertungsmaßstab verwendet wird. Insge-

---

404 Vgl. hierzu z. B. MOXTER, A., Bilanzrechtsprechung, S. 49. Vgl. ausführlich auch GELHAUSEN, H. F., Das Realisationsprinzip, S. 90-135.

405 Vgl. z. B. EULER, R., Grundsätze ordnungsmäßiger Gewinnrealisierung, S. 67-71; SESSAR, C., Grundsätze ordnungsmäßiger Gewinnrealisierung im deutschen Bilanzrecht, S. 43-51; HOMMEL, M., GoB für Dauerschuldverhältnisse, S. 27-30.

406 Vgl. im eventuell anderen Zusammenhang RICHTER, M., Gewinnrealisierung bei langfristiger Fertigung, S. 163.

407 Vgl. zur Diskussion hierzu auch bspw. BISCHOF, S., Gewinnrealisierung im industriellen Anlagengeschäft, S 54-59; RICHTER, M., Gewinnrealisierung bei langfristiger Fertigung, S. 163.

408 Vgl. LEFFSON, U., Die Grundsätze ordnungsmäßiger Buchführung, S. 249 f.

409 SPROUSE, R. T./MOONITZ, M., A Tentative Set of Broad Accounting Principles for Business Enterprises, S. 14.

410 Vgl. SPROUSE, R. T./MOONITZ, M., A Tentative Set of Broad Accounting Principles for Business Enterprises, S. 14.

411 Vgl. LEFFSON, U., Die Grundsätze ordnungsmäßiger Buchführung, S. 249.

412 Vgl. BISCHOF, S., Gewinnrealisierung im industriellen Anlagengeschäft, S 55 f.

413 Vgl. GELHAUSEN, H. F., Das Realisationsprinzip, S. 83.

414 Vgl. SCHRÖER, T., Das Realisationsprinzip in Deutschland und Großbritannien, S. 199.

415 Vgl. GELHAUSEN, H. F., Das Realisationsprinzip, S. 83.

416 Vgl. in Bezug zur Percentage-of-Completion-Methode RICHTER, M., Gewinnrealisierung bei langfristiger Fertigung, S. 163.

417 Vgl. BISCHOF, S., Gewinnrealisierung im industriellen Anlagengeschäft, S 55.

418 Vgl. PHILIPS/G. EDWARD, Accretion Concept of Income, S. 14. Vgl. zur Konzeption PHILIPS/G. EDWARD, Accretion Concept of Income, S. 14-25. Vgl. zudem GELHAUSEN, H. F., Das Realisationsprinzip, S. 86-89; SEICHT, G., Die kapitaltheoretische Bilanz und die Entwicklung der Bilanztheorien, S. 185-192.

419 Vgl. PHILIPS/G. EDWARD, Accretion Concept of Income, S. 16.

samt sind die beiden Formen des Accretion-Konzeptes insofern ähnlich, dass c. p. mit einem Fortschreiten des Produktionsprozesses auch der Marktwert eines Vermögenswertes steigen dürfte.

Nach dem **kapitaltheoretischen Konzept** stellt ein Ertrag all jene aktuellen und für die Zukunft erwarteten Zunahmen des mit einem Leistungsprozess verbundenen Zahlungsmittelzuflusses dar, die sich im Verlauf einer Periode ergeben.[420] Für die Ermittlung des Gewinns bedarf es also zuvor der Ermittlung des Unternehmenswertes.[421] Der Gesamtwert des Unternehmens ergibt sich dabei aus dem Kapitalwert von künftig erwarteten Einnahmeüberschüssen.[422] Der Erfolg stellt insofern die Verzinsung des Unternehmenswertes am vorherigen Bilanzstichtag dar.[423] Dabei wird angenommen, dass der durch die unternehmerische Leistung entstehende Erfolg gleichzeitig mit dem Vollzug von unternehmerischen Entscheidungen anfällt und auf jene Vollzugsperioden aufgeteilt wird.[424] Es wird also abgebildet, wie sich die in der relevanten Periode getroffenen Dispositionen bzw. ausgeführten Tätigkeiten auf die künftigen Zahlungsströme auswirken.[425] Theoretisch basiert der kapitaltheoretische Ansatz auf vollkommene Märkte und vollständige Informationen. Auch die Idee des oftmals im Rahmen des *asset and liability approach* verwendeten beizulegenden Zeitwertes fußt ursprünglich auf solche Annahmen.[426] Da diese jedoch in der Praxis selten bis gar nicht erfüllt sind, wählen die IFRS mit einer Fair-Value-Hierarchie eine pragmatischere Lösung.[427] Letztlich kann das kapitaltheoretische Konzept damit ebenfalls annähernd umgesetzt werden. Im realen Fall unsicherer Erwartungen bzw. unvollständiger Informationen ergeben sich beim kapitaltheoretischen Konzept auch Erfolge aus Änderungen der Berechnungsparameter bzw. einer veränderten Einschätzung der Zukunft.[428] Dies ist darauf zurückzuführen, dass sich die Informationen über künftige Entwicklungen im Zeitablauf verbessern bzw. Bewertungsunsicherheiten abgebaut werden und zusätzlich neue den Kapitalwert verändernde Chancen vom Unternehmen erschlossen werden können.[429]

Insgesamt zeigt sich, dass sich die drei theoretischen Konzeptionen in der Bilanzierung verschiedener Sachverhalte nach IFRS widerspiegeln. Eine Gemeinsamkeit der Konzepte ist u. a., dass Preisänderungen die Höhe des Erfolgs beeinflussen können. Zwar handelt es bei Preisänderungen i. d. R. um externe Einflüsse. Letztlich zählen Preisrisiken aber auch zu den betrieblichen Risiken, gegen die ein

420 Vgl. HAX, H., Der Bilanzgewinn als Erfolgsmaßstab, S. 646-649; SEICHT, G., Die kapitaltheoretische Bilanz und die Entwicklung der Bilanztheorien, S. 511 f.; MÜNSTERMANN, H., Bedeutung des Gewinns für den Jahresabschluß der AG, S. 585. Vgl. mit Bezug auf die Vorgenannten auch PLOCK, M., Ertragsrealisation nach IFRS, S. 64 f. und S. 29-36.

421 Vgl. HAX, H., Der Bilanzgewinn als Erfolgsmaßstab, S. 649.

422 Vgl. hierzu MÜNSTERMANN, H., Bedeutung des Gewinns für den Jahresabschluß der AG, S. 580; HAX, H., Der Bilanzgewinn als Erfolgsmaßstab, S. 649.

423 Vgl. HAX, H., Der Bilanzgewinn als Erfolgsmaßstab, S. 649. Unter kapitaltheoretischen Aspekten kann dies als Zinsen auf den Kapitalwert der künftigen Geldströme bzw. auf das Eigenkapital interpretiert werden. Vgl. hierzu SEICHT, G., Die kapitaltheoretische Bilanz und die Entwicklung der Bilanztheorien, S. 511.

424 Vgl. MÜNSTERMANN, H., Bedeutung des Gewinns für den Jahresabschluß der AG, S. 585.

425 Vgl. ähnlich SEICHT, G., Die kapitaltheoretische Bilanz und die Entwicklung der Bilanztheorien, S. 511 f.

426 Vgl. zum beizulegenden Zeitwert Abschnitt 414.21.

427 Vgl. hierzu Abschnitt 414.21.

428 Vgl. HANSEN, P., The Accounting Concept of Profit, S. 25.

429 Vgl. HAX, H., Der Bilanzgewinn als Erfolgsmaßstab, S. 649.

landwirtschaftliches Unternehmen zumindest Steuerungsmaßnahmen ergreifen kann.[430] Zudem ist die Einschätzung der künftigen Marktlage durch das landwirtschaftliche Unternehmen auch als eine Leistung des Managements anzusehen. Die Bedeutung von Preisänderungen für die betriebliche Leistung wird vor allem beim Halten von Vermögenswerten deutlich, bei dem auf Wert- bzw. Preissteigerungen spekuliert wird. Letztlich ist es so verständlich, dass auch Änderungen des Preisniveaus im betrieblichen Erfolg berücksichtigt werden. Indes muss in diesem Zusammenhang auch bedacht werden, dass Preisänderungen nach dem Verständnis der organischen Bilanztheorie auch den Charakter von Scheingewinnen haben, sofern sie inflationsverursacht sind und sich die gesamtwirtschaftliche Position des Unternehmens durch die Preisänderung nicht verändert.[431]

323. Überlegungen zum Erfolgsmaßstab in der Landwirtschaft

Erfolgsinformationen in der Landwirtschaft sollten – wie in anderen Branchen auch – Informationen über die betriebliche Leistung des Unternehmens geben. Dabei ist vor allem der Kern des operativen Geschäfts widerzuspiegeln. Dieser liegt in der Landwirtschaft in der Produktion biologischer Vermögenswerte und deren Erzeugnisse, d. h. in der biologischen Transformation. Bei der Erfolgsfrage in der Landwirtschaft ist dabei zu berücksichtigen, dass es sich bei der biologischen Transformation um einen z. T. wesentlich unterschiedlichen Produktionsprozess handelt im Vergleich zu Produktionsprozessen, die in anderen produzierenden oder dienstleistenden Branchen üblich sind. Die Intensität der Unterschiede hängt jedoch auch von der gewählten landwirtschaftlichen Betriebsform bzw. deren Nähe zur industriellen Fertigung ab.[432] Dennoch sind die Unterschiede bei der Frage, was Erfolg in der Landwirtschaft darstellt bzw. wie er zustande kommt, angemessen zu berücksichtigten. So dauern landwirtschaftliche Transformationsprozesse oftmals länger als andere Produktionsprozesse. Auch hängt der Erfolg bzw. der Output der Transformationsprozesse häufig weniger an der vom Landwirt in den Prozess eingebrachten Leistung ab bzw. ist weniger oft von dieser ablesbar[433] als in anderen Branchen. Denn zum einen können die biologischen Vermögenswerte ihren Stoffwechsel allein umsetzen und zum anderen sind – vor allem bei den Pflanzen – viele für die biologische Transformation erforderlichen Inputfaktoren frei verfügbar, sodass für diese keine Aufwendungen zu leisten sind. Zudem ergibt sich auch durch die besonderen zeitlichen und sachlichen Risiken in vielen Transformationsprozessen[434] ein besonderes Unsicherheitsprofil in der Landwirtschaft, welches es bei der Erfolgsermittlung zu berücksichtigen gilt.

Vor dem Hintergrund der relativ langen Produktionsprozesse und der z. T. relativ geringen Inputleistungen können manche Tätigkeitsbereiche in der Landwirtschaft mit dem Halten von Vermögenswerten verglichen werden. Durch das Halten und das durch den biologischen Vermögenswert selbst betriebene Wachstum kann der Landwirt am Ende einer Periode c. p. letztlich einen höheren Ver-

430 Vgl. Abschnitt 24.

431 Vgl. hierzu SCHMIDT, F., Die organische Tageswertbilanz, S. 153. Der Scheinerfolg entsteht dabei nicht durch die unternehmerische Tätigkeit, sondern resultiert lediglich aus Preisänderungen. Vgl. TANSKI, J. S., Rechnungslegung und Bilanztheorie, S. 99. Vgl. auch Abschnitt 321.

432 Vgl. hierzu bspw. Abschnitt 233.2.

433 Vgl. bspw. für einen Wald IAS 41.B15.

434 Vgl. hierzu Abschnitt 24.

kaufspreis aus einem biologischen Vermögenswert generieren als am Anfang der Periode.[435] Das Halten der biologischen Vermögenswerte bzw. **die biologische Transformation** kann in diesem Zusammenhang in vielen Fällen **als gewöhnliche betriebliche Geschäftstätigkeit** eines landwirtschaftlich geprägten Unternehmens gesehen werden.[436] Daraus abgeleitet kann ein landwirtschaftlicher Erfolg aus der Tätigkeit des Unternehmens als Veränderung der biologischen Transformation in einer Periode, und damit im weiteren Sinne als Wachstum der Vermögenswerte [437] definiert werden. Die Abbildung des Wachstums ist sowohl bei kurzfristigen landwirtschaftlichen Transformationsprozessen, die ggf. unterjährig vollzogen werden, als auch bei langfristigen Transformationsprozessen relevant. Während sich kurzfristige Prozesse regelmäßig über einen Bilanzstichtag hinweg vollziehen und damit eine Teilabgrenzung des Wachstums für die abgeschlossene Berichtsperiode relevant wird, ist solch eine Teilabgrenzung insbesondere bei langfristigen Wachstumsprozessen erforderlich, da hierbei immer mindestens zwei Berichtsperioden vom Prozess betroffen sind. Für die entscheidungsnützliche Abbildung des Wachstums ist zu berücksichtigen, dass es sich bei dem Wachstum bzw. der biologischen Transformation um wirtschaftlich bedeutsame Prozesse handeln muss.[438] Die wirtschaftliche Bedeutsamkeit zeigt sich dabei regelmäßig dadurch, dass das Wachstum vom Markt honoriert wird, indem für Vermögenswerte, die bereits stark gewachsen sind, höhere Preise erzielbar sind als für Vermögenswerte, die noch nicht bzw. weniger gewachsen sind.

---

435 Vgl. PLOCK, M., Ertragsrealisation nach IFRS, S. 272.

436 Vgl. PLOCK, M., Ertragsrealisation nach IFRS, S. 272.

437 Wachstum im weiteren Sinne umfasst hier sowohl positives Wachstum des Vermögenswertes als auch negatives Wachstum im Sinne eines körperlichen Rückgangs sowie die Erzeugung von neuen biologischen Vermögenswerten oder Früchten.

438 So ist oftmals bspw. das Wurzelwachstum einer Weizenpflanze nicht unmittelbar für die spätere Marktverwertung der Weizenpflanze bedeutsam. Stattdessen ist das Wachstum des Halmes oder der Ähren von wirtschaftlichem Interesse, da diese Erzeugnisse später am Markt verkauft werden können.

4 Bilanzierung des landwirtschaftlichen biologischen Vermögens nach IAS 41

41 Die Bilanzierungsvorschriften nach IAS 41

411. Entstehungsgeschichte des IAS 41

Die **Entstehungsgeschichte des IAS 41** begann in den neunziger Jahren des 20. Jahrhunderts mit dem Entschluss des damaligen IASC zur Entwicklung eines IAS für die Landwirtschaft.[439] Die Notwendigkeit zur Entwicklung eines Standards für die Besonderheiten dieser Branche ergab sich dabei aus vielfältigen Gründen. So waren und sind bis heute zwar viele der in der Landwirtschaft tätigen Unternehmen seit jeher kleine Familienbetriebe,[440] die nicht zur Erstellung eines Abschlusses verpflichtet sind, indes verlangten Kapitalgeber wie Kreditgeber oder die Bereitsteller öffentlicher Zuschüsse bereits damals vermehrt die Vorlage von Abschlüssen zur Gewährung ihrer Förderleistung.[441] Zudem war eine zunehmende Kommerzialisierung der landwirtschaftlichen Tätigkeit und damit einhergehend ein Anstieg des Umfangs und des Volumens der landwirtschaftlichen Tätigkeit zu beobachten.[442] Für die Entwicklung eines Standards für landwirtschaftliche Sachverhalte war es sicher auch förderlich, dass es sich bei der Landwirtschaft in vielen Ländern um einen nicht unbedeutenden Wirtschaftssektor handelte.[443]

Die Entwicklung des IAS 41 ergab sich neben den zuvor dargelegten Entwicklungen auch daraus, dass **zuvor noch kein IFRS-Standard zu den Besonderheiten der Landwirtschaft existierte**, während schon tätigkeitsbezogene und branchenbezogene Projekte für den Versicherungs-, den Rohstoff- und den Finanzsektor durchgeführt bzw. abgeschlossen waren[444]. Auch wurden landwirtschaftliche Sachverhalte bzw. Vermögenswerte explizit vom Anwendungsbereich anderer Standards ausgeschlossen,[445] obwohl sie Ähnlichkeiten zu den geregelten Sachverhalten aufwiesen.[446] Letztlich

---

439 Vgl. IAS 41.B1.

440 Vgl. auch MACKENZIE, B./COETSEE, D./NJIKIZANA, T./SELBST, E./CHAMBOKO, R./COLYVAS, B./HANEKOM, B., WILEY IFRS 2014, S. 827.

441 Vgl. IAS 41.B5.

442 Vgl. IAS 41.B5.

443 So hatte der landwirtschaftliche Wirtschaftszweig insbesondere in Entwicklungsländern und jungen Industriestaaten eine enorme Bedeutung, war darüber hinaus aber auch in vielen anderen Ländern bedeutsam und stellte vielerorts sogar den wichtigsten Wirtschaftszweig der Volkswirtschaften dar. Vgl. IAS 41.B6. Vgl. auch MACKENZIE, B./COETSEE, D./NJIKIZANA, T./SELBST, E./CHAMBOKO, R./COLYVAS, B./HANEKOM, B., WILEY IFRS 2014, S. 827.

444 Vgl. IAS 41.B3.

445 Vgl. IAS 41.B4 (a).

446 So waren IAS 16 *Sachanlagen* und IAS 40 *Als Finanzinvestition gehaltene Immobilien* nicht auf Wälder sowie ähnliche natürliche, regenerative Vermögenswerte anzuwenden, IAS 18 nicht auf Erträge aus einer natürlichen Zunahme von forst- und landwirtschaftlichen Erzeugnissen und Herden sowie IAS 2 *Vorräte* nicht auf Vorräte von landwirtschaftlichen und forstwirtschaftlichen Erzeugern sowie auf landwirtschaftliche Erzeugnisse im Zeitraum nach ihrer Ernte, sofern deren Bewertung branchenüblich zum Nettoveräußerungswert vollzogen wurde. Vgl. IAS 41.B4 (a). Während die Ausnahme zur Bewertung bestimmter vorratsähnlicher Vermögenswerte zum Nettoveräußerungswert auch heute noch existiert (IAS 2.3 (a)), sind IAS 2 (IAS 2.2 (c)), IAS 16 (IAS 16.3 (b)) und IAS 40 (IAS 40.4 (a) gegenwärtig insofern angepasst, als sie ihre Anwendung auf biologische, mit landwirtschaftlicher Tätigkeit in Verbindung stehende Vermögenswerte, IAS 2 zudem auch auf landwirtschaftliche Erzeugnisse (IAS 2.2 (c)) zum Erntezeitpunkt, ausschließen. IAS 18 (IAS 18.6 (f)) schließt den Umsatz aus Änderungen des

wurde die Entwicklung eines Standards zur Landwirtschaft zudem dadurch gefördert, dass die auf der Ebene der nationalen Standardsetter entwickelten Regelungen lediglich im Ansatz die landwirtschaftliche Thematik betrafen und zudem nur auf die Klärung länderspezifischer Fragen ausgerichtet waren,[447] sodass sie i. d. R. für die Zwecke der IFRS ungeeignet waren.

Der **Entstehungsprozess** des IAS 41 **begann im Jahr 1994**, als der Board des damaligen International Accounting Standards Committee (IASC)[448] die Entwicklung eines Standards zur Landwirtschaft einleitete und ein Steering Committee[449] zur Erarbeitung von themenrelevanten Fragenstellungen sowie Lösungsvorschlägen einsetzte.[450] Im Juli 1999 veröffentlichte der Board des IASC auf der Basis der Ergebnisse des Steering Committee den Standardentwurf E65 *Landwirtschaft*.[451] Unter Berücksichtigung des Feedbacks hierzu wurde im **Dezember 2000** schließlich der **Standard** IAS 41 *Landwirtschaft* verabschiedet.[452] Dessen **Anwendungspflicht** wurde für **ab dem 1. Januar 2003** oder danach beginnende Geschäftsjahre beschlossen.[453]

Der IAS 41 ist im Zuge der Neuorganisation des IASC zum IASB – wie auch alle anderen bis dahin verabschiedeten Standards und Interpretationen – im April 2001 vom IASB übernommen und erneut verabschiedet worden.[454] Seit dieser Verabschiedung des Standards gab es einige Änderungen an dessen Regelwerk. So wurden insbesondere 2003 und 2007 aufgrund der Änderungen anderer Standards (IAS 1, IAS 8, IAS 21; IAS 1) und 2004 durch die Verabschiedung des IFRS 5 Folgeänderungen am IAS 41 durchgeführt, während im Mai 2008 direkt auf IAS 41 bezogene Änderungen mit dem Annual Improvements Process 2007/2008 vorgenommen wurden[455].[456] Durch den im Mai 2011 herausgegebenen Standard IFRS 13 ist der zentrale Bewertungsmaßstab des IAS 41, der beizulegende Zeitwert, standardübergreifend geregelt worden, sodass infolgedessen auch die entsprechenden Regelungen des IAS 41 inhaltlich ausgegliedert, gestrichen oder angepasst worden sind.[457] Auf die **Aus-**

beizulegenden Zeitwertes oder aus dem erstmaligen Ansatz der biologischen, mit einer landwirtschaftlichen Tätigkeit in Verbindung stehenden Vermögenswerte aus seiner Anwendung aus. Letztlich findet der Ausschluss der landwirtschaftlichen Vermögenswerte mit einem Verweis auf IAS 41 statt.

447 Vgl. IAS 41.B4 (b) i. V. m. IAS 41.B5.

448 Das IASC ist die direkte Vorgängerorganisation des IASB, welcher das IASC im Rahmen einer im Jahr 2001 in Kraft getretenen, grundlegenden Umorganisation ablöste. Vgl. WAGENHOFER, A., Internationale Rechnungslegungsstandards IAS/IFRS, S. 71.

449 Unter einem Steering Committee ist ein zeitlich befristet bestehender Arbeitskreis zur fachlichen Unterstützung des Boards des IASC zu verstehen. Vgl. ALVAREZ, M./KLEEKÄMPER, H./KUHLEWIND, A.-M., in: Baetge et al., Rechnungslegung nach IFRS, Teil A, Kapitel 1, Rn. 31.

450 Vgl. IAS 41.B1.

451 Vgl. IAS 41.B2.

452 Vgl. IAS 41.B2.

453 Vgl. IAS 41.58.

454 Zur Übernahme der IAS und Interpretationen durch den IASB vgl. IASB (HRSG.), IASB Update – April 2001, S. 1.

455 Die Änderungen aus dem Mai 2008 sind die Folge einer bereits seit 2003 vom IFRIC gehaltenen Diskussion. Vgl. SCHARPENBERG, R./SCHREIBER, S., in: Baetge et al., Rechnungslegung nach IFRS, IAS 41, Rn. 10 f.; IFRIC (HRSG.), IFRIC Update – Oktober 2003, S. 3 f.

456 Vgl. auch zur umfassenden Darstellung der Änderungen SCHARPENBERG, R./SCHREIBER, S., in: Baetge et al., Rechnungslegung nach IFRS, IAS 41, Rn. 8 f. und Rn. 11-13.

457 Vgl. JESSEN, D., in: Bohl et al., Beck'sches IFRS Handbuch, § 41, Rn. 39; JANZE, C., in: Lüdenbach et al., Haufe IFRS-Kommentar, § 40, Rn. 63; IAS 41.61. Für eine Aufzählung der durch IFRS 13 geänderten und gestrichenen Paragrafen in IAS 41 vgl. IAS 41.61.

wirkungen des IFRS 13 auf die Bilanzierung der nach IAS 41 abzubildenden Sachverhalte wird im weiteren Verlauf der Arbeit noch verstärkt eingegangen.

Die **aktuellste Entwicklung** bezüglich des IAS 41 betrifft **tragende biologische Vermögenswerte.**[458] So räumte der IASB im Mai 2012 für seine künftige Arbeit der Entwicklung von Änderungsvorschlägen für IAS 41, insbesondere in Bezug auf tragende Nutzpflanzen, Priorität ein.[459] Diesem Vorgehen gingen einige im Rahmen der Stellungnahme zur Agendakonsultation 2011 des IASB eingegangene und insbesondere von Unternehmen der Plantagenwirtschaft formulierte Kommentare voraus, die auf praktische Probleme in der Anwendung von IAS 41 bei der Bilanzierung von tragenden biologischen Vermögenswerten aufmerksam machten und daher den Wunsch nach einer Änderung des Regelwerks aus IAS 41 äußerten.[460] Vor allem die grundsätzliche Fair-Value-Bewertung bei reifen tragenden biologischen Vermögenswerten wurde als nicht sachgerecht empfunden.[461] Im September 2012 formulierte der IASB dann sein Vorhaben formal als ein begrenztes Projekt (*limited-scope project*) zur Änderung des IAS 41 hinsichtlich der Bilanzierung von tragenden biologischen Vermögenswerten und beschloss die Aufnahme des Projektes in seine Agenda.[462] Inhaltliche Diskussionsschwerpunkte des Projektes lagen insbesondere auf der Definition der tragenden biologischen Vermögenswerte, auf deren Bewertung sowie auf der Bewertung der an diesen wachsenden Früchte.[463] Im Juni 2013 veröffentlichte der IASB schließlich den Exposure Draft ED/2013/8 „Agriculture: Bearer Plants",[464] dessen Kernvorschlag die verpflichtende Bilanzierung fruchttragender Pflanzen nach IAS 16 anstatt nach IAS 41 war.[465]

Nach dem Erhalt zahlreicher Kommentare zum ED/2013/8 und nach weiteren Beratungen seitens des IASB veröffentlichte dieser am **30. Juni 2014** schließlich mit dem Dokument **„Agriculture: Bearer Plants (Amendments to IAS 16 and IAS 41)"** die finalen Ergebnisse des Projektes.[466] Wie der Titel des Dokumentes erahnen lässt, handelt es sich hierbei vor allem um Änderungen der Standards IAS 16 und IAS 41. Im Vergleich zu den Regelungsvorschlägen des ED/2013/8 gibt es kaum inhaltliche Änderungen. So ist die verpflichtende Bilanzierung fruchttragender Pflanzen nach IAS 16 anstatt nach IAS 41 auch umgesetzt worden.[467] Die Regelungsänderungen sind von den bilanzierenden

---

458 Eine vollständige Überarbeitung des IAS 41 aufgrund festgestellter Mängel und Lücken im Regelungssystem ist bisweilen seitens des IASB nicht vorgesehen. Vgl. JANZE, C., in: Lüdenbach et al., Haufe IFRS-Kommentar, § 40, Rn. 64; SCHARPENBERG, R./SCHREIBER, S., in: Baetge et al., Rechnungslegung nach IFRS, IAS 41, Rn. 10 f.

459 Vgl. IASB (HRSG.), IASB Update – Mai 2012, S. 8.

460 Vgl. IASB (HRSG.), Feedback Statement: Agenda Consultation 2011, S. 14; IASB (HRSG.), IASB Update – September 2012, S. 12; IASB (HRSG.), ED: Agriculture: Bearer Plants 2013, S. 17, BC6; IASB (HRSG.), Agriculture: Bearer Plants, S. 17, BC42.

461 Vgl. IASB (HRSG.), Agriculture: Bearer Plants, S. 16, BC41.

462 Vgl. IASB (HRSG.), IASB Update – September 2012, S. 12.

463 Vgl. IASB (HRSG.), IASB Update – Dezember 2012, S. 9 f.

464 Vgl. IASB (HRSG.), ED: Agriculture: Bearer Plants 2013.

465 Vgl. IASB (HRSG.), ED: Agriculture: Bearer Plants 2013, S. 4, Introduction.

466 Vgl. hierzu IASB (HRSG.), Agriculture: Bearer Plants. Die mit den Neuregelungen „Agriculture: Bearer Plants" einhergehenden Diskussionen sowie die damit verbundenen Konsequenzen für die betreffenden Vermögenswerte werden in Abschnitt 422.61 näher erläutert.

467 Vgl. IASB (HRSG.), Agriculture: Bearer Plants, S. 4, Introduction.

Unternehmen für die am oder nach dem 1. Januar 2016 beginnenden Geschäftsjahre anzuwenden, wobei auch eine frühere Anwendung möglich ist.[468]

412. Anwendungs- und Definitionsbereich des IAS 41

412.1 Anwendungsbereich des IAS 41

Bevor für ein Unternehmen die verpflichtende, konkrete Anwendung eines Standards, und damit auch des IAS 41, in Frage kommt, muss es in den **allgemeinen, verpflichtenden Anwendungsbereich der IFRS** fallen.[469] Dieser betrifft in der EU seit dem Jahr 2005 allgemein alle kapitalmarktorientierten Unternehmen bei der Erstellung ihrer konsolidierten Abschlüsse.[470] Der darüber hinausgehende Anwendungsbereich der IFRS hängt von den länderspezifischen Regelungen bzw. Entscheidungen in den einzelnen Mitgliedsstaaten ab.[471]

Wird der allgemeine Anwendungsbereich der IFRS abgedeckt, lässt sich der Anwendungsbereich des IAS 41 in zwei miteinander in Verbindung stehende Bereiche unterteilen: zum einen in einen **unternehmensbezogenen** (Welche Unternehmen müssen IAS 41 anwenden?) und zum anderen in einen **sachverhaltsbezogenen** (Auf welche Sachverhalte ist IAS 41 anzuwenden?) **Anwendungsbereich**.

Der **unternehmensbezogene Anwendungsbereich** des IAS 41 umfasst all jene Unternehmen, die einer landwirtschaftlichen Tätigkeit im Sinne der Begriffsdefinition des IAS 41.5[472] nachgehen.[473] Allerdings deckt der Standard dabei nicht sämtliche von einem landwirtschaftlichen Unternehmen betroffenen Sachverhalte ab, sondern bezieht sich lediglich auf spezifische landwirtschaftliche Sachverhalte und damit auch nur auf einen Teilbereich der in der Rechnungslegung insgesamt abzubil-

---

468 Vgl. IASB (Hrsg.), Agriculture: Bearer Plants, S. 4, Introduction.

469 Eine freiwillige Anwendung der IFRS ohne rechtliche Anwendungsverpflichtung ist natürlich auch möglich und eine damit einhergehende freiwillige Anwendung des IAS 41 ebenfalls.

470 Vgl. Verordnung (EG) Nr. 1606/2002, Art. 4; Alvarez, M./Kleekämper, H./Kuhlewind, A.-M., in: Baetge et al., Rechnungslegung nach IFRS, Teil A, Kapitel 1, Rn. 120. Vgl. als Ergebnis zur Umsetzung der Inhalte ins deutsche Recht § 315a HGB.

471 So räumt bspw. die EG-Verordnung Nr. 1606/2002 den EU-Mitgliedsstaaten ein Wahlrecht bezüglich der Gestattung von und des Gebots für Unternehmen zur Anwendung der IFRS hinsichtlich Jahresabschlüssen und nicht kapitalmarktorientierter Gesellschaften ein. Vgl. Verordnung (EG) Nr. 1606/2002, Art. 5; Alvarez, M./Kleekämper, H./Kuhlewind, A.-M., in: Baetge et al., Rechnungslegung nach IFRS, Teil A, Kapitel 1, Rn. 120; Baetge, J./Kirsch, H.-J./Thiele, S., Bilanzen, S. 69. Die Ergebnisse einer Untersuchung zur Nutzung bzw. Umsetzung des Wahlrechts in den EU-Staaten hat die Europäische Kommission zuletzt 2010 veröffentlicht. Vgl. hierzu Europäische Kommission, Implementation of the IAS Regulation. In Zypern besteht demnach für sämtliche Unternehmen sowohl für den Konzern- als auch für den Einzelabschluss eine Anwendungspflicht der IFRS. Vgl. Europäische Kommission, Implementation of the IAS Regulation, S. 1. In Deutschland besteht für nicht kapitalmarktorientierte Unternehmen nach § 315a Abs. 1 f. ein Wahlrecht zur Anwendung der IFRS auf den Konzernabschluss, während nach § 325 Abs. 2a i. V. m. Abs. 2b für den Einzelabschluss von Unternehmen – unabhängig von deren Kapitalmarktorientierung – das IFRS-Wahlrecht lediglich zu Offenlegungszwecken besteht. Vgl. auch Baetge, J./Kirsch, H.-J./Thiele, S., Bilanzen, S. 69 f.; Ballwieser, W., IFRS-Rechnungslegung, S. 1; Europäische Kommission, Implementation of the IAS Regulation, S. 2.

472 Vgl. zur konkreten Definition der landwirtschaftlichen Tätigkeit nach IAS 41 auch Abschnitt 412.21; IAS 41.5.

473 Vgl. Janze, C., in: Lüdenbach et al., Haufe IFRS-Kommentar, § 40, Rn. 3; Scharpenberg, R./Schreiber, S., in: Baetge et al., Rechnungslegung nach IFRS, IAS 41, Rn. 14. Vgl. zu konkreten börsennotierten Unternehmen mit landwirtschaftlichen Tätigkeiten Jessen, D., in: Bohl et al., Beck'sches IFRS Handbuch, § 41, Rn. 2.

denden Sachverhalte[474]. Ausnahmen oder Erleichterungen hinsichtlich der Größe, der Branche oder der Rechtsform der potenziell den Standard anwendenden Unternehmen existieren nicht.[475] Mit der lediglich inhaltlichen Ausrichtung des IAS 41 auf landwirtschaftliche Sachverhalte wird der Anwendungskreis von IAS 41 damit im Vorfeld nicht weiter auf bestimmte Unternehmen beschränkt[476]. IAS 41 ist somit nicht lediglich von typischen landwirtschaftlichen Unternehmen anzuwenden, sondern auch von anderen Branchen angehörenden Unternehmen, die zumindest in geringem Maße in irgendeiner Weise landwirtschaftlich aktiv sind[477].[478]

Auf der **Sachverhaltsebene** bezieht sich der Anwendungsbereich nach IAS 41.1 konkret auf die Rechnungslegung für folgende drei Objekte, sofern diese in Verbindung mit einer landwirtschaftlichen Tätigkeit stehen:

(1) biologische Vermögenswerte[479],

(2) landwirtschaftliche Erzeugnisse bis zum Erntezeitpunkt[480] und

(3) Zuwendungen der öffentlichen Hand, die in Verbindung mit biologischen Vermögenswerten stehen, die zum beizulegenden Zeitwert abzüglich der Verkaufskosten angesetzt werden[481].[482]

Im Rahmen des Anwendungsbereiches geht der Standardsetter in IAS 41 auch auf Sachverhalte ein, die zwar Ähnlichkeiten mit den in IAS 41.1 beschriebenen landwirtschaftlichen Sachverhalten aufweisen oder in räumlich oder inhaltlich engem Bezug zu diesen stehen, auf die der Standard allerdings nicht anzuwenden ist. Dies sind zum einen im Zusammenhang mit der landwirtschaftlichen Tätigkeit stehende Grundstücke, die es statt nach IAS 41 nach IAS 16 *Sachanlagen* oder IAS 40 *Als Finanzinvestitionen gehaltene Immobilien* zu bilanzieren gilt,[483] und zum anderen im Zusammenhang mit der

474 Vgl. JESSEN, D., in: Bohl et al., Beck'sches IFRS Handbuch, § 41, Rn. 1.

475 Vgl. JANZE, C., in: Lüdenbach et al., Haufe IFRS-Kommentar, § 40, Rn. 3; SCHARPENBERG, R./SCHREIBER, S., in: Baetge et al., Rechnungslegung nach IFRS, IAS 41, Rn. 14.

476 Vgl. SCHARPENBERG, R./SCHREIBER, S., in: Baetge et al., Rechnungslegung nach IFRS, IAS 41, Rn. 14.

477 Vgl. KÜMPEL, T., IAS 41 als spezielle Bewertungsvorschrift für die Landwirtschaft, S. 550.

478 Vgl. HALLER, A./EGGER, F., Bilanzierung landwirtschaftlicher Tätigkeiten nach IFRS, S. 282.

479 Vgl. zur konkreten Definition biologischer Vermögenswerte nach IAS 41 auch Abschnitt 412.22; IAS 41.5.

480 Vgl. zur konkreten Definition landwirtschaftlicher Erzeugnisse nach IAS 41 auch Abschnitt 412.23; IAS 41.5.

481 Die Zuwendungen der öffentlichen Hand, die in Verbindung mit biologischen Vermögenswerten stehen, die zum beizulegenden Zeitwert abzüglich der Verkaufskosten angesetzt werden, betreffen nicht unmittelbar den Kern des landwirtschaftlichen Wesens, d. h. landwirtschaftliche Güter bzw. den landwirtschaftlichen Produktionsprozess. Sie werden daher im Verlauf der Arbeit nicht weiter behandelt. Für Zuwendungen der öffentlichen Hand, die in Verbindung mit biologischen Vermögenswerten stehen, die auf Basis des Anschaffungskostenmodells bewertet werden (Verlässlichkeitsausnahme), gilt nicht IAS 41, sondern IAS 20 *Bilanzierung und Darstellung von Zuwendungen der öffentlichen Hand.* Vgl. IAS 41.IN6. Auch diese Zuwendungen werden analog zu den Zuwendungen nach IAS 41 im Folgenden nicht weiter behandelt.

482 Vgl. IAS 41.1. Darüber hinaus dient IAS 41 zur Bestimmung der Bewertungsgrundlage bei in Zusammenhang mit der landwirtschaftlichen Tätigkeit stehenden biologischen Vermögenswerten, die beim Finanzierungsleasing vom Leasingnehmer gehalten oder beim Operating-Leasing vom Leasinggeber vermietet werden. Vgl. IAS 17.2 (c) f.

483 Beispielsweise fällt die Bilanzierung von Ackerland damit nicht unter IAS 41, wohl aber die Bilanzierung der auf dem Ackerland wachsenden Pflanzen. Vgl. SCHARPENBERG, R./SCHREIBER, S., in: Baetge et al., Rechnungslegung nach IFRS, IAS 41, Rn. 15.

landwirtschaftlichen Tätigkeit stehende immaterielle Vermögenswerte[484], deren Bilanzierung ebenfalls nicht in IAS 41, sondern in IAS 38 *Immaterielle Vermögenswerte* geregelt ist.[485] Darüber hinaus ist der Standard auch nicht anzuwenden auf Zuwendungen der öffentlichen Hand in Bezug auf zu Anschaffungs- und Herstellungskosten bewertete biologische Vermögenswerte (IAS 20 *Bilanzierung und Darstellung von Zuwendungen der öffentlichen Hand*)[486] sowie auf in Verbindung zur landwirtschaftlichen Tätigkeit stehende Warentermingeschäfte (IAS 39 *Finanzinstrumente: Ansatz und Bewertung* bzw. bei belastenden Verträgen IAS 37 *Rückstellungen, Eventualverbindlichkeiten und Eventualforderungen*[487]) oder Versicherungsverträge (IFRS 4).[488]

Nach dem Zeitpunkt ihrer Ernte werden zudem landwirtschaftliche Erzeugnisse vom Anwendungsbereich des IAS 41 ausgeschlossen und ab dann regelmäßig nach IAS 2 *Vorräte* bilanziert[489].[490] Eine Bilanzierung der Verarbeitung von landwirtschaftlichen Erzeugnissen nach IAS 41 ist demnach unzulässig.[491] Insgesamt endet der Anwendungsbereich von IAS 41 unmittelbar vor der tatsächlichen Veräußerung von landwirtschaftlichen Erzeugnissen und biologischen Vermögenswerten.[492]

412.2 Definition der landwirtschaftlichen Begrifflichkeiten nach IAS 41

412.21 Landwirtschaftliche Tätigkeit

Eine **landwirtschaftliche Tätigkeit** (*agricultural activity*) eines Unternehmens ist nach IAS 41.5 dadurch gekennzeichnet, dass das Unternehmen biologische Vermögenswerte transformiert und erntet, wobei die mit der biologischen Transformation (*biological transformation*) und der Ernte (*harvest*) verbundene Zielsetzung die Veräußerung der biologischen Vermögenswerte oder aber die Transformation der biologischen Vermögenswerte in weitere biologische Vermögenswerte oder in landwirtschaftliche Erzeugnisse ist.[493] Damit grenzt der IASB die Definition der landwirtschaftlichen Tätigkeit nicht auf einzelne, konkrete Tätigkeitsbereiche ab, sondern belässt es bei einer allgemeinen, eine Vielzahl von Tätigkeiten umfassenden Definition.[494] Dennoch konkretisiert er die landwirtschaftliche Tätigkeit. Zum einen zählt er nicht abschließend bestimmte landwirtschaftliche Tätigkei-

---

484 Solche immateriellen Vermögenswerte sind bspw. Milch- und Zuckerrübenlieferrechte, Wasser- und Bodenbestellungsrechte oder auch Erntequoten. Vgl. SCHARPENBERG, R./SCHREIBER, S., in: Baetge et al., Rechnungslegung nach IFRS, IAS 41, Rn. 15.

485 Vgl. IAS 41.2.

486 Vgl. IAS 41.38.

487 Vgl. IAS 41.16 sowie IAS 41.B54.

488 Vgl. JANZE, C., in: Lüdenbach et al., Haufe IFRS-Kommentar, § 40, Rn. 5.

489 Vgl. SCHULTE, A., Bewertung von biologischen Vermögenswerten nach IFRS, S. 84.

490 Vgl. IAS 41.3.

491 Vgl. IAS 41.3; JESSEN, D., in: Bohl et al., Beck'sches IFRS Handbuch, § 41, Rn. 6; STARBATTY, N., in: Buschhüter et al., Kommentar IFRS, IAS 41, Rn. 1; JANZE, C., in: Lüdenbach et al., Haufe IFRS-Kommentar, § 40, Rn. 11. Beispielhaft sei hier die Weiterverarbeitung von Milch zu Käse durch einen Milch produzierenden Landwirt erwähnt. Obwohl solch eine Verarbeitung eine natürliche und logische Erweiterung der landwirtschaftlichen Tätigkeit darstellen kann und die Produktionsprozesse in gewisser Weise ähnlich zum Prozess der biologischen Transformation sind, wird nach IAS 41 die Verarbeitung nicht als landwirtschaftliche Tätigkeit betrachtet. Vgl. IAS 41.3; STARBATTY, N., in: Buschhüter et al., Kommentar IFRS, IAS 41, Rn. 2.

492 Vgl. PLOCK, M., Ertragsrealisation nach IFRS, S. 225.

493 Vgl. IAS 41.5; STARBATTY, N., in: Buschhüter et al., Kommentar IFRS, IAS 41, Rn. 4.

494 Vgl. SCHARPENBERG, R./SCHREIBER, S., in: Baetge et al., Rechnungslegung nach IFRS, IAS 41, Rn. 16.

ten auf, z. B. die Tier- und Blumenzucht, Erntetätigkeiten, die Bewirtschaftung von Obstplantagen oder die Forstwirtschaft.[495] Zum anderen macht er – für die Abgrenzung der landwirtschaftlichen Tätigkeit viel wichtiger – **drei Merkmale** aus, die mit jeder der unter IAS 41 fallenden landwirtschaftlichen Tätigkeit verbunden sind: die **Fähigkeit** zur Änderung sowie das **Management** und die **Beurteilung** dieser Änderung.[496]

Die **Fähigkeit zur Änderung** stellt auf die Möglichkeit zur biologischen Transformation und damit auf lebende Tiere und Pflanzen ab, die diese Fähigkeit nämlich besitzen.[497] Die biologische Transformation führt nach IAS 41.7 zu verschiedenen Arten von Ergebnissen. So können Vermögenswertänderungen durch Wachstum erzielt werden, d. h. durch die Verbesserung der Qualität und durch die Steigerung der Quantität einer Pflanze oder eines Tieres, durch Rückgang, d. h. durch die Verschlechterung der Qualität und durch die Senkung der Quantität einer Pflanze oder eines Tieres, oder durch Vermehrung, d. h. durch die Produktion zusätzlicher lebender Pflanzen und Tiere.[498] Eine weitere Möglichkeit besteht in der Fruchtbringung von landwirtschaftlichen Erzeugnissen wie bspw. Wolle, Milch oder Teeblätter.[499] Die biologische Transformation ist damit immer ein Wachstums-, Rückgangs-, Fruchtbringungs- oder Vermehrungsprozess und mündet in einer quantitativen oder qualitativen Änderung eines biologischen Vermögenswertes.[500]

Das **Management der Änderung** erfordert, dass das Management des bilanzierenden Unternehmens unterstützend in den Prozess der biologischen Transformation eingreift, insbesondere mit der Absicht der Verbesserung oder wenigstens der Stabilisierung der Rahmenbedingungen im Prozessablauf.[501] So kann das Management bspw. gezielt Einfluss auf die Temperatur, auf die Nahrungsqualität und -quantität oder auf die Helligkeit, Feuchtigkeit und Fruchtbarkeit im Transformationsprozess nehmen.[502]

Bei der **Beurteilung von Änderungen** kommt es darauf an, dass die im Rahmen der biologischen Transformation oder der Ernte entstehenden Änderungen als Teilaufgabe des Managements routinemäßig überwacht und beurteilt werden.[503] Dabei können sowohl Änderungen der Qualität, z. B. bezüglich der Faserstärke, des Proteingehalts, der Reife, der Dichte, des Fettgehalts oder der genetischen Eigenschaften, als auch Änderungen der Quantität, z. B. bezüglich der Faserlänge und -dicke, des

---

495 Vgl. IAS 41.6.
496 Vgl. IAS 41.6.
497 Vgl. IAS 41.6 (a); SCHARPENBERG, R./SCHREIBER, S., in: Baetge et al., Rechnungslegung nach IFRS, IAS 41, Rn. 16.
498 Vgl. IAS 41.7.
499 Vgl. IAS 41.7.
500 Vgl. IAS 41.5; MACKENZIE, B./COETSEE, D./NJIKIZANA, T./SELBST, E./CHAMBOKO, R./COLYVAS, B./HANEKOM, B., WILEY IFRS 2014, S. 828; BALLWIESER, W./DOBLER, M., in: Ballwieser et al., Handbuch IFRS 2011, Abschnitt 26, Rn. 21. Vgl. zum Wachstum und Rückgang sowie zur Vermehrung und Fruchtbringung als Ergebnisse der biologischen Transformation IAS 41.7.
501 Vgl. IAS 41.6 (b).
502 Vgl. IAS 41.6 (b).
503 Vgl. IAS 41.6 (c).

Gewichts, der Kubikmeter, der Nachkommenschaft oder der Anzahl von Keimen, erfasst und bewertet werden.[504]

Die drei Merkmale aus IAS 41.6 dienen als Indikatoren zur Abgrenzung der landwirtschaftlichen Tätigkeit gegenüber anderen Tätigkeiten.[505] Das Management von Änderungen stellt das wohl bedeutsamste Abgrenzungsmerkmal dar,[506] insbesondere gegenüber den lediglich mit biologischen Gütern in Zusammenhang stehenden anderen Tätigkeiten. So stellen nämlich Tätigkeiten, die nur auf den Abbau biologischer Vermögenswerte bzw. auf Ressourcenausbeutung abzielen und die dabei zeitlich vor oder nach dem Ressourcenabbau keine lenkenden regenerativen Maßnahmen zur Transformation der biologischen Vermögenswerte vorsehen, keine landwirtschaftlichen Tätigkeiten dar.[507] Solche ressourcenausbeutenden Tätigkeiten, wie bspw. Entwaldungstätigkeiten ohne Aufforstungsmaßnahmen oder das Fischen ohne Maßnahmen zur Brutaufzucht, werden also nicht in den Anwendungsbereich von IAS 41 miteinbezogen.[508]

412.22 Biologischer Vermögenswert

Biologische Vermögenswerte (*biologic assets*) werden als **lebende Tiere oder Pflanzen** definiert.[509] Sie werden von den Unternehmen gehalten, da sie zur biologischen Transformation fähig sind.[510] In dieser Fähigkeit liegt ein wesentlicher Unterschied zwischen den biologischen Vermögenswerten zum einen und landwirtschaftlichen Erzeugnissen[511] sowie anderen Produktionsfaktoren zum anderen.[512] Biologische Vermögenswerte, die nicht mehr zur biologischen Transformation fähig sind, gelten im Sinne des IAS 41 als nicht mehr lebend.[513] Um als biologischer Vermögenswert in den

504 Vgl. IAS 41.6 (c).

505 Vgl. BALLWIESER, W./DOBLER, M., in: Ballwieser et al., Handbuch IFRS 2011, Abschnitt 26, Rn. 23. Dennoch enthalten die Merkmale in ihrer Auslegung auch Interpretationsspielräume. Vgl. BALLWIESER, W./DOBLER, M., in: Ballwieser et al., Handbuch IFRS 2011, Abschnitt 26, Rn. 23.

506 Vgl. SCHARPENBERG, R./SCHREIBER, S., in: Baetge et al., Rechnungslegung nach IFRS, IAS 41, Rn. 16.

507 Vgl. SCHARPENBERG, R./SCHREIBER, S., in: Baetge et al., Rechnungslegung nach IFRS, IAS 41, Rn. 16; BALLWIESER, W./DOBLER, M., in: Ballwieser et al., Handbuch IFRS 2011, Abschnitt 26, Rn. 23. Vgl. auch JANZE, C., in: Lüdenbach et al., Haufe IFRS-Kommentar, § 40, Rn. 6.

508 Vgl. BALLWIESER, W./DOBLER, M., in: Ballwieser et al., Handbuch IFRS 2011, Abschnitt 26, Rn. 23; SCHARPENBERG, R./SCHREIBER, S., in: Baetge et al., Rechnungslegung nach IFRS, IAS 41, Rn. 16.

509 Vgl. IAS 41.5; STARBATTY, N., in: Buschhüter et al., Kommentar IFRS, IAS 41, Rn. 4; JANZE, C., in: Lüdenbach et al., Haufe IFRS-Kommentar, § 40, Rn. 7. Da IAS 41 in der Regelungsgestaltung bei Formulierungen und Beispielen implizit ein klassisches Verständnis der landwirtschaftlichen Tätigkeiten unterstellt, kann auch der Anbau von Speisepilzen trotz deren biologisch gesehen eigener Klassifikation neben Tieren und Pflanzen als landwirtschaftliche Tätigkeit bezeichnet werden. Vgl. SCHARPENBERG, R./SCHREIBER, S., in: Baetge et al., Rechnungslegung nach IFRS, IAS 41, Rn. 19. Der Einbezug in den Anwendungsbereich des IAS 41 von bspw. Bakterienkulturen, die für eigentlich landwirtschaftsfremde Branchen wie den Pharmasektor von Bedeutung sein können, geht nicht aus IAS 41 sowie dessen Anhang hervor. Vgl. SCHARPENBERG, R./SCHREIBER, S., in: Baetge et al., Rechnungslegung nach IFRS, IAS 41, Rn. 19. Zwar können Bakterien als biologische Vermögenswerte angesehen werden, jedoch würde die Entwicklung von Bakterienkulturen durch ein Pharmaunternehmen keine landwirtschaftliche Tätigkeit darstellen. Vgl. ERNST & YOUNG (HRSG.), International GAAP 2014, S. 2650.

510 Vgl. BALLWIESER, W./DOBLER, M., in: Ballwieser et al., Handbuch IFRS 2011, Abschnitt 26, Rn. 24.

511 Vgl. JANZE, C., in: Lüdenbach et al., Haufe IFRS-Kommentar, § 40, Rn. 10; BALLWIESER, W./DOBLER, M., in: Ballwieser et al., Handbuch IFRS 2011, Abschnitt 26, Rn. 24.

512 Vgl. SCHARPENBERG, R./SCHREIBER, S., in: Baetge et al., Rechnungslegung nach IFRS, IAS 41, Rn. 20; MCGREGOR, W., Accounting for agricultural activities, S. 234.

513 Vgl. SCHARPENBERG, R./SCHREIBER, S., in: Baetge et al., Rechnungslegung nach IFRS, IAS 41, Rn. 20.

Anwendungsbereich des IAS 41 zu fallen, muss sich eine Pflanze oder ein Tier somit im biologischen Transformationsprozess befinden, wie dies bspw. bei einem Kalb in der Aufzuchtphase der Fall ist.[514]

Neben der **Differenzierung** in Tiere und Pflanzen unterscheidet der Standardsetter biologische Vermögenswerte **hinsichtlich ihrer Funktion und ihrer Reife**. Bezüglich der **Funktion** differenziert der Standardsetter – analog zur Differenzierung der biologischen Güter in Abschnitt 22 – zwischen verbrauchbaren und produzierenden biologischen Vermögenswerten[515]. Mit einem verbrauchbaren biologischen Vermögenswert ist die Absicht des Unternehmens verbunden, diesen als landwirtschaftliches Erzeugnis zu ernten oder aber als biologischen Vermögenswert zu veräußern.[516] Beispiele für die zur Ernte als landwirtschaftliches Erzeugnis vorgesehenen biologischen Vermögenswerte sind Getreide wie Weizen und Mais, als Nutzholz wachsende Bäume und für die Fleischproduktion vorgesehenes Vieh.[517] Beispiele für die zur Veräußerung vorgesehenen biologischen Vermögenswerte sind zum Verkauf gezüchtete Viehbestände[518] und Bäume in Baumschulen. Produzierende biologische Vermögenswerte hingegen werden dazu eingesetzt, um landwirtschaftliche Erzeugnisse oder neue biologische Vermögenswerte zu erzeugen.[519] Sie sind daher selbst keine landwirtschaftlichen Erzeugnisse, sondern wirken selbstregenerierend.[520] Beispiele für produzierende biologische Vermögenswerte sind der für die Milchproduktion eingesetzte Viehbestand, Obstbäume, Weinstöcke und zur Brennholzgewinnung eingesetzte Bäume, die aber nach der Holzernte weiter bestehen bleiben.[521]

Bezüglich der **Reife** unterscheidet der IASB zwischen reifen und unreifen biologischen Vermögenswerten und nimmt dabei Bezug zur ebengenannten Unterscheidung zwischen konsumierbaren und produzierenden biologischen Vermögenswerten.[522] Der Reifezeitpunkt kann als Fertigstellungszeitpunkt der Vermögenswerte interpretiert werden. So gelten verbrauchbare biologische Vermögenswerte als reif, sobald sie den Erntezustand erreicht haben, und produzierende biologische Vermögenswerte als reif, sobald sie eine herkömmliche Ernte tragen können.[523]

412.23 Landwirtschaftliches Erzeugnis

Landwirtschaftliche Erzeugnisse (*agricultural produce*) sind als abgeerntete Produkte die **Früchte der biologischen Vermögenswerte**.[524] Ihnen wird die Fähigkeit zur biologischen Transformation

---

514 Vgl. JESSEN, D., in: Bohl et al., Beck'sches IFRS Handbuch, § 41, Rn. 6. Bei Kälbern eines Tierhändlers, die nach IAS 2 als Vorräte zu behandeln sind, wird IAS 41 hingegen nicht angewendet. Vgl. JESSEN, D., in: Bohl et al., Beck'sches IFRS Handbuch, § 41, Rn. 6. Hier kann zwar von einer natürlichen, unvermeidbaren biologischen Transformation bei den Kälbern ausgegangen werden, jedoch steht diese wirtschaftlich nicht im Fokus. Vgl. Fn. 525.

515 Vgl. IAS 41.44.

516 Vgl. als Beispiele für konsumierbare biologische Vermögenswerte IAS 41.44.

517 Vgl. als Beispiele für konsumierbare biologische Vermögenswerte IAS 41.44.

518 Vgl. IAS 41.44.

519 Vgl. SCHARPENBERG, R./SCHREIBER, S., in: Baetge et al., Rechnungslegung nach IFRS, IAS 41, Rn. 21.

520 Vgl. IAS 41.44.

521 Vgl. IAS 41.44.

522 Vgl. IAS 41.45.

523 Vgl. IAS 41.45.

524 Vgl. IAS 41.5; STARBATTY, N., in: Buschhüter et al., Kommentar IFRS, IAS 41, Rn. 4. Vgl. auch auf IAS 41.5 Bezug nehmend SCHARPENBERG, R./SCHREIBER, S., in: Baetge et al., Rechnungslegung nach IFRS, IAS 41, Rn. 22; JESSEN, D., in: Bohl et al., Beck'sches IFRS Handbuch, § 41, Rn. 6.

nicht zugesprochen.[525] Beispiele für landwirtschaftliche Erzeugnisse sind Fleisch, Milch, Obst, Teeblätter oder auch Wolle.[526] Eine Erfassung der landwirtschaftlichen Erzeugnisse durch IAS 41 findet **lediglich zum Erntezeitpunkt** statt, infolge dessen IAS 41 auch nicht auf gekaufte landwirtschaftliche Erzeugnisse angewendet wird.[527] Unter der für die Produktion von landwirtschaftlichen Erzeugnissen notwendigen Ernte versteht der Standardsetter das Ende des Lebensprozesses eines biologischen Vermögenswertes oder die Abtrennung der landwirtschaftlichen Erzeugnisse von einem biologischen Vermögenswert.[528] Diese Definition ist ähnlich der Definition der landwirtschaftlichen Tätigkeit sehr allgemeingültig gehalten, sodass sie verschiedenste Erntetätigkeiten wie das Abholzen eines Waldes, das Schlachten von Tieren oder das Pflücken auf einer Apfelbaumplantage umfasst.[529]

412.3 Zusammenfassende Übersicht zum Anwendungs- und Definitionsbereich des IAS 41

Wie aus den beiden Definitionen hervorgeht, besteht ein Zusammenhang zwischen landwirtschaftlichen Erzeugnissen und biologischen Vermögenswerten. Mit der räumlichen und körperlichen Trennung von landwirtschaftlichen Erzeugnissen und biologischen Vermögenswerten durch den Erntevorgang ist jedoch auch bilanziell eine Trennung der beiden Objekte verbunden. Während die landwirtschaftlichen Erzeugnisse und biologischen Vermögenswerte beide im sachverhaltsbezogenen Anwendungsbereich von IAS 41 liegen, müssen sie für eine Bilanzierung nach IAS 41 letztlich auch im Rahmen einer landwirtschaftlichen Tätigkeit anfallen (unternehmensbezogener Anwendungsbereich) und sich damit im Zeitraum vom Beginn der landwirtschaftlichen Tätigkeit bis einschließlich zur Ernte und damit dem Ende der landwirtschaftlichen Tätigkeit im Sinne des IAS 41 befinden. Abbildung 4-1 gibt anhand beispielhafter mit der Landwirtschaft in Verbindung stehender Vermögenswerte einen Überblick zu den dargestellten Zusammenhängen im Anwendungsbereich des IAS 41.

525 Vgl. JANZE, C., in: Lüdenbach et al., Haufe IFRS-Kommentar, § 40, Rn. 10. Der unterstellten Unfähigkeit landwirtschaftlicher Erzeugnisse zur biologischen Transformation kann aus biologischer Sicht zwar insofern nicht ausnahmslos zugestimmt werden, als viele landwirtschaftliche Erzeugnisse aus organischen Substanzen bestehen, die sich ohne Zutun eines Dritten auch nach der Ernte noch in einem biologischen Transformationsprozess befinden können. Dies betrifft z. B. geerntete Maispflanzen, die sich nach der Ernte in natürlichen Gärprozessen befinden können. Es ist zudem zu beachten, dass landwirtschaftliche Erzeugnisse analog zur möglichen Umfunktionierung von biologischen Vermögenswerten zu landwirtschaftlichen Erzeugnissen (bspw. durch die Schlachtung einer Zuchtsau) z. T. sehr wohl noch nachträglich zu biologischen Vermögenswerten umgewandelt werden, bspw. durch die Aussaat geernteter Körner. Indes kann der Unfähigkeit der landwirtschaftlichen Erzeugnisse zur biologischen Transformation aus wirtschaftlicher Perspektive insofern zugestimmt werden, als der mit den landwirtschaftlichen Erzeugnissen beabsichtigte Zweck im Gegensatz zu den biologischen Vermögenswerten nicht in einer weiteren biologischen Transformation liegt.

526 Vgl. JESSEN, D., in: Bohl et al., Beck'sches IFRS Handbuch, § 41, Rn. 6.

527 Vgl. SCHARPENBERG, R./SCHREIBER, S., in: Baetge et al., Rechnungslegung nach IFRS, IAS 41, Rn. 22.

528 Vgl. IAS 41.5.

529 Vgl. SCHARPENBERG, R./SCHREIBER, S., in: Baetge et al., Rechnungslegung nach IFRS, IAS 41, Rn. 22.

Für landwirtschaftliche Tätigkeiten verwendbare Vermögenswerte	**Biologische Vermögenswerte**	**Landwirtschaftliche Erzeugnisse zum Zeitpunkt der Ernte**	**Landwirtschaftliche Erzeugnisse bzw. Produkte aus der Weiterverarbeitung**
	Konsumierbare biologische Vermögenswerte		
Mastställe	Mastschweine	Schlachtrümpfe	Fleisch, Wurst
Säge	Bäume	gefällte Bäume	Nutz-; Bauholz
Mähdrescher	Weizenpflanze	geernteter Weizen	Mehl, Schrot
	Produzierende biologische Vermögenswerte		
Milchquoten	Milchkühe	Milch	Joghurt, Käse
Zaun	Schafe	Wolle	Garn, Bekleidung
Abferkelboxen	Zuchtschweine	Ferkel	
Baumschüttler	Obstbäume	gepflücktes Obst	Obstsaft, -kuchen
Baumwollernter	Baumwollpflanze	Baumwolle	Garn, Bekleidung
Lagerhallen	Zuchtpflanzen	Saatgut	

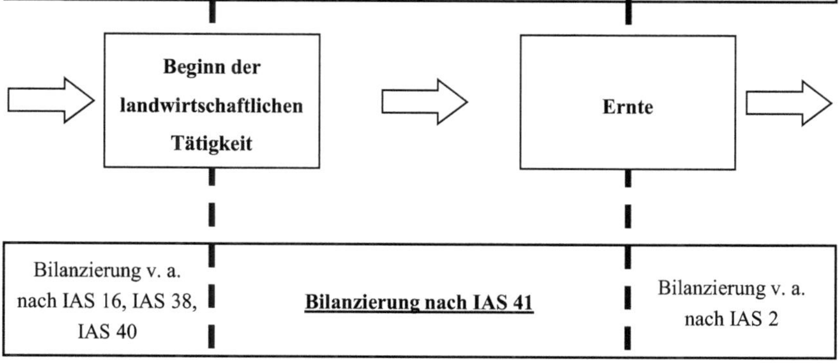

⇨ **Beginn der landwirtschaftlichen Tätigkeit** ⇨ **Ernte** ⇨

Bilanzierung v. a. nach IAS 16, IAS 38, IAS 40	**Bilanzierung nach IAS 41**	Bilanzierung v. a. nach IAS 2

Ausschluss von Tätigkeiten ohne beabsichtigtes Management der biologischen Transformation, z. B. Zoo-, Tourismus- und Handelsunternehmen sowie Ressourcenausbeutung (Entwaldung, Hochseefischen)

Abbildung 4-1: Übersicht zum Anwendungsbereich des IAS 41[530]

In Abbildung 4-1 werden im Sinne eines ganzheitlichen landwirtschaftlichen Produktionsprozesses auch vor dem Beginn der landwirtschaftlichen Tätigkeit anfallende Sachverhalte sowie Sachverhalte nach der Ernte bzw. nach dem Ende der landwirtschaftlichen Tätigkeit dargestellt. Diese beiden Sachverhaltsgruppen werden jedoch in anderen Standards geregelt. In den Betrachtungsbereich dieser Arbeit fallen lediglich die in IAS 41 definierten biologischen Güter und landwirtschaftlichen Erzeugnisse zum Zeitpunkt der Ernte. Wie Abbildung 4-1 bereits andeutet, werden diese Vermögenswerte im Weiteren regelmäßig nach ihrer Zugehörigkeit zu konsumierbaren oder zu produzierenden bzw. tragenden biologischen Vermögenswerten systematisiert.

413. Ansatz des biologischen Vermögens nach IAS 41

Die Kriterien zum **Ansatz von biologischen Vermögenswerten und landwirtschaftlichen Erzeugnissen** richten sich nach IAS 41.10 und spiegeln letztlich die allgemeinen Definitionskriterien eines Vermögenswertes als Abschlussposten[531] sowie die allgemeinen Erfassungskriterien von Abschlussposten[532] nach dem Conceptual Framework wider.[533] Im Folgenden wird in diesem Zusammenhang auch vom Ansatz von **landwirtschaftlichen Vermögenswerten** gesprochen. Diese können **im weiteren Sinne** neben biologischem Vermögen, d. h. neben Pflanzen, Tiere und deren Erzeugnisse, auch nicht biologische, in der Landwirtschaft genutzte Vermögenswerte, bspw. Ställe, Traktoren oder sonstige die landwirtschaftliche Tätigkeit unterstützende Vermögenswerte, umfassen. **Im engeren Sinne** sind hier mit landwirtschaftlichen Vermögenswerten jedoch lediglich die biologischen Vermögenswerte und landwirtschaftlichen Erzeugnisse gemeint. Da der Fokus dieser Arbeit auf diesem Vermögen liegt, werden im weiteren Verlauf der Arbeit unter den landwirtschaftlichen Vermögenswerten lediglich die **landwirtschaftlichen Vermögenswerte im engeren Sinne** verstanden.

Nach IAS 41.10 ist ein landwirtschaftlicher Vermögenswert anzusetzen, soweit

1. das Unternehmen als Folge vergangener Ereignisse die Verfügungsmacht bzw. die Kontrolle über den Vermögenswert besitzt,
2. ein im Zusammenhang mit dem Vermögenswert stehender zukünftiger ökonomischer Nutzen dem bilanzierenden Unternehmen wahrscheinlich zuteilwird und
3. eine Ermittlung der Anschaffungs- oder Herstellungskosten oder des beizulegenden Zeitwertes des Vermögenswertes verlässlich möglich ist.[534]

---

530 Eigene Zusammenstellung in Anlehnung an und mit Elementen aus IAS 41.4; HALLER, A./EGGER, F., Bilanzierung landwirtschaftlicher Tätigkeiten nach IFRS, S. 283; JESSEN, D., in: Bohl et al., Beck'sches IFRS Handbuch, § 41, Rn. 7; PLOCK, M., Ertragsrealisation nach IFRS, S. 193.

531 Vgl. hierzu CF.4.4 (a); Abschnitt 314.2.

532 Vgl. hierzu CF.4.38; Abschnitt 314.3.

533 Vgl. BALLWIESER, W./DOBLER, M., in: Ballwieser et al., Handbuch IFRS 2011, Abschnitt 26, Rn. 25. Dabei ist allerdings die formelle Darstellung leicht anders, indem die Ansatz- und Definitionskriterien als drei Unterpunkte nacheinander aufgelistet werden und z. T. auch miteinander verschmelzen.

534 Vgl. IAS 41.10.

Da in IAS 41 keine über die in IAS 41.10 geforderten Anforderungen hinausgehenden konkreten Aktivierungsverbote und -gebote existieren sowie ebenfalls kein Ansatzwahlrecht vorliegt, besteht für den landwirtschaftlichen Vermögenswert eine **Ansatzpflicht, soweit alle drei Kriterien erfüllt** werden.[535] Die Verfügungsmacht über einen landwirtschaftlichen Vermögenswert ergibt sich bspw. durch das rechtliche Eigentum des Unternehmens an dem Vermögenswert oder durch dessen Brandzeichnung oder anderweitige Markierung.[536] Das rechtliche Eigentum ist dabei keine notwendige Bedingung der Verfügungsmacht über einen landwirtschaftlichen Vermögenswert, vielmehr reicht hierfür bereits das wirtschaftliche Eigentum des Unternehmens an dem landwirtschaftlichen Vermögenswert aus[537].[538] Bezüglich des Zeitpunktes des Gewinns der Verfügungsmacht werden tierische biologische Vermögenswerte i. d. R. ab dem Kauf oder der Geburt und pflanzliche biologische Vermögenswerte ab der Anpflanzung oder der Aussaat durch ein Unternehmen kontrolliert.[539] Der wahrscheinlich dem Unternehmen künftig zufließende Nutzen aus einem landwirtschaftlichen Vermögenswert wird regelmäßig durch die Beurteilung der wesentlichen physischen Merkmale des jeweiligen Vermögenswertes bestimmt.[540] Dies kann z. B. bei einem Tier dessen Gesundheitszustand, Größe oder der Fettgehalt seines Fleisches und bei einer Pflanze bspw. deren Halmstärke oder ebenfalls deren Größe sein.

Auch wenn **landwirtschaftliche Erzeugnisse** dem allgemeinen Verständnis nach die drei in IAS 41.10 vorgegebenen Kriterien erfüllen, dürfen sie per Definition nach IAS 41 **nicht vor dem Zeitpunkt der Ernte** angesetzt werden, da sie bis zur Ernte als Bestandteil eines biologischen Vermögenswertes betrachtet werden.[541] Zum Zeitpunkt der Ernte ist ein Ansatz der landwirtschaftlichen Erzeugnisse dann auch lediglich erforderlich, wenn der mit diesen verbundene Nutzen ausreichend wahrscheinlich ist.[542] So kommt es bspw. bei der Annahme eines nicht zum Leben ausreichenden Gesundheitszustandes von Jungtieren zum Zeitpunkt ihrer Geburt zu keinem Ansatz jener Jungtiere und damit auch zu keiner mit dem Gesundheitszustand verbundenen aufwandswirksamen Ausbuchung.[543] Würden die Tiere allerdings doch nachhaltig überleben können, wären sie zu aktivieren.

414. Bewertung des biologischen Vermögens nach IAS 41

414.1 Überblick

Biologische Vermögenswerte sind grundsätzlich beim erstmaligen Ansatz sowie an jedem Abschlussstichtag und landwirtschaftliche Erzeugnisse zum Zeitpunkt der Ernte mit ihren jeweiligen beizulegenden Zeitwerten abzüglich der geschätzten Veräußerungskosten zu bewerten.[544] Der IASB unter-

---

535 Vgl. JANZE, C., IFRS im landwirtschaftlichen Rechnungswesen, S. 271.

536 Vgl. IAS 41.11.

537 Vgl. BALLWIESER, W./DOBLER, M., in: Ballwieser et al., Handbuch IFRS 2011, Abschnitt 26, Rn. 25.

538 Vgl. SCHARPENBERG, R./SCHREIBER, S., in: Baetge et al., Rechnungslegung nach IFRS, IAS 41, Rn. 24.

539 Vgl. JESSEN, D., in: Bohl et al., Beck'sches IFRS Handbuch, § 41, Rn. 8.

540 Vgl. IAS 41.11; STARBATTY, N., in: Buschhüter et al., Kommentar IFRS, IAS 41, Rn. 7.

541 Vgl. SCHARPENBERG, R./SCHREIBER, S., in: Baetge et al., Rechnungslegung nach IFRS, IAS 41, Rn. 25.

542 Vgl. SCHARPENBERG, R./SCHREIBER, S., in: Baetge et al., Rechnungslegung nach IFRS, IAS 41, Rn. 25.

543 Vgl. SCHARPENBERG, R./SCHREIBER, S., in: Baetge et al., Rechnungslegung nach IFRS, IAS 41, Rn. 25.

544 Vgl. IAS 41.12 f. Die Zugangs- und Folgebewertung des biologischen Vermögens hat demnach vom Grundsatz her nach einheitlichem Maßstab zu erfolgen (vgl. hierzu konkretisierend BALLWIESER, W./DOBLER, M., in: Ballwieser

stellt dabei allgemein, dass der beizulegende Zeitwert abzüglich der geschätzten Veräußerungskosten für jegliche in den Anwendungsbereich des IAS 41 fallende Vermögenswerte am Bewertungsstichtag hinreichend verlässlich bestimmt werden kann.[545] Eine Ausnahme hiervon wird lediglich beim erstmaligen Ansatz von biologischen Vermögenswerten und auch nur unter bestimmten Bedingungen eingeräumt, sodass im Rahmen dieser Verlässlichkeitsausnahme auch eine Bewertung auf Basis der Anschaffungs- und Herstellungskosten möglich ist.[546] Eine Bewertung soll zu jedem Abschlussstichtag durchgeführt werden.[547] Dabei sind Cashflows für Steuern, für die Finanzierung von Vermögenswerten und für ggf. nach der Ernte anfallende Wiederherstellungskosten biologischer Vermögenswerte auszublenden.[548]

414.2 Die Ermittlung des beizulegenden Zeitwertes

414.21 Allgemeine Vorschriften zur Bestimmung des beizulegenden Zeitwertes nach IFRS 13

Der IASB definiert den beizulegenden Zeitwert (*fair value*) als denjenigen Preis, welcher im Zuge einer gewöhnlichen Transaktion am Bewertungsstichtag unter Marktakteuren bei der Veräußerung eines Vermögenswertes oder bei der Übertragung einer Schuld zu zahlen wäre.[549] Damit basiert das Konzept zur Bestimmung des beizulegenden Zeitwertes auf einer hypothetischen am Bewertungsstichtag stattfindenden Transaktion.[550] Hinsichtlich des Abgrenzungsbereichs dieser Arbeit auf landwirtschaftliche Vermögenswerte und den IAS 41, welcher sich eben mit diesen und nicht mit landwirtschaftlichen Schulden auseinandersetzt, steht im Weiteren der beizulegende Zeitwert nach IFRS 13 *Bewertung zum beizulegenden Zeitwert* für Vermögenswerte im Fokus der Betrachtung. Die Darstellung dessen Konzeption dient als Grundlage der späteren Konkretisierung und Analyse des Wertansatzes nach IAS 41 für landwirtschaftliche Vermögenswerte.

Nach den Regelungsvorschriften des IFRS 13 ist der beizulegende Zeitwert eines Vermögenswertes unter der **Fiktion eines Abgangs** des Vermögenswertes zu bestimmen[551] und somit auf einen (fiktiven) **Verkaufspreis** (*exit price*) abzustellen.[552] Dabei ist die Perspektive eines Marktteilnehmers ein-

et al., Handbuch IFRS 2011, Abschnitt 26, Rn. 26), sodass es insofern i. d. R. keiner Trennung der Bewertung in Erst- und Folgebewertung bedarf (vgl. JANZE, C., in: Lüdenbach et al., Haufe IFRS-Kommentar, § 40, Rn. 17).

545 Vgl. IAS 41.30 und 41.32; SCHARPENBERG, R./SCHREIBER, S., in: Baetge et al., Rechnungslegung nach IFRS, IAS 41, Rn. 30.

546 Vgl. tiefergehend IAS 41.30; JANZE, C., in: Lüdenbach et al., Haufe IFRS-Kommentar, § 40, Rn. 20; SCHARPENBERG, R./SCHREIBER, S., in: Baetge et al., Rechnungslegung nach IFRS, IAS 41, Rn. 30.

547 Vgl. HALLER, A./EGGER, F., Bilanzierung landwirtschaftlicher Tätigkeiten nach IFRS, S. 288.

548 Vgl. IAS 41.22.

549 Vgl. IFRS 13.9 und in Bezug auf IAS 41 IAS 41.8. Durch die Verwendung des Konjunktivs wird deutlich, dass es sich bei der Transaktion nicht um eine tatsächliche Transaktion handeln muss, sondern stattdessen eine hypothetische Transaktion angenommen werden kann. Vgl. WAWRZINEK, W., in: Bohl et al., Beck'sches IFRS Handbuch, § 2, Rn. 238.

550 Vgl. BÄTHE-GUSKI, M./DEBUS, C./EBERHARDT, K./KUHN, S., Besonderheiten bei der Fair-Value-Ermittlung, S. 742; CASTEDELLO, M./KLINGBEIL, C., IFRS 13: Anwendungsfragen, S. 484.

551 Vgl. auch KIRSCH, H.-J./KÖHLING, K./DETTENRIEDER, D./GALLASCH, F., in: Baetge et al., Rechnungslegung nach IFRS, IFRS 13, Rn. 14.

552 Vgl. IFRS 13.24; ZWIRNER, C./BOEKER, C., Fair Value Measurement nach IFRS 13, S. 8; HITZ, J.-M./ZACHOW, J., Vereinheitlichung des Wertmaßstabs „beizulegender Zeitwert", S. 966.

zunehmen, der bereits im Besitz des Vermögenswertes ist.[553] Eine Herleitung des beizulegenden Zeitwertes über den Beschaffungsmarkt des Vermögenswertes (*entry price*) oder über den Nutzungswert (*value in use*) wird nicht beabsichtigt.[554] Ist demnach bspw. ein Zuchtschwein zu bewerten, hat das das Zuchtschwein haltende Unternehmen dieses so zu bewerten, als ob es als repräsentativer Marktteilnehmer das Schwein veräußern würde und nicht so, als ob ein weiteres Schwein zum bestehenden Tierbestand zugekauft werden würde. Die beiden Preise sind zwar nicht zwangsläufig verschieden, letztlich dürfte der Verkaufspreis aber fast immer höher als der Einkaufspreis sein, da er bspw. die typischen Gewinnmargen enthält.

Unter optimalen Voraussetzungen ist die Ermittlung des beizulegenden Zeitwertes auf Basis von Marktpreisen durchaus sinnvoll.[555] Indes ergibt sich die hohe Bedeutung der Marktwertorientierung lediglich in einer idealtypischen Welt, während in der Realität Marktpreise fehlen können oder durch die Unvollkommenheit und Unvollständigkeit der Märkte, die asymmetrische Informationsverteilung unter den Marktteilnehmern sowie das Risiko opportunistischen Verhaltens eine Kenntnis des Marktpreises für das Treffen wirtschaftlicher Entscheidungen unzureichend ist.[556] Dies trifft auch für landwirtschaftliche Märkte regelmäßig zu. Daher stellt der IASB für die realitätsgerechte Anpassung des theoretischen Konstrukts des Marktpreises als beizulegender Zeitwert auch auf Second-Best-Lösungen ab, indem eine **Fair-Value-Hierarchie** anhand von auf Marktinformationen basierenden Wertmaßstäben wie Ertrags- und Barwerten sowie Wiederbeschaffungskosten vorgegeben wird.[557] Sofern der beizulegende Zeitwert nicht auf einem Markt ermittelbar ist, kann er also mithilfe eines Modells oder weiterer Hilfsüberlegungen ermittelt werden.[558] So gibt es im landwirtschaftlichen Bereich zwar für einen relativ großen Bereich der verkaufsreifen oder erntenahen biologischen Vermögenswerte und der landwirtschaftlichen Erzeugnisse Märkte, für langfristige biologische Vermögenswerte fehlen diese jedoch häufig, sodass hier der Rückgriff auf Bewertungsmodelle vermehrt auftreten dürfte.

---

553 Vgl. auch KIRSCH, H.-J./KÖHLING, K./DETTENRIEDER, D./GALLASCH, F., in: Baetge et al., Rechnungslegung nach IFRS, IFRS 13, Rn. 14.

554 Vgl. LÜDENBACH, N./HOFFMANN, W.-D./FREIBERG, J., in: Lüdenbach et al., Haufe IFRS-Kommentar, § 8a, Rn. 13. Dies ist auch der Tatsache geschuldet, dass der IASB im Eingangs- und Abgangspreis im Wesentlichen dieselben Konzeptionen sieht (vgl. IFRS 13.BC33) und dass sich beide Preise entsprechen, sofern sie sich in gleicher Form und zum gleichen Zeitpunkt auf den gleichen Vermögenswert im gleichen Markt beziehen (vgl. IFRS 13.BC44). Die Gleichheit von Eingangs- und Abgangspreisen ist indes lediglich theoretisch im Modell der strengen Informationseffizienz möglich, während es auf den in der Praxis vorkommenden, unvollkommenen Märkten zu abweichenden Wertausprägungen als Ergebnis der existierenden Unterschiede zwischen den verschiedenen Perspektiven der Marktteilnehmer kommt. Vgl. LÜDENBACH, N./HOFFMANN, W.-D./FREIBERG, J., in: Lüdenbach et al., Haufe IFRS-Kommentar, § 8a, Rn. 13. Vgl. zur Abgrenzung des beizulegenden Zeitwertes nach IFRS 13 gegenüber den Nutzungswert nach IAS 36 auch HITZ, J.-M./ZACHOW, J., Vereinheitlichung des Wertmaßstabs „beizulegender Zeitwert", S. 966.

555 Vgl. KIRSCH, H.-J./KÖHLING, K./DETTENRIEDER, D./GALLASCH, F., in: Baetge et al., Rechnungslegung nach IFRS, IFRS 13, Rn. 15. Zur theoretischen Erklärung von Preisen und zur Bedeutung von Preisen in einem optimalen Zustand der Wirtschaft vgl. DEBREU, G., Werttheorie.

556 Vgl. PFAFF, D./KUKULE, W., Wie fair ist der fair value?, S. 544.

557 Vgl. auch KIRSCH, H.-J./KÖHLING, K./DETTENRIEDER, D./GALLASCH, F., in: Baetge et al., Rechnungslegung nach IFRS, IFRS 13, Rn. 15.

558 Vgl. WAWRZINEK, W., in: Bohl et al., Beck'sches IFRS Handbuch, § 2, Rn. 238 sowie IFRS 13.24.

IFRS 13 versteht den beizulegenden Zeitwert als marktbasierte Bewertungsgröße, die die **aktuellen Erwartungen der Marktakteure** widerspiegelt.[559] Er wird demnach auf Basis von Annahmen ermittelt, die die Marktakteure bei der Preisfindung für den Vermögenswert verwenden würden.[560] Die Erwartungen des den Vermögenswert besitzenden Unternehmens hinsichtlich künftiger Marktbedingungen[561] sowie die etwaige Absicht des Unternehmens, den Vermögenswert nicht zu verkaufen, sondern zu halten, sind für die Ermittlung des beizulegenden Zeitwertes irrelevant.[562] Auch wenn die eigentliche Intention eines Unternehmens bezüglich des Vermögenswertes für Investoren durchaus entscheidungsrelevant sein könnte, stützt der IASB hier die glaubwürdige Darstellung von Abschlussinformationen, indem er Bewertungsspielräume durch die auf Marktinformationen beruhende Bewertungssystematik eingrenzt.[563] Letztlich findet sich die Vorgabe der Berücksichtigung der aktuellen Marktbedingungen auch unmittelbar in IAS 41 wieder. So ist in der Landwirtschaft der **Abschluss von Verträgen** über die Veräußerung von biologischen Vermögenswerten oder landwirtschaftlichen Erzeugnissen zu einem künftigen Zeitpunkt nicht unüblich.[564] Da ein solcher Vertragspreis allerdings nicht unbedingt die gegenwärtigen Marktbedingungen, unter denen Marktteilnehmer eine Transaktion eingehen, berücksichtigt,[565] hebt der Standardsetter hervor, dass der beizulegende Zeitwert für die landwirtschaftlichen Vermögenswerte aufgrund des Abschluss eines Vertrages nicht zu ändern ist[566]. So dürfen bspw. die Ernte absichernde Warentermingeschäfte lediglich dann zur Ermittlung des beizulegenden Zeitwertes genutzt werden, wenn sie den beizulegenden Zeitwert zum Bewertungsstichtag widerspiegeln,[567] und sind ansonsten für die Zielsetzung des beizulegenden Zeitwertes ungeeignet.

Da die Bewertung zum beizulegenden Zeitwert auf einen bestimmten Vermögenswert ausgerichtet ist, sind bei der Ermittlung des beizulegenden Zeitwertes all jene **spezifischen Merkmale des Vermögenswertes zu berücksichtigen**, die die Marktakteure bei der Preisfestlegung für den Vermögenswert zum Bewertungsstichtag zugrunde legen würden.[568] Damit geht einher, dass lediglich Merk-

559 Vgl. IFRS 13.BC31. Der beizulegende Zeitwert kann daher auch als Marktwert bzw. Verkehrswert interpretiert werden. Vgl. THEILE, C., in: Heuser et al., IFRS-Handbuch, B. II, Rn. 450.

560 Vgl. IFRS 13.3.

561 Vgl. IFRS 13.BC31.

562 Vgl. IFRS 13.3.

563 Vgl. KIRSCH, H.-J./KÖHLING, K./DETTENRIEDER, D./GALLASCH, F., in: Baetge et al., Rechnungslegung nach IFRS, IFRS 13, Rn. 17.

564 Vgl. IAS 41.16; STARBATTY, N., in: Buschhüter et al., Kommentar IFRS, IAS 41, Rn. 11.

565 Vgl. IAS 41.B51; IAS 41.16; STARBATTY, N., in: Buschhüter et al., Kommentar IFRS, IAS 41, Rn. 11.

566 Vgl. IAS 41.B51; IAS 41.16; STARBATTY, N., in: Buschhüter et al., Kommentar IFRS, IAS 41, Rn. 11; JESSEN, D., in: Bohl et al., Beck'sches IFRS Handbuch, § 41, Rn. 12. Im Fall eines belastenden Vertrages, wenn also die vertraglich vereinbarten Preise unter denen des Marktwertes liegen, ist der belastende Vertrag nach IAS 37 *Rückstellungen, Eventualverbindlichkeiten und Eventualforderungen* abzubilden. Vgl. JANZE, C., in: Lüdenbach et al., Haufe IFRS-Kommentar, § 40, Rn. 30; IAS 41.16; STARBATTY, N., in: Buschhüter et al., Kommentar IFRS, IAS 41, Rn. 11. Beim Hedging mit dem Ziel der Preissicherung wird regelmäßig bei der Erfüllung der Voraussetzungen zum Hedge Accounting nach IAS 39 bilanziert, wobei dies aufgrund der fehlenden Erfüllung der an derivative Finanzinstrumente und an das Hedge Accounting nach IAS 39 geknüpften Voraussetzungen für Kontraktgeschäfte mit physischer Warenlieferung i. d. R. nicht der Fall sein dürfte. Vgl. JANZE, C., in: Lüdenbach et al., Haufe IFRS-Kommentar, § 40, Rn. 31.

567 Vgl. JANZE, C., in: Lüdenbach et al., Haufe IFRS-Kommentar, § 40, Rn. 37 i. V. m. IAS 41.16.

568 Vgl. IFRS 13.11; THEILE, C., in: Heuser et al., IFRS-Handbuch, B. II, Rn. 455; ZWIRNER, C./BOEKER, C., Fair Value Measurement nach IFRS 13, S. 8.

male, die dem Vermögenswert unmittelbar zuzurechnen sind und die bei der Transaktion auf Dritte übergehen würden, zu berücksichtigen sind, während jene mit dem Vermögenswert verbundenen Eigenschaften, die sich lediglich im bilanzierenden Unternehmen niederschlagen, bei der Bewertung unberücksichtigt bleiben.[569] Beispielhaft werden als vermögenswertspezifische, unmittelbar bewertungsrelevante Merkmale der Standort und der Zustand eines Vermögenswertes[570] sowie Beschränkungen hinsichtlich dessen Nutzung[571] genannt. So sind bspw. bei Mastschweinen Abweichungen vom Zielschlachtgewicht oder bei Getreide der Trockenheitsgrad als mögliche bewertungsrelevante Merkmale anzusehen. Sofern der Standort ein relevantes Vermögensmerkmal darstellt, ist der zur Bewertung zum beizulegenden Zeitwert verwendete Preis eines Vermögenswertes im relevanten Markt um etwaige Kosten, die durch den Transport des Vermögenswertes vom aktuellen Standort zum relevanten Markt anfallen würden, zu korrigieren.[572] Gerade bei den in der Landwirtschaft z. T. zu findenden regionalen Marktstrukturen bzw. regional orientierten Abnehmern dürften sich dabei die Transportkosten für den einzelnen biologischen Vermögenswert oftmals in Grenzen halten. Dagegen können gerade bei besonderen Zuchttieren, wie insbesondere in der Pferdezucht, in der die Zuchttiere bzw. deren Nachkömmlinge z. T. weltweit vermarktet werden, die Transportkosten aufgrund der weiten Strecken und besonderen Bedingungen des internationalen Tiertransports erheblich sein. Nicht bewertungsrelevante Merkmale sind die unmittelbar mit der Transaktion verbundenen Kosten (*transaction costs*).[573] Hierzu zählen bspw. Vermittlungs- oder Auktionsgebühren bei Viehversteigerungen. Die **Transaktionskosten** sind für Unternehmen in Abhängigkeit von deren jeweiligem Marktzugang unterschiedlich hoch.[574] Sie stellen demnach **kein vermögensspezifisches Merkmal** dar[575] und beeinflussen somit nicht den Wert eines Vermögenswertes.[576] Der verwendete Marktpreis darf insofern nicht um Transaktionskosten bereinigt werden.[577]

Der für die Ermittlung des beizulegenden Zeitwertes vorgesehene Posten kann ein **eigenständiger Vermögenswert**[578] **oder** aber auch **eine Gruppe** von eigenständigen Vermögenswerten, von Schulden oder von Vermögenswerten und Schulden[579] sein. Dies ist von der **Bilanzierungseinheit** des Vermögenswertes abhängig, die vom jeweiligen Standard vorgegeben wird, der die Bewertung zum beizulegenden Zeitwert veranlasst.[580] So sind die biologischen Vermögenswerte nach den Definitio-

569 Vgl. LÜDENBACH, N./HOFFMANN, W.-D./FREIBERG, J., in: Lüdenbach et al., Haufe IFRS-Kommentar, § 8a, Rn. 18.

570 Vgl. IFRS 13.11 (a).

571 Vgl. IFRS 13.11 (b).

572 Vgl. IFRS 13.26; ERNST & YOUNG (HRSG.), International GAAP 2014, S. 979.

573 Vgl. ERNST & YOUNG (HRSG.), International GAAP 2014, S. 977; KIRSCH, H.-J./KÖHLING, K./DETTENRIEDER, D./GALLASCH, F., in: Baetge et al., Rechnungslegung nach IFRS, IFRS 13, Rn. 35. Der Standardsetter stellt hierzu nochmals ausdrücklich klar, dass die Transaktionskosten keine Transportkosten enthalten. Vgl. IFRS 13.26.

574 Vgl. KIRSCH, H.-J./KÖHLING, K./DETTENRIEDER, D./GALLASCH, F., in: Baetge et al., Rechnungslegung nach IFRS, IFRS 13, Rn. 35.

575 Vgl. ERNST & YOUNG (HRSG.), International GAAP 2014, S. 977.

576 Vgl. KIRSCH, H.-J./KÖHLING, K./DETTENRIEDER, D./GALLASCH, F., in: Baetge et al., Rechnungslegung nach IFRS, IFRS 13, Rn. 35.

577 Vgl. IFRS 13.25; ERNST & YOUNG (HRSG.), International GAAP 2014, S. 977. Transaktionskosten sind nämlich spezifisch für eine bestimmte Transaktion und unterscheiden sich in der Art und Weise, wie Transaktionen abgeschlossen werden (IFRS 13.25).

578 Vgl. IFRS 13.13 (a).

579 Vgl. IFRS 13.13 (b).

580 Vgl. IFRS 13.14.

nen des IAS 41 an sich grundsätzlich einzeln anzusetzen.[581] Eine Bewertung als Gruppe von eigenständigen Vermögenswerten räumt der IASB aber für körperlich mit einem Grundstück verbundene biologische Vermögenswerte insofern ein, als über den beizulegenden Zeitwert dieser kombinierten Vermögenswerte der beizulegende Zeitwert für den biologischen Vermögenswert bestimmt wird.[582] Dies ist vor allem bei der Bilanzierung von Pflanzen von Bedeutung.

Bei der Ermittlung des beizulegenden Zeitwertes sind die Umstände einer **gewöhnlichen** Transaktion zu berücksichtigen.[583] Hierbei darf es sich nicht um eine erzwungene Transaktion, wie bspw. um einen Notverkauf oder um eine zwangsweise Liquidation, handeln.[584] Ersteres könnte bspw. der Fall sein, wenn der Hofinhaber eines Betriebes plötzlich verstirbt und kein Nachfolger bereitsteht, sodass der ganze Viehbestand, d. h. sowohl reifes als auch unreifes Vieh, auf einmal veräußert wird. Eine zwangsweise Liquidation liegt bspw. vor, wenn ein Landwirt wiederholt gegen Vorschriften der artgerechten Tierhaltung verstoßen hat, ihm daher die weitere Tierhaltung verboten und der Verkauf der Tiere auferlegt wird. Letztlich hat dem Unternehmen im Rahmen einer gewöhnlichen Transaktion vor dem Bewertungsstichtag ein ausreichend langer Zeitraum im Markt zur Verfügung zu stehen, der ihm die Durchführung üblicher Marketingmaßnahmen für die Transaktion des Vermögenswertes ermöglicht.[585]

Mit Bezug auf das Erfordernis einer gewöhnlichen Transaktion werden bei den Vorschriften zur Ermittlung des beizulegenden Zeitwertes auch Annahmen bezüglich der **Marktteilnehmer** getroffen. Marktteilnehmer agieren demnach als Käufer und Verkäufer im relevanten Markt für den Vermögenswert.[586] Sie sind als nicht nahestehende Personen bzw. Unternehmen voneinander unabhängig, verfügen über einen angemessenen Sachverstand und sind in der Lage sowie ohne jeden Zwang willens, eine Transaktion über den Vermögenswert abzuschließen.[587] Sofern das bilanzierende Unternehmen stichhaltige Hinweise dafür hat, dass eine Transaktion zwischen nahestehenden Personen bzw. Unternehmen zu marktüblichen Bedingungen vollzogen wurde, kann indes auch der Preis dieser Transaktion verwendet werden.[588] Bei der Bewertung zum beizulegenden Zeitwert sind die Annahmen zu setzen, die ein typischer Marktakteur verwenden würde – unter der Voraussetzung, dass er im eigenen wirtschaftlichen Interesse handelt.[589] Insofern sind Wertansätze, die sich unter der Preisuntergrenze eines markttypischen Verkäufers oder über der Preisobergrenze eines markttypischen

581 Dies gilt auch für die Bewertungsvereinfachung anhand der Gruppierung der biologischen Vermögenswerte nach wesentlichen Eigenschaften. Vgl. hierzu IAS 41.15.

582 Vgl. hierzu IAS 41.25.

583 Vgl. IFRS 13.9 und 13.15.

584 Vgl. IFRS 13, Anhang A.

585 Vgl. IFRS 13, Anhang A.

586 Vgl. hierzu IFRS 13, Anhang A.

587 Vgl. IFRS 13, Anhang A. Die Anforderungen an die Marktteilnehmer setzen dabei keine modellhafte, vollständige Informationsverteilung voraus, sondern sind durch die Berücksichtigung der Möglichkeit einer Informationsasymmetrie unter den Marktakteuren an der ökonomischen Realität orientiert, sodass letztlich auch die Preise bei tatsächlichen Vermögenstransaktionen berücksichtigt werden können. Vgl. LÜDENBACH, N./HOFFMANN, W.-D./FREIBERG, J., in: Lüdenbach et al., Haufe IFRS-Kommentar, § 8a, Rn. 26 f.

588 Vgl. IFRS 13.BC57.

589 Vgl. IFRS 13.22. Vgl. auch KIRSCH, H.-J./KÖHLING, K./DETTENRIEDER, D./GALLASCH, F., in: Baetge et al., Rechnungslegung nach IFRS, IFRS 13, Rn. 32; ERNST & YOUNG (HRSG.), International GAAP 2014, S. 963. In diesem

Käufers befinden, nicht nach IFRS 13 als beizulegender Zeitwert anzusetzen. Stattdessen wird der beizulegende Zeitwert regelmäßig zwischen den beiden Preisgrenzen liegen. Dies wird im landwirtschaftlichen Bereich bei Bewertungsverfahren bzw. Wertansätzen relevant, die hypothetisch von einer unmittelbaren Ernte des Vermögenswertes zum Bewertungszeitpunkt ausgehen, dadurch jedoch keine künftige Nutzungssteigerung durch eine ggf. in der Realität weiterhin stattfindende biologische Transformation des Vermögenswertes berücksichtigen.

Grundsätzlich ist der beizulegende Zeitwert auf einem Markt zu bestimmen, von dem erwartet wird, dass der Vermögenswert auf ihm verkauft werden würde.[590] Existieren mehrere potenzielle Handelsplätze für den Vermögenswert bzw. kann die Transaktion für den Vermögenswert auf unterschiedlichen Märkten durchgeführt werden, ist der Preis am Hauptmarkt für die Ermittlung des beizulegenden Zeitwertes erstrangig.[591] Mehrere potenzielle Märkte für das gleiche Produkt sind oftmals im Bereich der Landwirtschaft anzutreffen, indem landwirtschaftliche Produkte an die Industrie, an den Groß- oder Einzelhandel oder auch direkt an den Endkonsumenten veräußert werden. Dabei werden die landwirtschaftlichen Produkte heutzutage immer öfter auch für andere Zwecke als für die Lebensmittelversorgung verwendet. So werden vor allem pflanzliche Vermögenswerte, wie bspw. Mais, zur Stromgewinnung über Biogasanlagen eingesetzt. Der bei mehreren zur Verfügung stehenden Märkten zu wählende **Hauptmarkt** stellt den Markt mit dem größten Volumen und Ausmaß an Marktaktivität dar.[592] Sofern ein Hauptmarkt nicht ermittelt werden kann, ist auf den **vorteilhaftesten Markt** abzustellen.[593] Dieser ist der Markt, der zu einer Maximierung des Verkaufspreises für einen Vermögenswert unter Berücksichtigung von Transaktions- und Transferkosten führt.[594] Bei der Identifikation des Hauptmarktes bzw. des vorteilhaftesten Marktes hat das zu bewertende Unternehmen alle in angemessener Weise verfügbaren Informationen zu berücksichtigen[595].[596] Liegen keine Hinweise zur Identifikation des relevanten Marktes vor, ist als Hauptmarkt bzw. vorteilhaftester Markt auf den Markt abzustellen, in dem das Unternehmen den Vermögenswert unter normalen Umständen veräußern würde.[597] Bei der Existenz eines Hauptmarktes gilt dessen Vorrang zur Ableitung des beizule-

Zusammenhang sind die bewertenden Unternehmen indes zur Identifikation von Merkmalen, die die Marktteilnehmer im Allgemeinen voneinander unterscheiden, verpflichtet (IFRS 13.23). Dabei sind insbesondere charakteristische Faktoren des Vermögenswertes, des Hauptmarktes bzw. des vorteilhaftesten Marktes für den Vermögenswert sowie der dem Unternehmen zur Transaktion potenziell zur Verfügung stehenden Marktteilnehmer zu berücksichtigen (IFRS 13.23).

590 Vgl. THEILE, C., in: Heuser et al., IFRS-Handbuch, B. II, Rn. 456.

591 Vgl. IFRS 13.16 (a). Vgl. auch z. B. KIRSCH, H.-J./KÖHLING, K./DETTENRIEDER, D./GALLASCH, F., in: Baetge et al., Rechnungslegung nach IFRS, IFRS 13, Rn. 23; LÜDENBACH, N./HOFFMANN, W.-D./FREIBERG, J., in: Lüdenbach et al., Haufe IFRS-Kommentar, § 8a, Rn. 21.

592 Vgl. IFRS 13, Anhang A; HITZ, J.-M./ZACHOW, J., Vereinheitlichung des Wertmaßstabs „beizulegender Zeitwert", S. 966. Der IASB stellt klar, dass es sich bei der Beurteilung der Marktaktivität nicht um die Aktivität des bewertenden Unternehmens bezüglich der Durchführung von Transaktionen am Markt, sondern um die gesamtheitliche Marktaktivität für einen bestimmten Vermögenswert handelt (IFRS 13.BC52).

593 Vgl. IFRS 13.16 (b); FLICK, P./GEHRER, J./MEYER, S., Neue Vorschriften für die Fair Value-Ermittlung, S. 389; BÄTHE-GUSKI, M./DEBUS, C./EBERHARDT, K./KUHN, S., Besonderheiten bei der Fair-Value-Ermittlung, S. 743.

594 Vgl. IFRS 13, Anhang A.

595 Vgl. BÄTHE-GUSKI, M./DEBUS, C./EBERHARDT, K./KUHN, S., Besonderheiten bei der Fair-Value-Ermittlung, S. 742.

596 Vgl. IFRS 13.17.

597 Vgl. IFRS 13.17; BÄTHE-GUSKI, M./DEBUS, C./EBERHARDT, K./KUHN, S., Besonderheiten bei der Fair-Value-Ermittlung, S. 743.

genden Zeitwertes unabhängig davon, ob der Preis für den Vermögenswert auf anderen Märkten höher ist,[598] unmittelbar beobachtbar ist oder aufgrund seiner Ermittlung über Bewertungsverfahren Schätzungen erfordert.[599]

Zur Ermittlung des beizulegenden Zeitwertes muss das bilanzierende Unternehmen am Bewertungsstichtag **tatsächlichen Zugang** zum Hauptmarkt bzw. zum vorteilhaftesten Markt haben.[600] Um dabei Unterschieden zwischen verschiedenen unternehmerischen Tätigkeiten und darauf möglicherweise basierenden unterschiedlichen Hauptmärkten für gleiche Vermögenswerte gerecht zu werden, ist der Hauptmarkt bzw. der vorteilhafteste Markt aus unternehmensspezifischer Sicht zu berücksichtigen.[601] Dadurch wird das bilanzierende Unternehmen von einer mit hohem Aufwand verbundenen Berücksichtigung unzugänglicher Märkte befreit.[602] Trotz des notwendigen Marktzugangs muss ein Unternehmen zur Ermittlung des beizulegenden Zeitwertes den Vermögenswert am Bewertungsstichtag nicht unbedingt verkaufen können.[603] Etwaige Effekte aus den die Veräußerung behindernden Restriktionen sind bei der Anwendung der Bewertungsvorschriften für die Ermittlung des beizulegenden Zeitwertes zu berücksichtigen.[604]

Beim erstmaligen Ansatz zum beizulegenden Zeitwert hat ein Unternehmen den aus einer Abweichung vom Transaktionspreis und dem beizulegenden Zeitwert resultierenden Gewinn oder Verlust **erfolgswirksam** zu erfassen, sofern der Standard, der die Bewertung zum beizulegenden Zeitwert beim erstmaligen Ansatz für einen Vermögenswert vorschreibt, nichts Gegenteiliges vorsieht.[605] Dies ist beim IAS 41 der Fall. Der Standard hebt sogar die sofortige erfolgswirksame Erfassung beim Erstansatz zum beizulegenden Zeitwert abzüglich Veräußerungskosten hervor.[606] Dies gilt nicht nur für die Anschaffung von Vermögenswerten, sondern ebenfalls für die die landwirtschaftlichen Betriebe kennzeichnende Eigenproduktion von landwirtschaftlichen Vermögenswerten, bspw. für die Geburt eines Kalbes[607]. Indes wird bei der Anschaffung von Vermögenswerten der Transaktionspreis (Zugangspreis) mit dem beizulegenden Zeitwert sehr häufig übereinstimmen,[608] auch wenn von einer Übereinstimmung nicht grundsätzlich auszugehen ist[609]. Insofern ist der ***day one gain*** für die Landwirtschaft vor allem für die Eigenproduktion von Bedeutung. Als mögliche Indikatoren dafür, dass der Transaktionspreis nicht mit dem beizulegenden Zeitwert übereinstimmt, werden in IFRS 13.B4

598 Vgl. WAWRZINEK, W., in: Bohl et al., Beck'sches IFRS Handbuch, § 2, Rn. 241.

599 Vgl. KIRSCH, H.-J./KÖHLING, K./DETTENRIEDER, D./GALLASCH, F., in: Baetge et al., Rechnungslegung nach IFRS, IFRS 13, Rn. 26.

600 Vgl. IFRS 13.19.

601 Vgl. IFRS 13.19; ZWIRNER, C./BOEKER, C., Fair Value Measurement nach IFRS 13, S. 8.

602 Vgl. KIRSCH, H.-J./KÖHLING, K./DETTENRIEDER, D./GALLASCH, F., in: Baetge et al., Rechnungslegung nach IFRS, IFRS 13, Rn. 27.

603 Vgl. IFRS 13.20.

604 Vgl. KIRSCH, H.-J./KÖHLING, K./DETTENRIEDER, D./GALLASCH, F., in: Baetge et al., Rechnungslegung nach IFRS, IFRS 13, Rn. 28.

605 Vgl. IFRS 13.60.

606 Vgl. IAS 41.26.

607 Vgl. IAS 41.27.

608 Vgl. IFRS 13.58.

609 Vgl. KIRSCH, H.-J./KÖHLING, K./DETTENRIEDER, D./GALLASCH, F., in: Baetge et al., Rechnungslegung nach IFRS, IFRS 13, Rn. 39.

das Nahestehen der Transaktionspartner[610], die Gezwungenheit der Transaktion[611] oder die Verschiedenheit der durch den Transaktionspreis dargestellten Bilanzierungseinheit mit der Bilanzierungseinheit des beizulegenden Zeitwertes[612] genannt. Zudem könnte der Transaktionspreis nicht mit dem beizulegenden Zeitwert übereinstimmen, sofern der Markt, in dem die Transaktion abgeschlossen wird, nicht dem Hauptmarkt bzw. vorteilhaftesten Markt entspricht.[613] Insgesamt ist zu berücksichtigen, dass das Vorliegen eines Indikators lediglich als widerlegbare Vermutung zu verstehen ist.[614] Die Liste der vom IASB genannten Indikatoren ist zudem als nicht vollständig anzusehen.[615]

414.22 Besonderheiten der Bestimmung des beizulegenden Zeitwertes für nicht-finanzielle Vermögenswerte nach IFRS 13

IFRS 13 enthält neben den allgemeinen Bewertungsvorschriften spezifische Regelungen für bestimmte Bilanzpositionen. So gibt es separate Regelungen für nicht-finanzielle Vermögenswerte (IFRS 13.27-33), für Schulden und eigene Eigenkapitalinstrumente (IFRS 13.34-47) sowie für finanzielle Vermögenswerte und finanzielle Verbindlichkeiten mit kompensierenden Positionen in Marktrisiken oder im Kontrahenten-Ausfallrisiko (IFRS 13.48-56). In Anlehnung an die Abgrenzung dieser Arbeit mit Fokus auf landwirtschaftliche Vermögenswerte wird im Folgenden lediglich auf die speziellen Vorschriften für die nicht-finanziellen Vermögenswerte näher eingegangen.[616]

Nicht-finanzielle Vermögenswerte sind auf Basis des **Konzeptes der bestmöglichen Verwendung** (*highest and best use*) mit ihrem aus Marktperspektive zu beurteilenden höchsten und besten Nutzen zu bewerten.[617] Die Optimierung der Nutzung des nicht-finanziellen Vermögenswertes ist dabei allerdings nicht uneingeschränkt möglich, sondern an **drei Bedingungen** geknüpft. So ist zu berücksichtigen, dass die Nutzung erstens physisch möglich, zweitens rechtlich zulässig und drittens finanziell sinnvoll sein muss.[618] Da diese Bedingungen allerdings vornehmlich auf typische Produktionsprozesse, d. h. auf die Produktion oder Bereitstellung lebloser Vermögenswerte ausgerichtet sind, ist

610 Vgl. IFRS 13.B4 (a).

611 Vgl. IFRS 13.B4 (b).

612 Vgl. IFRS 13.B4 (c).

613 Vgl. IFRS 13.B4 (d). Insgesamt ist bei der Beurteilung der Übereinstimmung des Transaktionspreises mit dem beizulegenden Zeitwert auf die charakterisierenden Eigenschaften der Transaktion und des Vermögenswertes abzustellen. Vgl. IFRS 13.B4.

614 Vgl. LÜDENBACH, N./HOFFMANN, W.-D./FREIBERG, J., in: Lüdenbach et al., Haufe IFRS-Kommentar, § 8a, Rn. 108.

615 Vgl. IFRS 13.BC133.

616 Dies liegt darin begründet, dass die typischen landwirtschaftlichen Vermögenswerte in fast allen Fällen nicht-finanzielle Vermögenswerte darstellen. Nicht-finanzielle Vermögenswerte kennzeichnen sich dadurch, dass sie dem Prozess der unternehmerischen Leistungserstellung zu dienen oder diesen zu durchlaufen haben und aus diesem Grund nicht direkt einen rechtlich durchsetzbaren Anspruch auf Zahlungsmittel generieren. Vgl. WAWRZINEK, W., in: Bohl et al., Beck'sches IFRS Handbuch, § 2, Rn. 245.

617 Vgl. IFRS 13.27. Vgl. auch THEILE, C., in: Heuser et al., IFRS-Handbuch, B. II, Rn. 462; KIRSCH, H.-J./KÖHLING, K./DETTENRIEDER, D./GALLASCH, F., in: Baetge et al., Rechnungslegung nach IFRS, IFRS 13, Rn. 111; IFRS 13.BC65; HITZ, J.-M./ZACHOW, J., Vereinheitlichung des Wertmaßstabs „beizulegender Zeitwert“, S. 967. Der inhaltliche Gehalt des Grundsatzes ist in der Vergangenheit z. T. hinterfragt worden, da die bestmögliche Verwertung von Vermögenswerten im Regelfall für die wirtschaftliche Aktivität eines Unternehmens selbstverständlich sei und daher nicht explizit erwähnt werden müsse. Vgl. JANZE, C., IFRS im landwirtschaftlichen Rechnungswesen, S. 289.

618 Vgl. IFRS 13.28; RICHTER, F., Highest and best use-Annahme nach IFRS 13, S. 89.

im späteren Verlauf der Arbeit noch zu prüfen, inwieweit die Kriterien auch auf landwirtschaftliche Produktionsprozesse bzw. der Produktion von lebendigen Vermögenswerten angewendet werden können.[619] Bei der Auslegung der rechtlichen Zulässigkeit ist ggf. auf Wahrscheinlichkeiten zurückzugreifen, da bei der Ermittlung des beizulegenden Zeitwertes nicht lediglich die aktuelle Rechtslage, sondern auch die Möglichkeit von Rechtsänderungen und deren Einfluss auf die Nutzung des Vermögenswertes beurteilt werden sollte.[620] Dies ist wegen der hohen Bedeutung der politischen Risiken[621] aufgrund der wirtschaftlichen Abhängigkeit der Landwirte von Subventionen oder von Vorgaben bezüglich des Einsatzes von chemischen Mitteln oder der tierartgerechten Haltung vor allem für den Bereich der Landwirtschaft von besonderer Bedeutung. Letztlich wird vom Standardsetter aber keine vollumfängliche Prüfung der bzw. Suche nach der bestmöglichen Verwendung verlangt.[622]

Die aktuelle, **tatsächliche Nutzung** des nicht-finanziellen Vermögenswertes durch das bilanzierende Unternehmen ist für die Beurteilung der höchst- und bestmöglichen Nutzung **nicht notwendigerweise maßgeblich.**[623] Es wird zwar grundsätzlich angenommen, dass das bilanzierende Unternehmen mit seiner aktuellen Nutzung des nicht-finanziellen Vermögenswertes dem Konzept der höchst- und bestmöglichen Nutzung gerecht wird, allerdings nur dann, wenn es keine abweichenden Hinweise dafür gibt, dass der Wertansatz des Vermögenswertes mithilfe einer anderen Nutzungsmöglichkeit maximiert werden kann.[624] Andernfalls könnte die Unternehmensperspektive nicht mit der Perspektive der Marktteilnehmer übereinstimmen.[625] Auch die höchst- und bestmögliche Nutzung ist nämlich unabhängig von der Nutzungsabsicht des bilanzierenden Unternehmens und damit aus der **Perspektive der Marktakteure** zu beurteilen,[626] sodass die Einflüsse persönlicher Umstände auszublenden sind[627].[628] Dies ist bspw. der Fall, wenn das bilanzierende Unternehmen einen Vermögenswert nur unter bestimmten Restriktionen nutzen kann, da er bspw. von einem Dritten geschenkt wurde und dieser die Schenkung mit einer unternehmensspezifischen Nutzungsauflage verbunden hat, die Nut-

619 Vgl. Abschnitt 422.3.

620 Vgl. auch KIRSCH, H.-J./KÖHLING, K./DETTENRIEDER, D./GALLASCH, F., in: Baetge et al., Rechnungslegung nach IFRS, IFRS 13, Rn. 112. Vgl. im inhaltlichen Zusammenhang am Beispiel eines Grundstücks auch JOHNSON, I. R./WALTHER, L., Interpreting 'Legally Permissible' in Applying Fair Value Guidelines, S. 28 f.

621 Vgl. hierzu Abschnitt 233.1.

622 Vgl. HITZ, J.-M./ZACHOW, J., Vereinheitlichung des Wertmaßstabs „beizulegender Zeitwert", S. 967.

623 Vgl. THEILE, C., in: Heuser et al., IFRS-Handbuch, B. II, Rn. 463.

624 Vgl. IFRS 13.29. Selbstverständlich besteht für das bilanzierende Unternehmen bei einer bewertungsmäßig nicht optimalen Nutzungsweise des nicht-finanziellen Vermögenswertes keine Pflicht, den Vermögenswert in anderer Art zu nutzen. Vgl. WAWRZINEK, W., in: Bohl et al., Beck'sches IFRS Handbuch, § 2, Rn. 247. Auch wenn das Beibehalten der suboptimalen Nutzung aus wirtschaftlicher Perspektive nicht rational ist, fällt die Entscheidung über die Nutzung des Vermögenswertes in den Bereich der unternehmerischen Entscheidungsfreiheit. Insgesamt dürfte das Festhalten an der suboptimalen Nutzung aber eher die Ausnahme sein, sodass die Rechnungslegungsinformationen bezüglich des beizulegenden Zeitwertes nicht-finanzieller Vermögenswerte auch als wichtige Informationsbasis für unternehmerische Entscheidungen angesehen werden können.

625 Vgl. KIRSCH, H.-J./KÖHLING, K./DETTENRIEDER, D./GALLASCH, F., in: Baetge et al., Rechnungslegung nach IFRS, IFRS 13, Rn. 113.

626 Vgl. IFRS 13.29.

627 Vgl. LÜDENBACH, N./HOFFMANN, W.-D./FREIBERG, J., in: Lüdenbach et al., Haufe IFRS-Kommentar, § 8a, Rn. 62.

628 So mag keine höchst- und bestmögliche Nutzung zustande kommen, wenn bspw. das bilanzierende Unternehmen aus Wettbewerbsgründen einen gekauften nicht-finanziellen Vermögenswert lediglich defensiv bzw. nicht aktiv nutzt, damit andere Unternehmen an der Nutzung des Vermögenswertes gehindert werden (IFRS 13.30).

zungsauflage bei einem Weiterverkauf des geschenkten Vermögenswertes jedoch nicht auf den Käufer übergehen würde.[629] Sofern dann eine andere, dem bilanzierenden Unternehmen nicht ermöglichte Nutzung einen höheren Nutzen als die vom Spender aufgelegte Nutzung beim bilanzierenden Unternehmen stiften würde, ist der Vermögenswert bei dem bilanzierenden Unternehmen mit einem Wert anzusetzen, der für dieses somit gar nicht durch die eigene Nutzung, sondern lediglich durch den Verkauf des Vermögenswertes an Dritte erzielbar ist.[630] Für den Bereich der **Landwirtschaft** könnte eine unterschiedliche unternehmensbezogene und marktbezogene bestmögliche Verwendung bspw. dann vorliegen, wenn ein Schweinebauer im Besitz von potenziellen Zuchtsäuen ist, jedoch nicht die zur Schweinezucht erforderlichen rechtlichen Auflagen erfüllt und daher die Zuchtsäue lediglich als Mastschweine einsetzt.

Es kommen immer **zwei Alternativen** zur Beurteilung des beizulegenden Zeitwertes eines nicht-finanziellen Vermögenswertes aus der Sicht der Marktakteure in Frage: der (hypothetische) **Verkauf** oder die weitere betriebsinterne **Nutzung** des Vermögenswertes[631].[632] Der beizulegende Zeitwert ergibt sich letztlich als Verwertungsalternative eines typischen Marktakteurs aus dem höheren Wert der beiden genannten Werte.[633]

IFRS 13 differenziert explizit zwischen der höchst- und bestmöglichen Nutzung eines Vermögenswertes durch Nutzung in Kombination mit anderen Vermögenswerten als Gruppe ***(in use)*** oder mit anderen Vermögenswerten und Schulden sowie der eigenständigen Nutzung des Vermögenswertes ***(stand alone)***.[634] Dies ist in der **Landwirtschaft** insofern relevant, als dort Tiere oftmals in Herden bzw. Gruppen gehalten werden und sie hierauf z. T. für ihre Entwicklung in Bezug auf ihr Verhalten angewiesen sind. Durch die Gruppenhaltung können z. B. Verhaltensauffälligkeiten oder Stressanfälligkeit reduziert werden.[635] Bei der extensiven Tierhaltung kann die Gruppenhaltung auch für den Schutz des einzelnen Tieres gegenüber Fressfeinden förderlich sein, sodass durch solch eine Erhöhung der Überlebenswahrscheinlichkeit eines Einzeltieres der Wert dieses Tieres c. p. steigt. Theoretisch ist eine „Gruppenhaltung“ auch im Pflanzenanbau förderlich, da der Anbau in Gruppenverbünden, wie bspw. bei Mais, die Anfälligkeit gegenüber schlechten Wettereinflüssen senken kann.[636] Zur Bestimmung der höchst- und bestmöglichen Nutzung eines nicht-finanziellen Vermögenswertes im Rahmen der Ermittlung des beizulegenden Zeitwertes eines Vermögenswertes sind demnach die mit

---

629 Vgl. IFRS 13.IE29; KIRSCH, H.-J./KÖHLING, K./DETTENRIEDER, D./GALLASCH, F., in: Baetge et al., Rechnungslegung nach IFRS, IFRS 13, Rn. 119.

630 Vgl. KIRSCH, H.-J./KÖHLING, K./DETTENRIEDER, D./GALLASCH, F., in: Baetge et al., Rechnungslegung nach IFRS, IFRS 13, Rn. 119.

631 Vgl. LÜDENBACH, N./HOFFMANN, W.-D./FREIBERG, J., in: Lüdenbach et al., Haufe IFRS-Kommentar, § 8a, Rn. 61.

632 Vgl. hierzu auch HITZ, J.-M./ZACHOW, J., Vereinheitlichung des Wertmaßstabs „beizulegender Zeitwert“, S. 966. Letztlich kann indes auch der durch die betriebsinterne Nutzung ermittelte Wert mit einem Veräußerungspreis übereinstimmen, sofern ein typischer Marktakteur den Nutzungswert selbst realisieren kann. Vgl. IFRS 13.BC39.

633 Vgl. LÜDENBACH, N./HOFFMANN, W.-D./FREIBERG, J., in: Lüdenbach et al., Haufe IFRS-Kommentar, § 8a, Rn. 62.

634 Vgl. IFRS 13.31.

635 Wird ein Tier lediglich als Einzeltier gehalten, hat es u. U. nicht die Möglichkeit, sein wertrelevantes Sozialverhalten zu verbessern. Das gleiche Tier in einer Gruppenhaltung hätte jedoch ggf. einen höheren Wert, da es mit anderen Tieren interagieren und dadurch sein Sozialverhalten verbessern kann.

636 Davon abgesehen ist eine „Gruppenhaltung“ von Pflanzen, insbesondere bei einjährigen Kulturen wie Weizen oder Mais, i. d. R. auch allein wirtschaftlich notwendig und praktisch erforderlich.

diesem verbundenen Risiko- und Erfolgsverbundeffekte zu berücksichtigen.[637] Insgesamt ist bei der Bewertung des Vermögenswertes in der Gruppe nicht auf den alleinigen Wert des Vermögenswertes abzustellen, sondern es ist der Wert des Vermögenswertes zu berücksichtigen, der sich durch die Nutzung des Vermögenswertes in der Gruppe ergibt.[638] Für die Bewertung zum beizulegenden Zeitwert aus Marktsicht ist hierbei entsprechend anzunehmen, dass die Marktteilnehmer die ergänzenden Vermögenswerte und zusätzlichen Schulden bereits halten[639] bzw. Zugang zu diesen haben[640]. Trotz der Nutzung des Vermögenswertes in der Gruppe stellt der (hypothetische) Abgangspreis für den Vermögenswert den Preis für diesen speziellen, individuellen, nicht-finanziellen Vermögenswert dar.[641] Letztlich ist wieder aus Marktsicht zu beurteilen, ob für die höchst- und bestmögliche Nutzung ein Vermögenswert in der Gruppe[642] oder allein[643] zu bewerten ist.[644]

414.23 Die Bewertungsmethoden zur Bestimmung des beizulegenden Zeitwertes nach IFRS 13

Ein landwirtschaftliches Unternehmen muss bei der Ermittlung des beizulegenden Zeitwertes für einen Vermögenswert – wie andere Unternehmen auch – auf Bewertungsverfahren zurückgreifen, die seinen speziellen Umständen gerecht werden und für die ausreichendes Datenmaterial verfügbar ist.[645] Das Ziel bei der Anwendung eines Bewertungsverfahrens ist die Schätzung des Preises, zu dem Marktteilnehmer unter aktuellen Marktbedingungen eine gewöhnliche Transaktion zur Veräußerung des Vermögenswertes am Bewertungsstichtag durchführen würden.[646] Dabei ist die Verwendung von relevanten beobachtbaren Eingangsparametern zu maximieren und umgekehrt die Verwendung von

637 Vgl. LÜDENBACH, N./HOFFMANN, W.-D./FREIBERG, J., in: Lüdenbach et al., Haufe IFRS-Kommentar, § 8a, Rn. 64.

638 Vgl. KIRSCH, H.-J./KÖHLING, K./DETTENRIEDER, D./GALLASCH, F., in: Baetge et al., Rechnungslegung nach IFRS, IFRS 13, Rn. 114. Bei der Bewertung in der Gruppe kann es dazu kommen, dass sich die Bilanzierungseinheit und die Bewertungseinheit nicht mehr entsprechen. Vgl. KIRSCH, H.-J./KÖHLING, K./DETTENRIEDER, D./GALLASCH, F., in: Baetge et al., Rechnungslegung nach IFRS, IFRS 13, Rn. 114 i. V. m. IFRS 13.32.

639 Vgl. IFRS 13.32.

640 Vgl. IFRS 13.31 (a) (i).

641 Vgl. IFRS 13.BC77. Dies ergibt sich daraus, dass ein Käufer, der bereits all jene Vermögenswerte und Schulden hält, die für die Funktionsfähigkeit des zu bewertenden Vermögenswertes erforderlich sind, nicht willens wäre, den Vermögenswert zu einem höheren Preis zu erwerben, lediglich weil er als Teil einer Gruppe verkauft wird. Vgl. IFRS 13.BC77.

642 Vgl. IFRS 13.31 (a).

643 Vgl. IFRS 13.31 (b).

644 Vgl. ERNST & YOUNG (HRSG.), International GAAP 2014, S. 980; KIRSCH, H.-J./KÖHLING, K./DETTENRIEDER, D./GALLASCH, F., in: Baetge et al., Rechnungslegung nach IFRS, IFRS 13, Rn. 118. Dabei ist zu berücksichtigen, dass unter Umständen auch mehr als lediglich eine Marktsicht existiert, wie bspw. eine Teilung der Käufergruppe in strategische, synergieorientierte Käufer und aus reinen Investitionsgründen motivierte, primär renditeorientierte Käufer deutlich macht. Vgl. KIRSCH, H.-J./KÖHLING, K./DETTENRIEDER, D./GALLASCH, F., in: Baetge et al., Rechnungslegung nach IFRS, IFRS 13, Rn. 118 i. V. m. IFRS 13.IE4 f. Tritt ein solcher Fall mehrerer möglicher Marktsichten auf, ist der Vermögenswert mit dem höchsten der ermittelten beizulegenden Zeitwerte unter den Käufergruppen bilanziell anzusetzen. Vgl. in Bezug auf zwei Käufergruppen KIRSCH, H.-J./KÖHLING, K./DETTENRIEDER, D./GALLASCH, F., in: Baetge et al., Rechnungslegung nach IFRS, IFRS 13, Rn. 118 i. V. m. IFRS 13.31(a) (iii) und IFRS 13.IE6.

645 Vgl. allgemein IFRS 13.61.

646 Vgl. IFRS 13.62.

nicht-beobachtbaren Eingangsparametern zu minimieren.[647] Letztlich hängt der gewählte Bewertungsansatz von den zur Verfügung stehenden **Eingangsparametern** ab.[648]

Bei den zur Verfügung stehenden Bewertungsverfahren orientiert sich der Standardsetter an drei in der Theorie und Praxis weit verbreiteten Verfahren: der **Marktmethode**, der **Kostenmethode** und der **Kapitalwertmethode**.[649] So schreibt der IASB Unternehmen vor, zur Ermittlung des beizulegenden Zeitwertes Bewertungsverfahren zu nutzen, die mit einem oder mehreren der drei genannten Verfahren vereinbar sind.[650] Dies gilt entsprechend auch für landwirtschaftliche Unternehmen. Sollte die Anwendung mehrerer Verfahren für die Ermittlung des beizulegenden Zeitwertes eines Vermögenswertes angemessen sein, sind die Ergebnisse unter Rücksichtnahme auf die Angemessenheit der Bandbreite der ermittelten Werte zu würdigen.[651] Infolgedessen ist letztlich innerhalb dieser Bandbreite der den beizulegenden Zeitwert potenziell am besten widerspiegelnde Wert zu bestimmen.[652] Auch eine gewichtete Kombination aus mehreren Bewertungsverfahren ist zulässig, wenn dies erforderlich sein sollte.[653] Letztlich werden die unterschiedlichen Bewertungsverfahren durch den Standardsetter nicht danach beurteilt, welches ggf. vorzuziehen ist, oder bereits im Voraus hierarchisiert.[654] Es soll stattdessen das für den zu bewertenden Vermögenswert geeignetste Verfahren bestimmt werden.[655] Dies macht auch eine allgemeine Zuordnung der Verfahren bei landwirtschaftli-

---

647 Vgl. IFRS 13.61, 13.67; BÄTHE-GUSKI, M./DEBUS, C./EBERHARDT, K./KUHN, S., Besonderheiten bei der Fair-Value-Ermittlung, S. 743. Vgl. ähnlich ZWIRNER, C./BOEKER, C., Fair Value Measurement nach IFRS 13, S. 8.

648 Vgl. KIRSCH, H.-J./KÖHLING, K./DETTENRIEDER, D./GALLASCH, F., in: Baetge et al., Rechnungslegung nach IFRS, IFRS 13, Rn. 44. Vgl. ähnlich auch BAETGE, J./KIRSCH, H.-J./THIELE, S., Bilanzen, S. 229.

649 Vgl. IASB 13.BC140; BAETGE, J./KIRSCH, H.-J./THIELE, S., Bilanzen, S. 229. Vgl. detailliert zu den Methoden auch HITZ, J.-M./ZACHOW, J., Vereinheitlichung des Wertmaßstabs „beizulegender Zeitwert", S. 669.

650 Vgl. IFRS 13.62.

651 Vgl. IFRS 13.63.

652 Vgl. IFRS 13.63. Ähnliches gilt, sofern ein Vermögenswert einen Geld- und einen Briefkurs hat. Auch hier ist in der Spanne zwischen dem Geld- und dem Briefkurs der potenziell den beizulegenden Zeitwert am besten widerspiegelnde Wert zu wählen (IFRS 13.70). Der Standardsetter geht indes noch einen Schritt weiter und macht deutlich, dass bei Vorliegen von Geld- und Briefkursen auch lediglich die Verwendung von Geldkursen für Vermögenswerte (und von Briefkursen für Schulden), also vom niedrigsten Wert des Vermögenswertes (und vom höchsten Wert der Schulden), zulässig, aber nicht zwingend erforderlich ist (IFRS 13.70). Vgl. HITZ, J.-M./ZACHOW, J., Vereinheitlichung des Wertmaßstabs „beizulegender Zeitwert", S. 669. Für nicht-finanzielle Vermögenswerte hält der Standardsetter den Begriff der Geld-Brief-Spanne indes für nicht relevant (IFRS 13.BC165).

653 Vgl. LÜDENBACH, N./HOFFMANN, W.-D./FREIBERG, J., in: Lüdenbach et al., Haufe IFRS-Kommentar, § 8a, Rn. 29. Grundsätzlich sind die bei der Ermittlung des beizulegenden Zeitwertes eingesetzten Bewertungsverfahren vom bilanzierenden Unternehmen stetig anzuwenden. Vgl. IFRS 13.65. Allerdings ist eine Änderung des Bewertungsverfahrens oder seiner Anwendung zulässig, sofern durch die Änderung eine Bewertung herbeigeführt wird, die den beizulegenden Zeitwert mindestens gleich gut repräsentiert wie vor der Änderung. Vgl. IFRS 13.65. Auslöser einer solchen Änderung des Bewertungsverfahrens können z. B. die Erschließung neuer Märkte, die Verfügbarkeit neuer oder die Sperrung bisher genutzter Informationen, die Verbesserung von Bewertungsverfahren oder eine Änderung der Marktbedingungen sein. Vgl. IFRS 13.65 (a) – (e). Die Vielzahl möglicher Auslöser macht deutlich, dass der Stetigkeit der Bewertungsverfahren vom IASB letztlich weniger Bedeutung zukommt als deren Zuverlässigkeit. Vgl. LÜDENBACH, N./HOFFMANN, W.-D./FREIBERG, J., in: Lüdenbach et al., Haufe IFRS-Kommentar, § 8a, Rn. 29.

654 Vgl. IFRS 13.BC142; CASTEDELLO, M./KLINGBEIL, C., IFRS 13: Anwendungsfragen, S. 486. Eine indirekte Hierarchisierung der Bewertungsverfahren ergibt sich indes teilweise bereits unmittelbar aus der Hierarchisierung der in die Verfahren einfließenden Eingangsparameter. Letztlich gelten die Verfahren aber formal als gleichwertig. Vgl. CASTEDELLO, M./KLINGBEIL, C., IFRS 13: Anwendungsfragen, S. 486.

655 Vgl. WAWRZINEK, W., in: Bohl et al., Beck'sches IFRS Handbuch, § 2, Rn. 258 und LÜDENBACH, N./HOFFMANN, W.-D./FREIBERG, J., in: Lüdenbach et al., Haufe IFRS-Kommentar, § 8a, Rn. 29 i. V. m. IFRS 13.BC142.

chen Unternehmen hinsichtlich ihrer Qualität unmöglich. Eine solche Zuordnung kann entsprechend in dieser Arbeit nicht geleistet werden.

Um die Stetigkeit und Vergleichbarkeit bei Ermittlungen des beizulegenden Zeitwertes zu verbessern, schreibt der IASB, wie bereits angesprochen, eine die Eingangsparameter der Bewertungsverfahren in **drei Stufen klassifizierende Bewertungshierarchie** vor.[656] Die Bewertungsverfahren unterscheiden sich durch die Eigenschaften, insbesondere die Qualität, der Eingangsparameter.[657] Sofern die zur Ermittlung des beizulegenden Zeitwertes eines Vermögenswertes verwendeten Eingangsparameter unterschiedlichen Hierarchiestufen zuzuordnen sind, ist die Gesamtbewertung in die gleiche Hierarchiestufe einzuordnen wie die des Eingangsparameters mit der niedrigsten Hierarchiestufe, soweit dieser für die Bewertung insgesamt von Bedeutung ist.[658] Inwieweit ein Eingangsparameter für die Gesamtbewertung von Bedeutung ist, stellt dabei eine Ermessensentscheidung dar.[659] Insgesamt bleibt festzuhalten, dass das Bewertungsverfahren, welches über die höchste Qualität verfügt, auszuwählen ist[660], dieses jedoch, wie bereits angesprochen, einzelfallabhängig zu bestimmen ist.[661]

Die Eingangsparameter der **ersten Stufe** bilden unverändert übernommene Preise, die auf aktiven Märkten für identische Vermögenswerte verfügbar sind und die dem Unternehmen am Bewertungsstichtag zum Zugriff bereitstehen.[662] Paketzuschläge und -abschläge werden auf der ersten Stufe nicht berücksichtigt, da sie dem einzelnen Vermögenswert nicht unmittelbar zuzurechnen sind.[663] Hierzu zählen z. B. Preisabschläge aufgrund der Unterschreitung einer von den Abnehmern geforderten Mindestanzahl von Mastschweinen für deren verkaufsbereite Fertigstellung. Mit dem Marktpreis auf einem aktiven Markt liegt der beizulegende Zeitwert vor.[664] Die Eingangsparameter der **zweiten Stufe** sind am Markt direkt oder indirekt beobachtbar und werden nicht den Eingangsparametern der ersten

---

656 Vgl. IFRS 13.72. Vgl. zur Hierarchie IFRS 13.BC166.

657 Vgl. WAWRZINEK, W., in: Bohl et al., Beck'sches IFRS Handbuch, § 2, Rn. 260.

658 Vgl. IFRS 13.73; ZWIRNER, C./BOEKER, C., Fair Value Measurement nach IFRS 13, S. 9; BÄTHE-GUSKI, M./DEBUS, C./EBERHARDT, K./KUHN, S., Besonderheiten bei der Fair-Value-Ermittlung, S. 744. Für die Signifikanz eines einzelnen Inputparameters ist dabei dessen relativer Anteil in Bezug zum Marktwert des Vermögenswertes entscheidend. Vgl. BÄTHE-GUSKI, M./DEBUS, C./EBERHARDT, K./KUHN, S., Besonderheiten bei der Fair-Value-Ermittlung, S. 744.

659 Vgl. IFRS 13.73.

660 Vgl. THEILE, C., in: Heuser et al., IFRS-Handbuch, B. II, Rn. 475; BÄTHE-GUSKI, M./DEBUS, C./EBERHARDT, K./KUHN, S., Besonderheiten bei der Fair-Value-Ermittlung, S. 744.

661 Sofern beim erstmaligen Ansatz der beizulegende Zeitwert eines Vermögenswertes seinem Transaktionspreis entspricht und für die Folgebewertung ein Bewertungsverfahren verwendet wird, das auf nicht-beobachtbaren Eingangsparametern basiert, ist dieses insofern zu kalibrieren, als das Ergebnis des Bewertungsverfahrens beim erstmaligen Ansatz dem Transaktionspreis entspricht. Vgl. IFRS 13.64. Dies soll sicherstellen, dass das angewandte Bewertungsverfahren die aktuellen Marktprämissen wiedergibt. Vgl. IFRS 13.64. Darüber hinaus ist beim Einsatz von Bewertungsverfahren, die nicht-beobachtbare Eingangsparameter verwenden, in der Folgebewertung sicherzustellen, dass am Bewertungsstichtag am Markt beobachtbare Daten widerspiegelt werden. Vgl. IFRS 13.64. Dies soll zwar der Plausibilisierung der nicht-beobachteten Daten dienen, ist indes kritisch zu sehen, da zum einen Marktdaten bei Verfügbarkeit generell im Vergleich zu nicht-beobachtbaren Daten bevorzugt genutzt würden und zum anderen Vergleichsobjekte zur Plausibilisierung schwierig zu finden sein dürften. Vgl. KIRSCH, H.-J./KÖHLING, K./DETTENRIEDER, D./GALLASCH, F., in: Baetge et al., Rechnungslegung nach IFRS, IFRS 13, Rn. 50 f.

662 Vgl. IFRS 13.76.

663 Vgl. THEILE, C., in: Heuser et al., IFRS-Handbuch, B. II, Rn. 470.

664 Vgl. THEILE, C., in: Heuser et al., IFRS-Handbuch, B. II, Rn. 476.

Stufe zugeordnet[665].[666] Zu ihnen zählen (a) die an einem aktiven Markt für ähnliche Vermögenswerte und (b) die an einem inaktiven Markt für ähnliche oder sogar identische Vermögenswerte notierten Preise, (c) andere als diese, für den Vermögenswert beobachtbare Eingangsparameter und (d) marktgestützte Eingangsparameter.[667] So kann bei Zuchttieren bspw. der Preis von Geschwistertieren oder bei Masttieren der Marktpreis pro Kilogramm Fleisch ein Eingangsparameter der zweiten Stufe sein. Die Eingangsparameter der **dritten Stufe** sind letztlich all jene Eingangsparameter, die für einen Vermögenswert nicht am Markt beobachtbar sind,[668] z. B. durch unternehmenseigene Schätzungen gewonnene Eingangsparameter[669] oder historische Volatilitäten[670]. Für den Bereich der Landwirtschaft können somit bspw. auch die betriebsintern ermittelten Wurfquoten von besonderen Zuchttieren als Eingangsparameter dienen. Obgleich insgesamt eine allgemeine vollständige Zuordnung der obengenannten Bewertungsverfahren zu den Inputparametern nicht möglich ist, kann zumindest davon gesprochen werden, dass für eine Einstufung des beizulegenden Zeitwertes in die erste Hierarchiestufe aufgrund des hohen erforderlichen Marktbezuges der dazu erforderlichen Inputparameter lediglich bestimmte marktbasierte Verfahren in Frage kommen. Hierbei wird es sich oftmals lediglich um das unmittelbare Ablesen von Marktwerten handeln. Ansonsten wird im weiteren Verlauf der Arbeit auf eine konkrete Zuordnung der Bewertungsverfahren in die Fair-Value-Hierarchiestufen verzichtet bzw. werden alle drei genannten Verfahren für die Landwirtschaft gemeinsam hinsichtlich der Parameter der zweiten und dritten Stufe konkretisiert.[671]

414.24 Approximation des beizulegenden Zeitwertes durch die Anschaffungs- und Herstellungskosten nach IAS 41

Der Standardsetter konstatiert in IAS 41.24, dass in manchen Situationen die Anschaffung- oder Herstellungskosten eines Vermögenswertes dessen beizulegenden Zeitwert **approximieren** können, und räumt den Anwendern somit die Möglichkeit zur Bewertung des landwirtschaftlichen Vermögens zu dessen Anschaffungs- oder Herstellungskosten als beizulegender Zeitwert ein.[672] Die Approximation kann vor allem dann angewendet werden, wenn die biologische Transformation seit dem Zeitpunkt des ersten Kostenanfalls lediglich gering vorangeschritten ist, z. B. bei kurz vor dem Bilanzstichtag angepflanzten Obstbaumsämlingen, oder wenn die biologische Transformation des Vermögenswertes dessen Preis voraussichtlich nicht wesentlich beeinflusst, z. B. im Anfangsstadium eines 30-jährigen

---

665 Vgl. KÜTING, K./CASSEL, J., Zur Hierarchie der Unternehmensbewertungsverfahren bei der Fair Value-Bewertung, S. 327.

666 Vgl. IFRS 13.81; HITZ, J.-M./ZACHOW, J., Vereinheitlichung des Wertmaßstabs „beizulegender Zeitwert", S. 669.

667 Vgl. IFRS 13.82.

668 Vgl. IFRS 13.86; HITZ, J.-M./ZACHOW, J., Vereinheitlichung des Wertmaßstabs „beizulegender Zeitwert", S. 669.

669 Vgl. IFRS 13.BC174; HITZ, J.-M./ZACHOW, J., Vereinheitlichung des Wertmaßstabs „beizulegender Zeitwert", S. 669.

670 Vgl. IFRS 13.B36 (b).

671 Dies ist das Thema der Abschnitte 422.4 und 422.5.

672 Vgl. IAS 41.24; STARBATTY, N., in: Buschhüter et al., Kommentar IFRS, IAS 41, Rn. 13. Die optionale Bewertung zu den Anschaffungs- oder Herstellungskosten nach IAS 41.24 ist nicht mit der Verlässlichkeitsausnahme nach IAS 41.30 zu verwechseln. Vgl. zur Differenzierung auch JANZE, C., IFRS im landwirtschaftlichen Rechnungswesen, S. 309. Nach der Verlässlichkeitsausnahme ist bei eindeutig nicht hinreichend verlässlichen Schätzungen des beizulegenden Zeitwertes verpflichtend eine Bewertung auf Basis des Anschaffungskostenmodells anzuwenden. Vgl. IAS 41.30; PLOCK, M., Ertragsrealisation nach IFRS, S. 196. Vgl. zur detaillierten Betrachtung der Verlässlichkeitsausnahme Abschnitt 414.4.

Baumproduktionszyklus.[673] Gerade im Anfangsstadium der Transformation können die Anschaffungs- oder Herstellungskosten u. U. als Wiederbeschaffungskosten interpretiert und somit der Bewertung zum beizulegenden Zeitwert auch konzeptionell gerecht werden.[674] Die Approximation des beizulegenden Zeitwertes anhand der Anschaffungs- oder Herstellungskosten ist einzelfallweise entsprechend den Vorgaben des IFRS 13 zu hierarchisieren. Es ist zu erwähnen, dass bei dieser Bewertung zu Anschaffungs- oder Herstellungskosten offensichtlich keine Abschreibungen oder sonstigen Wertminderungen zu berücksichtigen sind.[675]

414.25 Die Möglichkeit der Gruppenbewertung nach IAS 41.15

Um den beizulegenden Zeitwert für biologische Vermögenswerte und landwirtschaftliche Erzeugnisse zu ermitteln, räumt der Standardsetter den Anwendern aus Vereinfachungsgründen die Möglichkeit der **Gruppenbewertung** ein.[676] Bei der Gruppenbewertung sind die einzelnen Vermögenswerte nach wesentlichen Merkmalen, wie bspw. nach dem Alter oder der Qualität der Vermögenswerte, zu gruppieren.[677] Die Komponenten der Gruppe müssen hinsichtlich ihrer natürlichen Beschaffenheit homogen sein.[678] So muss neben der inhaltlichen Homogenität der Gruppenmitglieder auch eine Homogenität der Gruppenmitglieder in Bezug auf ihren Einsatz vorliegen.[679] Somit kann bspw. der Bestand an Milchvieh nach Generationen bzw. Altersklassen gruppiert und in Kälber, unterschiedlich jährige Färsen[680] usw. geteilt werden.[681] Die wesentlichen zur Gruppenbildung erforderlichen Kriterien sind nach IAS 41.15 vom Unternehmen selbst zu bestimmen, sollen aber ein grundlegendes Charakteristikum für die Preisbildung auf dem Markt sein.[682] Die Vereinfachung der Gruppenbewertung ist vom Standardsetter lediglich für auf Basis des beizulegenden Zeitwertes bewertete

673 Vgl. IAS 41.24; STARBATTY, N., in: Buschhüter et al., Kommentar IFRS, IAS 41, Rn. 13. Wie die Beispiele des IAS 41.24 vermuten lassen, ist ein späterer Wechsel von einer Bewertung auf Basis des vereinfachten beizulegenden Zeitwertes zu einer Bewertung auf Basis des tatsächlichen beizulegenden Zeitwertes üblich. Ein umgekehrter Wechsel der Bewertung wird vom IAS 41.24 nicht ausgeschlossen und ist damit theoretisch ebenfalls möglich, ist aber für die praktische Anwendung von IAS 41 lediglich von geringer Relevanz.

674 Ansonsten ist die Verwendung der Anschaffungs- oder Herstellungskosten als beizulegender Zeitwert nach IFRS 13 zwar pragmatisch, weist aber konzeptionelle Defizite auf. Vgl. ähnlich hierzu auch BALLWIESER, W./DOBLER, M., in: Ballwieser et al., Handbuch IFRS 2011, Abschnitt 26, Rn. 32.

675 Im Gegensatz zu einer anderen Vorschrift des IAS 41, der *reliability exception* des IAS 41.30, ist in IAS 41.24 nämlich lediglich von den Anschaffungs- oder Herstellungskosten („*cost*" (IAS 41.24)), und nicht von den fortgeführten Anschaffungskosten („*cost less any accumulated depreciation and any accumulated impairment losses*" (IAS 41.30)) die Rede. Die Berücksichtigung von Abschreibungen und sonstigen Wertminderungen wird daher in IAS 41.24 weder explizit noch implizit gefordert.

676 Vgl. IAS 41.15; KÜMPEL, T., IAS 41 als spezielle Bewertungsvorschrift für die Landwirtschaft, S. 553; STARBATTY, N., in: Buschhüter et al., Kommentar IFRS, IAS 41, Rn. 11. Vgl. auch BALLWIESER, W./DOBLER, M., in: Ballwieser et al., Handbuch IFRS 2011, Abschnitt 26, Rn. 33.

677 Vgl. IAS 41.15; KÜMPEL, T., IAS 41 als spezielle Bewertungsvorschrift für die Landwirtschaft, S. 553; STARBATTY, N., in: Buschhüter et al., Kommentar IFRS, IAS 41, Rn. 11.

678 Vgl. BALLWIESER, W./DOBLER, M., in: Ballwieser et al., Handbuch IFRS 2011, Abschnitt 26, Rn. 24 i. V. m. IAS 41.15.

679 Vgl. BALLWIESER, W./DOBLER, M., in: Ballwieser et al., Handbuch IFRS 2011, Abschnitt 26, Rn. 24.

680 Färsen ist der Fachterminus für weibliche Rinder im Zeitraum nach der Vollendung ihres ersten Lebensjahres bis zur ersten Kalbung. Vgl. PAULULAT, A./PURSCHKE, G./HENTSCHEL, E. J./WAGNER, G. H., Wörterbuch der Zoologie, S. 184.

681 Vgl. SCHARPENBERG, R./SCHREIBER, S., in: Baetge et al., Rechnungslegung nach IFRS, IAS 41, Rn. 30.

682 Vgl. IAS 41.15.

landwirtschaftliche Vermögenswerte vorgesehen.[683] Entsprechend ist eine Gruppenbewertung bei landwirtschaftlichen Vermögenswerten, die mit ihren Anschaffungs- oder Herstellungskosten bewertet werden (Verlässlichkeitsausnahme),[684] nicht möglich.

Letztlich werden die einzelnen Vermögenswerte bei der Gruppenbewertung weiterhin einzeln bewertet. Die Bewertung der Gruppe von Vermögenswerten als Bewertungseinheit findet demnach nicht statt. Die Vereinfachung der Gruppenbewertung liegt vielmehr darin, dass alle Vermögenswerte einer Gruppe jeweils zum durchschnittlichen, gemittelten Wert eines repräsentativen landwirtschaftlichen Vermögenswertes der Gruppe bewertet werden.

414.26 Ableitung des beizulegenden Zeitwertes über Sachkonglomerate

Wie bereits in Abschnitt 414.21 bei den allgemeinen Vorgaben zur Ermittlung des beizulegenden Zeitwertes angedeutet und vom Standardsetter in IAS 41 konkretisiert, können für den Fall, dass kein eigener Markt für den mit dem Grundstück verbundenen biologischen Vermögenswert existiert, die Informationen über das zusammenhängende Sachkonglomerat zur Ermittlung des beizulegenden Zeitwertes des biologischen Vermögenswertes verwendet werden.[685] Dies ist im landwirtschaftlichen Bereich bei biologischen Vermögenswerten von Bedeutung, da diese **mit Grund und Boden körperlich zusammenhängen können**,[686] wie dies bei pflanzlichen Vermögenswerten wie bspw. Weinstöcken und Bäumen i. d. R. der Fall ist.[687] Dagegen können **landwirtschaftliche Erzeugnisse** naturbedingt **kein Konglomerat mit einem Grundstück** bilden.[688] Die Ableitung des beizulegenden Zeitwertes einer Pflanze geschieht dann bspw., indem vom beizulegenden Zeitwert des Konglomerats der beizulegende Zeitwert des nicht bestellten Grundstücks sowie der Verbesserungen des Bodens[689] abgezogen werden und die dann entstehende Differenz als beizulegender Zeitwert zu übernehmen ist.[690] Dabei gelten die landwirtschaftlichen Grundstücke selbst nicht als biologische Vermögenswerte und fallen nicht in den Bewertungsbereich des IAS 41,[691] stattdessen sind sie nach IAS 16 oder IAS 40 zu bilanzieren[692].

414.3 Die Ermittlung der voraussichtlichen Veräußerungskosten

Die zur Wertbestimmung von landwirtschaftlichen Vermögenswerten in der Regel zu berücksichtigenden **Veräußerungskosten** sind die zusätzlichen, unmittelbar mit einer Veräußerung des Vermö-

---

683 Vgl. hierzu IAS 41.15.
684 Vgl. hierzu Abschnitt 414.4.
685 Vgl. IAS 41.25.
686 Vgl. IAS 41.25.
687 Vgl. JESSEN, D., in: Bohl et al., Beck'sches IFRS Handbuch, § 41, Rn. 17.
688 Vgl. SCHARPENBERG, R./SCHREIBER, S., in: Baetge et al., Rechnungslegung nach IFRS, IAS 41, Rn. 58.
689 Die Bodenverbesserungen bzw. Bodenkulturmaßnahmen (die sogenannte Melioration) dienen der Verbesserung des Pflanzenstandortes. Vgl. ALSING, I., Lexikon Landwirtschaft, S. 510. Hierzu zählen bspw. Maßnahmen zum Wasser- und Winderosionsschutz, zur Flurbereinigung oder zur Ent- und Bewässerung. Vgl. ALSING, I., Lexikon Landwirtschaft, S. 510.
690 Vgl. IAS 41.25.
691 Vgl. BALLWIESER, W./DOBLER, M., in: Ballwieser et al., Handbuch IFRS 2011, Abschnitt 26.
692 Vgl. IAS 41.IN5.

genswertes verbundenen Kosten.[693] Sie sind zwangsläufig erforderlich, um den Verkauf des Vermögenswertes einzuleiten, und würden somit ohne einen Verkauf auch nicht anfallen.[694] Die Entstehung der Veräußerungskosten fällt zeitlich entsprechend mit dem Zeitpunkt der Veräußerung zusammen.[695] Letztlich stellen die nach IAS 41 zu berücksichtigenden Veräußerungskosten die nach IFRS 13.25 explizit von der Bestimmung des beizulegenden Zeitwertes ausgeschlossenen Transaktionskosten dar. Beispiele für Veräußerungskosten sind Provisionen für Händler und Makler, Abgaben an Warenbörsen und Aufsichtsbehörden sowie sonstige Gebühren und Steuern.[696] Ertragssteuern und Finanzierungskosten, die dem Verkauf eines Vermögenswertes zuzuordnen sind, werden allerdings nicht als Teil der Veräußerungskosten definiert.[697] Nicht zu den Veräußerungskosten gehören zudem die bereits bei der Ermittlung des beizulegenden Zeitwertes zu berücksichtigenden Kosten, wie bspw. Transportkosten[698] und andere für eine Marktzuführung des Vermögenswertes erforderliche Kosten.[699]

414.4 Die *reliability exception* als Ausnahme von der Bewertung zum beizulegenden Zeitwert abzüglich Verkaufskosten

IAS 41 nimmt zwar an, dass der beizulegende Zeitwert für biologische Vermögenswerte hinreichend verlässlich bestimmt werden kann, diese Annahme kann indes unter bestimmten Bedingungen im Rahmen einer **„*reliability exception*** (Verlässlichkeitsausnahme)“[700] widerlegt werden.[701] Die Widerlegung der Annahme ist lediglich beim erstmaligen Ansatz eines biologischen Vermögenswertes und dann auch nur in dem Fall möglich, wenn kein marktbestimmter Preis für den Vermögenswert vorhanden ist und andere Verfahren zur Ermittlung des beizulegenden Zeitwertes zu **eindeutig nicht verlässlichen** Ergebnissen führen.[702] Wird die Annahme sodann widerlegt, ist der biologische Vermögenswert mit seinen fortgeführten Anschaffungs- oder Herstellungskosten, also mit den Anschaffungs- oder Herstellungskosten unter Berücksichtigung der kumulierten Ab- und Zuschreibungen sowie der kumulierten Wertminderungen und –steigerungen, zu bewerten.[703] Die Folgebewertung des biologischen Vermögenswertes zu fortgeführten Anschaffungs- oder Herstellungskosten wird vom

---

693 Vgl. IAS 41.5.

694 Vgl. IAS 41.BC3.

695 Vgl. Jessen, D., in: Bohl et al., Beck'sches IFRS Handbuch, § 41, Rn. 15 i. V. m. IAS 41.BC3.

696 Vgl. IAS 41.BC3; Starbatty, N., in: Buschhüter et al., Kommentar IFRS, IAS 41, Rn. 10.

697 Vgl. IAS 41.5; Janze, C., in: Lüdenbach et al., Haufe IFRS-Kommentar, § 40, Rn. 18. Dies spricht der Standardsetter explizit an. Vgl. IAS 41.5.

698 Vgl. IAS 41.BC3.

699 Vgl. Haller, A./Egger, F., Bilanzierung landwirtschaftlicher Tätigkeiten nach IFRS, S. 286; Starbatty, N., in: Buschhüter et al., Kommentar IFRS, IAS 41, Rn. 10; IAS 41.B22.

700 Plock, M., Ertragsrealisation nach IFRS, S. 195.

701 Vgl. IAS 41.30. Wie der Begriff „Ausnahme“ bereits verdeutlicht, dürfte die Widerlegung der angesprochenen Bewertungsverlässlichkeit nicht regelmäßig, sondern nur unter sehr restriktiven Bedingungen möglich sein (vgl. Plock, M., Ertragsrealisation nach IFRS, S. 262).

702 Vgl. IAS 41.30; Janze, C., in: Lüdenbach et al., Haufe IFRS-Kommentar, § 40, Rn. 20; Scharpenberg, R./Schreiber, S., in: Baetge et al., Rechnungslegung nach IFRS, IAS 41, Rn. 30.

703 Vgl. IAS 41.30; Starbatty, N., in: Buschhüter et al., Kommentar IFRS, IAS 41, Rn. 15. Bei der Bewertung der Anschaffungs- oder Herstellungskosten sowie den damit in Verbindung stehenden Wertminderungen hat ein Unternehmen IAS 2 *Vorräte*, IAS 16 *Sachanlagen* und IAS 36 *Wertminderung von Vermögenswerten* zu berücksichtigen. Vgl. IAS 41.33.

Standardsetter zeitlich beschränkt und ist lediglich so lange erlaubt, wie der beizulegende Zeitwert des biologischen Vermögenswertes nicht hinreichend verlässlich ermittelt werden kann[704]. Es ist an jedem Bilanzstichtag zu prüfen, ob eine verlässliche Ermittlung des beizulegenden Zeitwertes für einen biologischen Vermögenswert durchgeführt werden kann.[705] Ab dem Zeitpunkt der erstmals möglichen verlässlichen Ermittlung des beizulegenden Zeitwertes ist dann für die folgenden Berichtsperioden eine Bewertung zu Anschaffungs- oder Herstellungskosten oder eine weitere Änderung des Bewertungsmaßstabes für den bestimmten biologischen Vermögenswert ausgeschlossen[706] und somit die Bewertung zum beizulegenden Zeitwert abzüglich der Veräußerungskosten bis zum Abgang des biologischen Vermögenswertes beizubehalten.[707] Für landwirtschaftliche Erzeugnisse im Zeitpunkt der Ernte ist die Anwendung der Verlässlichkeitsausnahme nach IAS 41 nicht möglich.[708]

414.5 Besonderheiten bei der Bewertung von landwirtschaftlichen Erzeugnissen

Wie bereits erläutert, sind landwirtschaftliche Erzeugnisse von biologischen Vermögenswerten zu unterscheiden.[709] Insofern verwundert es nicht, dass landwirtschaftliche Erzeugnisse nicht grundsätzlich zum beizulegenden Zeitwert abzüglich der Verkaufskosten bewertet werden,[710] bzw. sich die Bewertung von landwirtschaftlichen Erzeugnissen und biologischen Vermögenswerte ebenfalls unterscheidet. Eine **Ausnahme** hiervon bilden die in den Anwendungsbereich des IAS 41 fallenden von den biologischen Vermögenswerten des Unternehmens gewonnenen landwirtschaftlichen Erzeugnisse während der Ernte.[711] Diese landwirtschaftlichen Erzeugnisse sind zum beizulegenden Zeitwert abzüglich der geschätzten Verkaufskosten zu bewerten.[712]

Insgesamt ist zu betonen, dass die Bewertung der landwirtschaftlichen Erzeugnisse damit davon abhängt, ob diese sich vor, in oder nach ihrer Ernte befinden. Während landwirtschaftliche Erzeugnisse vor der Ernte Teil eines biologischen Vermögenswertes sind und damit nicht einzeln bewertet werden, erfolgt die Bewertung nach IAS 41 lediglich zum Zeitpunkt der Ernte.[713] Landwirtschaftliche Erzeugnisse nach der Ernte gehören – unter Berücksichtigung der Ausnahmeregelung des IAS 2.3 – i. d. R. zum Anwendungsbereich des IAS 2 und werden somit nach den dort formulierten Regelungen bewertet,[714] d. h. zum niedrigeren Wert aus dem Nettoveräußerungswert und den Anschaffungs- oder

---

704 Vgl. IAS 41.30; SCHARPENBERG, R./SCHREIBER, S., in: Baetge et al., Rechnungslegung nach IFRS, IAS 41, Rn. 51; JESSEN, D., in: Bohl et al., Beck'sches IFRS Handbuch, § 41, Rn. 14.

705 Vgl. SCHARPENBERG, R./SCHREIBER, S., in: Baetge et al., Rechnungslegung nach IFRS, IAS 41, Rn. 51.

706 Vgl. JANZE, C., in: Lüdenbach et al., Haufe IFRS-Kommentar, § 40, Rn. 21; SCHARPENBERG, R./SCHREIBER, S., in: Baetge et al., Rechnungslegung nach IFRS, IAS 41, Rn. 49; HALLER, A./EGGER, F., Bilanzierung landwirtschaftlicher Tätigkeiten nach IFRS, S. 287.

707 Vgl. IAS 41.31.

708 Vgl. hierzu IAS 41.30.

709 Vgl. MACKENZIE, B./COETSEE, D./NJIKIZANA, T./SELBST, E./CHAMBOKO, R./COLYVAS, B./HANEKOM, B., WILEY IFRS 2014, S. 833; BALLWIESER, W./DOBLER, M., in: Ballwieser et al., Handbuch IFRS 2011, Abschnitt 26, Rn. 38.

710 Vgl. MACKENZIE, B./COETSEE, D./NJIKIZANA, T./SELBST, E./CHAMBOKO, R./COLYVAS, B./HANEKOM, B., WILEY IFRS 2014, S. 833; BALLWIESER, W./DOBLER, M., in: Ballwieser et al., Handbuch IFRS 2011, Abschnitt 26, Rn. 38.

711 Vgl. BALLWIESER, W./DOBLER, M., in: Ballwieser et al., Handbuch IFRS 2011, Abschnitt 26, Rn. 38.

712 Vgl. IAS 41.13.

713 Vgl. SCHARPENBERG, R./SCHREIBER, S., in: Baetge et al., Rechnungslegung nach IFRS, IAS 41, Rn. 57.

714 Vgl. SCHARPENBERG, R./SCHREIBER, S., in: Baetge et al., Rechnungslegung nach IFRS, IAS 41, Rn. 57.

Herstellungskosten[715]. Dennoch steht die Bewertung der landwirtschaftlichen Erzeugnisse nach IAS 41 mit der Bewertung nach IAS 2 in starkem Zusammenhang, indem zum Zeitpunkt der Anwendung des IAS 2 der beizulegende Zeitwert abzüglich der geschätzten Veräußerungskosten als Anschaffungs- oder Herstellungskosten angenommen[716] und damit als Grundlage für die Bewertung nach IAS 2 genutzt wird.[717]

Der IASB ist der Meinung, dass der beizulegende Zeitwert landwirtschaftlicher Erzeugnisse zum Erntezeitpunkt stets verlässlich ermittelt werden kann, sodass landwirtschaftliche Erzeugnisse zum Erntezeitpunkt **zwingend** zum beizulegenden Zeitwert abzüglich der geschätzten Verkaufskosten zu bewerten sind.[718] Eine Befreiungsmöglichkeit von der Ermittlung des beizulegenden Zeitwertes aufgrund von Verlässlichkeitsdefiziten ähnlich derjenigen Option im Rahmen der Bewertung der biologischen Vermögenswerte besteht für die Bewertung landwirtschaftlicher Erzeugnisse daher nicht.[719]

414.6 Die Erfolgsrealisation nach IAS 41

Nach IAS 41.26 ist ein **Gewinn oder ein Verlust**, der

- im Rahmen der Erstbewertung durch den **erstmaligen Ansatz** eines biologischen Vermögenswertes zum beizulegenden Zeitwert abzüglich der geschätzten Verkaufskosten oder
- im Rahmen der Folgebewertung eines biologischen Vermögenswertes durch eine **Änderung des beizulegenden Zeitwertes abzüglich der geschätzten Verkaufskosten** entsteht,

in derjenigen Berichtsperiode erfolgswirksam zu erfassen, in der der Gewinn bzw. Verlust auch **angefallen** ist.[720] Ebenso ist ein Gewinn oder Verlust, der auf den erstmaligen Ansatz eines landwirtschaftlichen Erzeugnisses mit seinem beizulegenden Zeitwert abzüglich der geschätzten Verkaufskosten zurückzuführen ist, in der Periode seiner Entstehung erfolgswirksam zu erfassen.[721] Bei biologischen Vermögenswerten kann ein Ertrag bzw. Gewinn durch die mit dem Erntevorgang einhergehende Fertigstellung eines neuen biologischen Vermögenswertes bzw. landwirtschaftlichen Erzeugnisses entstehen, bspw. durch die Geburt eines Kalbes.[722] Bei der Ernte kann durch den erforder-

715 Vgl. IAS 2.9.

716 Vgl. IAS 2.20.

717 Vgl. JANZE, C., in: Lüdenbach et al., Haufe IFRS-Kommentar, § 40, Rn. 17; SCHARPENBERG, R./SCHREIBER, S., in: Baetge et al., Rechnungslegung nach IFRS, IAS 41, Rn. 57.

718 Vgl. IAS 41.32; STARBATTY, N., in: Buschhüter et al., Kommentar IFRS, IAS 41, Rn. 16.

719 Vgl. JANZE, C., IFRS im landwirtschaftlichen Rechnungswesen, Rn. 23 i. V. m. IAS 41.32 sowie SCHARPENBERG, R./SCHREIBER, S., in: Baetge et al., Rechnungslegung nach IFRS, IAS 41, Rn. 58 i. V. m. IAS 41.32; IAS 41.32. Dies mag allein schon daran liegen, dass die Anschaffungs- oder Herstellungskosten von landwirtschaftlichen Erzeugnissen im Allgemeinen nicht verlässlich ermittelbar sind (vgl. IAS 41.B43).

720 Vgl. IAS 41.26; STARBATTY, N., in: Buschhüter et al., Kommentar IFRS, IAS 41, Rn. 11. Vgl. zur Erfolgsrealisation beim Erstansatz auch die Ausführungen in Abschnitt 414.21.

721 Vgl. IAS 41.28.

722 Vgl. IAS 41.27. Ein Nettogewinn ist bei der Geburt eines Kalbes auf den Abbau von Entwicklungsrisiken im Zuge der Geburt zurückzuführen. Ansonsten steht dem Ertrag durch den Erstansatz des Kalbes ein Wertminderungsaufwand beim Muttertier gegenüber, da dieses vor der Geburt mitsamt dem ungeborenen Kalb bewertet wird. Vgl. zur Wertminderung des Muttertieres bei der Geburt von Jungtieren mit einem nicht ausreichenden Gesundheitszustand

lichen Abzug der geschätzten Verkaufskosten vom beizulegenden Zeitwert des neuen Vermögenswertes allerdings auch ein Verlust entstehen.[723] Dies ist der Fall, wenn die geschätzten Verkaufskosten den beizulegenden Zeitwert übersteigen.[724] Analog resultiert ein Gewinn oder Verlust beim erstmaligen Ansatz landwirtschaftlicher Erzeugnisse durch den Erntevorgang.[725]

Letztlich behandelt IAS 41 Erfolge **unabhängig vom Zeitpunkt ihrer tatsächlichen Realisierung**[726] **im Sinne des Abschlusses einer Transaktion, bspw. durch die konkrete Einleitung eines Absatzgeschäftes**[727]. Eine solche Erfolgsrealisation steht dem *revenue and expense approach* entgegen und entspricht typischerweise eher dem Konzept des *asset and liability approach*[728]. Die biologische Transformation bzw. der Fortschritt der biologischen Transformation wird nach IAS 41 als ein für die Beurteilung der Ertragskraft eines Unternehmens bedeutendes Ereignis gesehen, dessen erfolgswirksame Abbildung dem Konzept der Periodenabgrenzung gerecht wird.[729] Die Erfolgsrealisation orientiert sich dabei mit der fortlaufenden Abbildung der biologischen Transformation bzw. dessen Änderung über den beizulegenden Zeitwert am Accretion-Konzept.

Eine Erfolgsrealisation abhängig vom Zeitpunkt der tatsächlichen Realisation wird nach IAS 41 lediglich indirekt durch die Verlässlichkeitsausnahme in IAS 41.30 und der damit verbundenen Bewertung auf Basis der Anschaffungs- oder Herstellungskosten eingeräumt, wobei die Erfolgsrealisation hierbei in anderen Standards, vor allem in IAS 2 oder IAS 16, expliziert wird. Die Bedeutung dieser Erfolgsrealisation ist jedoch für die Konzeption des IAS 41 insofern gering, als es sich hierbei zum einen um eine strikte Ausnahme handelt. Zum anderen sind viele biologische Vermögenswerte, bei denen die Verlässlichkeitsausnahme beim Erstansatz anzuwenden ist, durch den Wegfall der Voraussetzung der Verlässlichkeitsausnahme im Zeitablauf wieder auf Basis des beizulegenden Zeitwertes zu bewerten.[730]

Die Änderungen des beizulegenden Zeitwertes abzüglich der geschätzten Verkaufskosten von biologischen Vermögenswerten können auf **zwei Ursachen** zurückgeführt werden:[731] zum einen auf **phy-**

SCHARPENBERG, R./SCHREIBER, S., in: Baetge et al., Rechnungslegung nach IFRS, IAS 41, Rn. 25. Bei einer solchen Wertminderung handelt es sich letztlich auch um die normale Wertminderung eines tragenden biologischen Vermögenswertes durch die Ernte. Sofern im Vorfeld der Geburt bereits feststeht, dass die Jungtiere nicht lebensfähig sind, ist eine Wertminderung des Muttertieres bereits zum Zeitpunkt des Bekanntwerdens des Mangels vorzunehmen.

723 Vgl. IAS 41.27.

724 Sofern die Verkaufskosten den beizulegenden Zeitwert eines Vermögenswertes übersteigen, erscheint ein Verkauf des Vermögenswertes aus wirtschaftlichen Gründen in der Praxis zwar fraglich. Indes kann es bspw. bei kranken Tieren, die aufgrund einer Krankheit einen sehr geringen beizulegenden Zeitwert haben, durchaus zu einem verlusterzeugenden Verkauf kommen, wenn z. B. ein „Entsorgungsverkauf“ gesetzlich verpflichtend ist.

725 Vgl. IAS 41.29.

726 Vgl. JANZE, C., Umsetzungsempfehlungen des IAS 41, S. 130.

727 Vgl. PLOCK, M., Ertragsrealisation nach IFRS, S. 185.

728 Vgl. zu den Realisationsprinzipen nach dem *revenue and expense approach* und nach dem *asset and liability approach* Abschnitt 321.

729 Vgl. hierzu IAS 41.B38.

730 Dies trifft vor allem auf langfristige konsumierbare biologische Vermögenswerte zu, die nach ihrer Ernte verkauft werden sollen. Für diese Vermögenswerte ist spätestens im erntefähigen Zustand fast immer ein verlässlicher beizulegender Zeitwert ermittelbar.

731 Vgl. auch HALLER, A./EGGER, F., Bilanzierung landwirtschaftlicher Tätigkeiten nach IFRS, S. 288.

sische Änderungen des biologischen Vermögenswertes aufgrund der biologischen Transformation oder der Ernte landwirtschaftlicher Erzeugnisse, zum anderen auf **geänderte Marktpreise** infolge geänderter Marktbedingungen.[732] Alle Wertänderungen werden erfolgswirksam im Periodenergebnis erfasst.[733] Eine erfolgsneutrale Abbildung in einer Position des Eigenkapitals ist für die Wertänderungen der Folgebewertung nicht vorgesehen.[734] Da die Gewinne im Zeitpunkt der Entstehung und nicht etwa erst zum Zeitpunkt der Veräußerung an einen Dritten realisiert werden, führt IAS 41 zu einer insgesamt frühzeitigen Gewinnrealisierung[735] im Vergleich zur üblichen umsatzbezogenen Erfolgsrealisation nach dem *revenue and expense approach.*

Bezüglich des Ausweises der Erfolge aus der Bewertung zum beizulegenden Zeitwert abzüglich der geschätzten Verkaufskosten der biologischen Vermögenswerte im Periodenergebnis enthält IAS 41 keine expliziten Vorgaben.[736] Indes empfiehlt der IASB zumindest, die erfolgswirksamen Änderungen der Bewertung zum beizulegenden Zeitwert abzüglich der geschätzten Veräußerungskosten separat nach den Änderungen aufgrund geänderter Marktpreise und aufgrund geänderter physischer Eigenschaften des Vermögenswertes aufzugliedern und anzugeben.[737]

Letztlich ist im Rahmen der Erfolgsrealisation noch hervorzuheben, dass – wie bereits in Abschnitt 412.1 erwähnt – der Anwendungsbereich von IAS 41 unmittelbar vor der tatsächlichen Veräußerung der landwirtschaftlichen Vermögenswerte endet.[738] Der Standard enthält somit keine Regelungen oder Hinweise bezüglich der Veräußerung nicht verarbeiteter landwirtschaftlicher Erzeugnisse oder biologischer Vermögenswerte bzw. der Ausbuchung jener Vermögenswerte bzw. der Erfolgswirksamkeit der Ausbuchung.[739] Er verweist diesbezüglich nicht auf andere Standards. Insofern besteht hier eine Regelungslücke. Letztlich kann diese über die Lückenfüllungsfunktion des Conceptual Framework (IAS 8.10)[740] geschlossen werden. Mit Blick auf die Konsistenz der Rechnungslegungsregeln sind an dieser Stelle die allgemeinen bzw. sachverhaltsspezifischen Regelungen, bspw. IAS 2, IAS 16 oder IAS 18, als einschlägig zu betrachten, auch wenn sich diese Regelungen nicht explizit auf biologische Vermögenswerte beziehen.

732 Vgl. IAS 41.51 f.; SCHARPENBERG, R./SCHREIBER, S., in: Baetge et al., Rechnungslegung nach IFRS, IAS 41, Rn. 54.
733 Vgl. SCHARPENBERG, R./SCHREIBER, S., in: Baetge et al., Rechnungslegung nach IFRS, IAS 41, Rn. 54.
734 Vgl. JANZE, C., IFRS im landwirtschaftlichen Rechnungswesen, Rn. 40.
735 Vgl. STARBATTY, N., in: Buschhüter et al., Kommentar IFRS, IAS 41, Rn. 14.
736 Vgl. in Bezug auf das *income statement* JANZE, C., in: Lüdenbach et al., Haufe IFRS-Kommentar, § 40, Rn. 61. Vgl. auch SCHARPENBERG, R./SCHREIBER, S., in: Baetge et al., Rechnungslegung nach IFRS, IAS 41, Rn. 63.
737 Vgl. IAS 41.51.
738 Vgl. PLOCK, M., Ertragsrealisation nach IFRS, S. 225.
739 Vgl. JANZE, C., in: Lüdenbach et al., Haufe IFRS-Kommentar, § 40, Rn. 36; PLOCK, M., Ertragsrealisation nach IFRS, S. 225.
740 Vgl. zur Lückenfüllungsfunktion KIRSCH, H., Zielsetzung der Finanzberichterstattung und qualitative Anforderungen, S. 27; Abschnitt 311.

42 Analyse und Konkretisierung der Bilanzierungsvorschriften nach IAS 41

421. Kritische Beurteilung des bilanziellen Ansatzes des landwirtschaftlichen biologischen Vermögens nach IFRS

421.1 Allgemeine Analyse der Ansatzfähigkeit des landwirtschaftlichen biologischen Vermögens

Entscheidend für den Ansatz biologischer Vermögenswerte nach IAS 41 ist es, dass das Unternehmen die Verfügungsmacht über ein Lebewesen aufgrund von Ereignissen der Vergangenheit besitzt, ein erwarteter Nutzenzufluss für das Unternehmen aus dem Lebewesen wahrscheinlich ist und der Wertansatz des Lebewesens verlässlich ermittelt werden kann.[741] Diese Kriterien werden von lebenden Tieren und Pflanzen als biologische Vermögenswerte eines landwirtschaftlichen Unternehmens grundsätzlich **erfüllt**. Die Ansatzfähigkeit der Vermögenswerte ist dabei unabhängig von der beabsichtigten Nutzung der Lebewesen als tragende oder als konsumierbare Vermögenswerte. Während tragende Lebewesen einem Unternehmen durch die Herstellung von veräußerbaren Früchten Nutzen im Sinne von Cashflow-Potenzial stiften, führen konsumierbare Lebewesen durch ihren Verkauf oder ihre betriebliche Verwertung ebenfalls zu einem Zufluss von Nutzen an das Unternehmen.

421.2 Ansatzzeitpunkt des landwirtschaftlichen biologischen Vermögens bei Anschaffung

Bezüglich der Ansatzfähigkeit von Tieren und Pflanzen ist jedoch zumindest fraglich, wann die Lebewesen **erstmals** angesetzt werden dürfen. Die Frage nach dem erstmaligen Ansatz der biologischen Vermögenswerte steht daher in den folgenden Ausführungen im Mittelpunkt. Die Antwort auf die Frage nach dem Zeitpunkt des erstmaligen Ansatzes des biologischen Vermögens kann variieren und ist in den beiden typischen landwirtschaftlichen Fällen der Beschaffung von biologischen Vermögenswerten, dem Kauf und der Eigenherstellung, unterschiedlich.

So erlangt das Unternehmen bei der Anschaffung eines Lebewesens im Rahmen eines **Kaufgeschäfts** über einen Dritten die Verfügungsmacht am Kaufobjekt.[742] Zudem ist eine verlässliche Bewertung durch die Anschaffungskosten als beizulegender Zeitwert i. d. R. möglich. Auch ein mit dem Lebewesen erwarteter Nutzen ist anzunehmen, da ein rational handelndes Unternehmen das Lebewesen ansonsten nicht erwerben würde. Der wesentliche Zeitpunkt für den Erstansatz ist letztlich der Zeitpunkt der Übertragung der wesentlichen Chancen und Risiken aus dem Lebewesen von einem Dritten auf das Unternehmen.[743] Durch diese Festlegung des Ansatzzeitpunktes durch den Standardsetter ist

---

741 Vgl. zu den Ansatzkriterien IAS 41.10. Auf eine Einzelveräußerbarkeit eines Vermögenswertes kommt es bei der Ansatzfähigkeit nicht an. Vgl. im Zusammenhang mit biologischen Vermögenswerten JANZE, C., IFRS im landwirtschaftlichen Rechnungswesen, S. 271. So wäre es aber auch oftmals faktisch unmöglich, ein im Muttertier befindliches Jungtier, das noch nicht so weit entwickelt ist, dass es geboren werden kann und dabei überlebt, einzeln zu veräußern.

742 JESSEN sieht bei Pflanzen den Zeitpunkt der Aussaat bzw. der Anpflanzung als denjenigen Zeitpunkt, zu dem das Unternehmen die Verfügungsmacht über den Vermögenswert erlangt. Vgl. JESSEN, D., in: Bohl et al., Beck'sches IFRS Handbuch, § 41, Rn. 8. Diese Aussage ist indes zu eng gehalten, da eine gekaufte Topfpflanze auch mit einem weiteren Verbleib im Topf Nutzen stiften kann.

743 Vgl. für die dargestellten Kriterien IAS 18.14 als deren Herleitungsbasis. Aufgrund der indirekten Erfolgsdefinition mithilfe der Vermögenswertdefinition (vgl. Abschnitt 314.2) sind die Kriterien daher für Vermögenswerte bzw. deren Ansatz anwendbar.

der Erstansatz des biologischen Vermögens bei Kaufgeschäften aus bilanzieller Hinsicht insgesamt unproblematisch.[744] Dies ist unabhängig davon, ob es sich bei den angeschafften Vermögenswerten um biologische oder nicht biologische Vermögenswerte handelt.

421.3 Ansatzzeitpunkt des landwirtschaftlichen biologischen Vermögens bei Eigenproduktion bzw. Herstellung

421.31 Die Vorgabe des Standardsetters

Für ein im eigenen Unternehmen gezüchtetes Lebewesen, d. h. bei **Eigenproduktion**, ist der Zeitpunkt des Erstansatzes im Vergleich zum Erstansatz der Anschaffung von biologischem Vermögen weniger eindeutig.[745] So bezieht sich der Standardsetter diesbezüglich zwar in IAS 41.26 indirekt auf den Zeitpunkt der Ernte als Erstansatzzeitpunkt, indem er verdeutlicht, dass beim erstmaligen Ansatz eines biologischen Vermögenswertes ein Gewinn entstehen kann[746] und er hierzu als Beispiel die Geburt eines Kalbes wählt[747]. Allerdings ist es bei einigen natürlichen Produktionsvorgängen z. T. nicht eindeutig, wann der Zeitpunkt der Ernte eingetreten und damit der Produktionsprozess tatsächlich abgeschlossen ist. Auch die Geburt kann als Zeitpunkt des Kontrollgewinns über einen biologischen Vermögenswert[748] hinterfragt werden, da ebenfalls ein Zeitpunkt vor der Geburt als erstmaliger Ansatzzeitpunkt eines Tieres denkbar wäre.

Die Definition der Ernte nach IAS 41.5 als Abtrennung des biologischen Erzeugnisses vom biologischen Vermögenswert oder als Lebensende eines biologischen Vermögenswertes[749] ist auf Lebewesen anwendbar. Während sich dabei die Abtrennung des biologischen Erzeugnisses vom biologischen Vermögenswert insbesondere auf tragende Lebewesen bezieht, da bei diesen im Rahmen der Ernte die Frucht von den tragenden Lebewesen abgetrennt wird und das fruchttragende Lebewesen nach einer Ernte i. d. R. weiterlebt, betrifft das Lebensende eines biologischen Vermögenswertes vor allem konsumierbare Lebewesen. Die Definition der Ernte nach IAS 41.5[750] ist zwar grundsätzlich hilfreich, um den Zeitpunkt des Erstansatzes von Vermögenswerten zu identifizieren, eröffnet jedoch **Interpretationsspielräume**. Durch diese kann der exakte Zeitpunkt der Erfüllung der Ansatzkriterien durch das biologische Vermögen und damit die Antwort auf die Frage, wann biologische Vermögenswerte erstmals anzusetzen sind, oftmals nicht allgemeingültig und eindeutig bestimmt werden. Ins-

744 Abgesehen von zur Neuanpflanzung dienendem Saatgut oder entsprechenden Setzlingen kommt allerdings der separate Kauf von sich in der Nutzung oder Produktion befindlichen Pflanzen (d. h. von Pflanzen ab dem Zeitpunkt ihrer Anpflanzung bzw. ihrer Aussaat, insbesondere mehr- und einjährige Kulturen) im Vergleich zu Kaufgeschäften bei Tieren relativ selten vor. Dies hängt vor allem mit der Bindung des Pflanzenvermögens an das jeweilige Grundstück und den daraus resultierenden Mobilitätseinschränkungen von Pflanzen zusammen.

745 Die von JESSEN neben dem Kauf angesprochene Geburt als Zeitpunkt des Kontrollgewinns über den biologischen Vermögenswert (vgl. JESSEN, D., in: Bohl et al., Beck'sches IFRS Handbuch, § 41, Rn. 8) wird nach Meinung des Verfassers als zu unvollständig angesehen.

746 Vgl. IAS 41.26.

747 Vgl. IAS 41.27.

748 Vgl. JESSEN, D., in: Bohl et al., Beck'sches IFRS Handbuch, § 41, Rn. 8.

749 Vgl. IAS 41.5.

750 Vgl. IAS 41.5.

gesamt muss daher bei der Eigenproduktion von Lebewesen untersucht werden, wann diese die im IAS 41 angegebenen Ansatzkriterien erfüllen und somit anzusetzen sind.

421.32 Analyse der Ansatzzeitpunktes anhand des Vermehrungsprozesses

Die Analyse des möglichen Ansatzzeitpunktes von biologischem Vermögen orientiert sich am natürlichen **Vermehrungsprozess**, da dieser den „Herstellungsprozess" des biologischen Vermögens darstellt. Weil höherentwickelte Tiere in der Landwirtschaft eine überragende Bedeutung haben und bei diesen Tieren vor allem die geschlechtliche Vermehrung als Vermehrungsart verbreitet ist[751] und sich zudem auch Pflanzen oftmals geschlechtlich vermehren, wird die Ansatzfähigkeit von biologischem Vermögen anhand des Prozesses der geschlechtlichen Vermehrung analysiert.[752] Wird nun geprüft, ob die Kriterien eines Erstansatzes für einen biologischen Vermögenswert erfüllt werden, ist hierfür grundsätzlich der Zeitraum zwischen dem Beginn des Begattungsprozesses und der Fertigstellung des Lebewesens heranzuziehen. So werden im Folgenden **verschiedene Entwicklungsstufen** des Vermehrungsprozesses hinsichtlich der Erstansatzfähigkeit der Junglebewesen bzw. der Frucht untersucht. Dabei handelt es sich um den Beginn des Begattungsprozesses, die Befruchtung der Eizelle, die Zellteilung, das Ausscheiden der Frucht aus dem Mutterlebewesen sowie die Fertigstellung des Junglebewesens. Die modellhafte, nach dem Begattungsprozess steigende Entwicklung der körperlichen Substanz eines Junglebewesens im Zeitraum vom Beginn des Begattungsprozesses bis zur Fertigstellung des Junglebewesens lässt sich Abbildung 4-2 entnehmen.

Der **Begattungsprozess** stellt die physische Vereinigung der Elternlebewesen dar und zielt auf die Befruchtung einer Eizelle ab. Da es anfangs noch zu keiner Vereinigung von Ei- und Samenzelle kommt, ist es unklar, wie die spätere Genkombination des neuen Lebewesens aussieht. Aufgrund dieser Unsicherheit, aber vor allem aufgrund des noch nicht existierenden Produktes „lebendes Tier" oder „lebende Pflanze" existiert im betrachteten Zeitraum noch kein neuer Vermögenswert. Entsprechend kann das Unternehmen über diesen als Folge vergangener Ereignisse auch keine Verfügungsmacht besitzen. Ein Ansatz des künftig neu entstehenden Lebewesens während des Begattungsprozesses ist daher auszuschließen.[753]

---

[751] Vgl. GANSCHOW, L., Die Fortpflanzungsstrategien der Tiere.

[752] Neben der geschlechtlichen Vermehrung gibt es noch die ungeschlechtliche Vermehrung (vegetative Vermehrung), die vor allem bei Pflanzen vorkommt. Bei der vegetativen Vermehrung vermehrt sich die Pflanze aus sich heraus, indem sie per Zellteilung bspw. Ausläufer oder Brutknospen bildet, die sich wiederum zu eigenständigen Pflanzen entwickeln. Die Nachfolgegeneration in der vegetativen Vermehrung ist daher genetisch mit der Mutterpflanze übereinstimmend. Vgl. für Absatz bis hierher BERGFELD, R./NÜBLER-JUNG, K., Fortpflanzung. Insofern ist der Nutzen einer sich auf diese Weise entwickelnden Pflanze verlässlicher ermittelbar als bei der geschlechtlichen Pflanzenvermehrung, als er aufgrund der gleichen DNA wie bei der Mutterpflanze und den mit dieser in der Vergangenheit gewonnenen Erfahrungen besser berechenbar ist. Letztlich bestehen aber auch bei der vegetativen Vermehrung erhebliche, sich im Zeitablauf abbauende Entwicklungsrisiken.

[753] Jedoch können zumindest die Eizellen des Muttertieres und die Samenzellen des Vatertieres vom bilanzierenden Unternehmen als potenzielle Vermögenswerte angesehen werden.

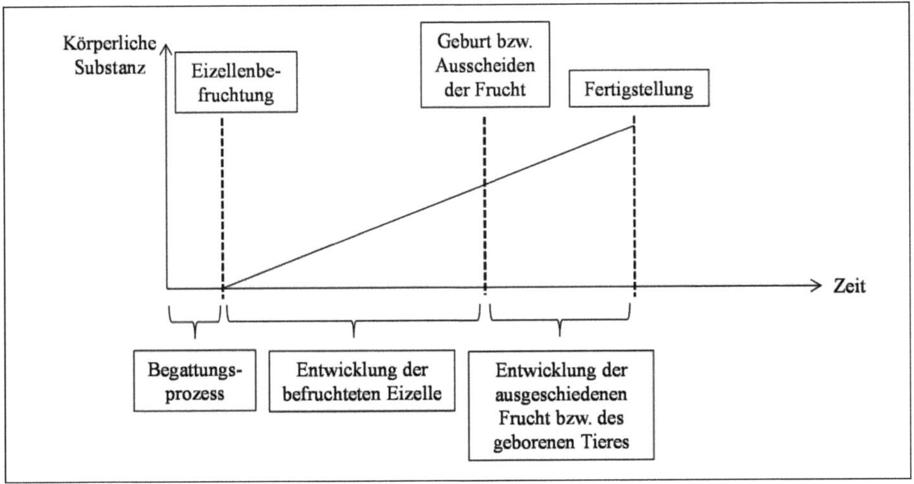

Abbildung 4-2: Modellhafte Entwicklung der körperlichen Substanz eines Lebewesens bis zu seiner Fertigstellung

Mit der **Befruchtung** einer Eizelle wird die Genkombination des späteren Lebewesens bestimmt.[754] Die befruchtete Eizelle ist materiell vorhanden, wenn auch z. T. nur mit einer sehr geringen Masse. Sie ist potenziell als Vermögenswert zu betrachten, da sich aus ihr ein Lebewesen entwickeln kann, welches durch die Produktion landwirtschaftlicher Erzeugnisse oder durch seinen Verkauf Cashflows und damit einen Nutzenzufluss für das Unternehmen generiert. Die Wahrscheinlichkeit des Nutzenzuflusses hängt allerdings insbesondere von der speziellen Art des Lebewesens und vom Einzelfall ab. Mögliche, die Wahrscheinlichkeit des Nutzenzuflusses reduzierende Faktoren sind bspw. widrige Umweltbedingungen, Fressfeinde oder eine Krankheit des Mutterorganismus. Insgesamt ist die Wahrscheinlichkeit für einen künftigen Nutzenzufluss an das Unternehmen aufgrund des sehr frühen Entwicklungsstadiums des Lebewesens im Eizellenstatus noch relativ klein und erreicht üblicherweise nicht die für einen Ansatz erforderliche Mindestschwelle von 50 %. Die Verfügungsmacht steht einem Unternehmen mit der Befruchtung der Eizelle zu und basiert auf vergangenen Ereignissen. Die Bewertung der befruchteten Eizelle ist jedoch mit Unsicherheiten verbunden, die die Verlässlichkeit der Bewertung einschränken können. Dies basiert u. a. darauf, dass befruchtete Eizellen oftmals vom Mutterorganismus abhängig sind und mit diesem in unmittelbarer körperlicher Verbindung stehen.[755] Zudem ist der Marktpreis der befruchteten Eizellen als beizulegender Zeitwert insbesondere für Nachkommen aus besonders wertvollen Elternlebewesen kaum ermittelbar, da oftmals keine extern verfügbaren Marktpreise zur Verfügung stehen. Auch eine Zuteilung der Herstellungskosten über die Kosten für die Entwicklung der Eizelle und der Samenzelle ihrer Spenderlebewesen ist praktisch

754 Von möglichen Genmutationen, die bei der Entwicklung eines Tieres auftreten können, wird hier abstrahiert.

755 Dies ist vor allem bei einer internen Befruchtung der Fall. Bei dieser findet die Vereinigung der Eizelle und Samenzelle i. d. R. im Körper des Muttertieres statt, wie bspw. bei Kühen. Im Gegensatz dazu findet bei einer externen Befruchtung die Vereinigung der Elemente außerhalb des Körpers der Elterntiere statt. Dies ist bspw. bei vielen Fischarten der Fall.

kaum umsetzbar. Der Ansatz eines Lebewesens im Stadium der einzelnen befruchteten Eizelle ist daher zwar theoretisch möglich. Ein Ansatz zu diesem Zeitpunkt dürfte in der Praxis jedoch lediglich eine Ausnahme darstellen.

Wird jedoch eine andere, aggregierte Bilanzierungseinheit anstatt der einzelnen befruchten Eizelle gewählt, bspw. das Fruchtgut eines Vermehrungsvorgangs im Sinne der Gesamtheit der befruchteten Eizellen der Elternlebewesen[756], ist der Ansatz eines biologischen Vermögenswertes in einem frühen Entwicklungsstadium der Befruchtung auch in der praktischen Umsetzung möglich. Die Wahrscheinlichkeit dafür, dass sich aus einer Vielzahl befruchteter Eizellen mindestens eine zu einem Lebewesen entwickelt und dadurch ein Nutzenzufluss zustande kommt, liegt nämlich mindestens genauso hoch und i. d. R. weitaus höher als die Wahrscheinlichkeit des Nutzenzuflusses durch eine einzelne befruchtete Eizelle. Dabei wird regelmäßig auch die Wahrscheinlichkeitsgrenze von 50 % überschritten, sodass der erwartete, zwar z. T. sehr niedrige Nutzenzufluss aus der dargestellten Bilanzierungseinheit oftmals zum Ansatz eines Vermögenswertes führt.

Der Beginn der **Zellteilung** schließt i. d. R. unmittelbar an die Befruchtung an. Mit fortschreitender Zeit nach Beginn der Zellteilung entwickelt sich die befruchtete Eizelle weiter, sodass zunehmend die Form bzw. der Entwicklungszustand des Zielorganismus erreicht wird. Daher nehmen die Unsicherheit bezüglich einer erfolgreichen Entwicklung des Organismus mit dem Zeitablauf ab und die Wahrscheinlichkeit für einen künftigen Nutzenzufluss für das berichtende Unternehmen zu. So liegt insbesondere kurz vor der Geburt eines Tieres oder vor der Ernte der pflanzlichen Fruchtbestände die Wahrscheinlichkeit für einen Nutzenzufluss i. d. R. über 50 %. Konkrete Wahrscheinlichkeiten der Sterblichkeit könnten hierzu über betriebsinterne Geburtsstatistiken oder zur Objektivierung auch über verschiedene Studienergebnisse[757] abgeleitet werden. Die verlässliche Bewertung des unfertigen Organismus ist in ähnlicher Weise wie bei der Befruchtung der Eizelle mit Schwierigkeiten verbunden.

Beim **Ausscheiden der Frucht** aus dem Mutterlebewesen wird die feste körperliche Bindung zwischen dem Mutterlebewesen und dem Junglebewesen gelöst.[758] Solch eine Abtrennung des Erzeugnisses vom biologischen Vermögenswert erfüllt grundsätzlich die Ernte-Definition nach IAS 41.[759] Die Wahrscheinlichkeit des künftigen Nutzenzuflusses hat sich erneut erhöht. Auch hier kann für die Prüfung des Wahrscheinlichkeitskriteriums auf betriebsinterne oder allgemeine Statistiken zur Überlebenswahrscheinlichkeit der Junglebewesen nach der Geburt zur Bestimmung einer konkreten Wahrscheinlichkeit oder zumindest zur Prüfung der Wahrscheinlichkeit von größer gleich 50 %[760]

---

756 Dieses bietet sich vor allem bei Fischen an, die oftmals eine Vielzahl von Fischeiern legen.

757 Vgl. bspw. zu Trächtigkeitsabbrüchen im Zeitverlauf bei Milchkuhherden BOSTEDT, H./KLEIN, C., Abort-Totgeburten-Komplex in Milchrinderbeständen, S. 4. Vgl. zum Fruchtverlust bei Kühen und Färsen auch SCHÖNWÄLDER, K. S., Untersuchungen zum Trächtigkeitsverlust bei Milchkühen, S. 49-53.

758 Die Lösung der körperlichen Bindung ist i. d. R. lediglich bei der internen Befruchtung möglich, da ein Ausscheiden der Frucht bei der externen Befruchtung definitionsgemäß nicht stattfindet.

759 Vgl. zur Ernte-Definition IAS 41.5.

760 Es bedarf lediglich der Information, ob eine Wahrscheinlichkeit von größer oder gleich 50 % vorliegt, sodass nicht zwangsläufig eine konkrete Wahrscheinlichkeit ermittelt werden muss.

zurückgegriffen werden. Letztlich ist die Beurteilung der Überlebenswahrscheinlichkeit der Junglebewesen abhängig vom Einzelfall, sodass hierzu insbesondere auf die Erfahrung des Landwirtes gesetzt werden sollte. Unter der Annahme eines nicht zum Leben ausreichenden Gesundheitszustandes eines Junglebewesens zum Zeitpunkt seiner Geburt ist die Ansatzfähigkeit des Junglebewesens i. d. R. nicht gegeben.[761] Auch die Ermittlung der Anschaffungs- oder Herstellungskosten oder des beizulegenden Zeitwertes ist oftmals möglich. Insofern ist ein Ansatz der Junglebewesen zum Zeitpunkt der Ausscheidung aus dem Mutterlebewesen im Vergleich zu den zuvor betrachteten Entwicklungsstadien eher möglich, und i. d. R. erforderlich.

Die bisherigen Ausführungen zum Ausscheiden der Frucht unterstellen die Geburt von Lebewesen. Das Ausscheiden der Frucht ist jedoch nicht allgemein mit einem Geburtsvorgang gleichzusetzen. So gebären nicht alle Lebewesen lebend, z. B. bspw. Vögel oder Pflanzen.[762] Bei so geernteten, nicht geborenen Erzeugnissen handelt es sich um eine Vorstufe zum lebendigen Tier bzw. zur lebendigen Pflanze, in der ähnliche Unsicherheiten auftreten wie bei der Zellteilung im Muttertier. Entsprechend ist auch hier potenziell von separaten Vermögenswerten auszugehen. Oftmals sind zudem bei solchen nicht geborenen Früchten (z. B. Hühnereier) Marktpreise oder zumindest die Anschaffungs- und Herstellungskosten vergleichsweise gut ermittelbar, da diese Früchte in ihrem gegenwärtigen Zustand bereits handelbar sind bzw. sich ein unmittelbarer Nutzen aus ihnen ziehen lässt. Die Wahrscheinlichkeit des künftigen Nutzenzuflusses ist zudem c. p. aufgrund des für einen Nutzenzufluss nicht zwangsläufig erforderlichen Weiterentwicklungsbedarfs der Frucht mindestens genauso groß wie die Wahrscheinlichkeit bei einem ähnlichen Vermögenswert, der sich für seine Nutzbarkeit bzw. für einen Nutzenzufluss noch entwickeln muss.[763] Insgesamt werden nicht geborene, geerntete Organismen im Zeitpunkt ihres Ausscheidens aus dem Mutterlebewesen den Ansatzkriterien für einen Vermögenswert gerecht und sind daher anzusetzen. Soweit dann bspw. ein Küken aus dem Ei schlüpft, sind die bilanziellen Konsequenzen und das Risikoprofil des Kükens mit denen bei bzw. nach der Geburt eines Lebewesens vergleichbar.

Nach der Geburt bzw. dem Schlüpfen bis zum Absetzen der Jungtiere sind tierische Lebewesen häufig noch auf die Hilfe ihres Mutterlebewesens angewiesen.[764] Zwischen ihnen besteht ein einseitiges Abhängigkeitsverhältnis, da das Jungtier von der Fürsorge des Muttertieres abhängig ist und von diesem mit Nahrung versorgt wird. Während dieser Zeit können die Jungtiere somit i. d. R. noch nicht für sich alleine sorgen und sind in diesem Sinne noch nicht als **fertiggestellt** anzusehen. So kann die

761 Der Kadaver eines toten Tieres ist nämlich i. d. R. nicht als Vermögenswert anzusetzen, da dem Unternehmen fast immer lediglich Aufwendungen für die Entsorgung des Kadavers entstehen.

762 Vögel (z. B. Hühner) legen Eier, die noch ausgebrütet werden müssen, damit ein Küken schlüpfen kann. Von Pflanzen sind i. d. R. Samen oder Früchte, die Samen enthalten, zu ernten. Diese können sich dann unter bestimmten Rahmenbedingungen zur Pflanze entwickeln.

763 Aufgrund der noch ausstehenden Entwicklung zum Jungtier bzw. zur Jungpflanze ist die Wahrscheinlichkeit eines künftigen Nutzenzuflusses aus einem zur Züchtung von Nachkommen gedachten Ei oder einer entsprechenden Frucht somit entsprechend kleiner als die Wahrscheinlichkeit im Zeitpunkt der Geburt bei lebendgebärenden Lebewesen.

764 Dies ist vor allem bei lebendgebärenden Tieren der Fall. Bei der externen Befruchtung beginnt die aktive Tierentwicklung i. d. R. direkt mit der Befruchtung der Eizellen. Eine Fütterung durch das Muttertier ist i. d. R. nicht nötig.

als Abtrennung des Erzeugnisses vom biologischen Vermögenswert definierte Ernte[765] auch in der Entwöhnung des Jungtieres bzw. in der absoluten Abtrennung der Bindung zwischen dem Jung- und dem Muttertier anstatt in der Geburt gesehen werden.[766] Indes muss hierbei berücksichtigt werden, dass die Bindung zwischen dem Muttertier und deren eigenen Jungtieren oftmals insofern nicht zwingend ist, als die Jungtiere auch von anderen Muttertieren angenommen werden können.[767] Insgesamt werden sämtliche bei der Geburt erfüllten Ansatzkriterien in der Zeit nach der Geburt bis zur Fertigstellung des Jungtieres ebenfalls erfüllt, sodass der Vermögenswert weiterhin anzusetzen ist.

Insgesamt können Lebewesen bereits ab dem Zeitpunkt der Befruchtung der Eizelle die Ansatzkriterien für einen Vermögenswert erfüllen. Da jedoch zu diesem Zeitpunkt die Unsicherheiten bezüglich der weiteren Entwicklung der Eizelle noch sehr hoch sind und erst mit der weiteren Entwicklung der Eizelle bzw. mit der Steigerung der körperlichen Substanz des Junglebewesens die Unsicherheit über die vom Unternehmen beabsichtigte Entwicklung geringer wird, ist das Wahrscheinlichkeitskriterium für den Ansatz regelmäßig erst im Laufe der Entwicklung des Lebewesens erfüllt. Der Zeitpunkt der Erfüllung des Wahrscheinlichkeitskriteriums ist allerdings nicht zu pauschalisieren, sondern von der jeweiligen Art des Lebewesens und insbesondere von deren Vermehrungsprozess abhängig. Üblicherweise spätestens mit dem Ausscheiden der Frucht bzw. der Geburt ein neuer Vermögenswert anzusetzen.

Letztlich sei noch erwähnt, dass eine Intensivierung der Eingriffe durch den Landwirt oder durch Dritte, die Unsicherheiten im Vermehrungsprozess der biologischen Vermögenswerte reduziert.[768] Der Einfluss des Managementeingriffs auf die Wahrscheinlichkeit des Nutzenzuflusses und damit auf die Ansatzfähigkeit des Jungtieres korreliert positiv. Hieraus resultiert tendenziell ein **vorgezogener Ansatz** der Junglebewesen im Vergleich zum natürlich ablaufenden Vermehrungsprozess.[769] Zudem führt der Managementeingriff i. d. R. zu einem höher erwarteten Nutzen aus dem Lebewesen, wobei es sich hierbei nicht mehr um eine Ansatz-, sondern bereits um eine Bewertungsfrage handelt.[770]

---

[765] Vgl. IAS 41.5.

[766] Eine Markierung des Jungtieres wird z. T. auch als mögliches Ereignis für den Kontrollübergang über das landwirtschaftliche Erzeugnis genannt. Vgl. IAS 41.11; DELOITTE TOUCHE TOHMATSU LIMITED (HRSG.), iGAAP 2014, S. 2654. Solch eine Markierung wird oftmals bei der Tiertrennung aufgetragen. Sie kann bspw. auf die mit dem Tier verbundene Verwendungsabsicht oder auf die Abstammung des Tieres aufmerksam machen.

[767] Die frühe Aufzucht durch ein anderes Muttertier ist vor allem erforderlich, wenn das Muttertier verendet, die Jungtiere vom Muttertier verstoßen werden oder die Gefahr besteht, dass die Jungtiere durch die Unachtsamkeit des Muttertieres zu Tode kommen können.

[768] So werden viele Tiere heutzutage nicht mehr über einen Natursprung, d. h. unter aktiver unmittelbarer Mitwirkung der Elternteile gezeugt, sondern mithilfe spezialisierter künstlicher Eingriffe, die den natürlichen Begattungsprozess nicht mehr erforderlich machen. Hierzu zählen neben der künstlichen Besamung insbesondere der Embryotransfer, die In-vitro-Fertilisation und die Zyklussteuerung sowie Klonierungstechniken, Geschlechtsbestimmung, Genomanalyse und markergestützte Selektion. Vgl. hierzu übersichtshalber am Beispiel der Rinderzucht BAPST, B., Reproduktions- und Züchtungstechniken, S. 6-9.

[769] Hinsichtlich der landwirtschaftlichen Betriebsformen ist in diesem Zusammenhang aufgrund des intensiveren Eingriffs des Managements in den landwirtschaftlichen Prozess bei der intensiven, konventionellen Landwirtschaft c. p. mit einem vorgezogenen Ansatz der Vermögenswerte im Vergleich zur extensiven, ökologischen Landwirtschaft zu rechnen.

[770] Der Eingriff des Managements ist für die Fragen der Bewertung i. d. R. noch von viel größerer Bedeutung als für die Fragen des Ansatzes.

421.4 Kategorisierung des landwirtschaftlichen biologischen Vermögens als landwirtschaftliche Erzeugnisse und biologische Vermögenswerte

Nach den Darstellungen zur Ansatzfähigkeit und zum Ansatzzeitpunkt von Lebewesen stellt sich die Frage, wie das Lebewesen im Entwicklungsprozess zu **klassifizieren** ist bzw. ab wann es als biologischer Vermögenswert oder als landwirtschaftliches Erzeugnis anzusetzen ist. Die Ernte-Definition nach IAS 41.5 als Beendigung der Lebensprozesse eines biologischen Vermögenswertes greift bei der Vermehrung von Lebewesen grundsätzlich nicht, stattdessen aber die zweite Alternative der Definition, die Trennung des Erzeugnisses vom biologischen Vermögenswert. Wie IAS 41.27 im Sinne eines entstehenden Gewinns beim Erstansatz eines biologischen Vermögenswertes durch die Geburt eines Kalbes als Beispiel[771] für einen Erstansatz eines Vermögenswertes deutlich macht, kann die Geburt des Kalbes als Ernte und das Kalb selbst als biologischer Vermögenswert gelten. Gleiches gilt entsprechend für geerntetes Saatgut bei Pflanzen. Die in der Erntedefinition nach IAS 41 verwendete Abtrennung von Erzeugnissen (*detachment of produce*)[772] mag sich daher vom Wortlaut her nicht nur auf landwirtschaftliche Erzeugnisse (*agricultural produce*) beziehen, sondern ebenfalls neue biologische Vermögenswerte mit einschließen. Landwirtschaftliche Erzeugnisse und biologische Vermögenswerte sind inhaltlich also nicht ganz überschneidungsfrei. Die Tatsache, dass sich viele landwirtschaftliche Erzeugnisse – vor allem im Pflanzenbau – nach der Ernte nicht weiter entwickeln können, da sie noch nicht reif sind bzw. die Umweltbedingungen eine Entwicklung noch nicht zulassen, ist für die Fähigkeit zur biologischen Transformation und damit zur Zuordnung zum biologischen Vermögen nicht relevant. Somit können die Samen von Pflanzen oder noch nicht ausgebrütete Hühnereier als biologische Vermögenswerte angesehen werden.[773]

Letztlich ist für die Kategorisierung auf die **wirtschaftliche Zweckbestimmung** der Vermögenswerte abzustellen. So würden lediglich zum Verkauf bestimmte Früchte, deren weitere Entwicklung dadurch gehemmt ist, dass sie im verkaufenden Unternehmen nicht die zur Weiterentwicklung erforderlichen Rahmenbedingungen erhalten, oder zum Verkauf bzw. zum Verzehr gedachte Hühnereier nicht als biologische Vermögenswerte, sondern lediglich als landwirtschaftliche Erzeugnisse bzw. nach der Ernte als Vorräte angesehen werden. Letztlich sind auch leblose Fruchterzeugnisse von biologischen Vermögenswerten, wie bspw. die Wolle von Schafen, lediglich als landwirtschaftliche Erzeugnisse zu behandeln.

Vor allem beim Pflanzenvermögen stellt sich jedoch neben der Kategorisierung in biologische Vermögenswerte und landwirtschaftliche Erzeugnisse die Frage, ob in diesem Zusammenhang nicht auch Vermögenswerte nach **IAS 38 *Immaterielle Vermögenswerte*** zu bilanzieren sind. Denn viele marktfähige Pflanzensorten sind von bestimmten Unternehmen entwickelt und z. B. über das Sortenschutz-

---

771 Vgl. IAS 41.27.

772 Vgl. hierzu IAS 41.5.

773 Ähnliches gilt für die vegetative Vermehrung. Durch die Entnahme von organischem Material bei der Mutterpflanze und die damit verbundene Trennung des Materials vom biologischen Vermögenswert können die Elemente des Pflanzenmaterials als landwirtschaftliche Erzeugnisse interpretiert werden. Da sie zur biologischen Transformation fähig und damit lebendig sind, können die Pflanzenteile auch biologische Vermögenswerte darstellen.

gesetz in Deutschland auch rechtlich geschützt worden.[774] Sofern solche Unternehmen ihre Pflanzen bzw. Pflanzengene in Form von Saatgut, Pflanzenteilen oder anwachsenden Pflanzen veräußern, ist zwar ein Teil des Erlöses der biologischen Transformation des pflanzlichen Vermögens geschuldet, der Großteil des Erlöses ist jedoch häufig auf das besondere Genmaterial der Pflanzen zurückzuführen, welches auf dem geschützten **intellektuellen Kapital** des Unternehmens basiert.[775] Der Wert von bspw. Saatgut leitet sich daher nicht hauptsächlich dadurch her, dass das Saatgut aufgrund einer Ernte gewonnen wurde, sondern aus den Fähigkeiten des Saatgutes als Ergebnis des induzierten intellektuellen Kapitals.[776] Beispielsweise könnten bestimmte Unternehmen durch Forschungs- und Entwicklungsaktivitäten die Wetterresistenz von Pflanzen erhöhen oder deren Anfälligkeit für Krankheiten senken. So mögen bei den Unternehmen, die ein solches Saatgut produzieren und dieses danach verkaufen, die Kosten für das Wachstum des Saatgutes und damit die Kosten der biologischen Transformation oftmals lediglich weniger als 5 % vom Verkaufspreis betragen,[777] während ein Großteil des Veräußerungserlöses die Kosten für das intellektuelle Kapital decken muss.

IAS 38 schließt immaterielle Vermögenswerte in Verbindung mit biologischen Vermögenswerten bzw. landwirtschaftlichen Erzeugnissen nicht vom Anwendungsbereich aus.[778] IAS 38 macht insbesondere darauf aufmerksam, dass immaterielle Vermögenswerte mit einem materiellen Vermögenswert bzw. mit einer materiellen Substanz verbunden sein können,[779] wie dies bei der geschützten pflanzlichen DNA und dem dazugehörigen Saatgut der Fall sein kann.[780] Dabei kann das Saatgut als Träger des immateriellen Vermögens interpretiert werden.[781] Die Entscheidung, ob ein Vermögenswert letztlich als immaterieller Vermögenswert nach IAS 38 bilanziert werden muss, ist unternehmensspezifisch anhand der Wesentlichkeit der materiellen und immateriellen Elemente zu beurteilen, indem das wesentlichere Element für die Bilanzierung ausschlaggebend ist.[782] [783] Analoges könnte

---

[774] Vgl. hierzu auch DRSC E.V. (HRSG.), Comment letter ED/2013/8, S. 3.

[775] Das intellektuelle Kapital wird dabei durch Patente (vgl. hierzu auch DRSC E.V. (HRSG.), Comment letter ED/2013/8, S. 3) oder durch einen patentähnlichen, rechtlichen Schutz, wie er z. B. durch das Sortenschutzgesetz gegeben wird, geschützt. Da Eigenzuchten i. d. R. auf den Sorten Dritter basieren, hat der Landwirt daher im Fall des Nachbaus somit oftmals eine Gebühr an den ursprünglichen Sortenzüchter zu entrichten. Vgl. detaillierter zum Nachbau sowie zum Sortenschutzrecht auch EDER, J./KUPFER, H./KILLERMANN, B., Pflanzenzüchtung und Saatgutwesen, S. 353-355; Fn. 35.

[776] Vgl. hierzu auch DRSC E.V. (HRSG.), Comment letter ED/2013/8, S. 3.

[777] Vgl. hierzu auch DRSC E.V. (HRSG.), Comment letter ED/2013/8, S. 3.

[778] Vgl. IAS 38.2.

[779] Vgl. IAS 38.4.

[780] Der Standardsetter nutzt hierbei als Beispiele eine Software für den PC und die dazugehörige CD (Compact Disc) sowie eine Lizenz oder ein Patent und das dazugehörige Papier. Vgl. IAS 38.4.

[781] Vgl. hierzu auch DRSC E.V. (HRSG.), Comment letter ED/2013/8, S. 3.

[782] Vgl. IAS 38.4. Der Standardsetter greift hierfür zur Erläuterung bspw. auf eine Software im Rahmen einer betriebenen Maschine zurück. Vgl. IAS 38.4. So ist z. B. eine für den Betrieb einer Maschine als integraler Bestandteil der Hardware notwendige Software oder das Betriebssystem von Computern als Sachanlage zu interpretieren, jedoch eine nicht als integrales Element zu einer zugehörigen Hardware notwendige Software als immaterieller Vermögenswert zu behandeln. Vgl. IAS 38.4.

[783] Bei dieser Diskussion ist allerdings zu beachten, dass das produzierte Saatgut, welches an den Landwirt veräußert werden soll, den Charakter von Vorräten hat und immaterielle Vermögenswerte, die von einem Unternehmen mit der Absicht ihrer Veräußerung im Rahmen der normalen Tätigkeit gehalten werden, nicht in den Anwendungsbereich des IAS 38 fallen, sondern stattdessen nach IAS 2 zu behandeln sind, soweit der Sachverhalt in diesen Standard fällt.[783] Da landwirtschaftliche Erzeugnisse nach IAS 41 zum Zeitpunkt der Ernte anfallen und danach i. d. R. nach

für die Vermögenswerte nach IAS 41 angenommen werden. So könnte z. B. der materielle Vermögenswert bei Pflanzen wesentlicher sein als der immaterielle Vermögenswert, wenn der Landwirt zur Aussaat auf eine frei verfügbare, nicht geschützte Sorte einer Pflanzenart zurückgreift.

421.5 Die Bilanzierungseinheit des IAS 41 im Rahmen des Ansatzes

421.51 Die Bilanzierungseinheit für biologische Vermögenswerte

IAS 41 gibt nicht explizit vor, auf welche Bilanzierungseinheit (*unit of account*) sich seine konkreten Regelungen beziehen, d. h. ob sich die Regelungen auf den einzelnen Vermögenswert, bspw. auf eine Weizenpflanze, oder auf ein Konglomerat an Vermögenswerten, bspw. auf den vollständigen Aufwuchs an Weizenpflanzen auf einem Feld, bezieht. Es wird erst indirekt mithilfe der Definitionen der Sachverhalte sowie mit der diese einbeziehenden Regelungen deutlicher, welche Bilanzierungseinheit der Standardsetter für die landwirtschaftlichen Sachverhalte vorsieht. Hierbei ist allerdings zwischen biologischen Vermögenswerten zum einen und landwirtschaftlichen Erzeugnissen zum Zeitpunkt der Ernte zum anderen zu unterscheiden.

Der Standardsetter definiert *einen* **biologischen Vermögenswert** als *ein* lebendiges Tier oder als *eine* lebendige Pflanze[784] und stellt damit grundsätzlich auf die Individualität der Organismen und somit auf einen einzelnen Organismus ab.[785] Dies erscheint insofern sinnvoll, als die jeweiligen biologischen Vermögenswerte i. d. R. nicht unmittelbar voneinander abhängig sind und in diesem Sinne einzeln leben.[786] Zudem ist durch die Möglichkeit der separaten Erfüllung der Definitions- bzw. Ansatzkriterien durch einzelne Pflanzen und Tiere das Individuum als Bilanzierungseinheit gerechtfertigt.[787] Einzelne Pflanzen und Tiere können nämlich eigene Zahlungsströme für ein Unternehmen schaffen, indem sie bspw. landwirtschaftliche Erzeugnisse hervorbringen oder separat veräußert werden. Eine stärkere Aggregation zu Bilanzierungszwecken könnte daher je nach Einzelfall der Einzigartigkeit der Vermögenswerte nicht gerecht werden und damit zu einer verzerrten Darstellung führen. Dies wäre insbesondere bei individuellen Vermögenswerten mit besonders hohem Wert der Fall. Für solche Vermögenswerte ist daher eine auf den einzelnen Vermögenswert bezogene Bilanzierungseinheit sinnvoll.

Dennoch muss berücksichtigt werden, dass sich Pflanzen und Tiere der gleichen Art trotz der Individualität der einzelnen Pflanze bzw. des einzelnen Tieres häufig sehr ähnlich sind und die zwischen ihnen bestehenden Unterschiede wirtschaftlich z. T. von keiner bzw. lediglich von geringer Bedeutung sind. Dies ist insbesondere für Bewertungsfragen relevant, jedoch erscheinen hieraus Konsequenzen für die Bildung einer Bilanzierungseinheit einerseits aufgrund der Unabhängigkeit und Individualität der Vermögenswerte nicht angemessen. Andererseits stellt sich die Frage, ob nicht aus

IAS 2 zu bilanzieren sind, kommt beim Verkäufer des Saatgutes somit auch lediglich eine Bilanzierung nach IAS 2 für die landwirtschaftlichen Erzeugnisse in Frage.

784 Vgl. IAS 41.5.

785 Vgl. auch ERNST & YOUNG (HRSG.), International GAAP 2014, S. 2657. Vgl. zur Diskussion der heranwachsenden biologischen Vermögenswerte bzw. landwirtschaftlichen Erzeugnisse in einem biologischen Vermögenswert Abschnitt 422.61.

786 In Ausnahmefällen kann dies auch nicht der Fall sein, bspw. bei zusammengewachsenen Pflanzen oder Tieren. Mit diesen ist allerdings oftmals kein bzw. lediglich ein geringer wirtschaftlicher Nutzen verbunden.

787 Vgl. Abschnitt 422.61.

wirtschaftlicher Perspektive mit relativ homogenen, in einer kaum genau zu ermittelnden Vielzahl vorhandenen Vermögenswerten mit geringem Eigenwert bilanziell anders umzugehen ist.

So ist es zwar bei größeren Tieren wie bspw. Mastschweinen wirtschaftlich sinnvoll und möglich, die genaue Anzahl an Tieren zu ermitteln. Solch ein Vorgehen entspricht letztlich auch den Kriterien der Vollständigkeit sowie der Freiheit von Fehlern und führt damit auch nicht zu etwaigen die glaubwürdige Darstellung beeinträchtigenden Verzerrungen. Bei Kleinvieh wie Masthähnchen oder noch extremer bei bestimmten Pflanzen, insbesondere bei einjährigen, durch Aussaat angebauten Getreidesorten wie Weizen, ist jedoch eine explizite Bestimmung der Anzahl der zu bilanzierenden Einheiten aus wirtschaftlichen Gründen kritisch und erscheint z. T. praktisch unmöglich. Zum Beispiel dürfte es schwierig sein, die Anzahl an Getreidepflanzen auf einem dicht bepflanzten Feld exakt zu ermitteln. Zwar lässt sich bei der Aussaat von Saatgut die ausgelegte Körnerzahl anhand der eingekauften Saateinheiten bzw. einer bestimmten Legetechnik i. d. R. relativ genau ermitteln bzw. schätzen, jedoch sind oftmals im späteren Verlauf die aufgegangene Saat und damit die angewachsenen Pflanzen wenn überhaupt lediglich durch Schätzungen ermittelbar. Die Erfassung jeder einzelnen Pflanze ist also häufig mit einem solch großen Kostenaufwand verbunden, dass der daraus entstehende Nutzen den Kostenaufwand nicht rechtfertigen würde. So ist gerade im Fall der einjährigen Kulturen die Abbildung einer einzelnen Pflanze als Bilanzierungseinheit kritisch. Mit einer offenen Bilanzierungseinheit könnte die Erfassung des bilanziellen Vermögenswertes vereinfacht werden. Damit einhergehend können die Kosten für die Erfassung erheblich reduziert werden, sodass für solche Kulturen insgesamt eine offene Bilanzierungseinheit zu empfehlen ist.

Auch vor dem Hintergrund einer späteren separaten Wertermittlung für jede Pflanze ist die einzelne Pflanze als Bewertungseinheit zu hinterfragen. Indes muss in diesem Zusammenhang auch die in IAS 41 zur Option gestellte Gruppenbewertung berücksichtigt werden, wonach zumindest auf eine separate Wertermittlung für jeden Vermögenswert verzichtet werden kann und stattdessen Gruppen annähernd gleicher Vermögenswerte gebildet werden können, für die dann jeweils vereinfachend ein durchschnittlicher Wert angesetzt werden kann.[788] Insbesondere bei den oftmals mit tausenden Pflanzen auf einem Feld angebauten einjährigen Kulturen stellt sich dennoch die Frage, ob nicht eine aggregiertere Bilanzierungseinheit entscheidungsnützlichere Informationen vermitteln würde. Diese könnte sich bspw. an der Größe des angebauten Feldes orientieren, müsste jedoch auch die Möglichkeiten der verschiedenen unternehmensspezifischen Anbautechniken berücksichtigen. Für die Bewertung müssten auch feldspezifische Charakteristika wie Schwachstellen durch Überwässerung, Sturm- oder Hagelschäden etc. berücksichtigt werden. Die vereinfachten Bilanzierungseinheiten würden auch förderlich für das Kriterium der Verständlichkeit wirken, da die angesprochenen Sachverhalte bereits heutzutage regelmäßig in Hilfsgrößen wie Landflächen anstatt in genauen Messzahlen bzw. Stückzahlen angegeben bzw. gehandelt werden. Dies weist darauf hin, dass jene Sachverhalte im Sinne ihrer tatsächlichen Markteinheiten durch die aggregierte, vereinfachte Bilanzierungseinheit glaubwürdig dargestellt werden. Zudem werden über eine allgemein an die jeweiligen Marktverhält-

788 Vgl. zur Gruppenbewertung IAS 41.5.

nisse angepasste Bilanzierungseinheit tendenziell auch relevante Informationen vermittelt, sodass insgesamt die Entscheidungsnützlichkeit der Abschlussinformationen gestützt wird.

Bei Pflanzen ergibt sich bei der Frage nach der Bilanzierungseinheit zudem das Problem, dass diese fast immer mit dem Boden verbunden sind und letztlich eine Abhängigkeit der Pflanzen vom Boden besteht. Aus diesem Grund kann auch eine Bilanzierung von Feld und Boden als eine Bilanzierungseinheit diskutiert werden. Da jedoch grundsätzlich der Boden sowie die darauf wachsenden Pflanzen als einzelne Vermögenswerte angesehen werden, ist hiervon abzusehen. Ohne besondere Informationen zur Pflanzenkultur und dem entsprechenden Grundstück könnte eine aggregierte Bilanzierungseinheit zudem die Verständlichkeit der Jahresabschlussinformationen für den Bilanzadressaten beeinträchtigen. Zudem ist der Sachverhalt der mit dem Grundstück verbundenen Pflanzen ähnlich wie der Sachverhalt von Immobilien, die mit dem Grundstück verbunden sind. Da bei Grundstücken und Immobilien i. d. R. ebenfalls jeweils separate Vermögenswerte angesetzt werden und keine gesamtheitliche Bilanzierungseinheit angewendet wird, kann in Analogie dazu und damit aus Konsistenzgründen eine bilanzielle Trennung von Grundstück und Pflanze befürwortet werden. Auf die Teilung von Grundstück und Pflanzen in zwei sachlich unterschiedliche Bilanzierungseinheiten macht auch bereits der Standardsetter aufmerksam, indem er explizit keine neuen Rechnungslegungsgrundsätze für die in der Landwirtschaft genutzten Grundstücke vorsieht[789]. Des Weiteren geht er indirekt auf die separate Bilanzierung von Grundstück und Pflanzen ein, indem er auf die Bewertung solcher Vermögensbündel und auf die Separierung der biologischen Vermögenswerte eingeht[790]. Dies ist aus Konsistenzgründen in Bezug auf weiteres, nicht nach IAS 41 bilanziertes, in der Landwirtschaft eingesetztes Vermögen wie bspw. Traktoren oder Ställe zu begrüßen. Zudem setzen sich bereits mit IAS 16 *Sachanlagen* und IAS 40 *Als Finanzinvestition gehaltene Immobilien* Standards mit der Bilanzierung von Grundstücken auseinander. Auch hierzu nimmt der Standardsetter Bezug.[791]

Insgesamt ist die auf den einzelnen Vermögenswert bezogene Bilanzierungseinheit im Rahmen des Ansatzes biologischer Vermögenswerte nach IAS 41 nicht ganz unkritisch zu sehen. So wird der Standardsetter damit vor allem den individuellen und wertvollen biologischen Vermögenswerten gerecht, jedoch insbesondere nicht den oftmals in Massen angebauten pflanzlichen Vermögenswerten. Hier wäre eine weiter geöffnete Bilanzierungseinheit wünschenswert.

421.52 Die Bilanzierungseinheit für landwirtschaftliche Erzeugnisse

Bei **landwirtschaftlichen Erzeugnissen** kann die Bilanzierungseinheit nach IAS 41 im Vergleich zu biologischen Vermögenswerten aufgrund der verschiedenen Definition und Vermögensmerkmale anders aussehen. So stellt der Standardsetter klar: „Agricultural produce is the harvested product of the entity's biological assets“[792]. Zu beachten ist hierbei, dass die landwirtschaftlichen Erzeugnisse lediglich im Zeitpunkt ihrer Ernte betrachtet werden.[793] *Produce* kann grammatikalisch korrekt im

[789] Vgl. IAS 41.B55.
[790] Vgl. IAS 41.25.
[791] Vgl. hierzu IAS 41.B55.
[792] IAS 41.5.
[793] Vgl. hierzu IAS 41.1 (b).

Englischen lediglich im Singular genutzt werden und im Deutschen sowohl im Singular mit „Erzeugnis“ als auch im Plural mit „Erzeugnisse“ übersetzt werden. Eine ausdrückliche Singularität geht aus der Definition landwirtschaftlicher Erzeugnisse daher nicht hervor, sodass die absolute Abgrenzung der Bilanzierungseinheit aus dem Wortlaut *produce* nicht unmittelbar abgeleitet werden kann. Indes kann die deutsche Übersetzung berücksichtigt werden, die zwar in der Definition von „landwirtschaftliches Erzeugnis“ spricht, hierzu allerdings keinen Artikel verwendet.[794] Jedoch wird zumindest später von der Bewertung von landwirtschaftlichen Erzeugnissen[795] und von der Bewertung eines landwirtschaftlichen Erzeugnisses[796] gesprochen. Zudem macht der Standardsetter mit der Definition gleichsam deutlich, dass *agricultural produce* ein geerntetes Produkt der dem Unternehmen zugehörigen biologischen Vermögenswerte ist. Trotz der Andeutung der Singularität des landwirtschaftlichen Erzeugnisses lässt sich die Bilanzierungseinheit damit allerdings nicht final konkretisieren. Die Formulierung lässt sogar darauf schließen, dass es bei einem landwirtschaftlichen Erzeugnis nicht auf das einzelne Produktteil ankommt, sondern auf die Produktart. Ansonsten hätte der Standardsetter einleuchtender ein landwirtschaftliches Erzeugnis als ein geerntetes Produkt von *einem* dem Unternehmen zugehörigen biologischen Vermögenswert definieren können.

Vor dem Hintergrund, dass die einzelnen Elemente, die von Pflanzen und Tieren geerntet werden können, lediglich teilweise und nur bedingt zählbar sind, wie bspw. die Pflanzenhalme eines Weizenfeldes, ist eine weitere, im Ermessen des bilanzierenden Unternehmens liegende Bilanzierungseinheit von landwirtschaftlichen Erzeugnissen im Vergleich zu biologischen Vermögenswerten grundsätzlich als sachgerecht zu beurteilen. So kann zwar bei der Erzeugung vieler landwirtschaftlicher Erzeugnisse die Anzahl dieser Erzeugnisse gut ermittelt werden, bspw. die Anzahl von geworfenen Ferkeln einer Sau, jedoch ist die Ernte von Flüssigkeiten, wie z. B. Milch, oder von anderen Erzeugnissen, die üblicherweise nicht stückzahlbezogen gehandelt werden, bspw. Schafwolle, faktisch oftmals nicht über eine Stückzahl erfassbar. Stattdessen wird die Erfassung der landwirtschaftlichen Erzeugnisse mithilfe anderer Zähleinheiten durchgeführt. So werden Flüssigkeiten insbesondere über Volumenmaßzahlen, bspw. „Liter“, und sonstige Erzeugnisse oftmals über Gewichtsmaßzahlen, bspw. „Kilogramm“, erfasst.[797]

Eine offene Bilanzierungseinheit wird letztlich, ähnlich wie bereits bei den biologischen Vermögenswerten angesprochen, auch den mit einer auf den einzelnen Vermögenswert basierenden Bilanzierungseinheit verbundenen Erfassungsschwierigkeiten der oftmals vielen geringwertigen und homogenen Einheiten einer Ernte von landwirtschaftlichen Erzeugnissen gerecht. Sie ist aus Kosten-Nutzen-Sicht zu begrüßen, da mit ihr nicht zwangsläufig jedes einzelne Element eines Konglomerates

---

794 Vgl. IAS 41.5.

795 Vgl. IAS 41.13.

796 Vgl. IAS 41.15.

797 Vor diesem Hintergrund ist zu erwähnen, dass es für viele landwirtschaftliche Sachverhalte insofern sachgerecht ist, dass mit einer offenen Bilanzierungseinheit nicht die Stückzahl als deren Dimension vorgegeben ist, als sich der wirtschaftliche Wert von landwirtschaftlichen Erzeugnissen oftmals nicht nach der Anzahl an potenziellen Einheiten richtet, obwohl die Anzahl ggf. ermittelbar wäre. Stattdessen bestimmt sich der Wert auch regelmäßig nach anderen Kriterien. So kann zwar bei geerntetem Saatgut die Anzahl an Körnern eine relevante Größe für die spätere Verwertung bzw. Veräußerung des Saatgutes darstellen, gleichwohl ist für die Eigen- oder Fremdverwertung von geerntetem Pflanzenmaterial bzw. von Körnern zu Futterzwecken oder auch zum Einsatz in der Lebensmittelindustrie regelmäßig das Gewicht der aggregierten Ernte relevant und preisentscheidend.

erfasst werden muss, sondern u. a. aus wirtschaftlichen Gründen die Bilanzierungseinheit aggregierter gewählt bzw. das vollständige Konglomerat als konkretisierte Bilanzierungseinheit gewählt werden kann. So ist nämlich bei den landwirtschaftlichen Erzeugnissen aufgrund der vom Conceptual Framework vorgegebenen Kostenrestriktion die genaue Erfassung der einzelnen Ernteelemente oftmals abzulehnen, da die mit der Erfassung verbundenen Kosten häufig den damit verbundenen Nutzen übersteigen würden. Dies trifft vor allem bei einzelnen Körnern von pflanzlichen Vermögenswerten zu. Neben der problematischen Einzelerfassung würde zudem die einzelne Bewertung der homogenen, geringwertigen Bilanzierungseinheiten die Kostenrestriktion im Regelfall nicht erfüllen und wäre als noch problematischer als die einzelne Bewertung von homogenen, geringwertigen biologischen Vermögenswerten einzuschätzen.

Insgesamt ist die offen gehaltene Bilanzierungseinheit für landwirtschaftliche Erzeugnisse hinsichtlich der Entscheidungsnützlichkeit der damit vermittelten Informationen zu begrüßen. So werden durch eine solche Bilanzierungseinheit vor allem die Unterschiedlichkeit der landwirtschaftlichen Tätigkeiten sowie die damit verbundenen unterschiedlichen Arten und Formen der Erzeugnisse in der Landwirtschaft berücksichtigt. Durch die individuelle Konkretisierung der Bilanzierungseinheit durch das jeweilige Unternehmen können die Sachverhalte in Übereinstimmung mit den tatsächlichen, individuellen Gegebenheiten im Sinne der glaubwürdigen Darstellung abgebildet werden. So wird die offene Bilanzierungseinheit auch ggf. unterschiedlichen Ernteformen bei demselben biologischen Vermögenswert gerecht, bspw. bei bestimmten Früchten, die einzeln oder in einer zusammenhängenden Einheit geerntet werden.[798]

422. Kritische Beurteilung der Bewertung nach IAS 41

422.1 Übersicht

Im Folgenden werden die Bewertungsvorschriften des IAS 41 konkretisiert und hinsichtlich ihrer Zweckgerechtigkeit für die Abschlussadressaten analysiert. Dazu steht nach einer kurzen Untersuchung der Bilanzierungseinheit des IAS 41 im Rahmen der Bewertung die Bewertung der landwirtschaftlichen Vermögenswerte auf Basis des beizulegenden Zeitwertes im Mittelpunkt der Betrachtung. Nach einer grundsätzlichen Auseinandersetzung mit diesem Wertmaßstab im Rahmen der Landwirtschaft wird zuerst gezeigt, wie die Inputparameter der ersten Fair-Value-Hierarchiestufe für biologische Vermögenswerte und landwirtschaftliche Erzeugnisse verfügbar sind. Danach werden die drei bekannten Bewertungsverfahren, d. h. die markt-, kapitalwert- und kostenorientierten Verfahren für landwirtschaftliche Vermögenswerte konkretisiert, wobei die Bewertungsergebnisse hieraus entweder der zweiten oder dritten Fair-Value-Hierarchiestufe zuzuordnen sind. Zum Abschluss des analysierenden Bewertungskapitels wird schließlich noch ausführlich auf die Konzeption der Verlässlichkeitsausnahme nach IAS 41 eingegangen und diese hinsichtlich ihrer Zweckgerechtigkeit und Aktualität beurteilt.

798 Dies kann z. B. bei Bananen der Fall sein, die zwar i. d. R. als Stauden geerntet werden, allerdings auch einzeln geerntet werden können. Durch die offene Bilanzierungseinheit können im Ermessen des Unternehmens sowohl die einzelnen Bananen als auch die Stauden als auch die Bananen einer Ernte in ihrer Gesamtheit die Bilanzierungseinheit des landwirtschaftlichen Erzeugnisses einnehmen.

422.2 Die Bilanzierungseinheit nach IAS 41 im Rahmen der Bewertung

Der Fokus der Diskussion der Bilanzierungseinheiten des Abschnitts 421.5 lag auf dem Ansatz der Vermögenswerte und geht damit der eigentlichen Diskussion der Bilanzierungseinheiten im Sinne von **Bewertungseinheiten** voraus. IAS 41 sieht zwar nicht explizit eine Einzelbewertung der biologischen Vermögenswerte und landwirtschaftlichen Erzeugnisse vor, der Bezug der verlässlichen Ermittlung der Wertansätze (beizulegender Zeitwert oder Anschaffungs- und Herstellungskosten) auf **den** jeweiligen Vermögenswert für die Erfassung der Vermögenswerte[799] deutet jedoch auf eine **Einzelbewertung** hin, da auf den Singular des Vermögenswertes abgestellt wird.[800] Dies wird bestärkt, indem darüber hinaus IAS 41.12 klarstellt, dass **ein** biologischer Vermögenswert zu seinem jeweiligen beizulegenden Zeitwert abzüglich Veräußerungskosten zu bewerten ist.[801] In Analogie zur Befürwortung des separaten Ansatzes bei individuellen biologischen Vermögenswerten erscheint auch eine Einzelbewertung für jene biologischen Vermögenswerte sinnvoll. Adressaten können somit detaillierte Informationen über die Vermögenswerte erhalten.

Neben der Einzelbewertung räumt der Standardsetter mit IAS 41.15 den bilanzierenden Unternehmen aber auch explizit eine Option zur Vereinfachung der Bewertung zum beizulegenden Zeitwert ein, indem sowohl biologische Vermögenswerte als auch landwirtschaftliche Erzeugnisse nach wesentlichen, für den Markt relevanten Eigenschaften gruppiert werden dürfen.[802] Hervorzuheben ist, dass die Gruppenbewertung lediglich für auf Basis des beizulegenden Zeitwertes bewertete und nicht für nach den Anschaffungs- oder Herstellungskosten bewertete landwirtschaftliche Vermögenswerte erlaubt ist.[803] Die Gruppen der Vermögenswerte werden bei der Gruppenbewertung nicht jeweils als Konglomerat bewertet. Stattdessen werden die einzelnen Vermögenswerte einer Gruppe jeweils zum durchschnittlichen, gemittelten Wert eines repräsentativen Vermögenswertes der Gruppe bewertet. Der Wert der Gruppe ergibt sich somit aus der Multiplikation des durchschnittlichen Wertes eines Vermögenswertes mit der Anzahl der Vermögenswerte in der Gruppe.

---

799 Vgl. hierzu IAS 41.10 (c). Es wird hier bspw. nicht vom beizulegenden Zeitwert **der** Vermögenswerte gesprochen. Vgl. hierzu IAS 41.10 (c).

800 Vgl. ähnlich mit Bezug auf die allgemeinen Definitions- und Ansatzkriterien BAETGE, J./KIRSCH, H.-J./THIELE, S., Bilanzen, S. 157.

801 Vgl. IAS 41.12. Ähnliches wird durch IAS 41.13 auch für landwirtschaftliche Erzeugnisse vorgegeben, wobei hier in der englischen Version auf eine Differenzierung in Ein- und Mehrzahl verzichtet wird.

802 Vgl. IAS 41.15.

803 Vgl. zum Bezug auf die Bewertung zum beizulegenden Zeitwert IAS 41.15. Dies ist indes insofern von geringer Relevanz, als landwirtschaftliche Vermögenswerte mit den gleichen wesentlichen Eigenschaften i. d. R. einheitlich mit dem Fair Value bewertet werden oder (bei biologischen Vermögenswerten) einheitlich die Verlässlichkeitsausnahme greift. Eine Gruppierung lediglich nach den wesentlichen, vom Markt erforderten Eigenschaften und eine Gruppenbewertung zu Anschaffungs- und Herstellungskosten würde die Gefahr von verzerrten Wertansätzen aufgrund unterschiedlicher Preisbasen bzw. unterschiedlicher Anschaffungs- oder Herstellungszeitpunkte mit sich bringen. Jedoch ist diesem entgegenzuhalten, dass unabhängig von der Nutzungsintensität der landwirtschaftlichen Vermögenswerte deren Alter und damit die Anschaffungs- oder Herstellungszeitpunkte oftmals ein wesentliches, vom Markt berücksichtigtes Merkmal sind, sodass hierdurch die Bedeutung der Verzerrungen geringer wird. Letztlich kann jedoch der Ausschluss der Gruppenbewertung bei den zu Anschaffungs- oder Herstellungskosten bewerteten Vermögenswerten vor dem Hintergrund begrüßt werden, dass es insofern keine Bewertungsvereinfachung bedarf, als zumindest mit den Anschaffungskosten bereits ein fundierter Wert für die zu Anschaffungskosten bewerteten Vermögenswerte greifbar ist.

Für das Erfüllen der konzeptionellen Anforderungen der internationalen Rechnungslegung sowie für die praktische Anwendung des IAS 41 ist die Gruppenbewertung positiv zu bewerten[804], da insbesondere biologische Vermögenswerte häufig in Gruppen gehalten bzw. verwaltet und organisiert werden, z. B. Waldhaine und Tierherden[805]. So werden mit der **Gruppenbewertung** die oben diskutierten Probleme der einzelnen Erfassung und der daran anknüpfenden einzelnen Bewertung gemindert. Dies betrifft insbesondere das pflanzliche Vermögen, bei dem die einzelnen Vermögenswerte und Erzeugnisse teils schwer zu erfassen und damit auch schwer zu bewerten sind. Bei diesen kann nun nämlich die Bewertung erheblich vereinfacht werden. Neben der Anwendung beim Pflanzenvermögen ist die Gruppenbewertung genauso für tierisches Vermögen möglich und kann sich hierbei bspw. in der Differenzierung von Masttieren nach Alter[806] und Nutzungszweck[807] ergeben. Marginale Unterschiede zwischen den Vermögenswerten werden durch die Gruppenbewertung bewertungstechnisch vernachlässigt. Durch die Nicht-Berücksichtigung solch unwesentlicher Informationen kann die Gruppenbewertung zu einer Steigerung der Verständlichkeit der Abschlussinformationen beitragen. Insgesamt führt die Gruppenbewertung keineswegs zu einer reduzierten Relevanz der Finanzinformationen, da lediglich unwesentliche, die Entscheidungen der Rechnungslegungsadressaten nicht beeinflussende Unterschiede durch die einheitliche Bewertung aller Vermögenswerte einer Gruppe vernachlässigt werden. Zudem wird durch solch eine Vereinheitlichung der Grundsatz der Vollständigkeit nicht verletzt. Des Weiteren wirkt die Gruppenbewertung als Vereinfachungsmaßnahme positiv für das Erfüllen der Kostenrestriktion. Durch die Bewertung der in einer Gruppe etablierten Vermögenswerte zum Wert eines durchschnittlichen, repräsentativen Vermögenswertes bleibt der Gesamtwert der Vermögenseinheiten weitgehend identisch mit dem der aufaddierten Werte bei einer Einzelbewertung. Zwar treten wie angesprochen i. d. R. unwesentliche Ungenauigkeiten zu den originären Werten bei einer Einzelbewertung auf, diese stehen jedoch der für die glaubwürdige Darstellung von Informationen erforderlichen Fehlerfreiheit bei einer korrekten Anwendung der Schätzmethoden zur Ableitung des durchschnittlichen, repräsentativen Vermögenswertes nicht entgegen[808], sodass die Gruppenbewertung insgesamt als förderlich für die Entscheidungsnützlichkeit der Finanzinformationen anzusehen ist.

Für biologische Vermögenswerte geht der Standardsetter bei der Definition der Begrifflichkeiten im Standard extra auf die Bedeutung einer Gruppe von biologischen Vermögenswerten ein und bezeichnet eine solche Gruppe als eine Zusammenfassung gleichartiger lebendiger Tiere oder Pflanzen.[809] Inwiefern die gleiche Art aus biologischer Sicht gemeint ist, wird nicht näher konkretisiert. Jedoch

---

804 Vgl. JANZE, C., IFRS im landwirtschaftlichen Rechnungswesen, S. 283.

805 Vgl. BALLWIESER, W./DOBLER, M., in: Ballwieser et al., Handbuch IFRS 2011, Abschnitt 26, Rn. 24.

806 Vgl. hierzu IAS 41.15.

807 Vgl. auch BALLWIESER, W./DOBLER, M., in: Ballwieser et al., Handbuch IFRS 2011, Abschnitt 26, Rn. 24.

808 Vgl. hierzu ähnlich bspw. SCHOO, L., Umsatzrealisierung nach IFRS, S. 13; CF.QC 15.

809 Vgl. IAS 41.5. Da eine solche Abgrenzung für landwirtschaftliche Erzeugnisse unterbleibt, wird eine weite, im Ermessen des bilanzierenden Unternehmens liegende Bilanzierungseinheit für landwirtschaftliche Erzeugnisse gefördert, sodass entsprechend sowohl das einzelne landwirtschaftliche Erzeugnis als auch ein Konglomerat landwirtschaftlicher Erzeugnisse als konkretisierte Bilanzierungseinheit durch das Unternehmen gewählt werden kann. Grundsätzlich ist jedoch in Analogie zum biologischen Vermögen ebenfalls davon auszugehen, dass bei einer Gruppenbewertung von landwirtschaftlichen Erzeugnissen die Gleichartigkeit der einzubeziehenden Elemente hinsichtlich ihrer für den Markt relevanten Eigenschaften gegeben sein muss.

ist die Gleichartigkeit zumindest an die am Markt relevanten Eigenschaften geknüpft, da diese in IAS 41.15 als Merkmale zur Gruppenbildung genannt werden.[810] Da diese jedoch häufig auch von der biologischen Art der Vermögenswerte abhängen, sollten die in einer Gruppe zusammengefassten biologischen Vermögenswerte auch eine natürliche Homogenität aufweisen[811]. Für ein besseres Verständnis sollte der Standardsetter daher bei der Beschreibung einer Gruppe von biologischen Vermögenswerten von einer „Zusammenfassung wirtschaftlich und biologisch gleichartiger lebendiger Tiere oder Pflanzen" sprechen und somit die bisherige Definition solch einer Gruppe konkretisieren. Da die Gruppenbewertung auch für landwirtschaftliche Erzeugnisse möglich ist, der Standardsetter aber bei landwirtschaftlichen Vermögenswerten auf eine Definition der Gruppe verzichtet, sollte der Standardsetter analog zu den biologischen Vermögenswerten eine Gruppe landwirtschaftlicher Erzeugnisse als „Zusammenfassung wirtschaftlich und biologisch gleichartiger wirtschaftlicher Erzeugnisse" konkretisieren.

Letztlich scheint die Gruppenbewertung lediglich für annähernd standardisierbare biologische Vermögenswerte bzw. landwirtschaftliche Erzeugnisse, wie sie vor allem in der industriell geprägten Massentierhaltung oder im Pflanzenbau vorkommen, geeignet zu sein. Für sehr individuelle, besonders wertvolle Tiere, bspw. für Zuchthengste mit einmaligem Stammbaum oder Leistungsnachweisen, dürfte sich eine Gruppenbewertung mit anderen Hengsten per se ausschließen.[812] Dies liegt daran, dass hierbei die Unterschiede der biologischen Vermögenwerte zu anderen biologisch gleichartigen Vermögenswerten aufgrund der wirtschaftlichen Bedeutung der Individualität oftmals wesentlich sind. Eine Durchschnittsbewertung kann eine damit einhergehende bedeutende Streuung der Werte häufig nicht ausreichend berücksichtigen und ist daher mit dem Kriterium der glaubwürdigen Darstellung lediglich schwer vereinbar. Ein möglicher Lösungsvorschlag hierzu ist, die individuellen Vermögenswerte nach ihren individuellen beizulegenden Zeitwerten verschiedenen Wertintervallen bzw. Gruppen zuzuordnen und somit die Gesamtstreuung der Werte um die jeweiligen Durchschnittswerte zu reduzieren. Indes wäre hierfür die Ermittlung der beizulegenden Zeitwerte der Vermögenswerte erforderlich, die jedoch durch die Gruppenbewertung gerade vermieden werden sollte. Von daher wird mit dem Lösungsvorschlag die mit der Gruppenbewertung verbundene Intention nicht gänzlich erfüllt.

Die Bestimmung, ab wann es sich bei einem Vermögenswert um einen besonders wertvollen, individuellen biologischen Vermögenswert handelt, liegt im Ermessen des Unternehmens, da der Standardsetter sich zu diesem Thema nicht äußert. Hier sollte der Standardsetter konkretisierend bspw. auf landwirtschaftliche Sachverhalte eingehen, die typischerweise von einer hohen Bedeutung der Individualität der biologischen Vermögenswerte und landwirtschaftlichen Erzeugnisse geprägt sind. Nach der Meinung des Verfassers dieser Arbeit könnte er bezüglich eines Verbotes der Gruppenbewertung und nach dem Vorgehen der deutschen Finanzverwaltung explizit auf bestimmte Zuchttiere

---

810 Vgl. IAS 41.15.

811 Vgl. BALLWIESER, W./DOBLER, M., in: Ballwieser et al., Handbuch IFRS 2011, Abschnitt 26, Rn. 24; IAS 41.5.

812 In Deutschland ist bspw. daher auch eine Gruppenbewertung von besonders wertvollen Tieren für steuerliche Zwecke nach der Vorgabe der Finanzverwaltung untersagt, bspw. ggf. für Zuchthengste und -bullen sowie Turnier- oder Rennpferde. Vgl. BMF, v. 14.11.2001, S. 865, Tz. 14 i. V. m. Tz. 13.

wie Zuchtbullen oder –hengste sowie auf Turnierpferde eingehen.[813] In diesem Zusammenhang ist auch ein Hinweis auf eine durch Tests festgestellte zu starke gruppeninterne Streuung der Wertansätze der einzelnen Vermögenswerte förderlich, auch wenn dies nicht zwangsläufig an der fehlenden Eignung der Vermögenswerte zur Gruppenbewertung, sondern auch lediglich an einer fehlerhaften bzw. zu weiten Gruppeneinteilung liegen könnte.

422.3 Grundsätzliche Bilanzierung zum beizulegenden Zeitwert

Wie in Abschnitt 414.1 dargestellt, sind die landwirtschaftlichen Vermögenswerte des IAS 41 grundsätzlich mit den jeweiligen beizulegenden Zeitwerten abzüglich der geschätzten Veräußerungskosten zu bewerten.[814] Nach MACKENZIE ET AL. ließ sich das damalige IASC bei der Entscheidung zur Fair-Value-Bilanzierung insbesondere durch das spezifische landwirtschaftliche Marktumfeld sowie durch die biologische Transformation der biologischen Vermögenswerte beeinflussen und sah im Fair Value die **beste** Methode, um Relevanz, Verlässlichkeit, Vergleichbarkeit und Verständlichkeit miteinander in Einklang zu bringen.[815] Wie JANZE bereits zu Zeiten des alten Framework von 1989 betont, ist allerdings kritisch zu hinterfragen, ob die Anforderungen *relevance*, *reliability*, *comparability* und *understandability* als gleichwertige Kriterien nebeneinander angesehen werden sollten, da seines Erachtens die Interpretation der Relevanz als Residual der anderen Kriterien eine sachgerechte Darstellung fördern würde.[816] Diese Einschätzung geht aus heutiger Sicht insofern in die richtige Richtung, als auf die **Relevanz ein zentrales Augenmerk** zu legen ist. Dies wird insbesondere durch die neue Schwerpunktsetzung unter den Kriterien im Conceptual Framework deutlich. Indes ist auf der heutigen Grundlage die Relevanz insofern nicht als Residual zu sehen, als Informationen auch entscheidungsrelevant sein können, sofern sie weder vergleichbar noch verständlich sind.[817] Die Verlässlichkeit der Wertermittlung kann indes insofern weiterhin mit der Relevanz in Verbindung gesetzt werden, als zwar die Nachprüfbarkeit von Informationen ebenfalls lediglich ein fördernder Grundsatz ist[818], eine zu hohe Unsicherheit allerdings die Nützlichkeit von Informationen in Frage stellen kann, obwohl die Informationen glaubwürdig dargestellt werden[819].

Sollte ein für die Relevanz erforderliches Mindestmaß an Sicherheit von den Informationen über die künftige Ertragslage unterschritten werden, kann jedoch zumindest noch eine Erläuterung des auf Basis der Entscheidungstheorie für den Bilanzadressaten durchaus relevanten Sachverhaltes im Anhang zweckmäßig sein,[820] ohne dass z. T. auch ein quantitativer Wert in der Bilanz oder in der Gewinn- und Verlustrechnung ausgewiesen wird. In Anlehnung an PLOCK, der eine abnehmende Ver-

813 Vgl. zur Vorgabe der deutschen Finanzverwaltung BMF, v. 14.11.2001, S. 865, Tz. 14 i. V. m. Tz. 13.

814 Vgl. IAS 41.12 f. Eine Abweichung vom genannten Bewertungsmaßstab ist lediglich im Rahmen der Verlässlichkeitsausnahme möglich. Vgl. hierzu IAS 41.30 und Abschnitt 414.4.

815 Vgl. MACKENZIE, B./COETSEE, D./NJIKIZANA, T./SELBST, E./CHAMBOKO, R./COLYVAS, B./HANEKOM, B., WILEY IFRS 2014, S. 831.

816 Vgl. JANZE, C., IFRS im landwirtschaftlichen Rechnungswesen, S. 288. JANZE fragt sich dabei, inwiefern ein Wertansatz, der weder verlässlich noch vergleichbar noch verständlich ist, überhaupt relevant sein kann. Vgl. JANZE, C., IFRS im landwirtschaftlichen Rechnungswesen, S. 288.

817 Vgl. hierzu Abschnitt 313.

818 Vgl. hierzu Abschnitt 313.32.

819 Vgl. CF.QC16.

820 Vgl. in Bezug auf die Verlässlichkeit JANZE, C., IFRS im landwirtschaftlichen Rechnungswesen, S. 289.

lässlichkeit von auf aktiven Märkten ermittelten Wertansätzen (hoch verlässlich) über mithilfe von Vergleichswerten ermittelte Wertansätze (eingeschränkt hoch verlässlich) bis hin zu mithilfe von Barwerten ermittelten Wertansätzen (mittelmäßig verlässlich) feststellte,[821] kann diesbezüglich aufgrund der Vorziehenswürdigkeit von höherstufigen Wertansätzen auch eine **abnehmende Relevanz** der Wertansätze nach IFRS 13 **von der ersten bis zur dritten Stufe** festgestellt werden. So sind insbesondere für Bewertungsansätze auf der dritten Ebene relativ viele Anhangangaben erforderlich.[822]

In IFRS 13 steht zwar auch die Ermittlung des beizulegenden Zeitwertes als relevanter Wertansatz im Mittelpunkt, jedoch wird ein möglicher Zielkonflikt zwischen der Relevanz und der glaubwürdigen Darstellung als die beiden fundamentalen Grundsätze der Rechnungslegung durch die Implementierung von Anwendungsbedingungen, Bewertungsansätzen und konkretisierenden Bewertungsvorschriften gelöst.[823] Sollte die Unsicherheit bzw. die Verlässlichkeit bezüglich der Wertermittlung eines biologischen Sachverhaltes zum beizulegenden Zeitwert indes zu groß werden, erlaubt IAS 41 die Bewertung zu den Anschaffungs- bzw. Herstellungskosten nach IAS 16 im Sinne einer Verlässlichkeitsausnahme.[824] Somit wird zwar konzeptionell ein Wertansatz gewählt, der mit einer geringeren Relevanz für den jeweiligen Sachverhalt verbunden ist, dessen **Verlässlichkeit** allerdings zumindest in den meisten Fällen gegeben erscheint. Im folgenden Kapitel werden die Wertansätze der verschiedenen Stufen nach IFRS 13 sowie daran anschließend die Anschaffungs- und Herstellungskosten nach IAS 16 näher auf ihre Eignung für landwirtschaftliche Sachverhalte bzw. Vermögenswerte untersucht.

Die Bilanzierung zum beizulegenden Zeitwert nach IAS 41 anhand des Wertmaßstabes von IFRS 13 ist konzeptionell zu hinterfragen, da die grundsätzliche Konzeption des beizulegenden Zeitwertes nach IFRS 13 mit einer Grundannahme der IFRS kollidieren kann. So unterstellt das Conceptual Framework, dass bei der Aufstellung von Abschlüssen für den absehbaren Zeitraum im Regelfall von der **Fortführung des Unternehmens** (*going concern*) ausgegangen wird.[825] Eine vom Unternehmen beabsichtigte oder aus anderen Gründen erzwungene vollständige oder wesentliche Einstellung der unternehmerischen Tätigkeiten wird dabei nicht angenommen.[826] Auch nach dem Diskussionspapier DP/2013/1 soll die Prämisse der Unternehmensfortführung erhalten bleiben,[827] wobei die Bewertung von Vermögenswerten und Schulden als einer von drei Bereichen hervorgehoben wird, in dem die Prämisse der Unternehmensfortführung relevant ist.[828] Der Bewertungsmaßstab des beizulegenden Zeitwertes nach IFRS 13 als an den Preisverhältnissen des Absatzmarktes orientierter **Veräußerungswert** (***exit value***) kann hinsichtlich der Unternehmensfortführung daher insofern als **nicht prin-**

821 Vgl. PLOCK, M., Ertragsrealisation nach IFRS, S. 257-263.
822 Vgl. KIRSCH, H.-J./KÖHLING, K./DETTENRIEDER, D./GALLASCH, F., in: Baetge et al., Rechnungslegung nach IFRS, IFRS 13, Rn. 13.
823 Vgl. KIRSCH, H.-J./KÖHLING, K./DETTENRIEDER, D./GALLASCH, F., in: Baetge et al., Rechnungslegung nach IFRS, IFRS 13, Rn. 16.
824 Vgl. IAS 41.30.
825 Vgl. CF.4.1.
826 Vgl. CF.4.1.
827 Vgl. IASB (HRSG.), DP/2013/1: Conceptual Framework, 9.42-9.44.
828 Vgl. IASB (HRSG.), DP/2013/1: Conceptual Framework, 9.43 sowie S. 14.

zipienkonform angesehen werden,[829] als er theoretisch auf der Idee einer Veräußerungswertbilanz basiert.[830] Eine unmittelbare Veräußerung ist jedoch häufig nur für die wenigsten Vermögenswerte eines Unternehmens beabsichtigt bzw. möglich. Vor allem tragende bzw. produzierende Vermögenswerte sollen dem Unternehmen stattdessen langfristig während dessen Fortführung dienen.

Letztlich sind noch einige Komponenten der Konzeption des beizulegenden Zeitwertes nach IFRS 13 kritisch bezüglich ihrer Anwendung und Übertragbarkeit auf landwirtschaftliche Sachverhalte zu hinterfragen. Dies betrifft zum einen die Annahme, dass der beizulegende Zeitwert den Preis darstellt, der in einer gewöhnlichen Transaktion zwischen Marktteilnehmern beim Verkauf am Bewertungsstichtag unter aktuellen Marktbedingungen im Hauptmarkt (oder ersatzweise im vorteilhaftesten Markt) erzielt werden würde.[831] Der Hauptmarkt stellt den Markt mit dem größten Volumen und dem größten Ausmaß an Aktivität für einen Vermögenswert dar, der vorteilhafteste Markt den Markt, auf dem durch die Veräußerung eines Vermögenswertes unter Abzug von Transport- und Transaktionskosten der größte Betrag erzielt werden kann.[832] Im Rahmen von logistischen Aufwendungen und ggf. individuellen Kosten für den Transport von biologischen Vermögenswerten kann dabei von **regional abgegrenzten** Märkten ausgegangen werden, die zu unterschiedlichen beizulegenden Zeitwerten führen und somit für unterschiedliche Unternehmen auch zu unterschiedlichen Wertansätzen in der Rechnungslegung führen können.[833]

Damit geht der mit den nicht-finanziellen Vermögenswerten verbundene Grundsatz der **höchst- und bestmöglichen Nutzung** von Vermögenswerten einher.[834] Vor dem Hintergrund einer *true and fair view* sind solche Wertansätze, die zwar theoretisch erzielt werden können, praktisch aber nicht umsetzbar sind, abzulehnen.[835] Der Standardsetter geht zwar diesbezüglich konkretisierend auf die physisch mögliche, rechtlich zulässige und finanziell sinnvolle Nutzung ein[836] und reduziert somit Unsicherheiten in der Auslegung des Grundsatzes[837]. Mit den drei Konkretisierungen bezieht er sich inhaltlich jedoch auf leblose Vermögenswerte und lässt eine Besonderheit der lebenden Vermögenswerte, vor allem der Tiere, außer Betracht. So sind beim Tiervermögen neben den vom Standardsetter angesprochenen für die Preisfestlegung relevanten physischen Merkmalen der Vermögenswerte[838] häufig auch **psychische** Merkmale von Bedeutung. Diese können für zur Generierung von Schlachttieren genutzte Tiere von Relevanz sein,[839] sind aber vor allem bei der Züchtung von Luxustieren bedeutsam. Bestimmte charakterliche bzw. psychische Fähigkeiten sind bei Tieren insofern erforder-

---

829 Vgl. bereits JANZE, C., IFRS im landwirtschaftlichen Rechnungswesen, S. 285.

830 Vgl. bereits KÜMMEL, J., Grundsätze für die Fair Value-Ermittlung mit Barwertkalkülen, S. 53.

831 Vgl. IFRS 13.24.

832 Vgl. IFRS 13, Appendix A.

833 Vgl. in Bezug auf durch IFRS 13 gestrichene und zu IFRS 13 inhaltlich ähnliche alte Regelungen in IAS 41 JESSEN, D., in: Bohl et al., Beck'sches IFRS Handbuch, § 41, Rn. 11.

834 Vgl. IFRS 13.27.

835 Vgl. JANZE, C., IFRS im landwirtschaftlichen Rechnungswesen, S. 290.

836 Vgl. IFRS 13.28.

837 Vgl. zu diesbezüglichen Diskussionen im Vorfeld der Implementierung des *highest-and-best-use*-Grundsatzes vgl. JANZE, C., IFRS im landwirtschaftlichen Rechnungswesen, S. 289.

838 Vgl. IFRS 13.28.

839 Letztlich kann es hier allerdings auch auf Wesenszüge von Tieren ankommen. Beispielsweise kann die Stressempfindlichkeit von Schweinen deren Fleischqualität beeinflussen.

lich, als diese später oftmals mit anderen Tieren bzw. mit Menschen in Sozialverbünden bzw. Haushalten zusammenleben und somit mit anderen Lebewesen interagieren. Daher ist bspw. ein von Natur aus aggressiver, unnahbarer Hund als Familienhund tendenziell ungeeignet. Bei Schlachttieren kann die Fleischqualität z. T. durch eine hohe Stressempfindlichkeit der Schlachttiere gemindert sein.[840] Um die psychischen Merkmale der Tiere bzw. der Nachkommen der Tiere generationsübergreifend zu fördern, ist für die Zulassung eines Tieres als offiziell anerkanntes Zuchttier in vielen Tierzuchtverbänden das Bestehen eines Wesenstests erforderlich. In Anbetracht der Bedeutung der psychischen Merkmale könnte der Standardsetter insgesamt die Konkretisierung der höchst- und bestmöglichen Nutzung als physisch mögliche, rechtlich zulässige und finanziell sinnvolle Nutzung um die Komponente der psychisch bzw. verhaltenstechnisch möglichen Verwendung erweitern und somit auch die Besonderheiten der lebenden Vermögenswerte als bedeutsame landwirtschaftliche Sachverhalte berücksichtigen.[841]

Insgesamt sind mit der Bewertungsprämisse der höchst- und bestmöglichen Nutzung z. T. **bedeutsame Ermessens- und Beurteilungsspielräume** bei der Ermittlung des beizulegenden Zeitwertes für nicht-finanzielle Vermögenswerte verbunden, die sich vor allem bei der Prognose künftiger Cashflows auf Basis von Bewertungsmodellen zeigen.[842] Gleichwohl wird mit der Perspektive der Marktteilnehmer schwerpunktmäßig auf objektivierte Daten abgestellt und damit die glaubwürdige Darstellung und Nachprüfbarkeit der Informationen gestützt.[843] Vor dem Hintergrund der Entscheidungsnützlichkeit für die Abschlussadressaten ist die Bewertungsprämisse differenziert zu beurteilen. So wären möglicherweise höhere unternehmensspezifische und -interne Nutzungswerte als die Nutzungswerte, die aus Marktsicht bestimmt werden, bei beabsichtigter interner Nutzung für einen Vermögenswert entscheidungsrelevanter.[844] Dies könnte vor allem bei **wertvollen Zuchttieren** der Fall sein, die für den langfristigen Einsatz im Rahmen eines Zuchtplans zur Verbesserung des Genmaterials angeschafft wurden. Zum einen mag auch der Veräußerungspreis eines Vermögenswertes zur Schätzung künftiger Unternehmenscashflows seitens der Investoren bei nicht beabsichtigten Veräußerungen wenig relevant sein, wobei zum anderen gerade bei zur Veräußerung oder zum Handel gehaltenen Vermögenswerten der absatzmarktorientierte beizulegende Zeitwert für die Beurteilungen durch die Investoren sehr relevant ist.[845]

---

840 Vgl. Fn. 40. Vgl. ähnlich analog DAHINTEN, G., Schweinezucht, S. 570; LOCHNER, H./BREKER, J., Fachstufe Landwirt, S. 548.

841 Für leblose Vermögenswerte spielen verhaltenstechnische Merkmale definitionsgemäß keine Rolle. Lebendige Pflanzen weisen zwar Leben auf, können indes regelmäßig keine charakterlichen Wesenszüge zeigen. Zudem werden auch bei Preisfestlegungen etwaige Charakterzüge von Pflanzen i. d. R. nicht berücksichtigt.

842 Vgl. WAWRZINEK, W., in: Bohl et al., Beck'sches IFRS Handbuch, § 2, Rn. 247.

843 Vgl. KIRSCH, H.-J./KÖHLING, K./DETTENRIEDER, D./GALLASCH, F., in: Baetge et al., Rechnungslegung nach IFRS, IFRS 13, Rn. 121.

844 Vgl. KIRSCH, H.-J./KÖHLING, K./DETTENRIEDER, D./GALLASCH, F., in: Baetge et al., Rechnungslegung nach IFRS, IFRS 13, Rn. 121. Indes ist zu berücksichtigen, dass lediglich zum Handel gehaltene biologische Vermögenswerte von der Anwendung des IAS 41 ausgeschlossen sind. Vgl. hierzu auch Abbildung 4-1; PLOCK, M., Ertragsrealisation nach IFRS, S. 189 und S. 193.

845 Vgl. KIRSCH, H.-J./KÖHLING, K./DETTENRIEDER, D./GALLASCH, F., in: Baetge et al., Rechnungslegung nach IFRS, IFRS 13, Rn. 121.

Allerdings kann sich bei der Kombination des Hauptmarktes bzw. vorteilhaftesten Marktes mit dem *highest-and-best-use*-Grundsatz eine nicht angemessene Sachverhaltsdarstellung ergeben. Dies sei im Folgenden anhand eines **Beispiels** gezeigt.[846] Dabei hat ein Unternehmen seinen angebauten Spargel zum Bilanzstichtag als Feldinventar zu bewerten.[847] Ein aktiver Markt nach IFRS 13, Appendix A sei dafür nicht gegeben. Das Unternehmen konnte geernteten Spargel in der Vergangenheit zu unterschiedlichen Preisen an drei verschiedene Abnehmergruppen veräußern. Einen Teil des Spargels konnte er über sein Hofgeschäft und einen Lieferservice zu Höchstpreisen direkt an den Endkonsumenten veräußern, einen weiteren Teil zu geringfügig reduzierten Preisen an Einzelmarktketten sowie den restlichen Teil zu sehr reduzierten Preisen an den Großhandel. Im Rahmen des *highest-and-best-use*-Grundsatzes könnte das Unternehmen nun als Wertansatz für den Spargel den Preis annehmen, zu dem es den Spargel i. d. R. an die Endkonsumenten veräußert, da es sich hierbei zum einen um eine physisch mögliche und rechtlich zulässige, zum anderen aber im Vergleich zu den anderen beiden Veräußerungsformen insbesondere um eine finanziell sinnvolle Nutzung handelt. Indes bleibt hier festzuhalten, dass es sich bei der vollständigen Veräußerung des Spargels zu Höchstpreisen – wie sie damit angenommen wird – nicht um eine in der Praxis umsetzbare Alternative handelt, sondern diese Veräußerung lediglich eine theoretische Alternative darstellt. Insofern kann für den Spargel ein Wertansatz in der Bilanz aufgenommen werden, der letztlich nicht bei einem Verkauf in einer gewöhnlichen Transaktion zwischen Marktteilnehmern am Bewertungsstichtag erzielt würde.[848] Die Entscheidungsnützlichkeit dieser Marktsicht im Gegensatz zur Unternehmenssicht ist daher fraglich, da der Sachverhalt ggf. über den *highest-and-best-use*-Grundsatz nicht realitätsgetreu und somit verzerrt dargestellt wird.

Eine mögliche Lösung für diese Problematik könnte sein, dass das Unternehmen für die Veräußerung der Gesamtmenge unterschiedliche Märkte hinsichtlich der jeweils zu veräußernden Teilmengen vorgibt. So räumt der Standardsetter ein, dass der jeweilige Hauptmarkt bzw. vorteilhafteste Markt für den gleichen Vermögenswert für verschiedene Geschäftsbereiche im Unternehmen unterschiedlich sein kann und damit die Bestimmung des relevanten Marktes von der Sicht des bilanzierenden Unternehmens abhängen kann.[849] Würde somit das oben genannte Beispielunternehmen im Vorfeld seine potenzielle Spargelernte den drei nach Abnehmern gegliederten Geschäftsbereichen „Endkonsument", „Einzelhandel" und „Großhandel" als eigene Märkte zuordnen, könnte eine angemessene Abbildung der Bilanzierung des Spargelanbaus nach IAS 41 bzw. IFRS 13 gegeben sein und somit der *true and fair view* **entsprochen** werden.[850] Letztlich lässt der Standardsetter die Entscheidung über die Marktabgrenzung im Ermessen des bilanzierenden Unternehmens und weicht somit beim

---

846 Jedoch wird in dem Spargelbeispiel aus Vereinfachungsgründen von den verschiedenen Güteklassen des Spargels abstrahiert.

847 Vgl. für ein ähnliches Beispiel anhand von Speisekartoffeln sowie ähnlichen Rückschlüssen JANZE, C., IFRS im landwirtschaftlichen Rechnungswesen, S. 290.

848 Vgl. hierzu ähnlich auch JANZE, C., IFRS im landwirtschaftlichen Rechnungswesen, S. 290.

849 Vgl. IFRS 13.19.

850 Alternativ kann jedoch auch der Markt für zum direkten Verzehr gedachten Spargel als eigener Markt gegenüber einem Markt für für die Industrie angebauten Spargel und einem Markt für Restspargel zur Verfütterung an Tiere abgegrenzt und die Geschäftsbereiche „Endkonsument", „Einzelhandel" und „Großhandel" dabei jeweils als Marktsegmente interpretiert werden.

highest-and-best-use-Grundsatz von der sonstigen Perspektive, der Sicht der Marktteilnehmer, ab, da hierbei betriebsindividuelle Informationen z. T. eine höhere Relevanz als marktorientierte Informationen aufweisen können.[851] Insofern ist dieses Vorgehen zu begrüßen.

In Zusammenhang mit dem *highest-and-best-use*-Grundsatz ist noch auf dessen Relevanz beim Erstansatz der landwirtschaftlichen Vermögenswerte einzugehen. So kann die Anwendung dieses Grundsatzes bzw. eine damit verbundene Abweichung des Anschaffungspreises vom beizulegenden Zeitwert abzüglich der Veräußerungskosten zu einem *day one gain* bzw. *day one loss* beim bilanzierenden Unternehmen führen.[852] Eine solche Abweichung kann dabei u. a. durch Marktunvollständigkeiten erklärt werden. So kann der Verkäufer des biologischen Vermögenswertes nicht immer dessen gesamte potenzielle Nutzungsmöglichkeiten im Veräußerungspreis berücksichtigen, da er hierüber nicht vollständig informiert ist.[853] Dagegen kann der Käufer des Vermögenswertes durch seine mit diesem beabsichtigte marktspezifische bestmögliche Nutzung die auf diese Nutzung zugeschnittenen Risiken im Zugangszeitpunkt in die Bewertung miteinbeziehen. Der Anschaffungspreis und der beizulegende Zeitwert können somit voneinander abweichen, da im Anschaffungspreis letztlich nicht die spezifische später mit dem biologischen Vermögenswert verbundene Wertschöpfung angemessen berücksichtigt wird, diese jedoch beim Wertmaßstab des beizulegenden Zeitwertes beim bilanzierenden Unternehmen miteinbezogen werden kann. Durch die Spezifizierung der mit dem Vermögenswert verbundenen Wertschöpfung ist dann ggf. ein höherer oder niedrigerer Wert als die Anschaffungskosten sowie ein Gewinn bzw. Verlust anzusetzen.

422.4 Bewertung auf Basis der Inputparameter der ersten Stufe

Am entscheidungsnützlichsten und daher vorzuziehen ist die Bestimmung des beizulegenden Zeitwertes auf Basis der **Eingangsparameter der ersten Stufe** nach IFRS 13. Die Unparteilichkeit der auf dem Ausgleich von Angebot und Nachfrage basierenden Preisermittlung fördert die Objektivierung der Bilanz.[854] Die Eingangsparameter der ersten Stufe stellen für identische Vermögenswerte dem Unternehmen unmittelbar **auf aktiven Märkten zur Verfügung stehende, unverändert übernommene Preise** dar, auf die das Unternehmen am Bewertungsstichtag auch Zugriff hat.[855] Sie beziehen sich daher auf den einzelnen Vermögenswert im jeweiligen Transformationszustand. Schon hier sei angemerkt, dass bei geernteten Vermögenswerten bzw. landwirtschaftlichen Erzeugnissen zum Zeitpunkt der Ernte für eine sachgerechte Darstellung lediglich Erntepreise genutzt werden

---

851 Vgl. zur Diskussion eines möglichen Widerspruchs vergangener Forderungen des IFRIC hinsichtlich der Vorziehenswürdigkeit von marktorientierten und betriebsindividuellen Informationen JANZE, C., IFRS im landwirtschaftlichen Rechnungswesen, S. 290.

852 Vgl. hierzu auch Abschnitt 414.6.

853 Beispielsweise kann bei Bäumen berücksichtigt werden, dass diese zur Holzproduktion oder zur Gewinnung von Früchten eingesetzt werden. Entsprechend kann der Verkäufer zur Bestimmung des Verkaufspreises die mit beiden Nutzungsalternativen verbundenen Nutzenzuflüsse gewichtet berücksichtigen. Letztlich ist der Verkäufer jedoch nicht darüber informiert, wie der Vermögenswert nach dem Verkauf tatsächlich genutzt wird.

854 Vgl. HEMSATH, M., Fair Value oder Anschaffungskostenprinzip, S. 133.

855 Vgl. IFRS 13.76.

dürfen, da weiterverarbeitende Aktivitäten wie die Lagerung oder die Vermarktung der Erzeugnisse nicht zur Erntetätigkeit gehören.[856]

Aktive Märkte sind nach IFRS 13 Appendix A Märkte, auf denen Vermögenswerttransaktionen ausreichend häufig und in ausreichendem Volumen stattfinden, sodass stetig Preisinformationen zur Verfügung gestellt werden können.[857] Die Definition eines aktiven Marktes wird weiter konkretisiert, indem der Standardsetter deutlich macht, dass die Definition von aktiven Märkten inhaltlich mit älteren Definitionen, wie z. B. der aus IAS 41, einhergeht, wonach eine Homogenität der am Markt gehandelten Produkte vorliegen muss, vertragswillige Verkäufer und Käufer im Regelfall immer bereitstehen und die Preise öffentlich zugänglich sind.[858] Insbesondere bei Finanzinstrumenten wie Anleihen und Aktien sind das Vorhandensein aktiver Märkte und damit die Herleitung von Marktpreisen als Inputparameter der ersten Stufen gegeben.[859] Darüber hinaus werden aber auch viele Rohstoffe an bspw. Warenterminbörsen und anderen Marktinstitutionen gehandelt, sodass hierfür ebenfalls i. d. R. aktive Märkte gegeben sind. Dies gilt nicht nur für nicht nachwachsende Rohstoffe wie bspw. Erze oder Gold, sondern auch für viele natürliche, regenerative Rohstoffe, wie sie insbesondere in weiten Teilen der Landwirtschaft produziert werden. Insbesondere für die landwirtschaftlichen Erzeugnisse, aber auch für viele biologische Vermögenswerte bestehen Märkte, die den obengenannten Anforderungen gerecht werden, indem an speziellen Warenbörsen oder institutionalisierten Märkten viele bezüglich ihrer relevanten Eigenschaften gleiche bzw. homogene Güter gehandelt werden.[860] Daneben weisen die Märkte i. d. R. eine derart hohe Liquidität auf, dass Transaktionen in einer hohen Anzahl bzw. mit einem hohen Volumen immer und ohne den Gleichgewichtspreis verändernden Einfluss möglich sind und dass sich Verkäufer und Käufer auch stets finden können.[861]

Die Marktfähigkeit vieler landwirtschaftlicher Produkte macht die Entscheidung des IASB zur Fair-Value-Bilanzierung in der Landwirtschaft nachvollziehbar. Für biologische Vermögenswerte und landwirtschaftliche Erzeugnisse, die an aktiven Märkten gehandelt werden, ist der beizulegende Zeit-

---

856 Vgl. zur Nicht-Berücksichtigung von Lagerungs- und Vermarktungsaktivitäten im Rahmen des *highest-and-best-use*-Grundsatzes auch JANZE, C., IFRS im landwirtschaftlichen Rechnungswesen, S. 290.

857 Vgl. IFRS 13, Appendix A.

858 Vgl. IFRS 13.BC169.

859 Vgl. THEILE, C., in: Heuser et al., IFRS-Handbuch, B. II, Rn. 475.

860 Vgl. PLOCK, M., Ertragsrealisation nach IFRS, S. 208. Dabei ist teilweise, bei sogenannten Commodity-Gütern, eine Produktdifferenzierung zwischen den einzelnen Einheiten eines landwirtschaftlichen Gutes nicht möglich, z. B. bei bestimmten Getreidearten. Vgl. PLOCK, M., Ertragsrealisation nach IFRS, S. 208. So können bspw. Maiskörner über den Anbau verschiedener Sorten von Maispflanzen erzeugt werden. Die einzelnen Sorten der Maispflanze weisen dabei unterschiedliche Eigenschaften auf, bspw. hinsichtlich der Widerstandsfähigkeit gegen schlechte Wetterverhältnisse, der Kolbenlänge oder der Bodenverträglichkeit. Die Sortenauswahl für eine bestimmte Fläche basiert dann i. d. R. auf wirtschaftlichen Überlegungen. Letztlich mag durch die Auswahl einer bestimmten Sorte zwar der Output an Maiskörnern optimiert werden, für das Ergebnis bzw. die Einordnung der Maiskörner in eine Produktgruppe ist die Auswahl der Sorten allerdings oftmals nicht relevant. Dies ist vor allem der Fall, wenn es im Wesentlichen nicht um die einzelnen Vermögenswerte (hier: Körner) geht, sondern der Markt diese in größeren Mengen bspw. in Gewichteinheiten beurteilt. Die Sortenauswahl beim Mais kann relevant sein, wenn bspw. die Farbe der Körner ein für den Markt bzw. für einen bestimmten Zweck wesentliches Kriterium ist.

861 Vgl. PLOCK, M., Ertragsrealisation nach IFRS, S. 208.

wert nämlich höchst objektiv ermittelbar.[862] Dabei werden für nach bestimmten Eigenschaften standardisierte landwirtschaftliche Produkte u. a. aktuelle Terminmarktkurse, aber auch z. T. (Orts-)Kassakurse für die Produkte angegeben. Die (Orts-)Kassakurse sind im Regelfall mit den Terminmarktkursen korreliert, jedoch ist die Korrelation nicht perfekt, da der (Orts-)Kassakurs noch von lokalen Besonderheiten und Ereignissen abhängen kann, wie z. B. von regional verregneten Ernten[863] oder Dürren. Die Terminmarktkurse können daher nach der Konzeption des IFRS 13 nicht als Inputparameter der ersten Stufe genutzt werden, sofern die zur Abbildung der gegenwärtigen Marktverhältnisse erforderlichen Anpassungen der Terminmarktkurse wesentlich sind. Dies ist auch konsistent zu der Regelung nach IAS 41.16 zu Vertragspreisen, wonach der beizulegende Zeitwert eines biologischen Vermögenswertes oder eines landwirtschaftlichen Erzeugnisses auf Grundlage von abgeschlossenen Verträgen über künftige Verkäufe landwirtschaftlicher Produkte nicht zwangsweise anzupassen ist, da über solche Vertragspreise nicht notwendigerweise die gegenwärtigen Marktbedingungen widergespiegelt werden.[864]

In Deutschland können aktuelle Marktinformationen über verschiedene, speziell auf den Agrarsektor spezialisierte **Plattformen und Dienstleister** abgerufen werden. Diese geben i. d. R. zusammenfassende Übersichten zu verschiedenen Produktmärkten, Tendenzen zu Marktentwicklungen und Preisen aus. So sei hier die *Agrarmarkt Informations-Gesellschaft mbH*, die *Zentrale Markt- und Preisinformationen GmbH* oder auch der *marktkompass* der Deutscher Landwirtschaftsverlag GmbH genannt.[865] Auch die statistischen Monatsberichte des Bundesministeriums für Ernährung und Landwirtschaft (BMELV) enthalten im Sinne von Veräußerungspreisen aus der Sicht der Landwirte (sogenannte Erzeugerpreise) für viele gängige Agrarprodukte Marktpreise, wie bspw. für Milch, Eier und Schlachttiere sowie für verschiedene Getreide-, Gemüse- und Obstsorten.[866]

Es ist allerdings festzuhalten, dass die oben beschriebenen Marktpreise längst nicht für alle landwirtschaftlichen Erzeugnisse und biologischen Vermögenswerte beobachtbar sind.[867] Für biologische Vermögenswerte mit einem langen Transformationsprozess sind i. d. R. keine aktiven Märkte verfügbar, auf denen alle Entwicklungszustände der biologischen Vermögenswerte abgedeckt werden, bspw. für Baumbestände zur Holzgewinnung oder tragende Pflanzen.[868] Vor allem für biologische

---

862 Vgl. JANZE, C., IFRS im landwirtschaftlichen Rechnungswesen, S. 282; IAS 41.B16 (a). Auch aus Konsistenzgründen hinsichtlich der Bilanzierung von Finanzinstrumenten ist die Bilanzierung zum beizulegenden Zeitwert zu befürworten.

863 Vgl. MUßHOFF, O./HIRSCHAUER, N., Modernes Agrarmanagement, S. 363.

864 Vgl. IAS 41.16. Ein Unterschied besteht noch darin, dass in IAS 41.16 auf die Preise in beschlossenen Verträgen abgestellt wird.

865 Der volle Leistungsumfang der Unternehmen kann allerdings i. d. R. lediglich durch die Zahlung von Gebühren bzw. den Abschluss eines Abonnements in Anspruch genommen werden, sodass die dort bereitgestellten Informationen nicht vollständig öffentlich frei verfügbar sind. Auch verschiedene Institutionen der Länder oder Landwirtschaftskammern geben regelmäßig Marktinformationen bzw. Preisinformationen heraus, welche im Regelfall aber nicht hochaktuell sind, sondern z. B. die Preise der Vorwoche widerspiegeln.

866 Vgl. z. B. Übersicht 0301030 „Index der Erzeugerpreise landwirtschaftlicher Produkte“ auf BMELV (HRSG.), Statistischer Monatsbericht - Preise.

867 Dabei ist jedoch zu beobachten, dass die obengenannte Märkte für landwirtschaftliche Erzeugnisse zumindest häufiger als für biologische Vermögenswerte vorzufinden sind. Vgl. IAS 41.BC43.

868 Vgl. PLOCK, M., Ertragsrealisation nach IFRS, S. 210; IAS 41.B19 (a); IAS 41.B17 (e).

Vermögenswerte mit einer langen Wachstumsphase, die sich noch nicht im verwertbaren bzw. fruchtbringenden Stadium des Reifeprozesses befinden, dürften Preise an aktiven Märkten kaum zu beobachten sein.[869] Letztlich sind auch für biologische Vermögenswerte mit individuellen, spezifischen Merkmalen die geforderten Marktpreise aufgrund ihrer Einmaligkeit nicht ermittelbar (z. B. Weinstöcke,[870] einmalige, nicht vergleichbare Zuchttiere).

Insgesamt sind für konsumierbare landwirtschaftliche Vermögenswerte tendenziell eher Preise auf einem aktiven Markt bestimmbar als für tragende. Dies kann aufgrund einer späteren inhaltlichen Nähe zu landwirtschaftlichen Erzeugnissen gesehen werden, indem viele konsumierbare Vermögenswerte mit Beginn der Ernte in landwirtschaftliche Erzeugnisse übergehen. Beträgt der Zeitraum bis zur Ernte noch mehr als ein Jahr, entstehen Bewertungsschwierigkeiten dadurch, dass im Regelfall noch kein aktiver Markt für die biologischen Vermögenswerte existiert.[871] Für Tiere als biologische Vermögenswerte kann tendenziell eher ein Marktpreis bestimmt werden als für Pflanzen.[872] Dies ist jedoch auch länder- bzw. regionenspezifisch.[873]

Insgesamt ist daher die Einschätzung des Standardsetters, dass für viele biologische Vermögenswerte an aktiven Märkten unmittelbar beobachtbare Marktpreise verfügbar sind, zu relativieren.[874] Eine Gleichstellung der Marktaktivität insgesamt mit der von Finanzinstrumenten ist keineswegs gegeben. Anders ist dies bei landwirtschaftlichen Erzeugnissen. Deren Märkte weisen oftmals eine zur Aktivität von Finanzmärkten vergleichbare Aktivität auf.

---

869 Vgl. SCHARPENBERG, R./SCHREIBER, S., in: Baetge et al., Rechnungslegung nach IFRS, IAS 41, Rn. 38. So mag bspw. gefälltes Nutzholz bzw. zum Fällen bereitstehendes Nutzholz einen Preis auf einem aktiven Markt haben, jedoch bestehen für andere Entwicklungszustände des Holzbestandes während des Wachstums, also als nicht fälliges Nutzholz, oft keine aktiven Märkte. Vgl. für den australischen Markt HERBOHN, K. F./PETERSON, R./HERBOHN, J. L., Accounting for Forestry Assets, S. 57. Auch für Weinstöcke scheinen aktive Märkte kaum zu existieren. Vgl. für den australischen Markt DOWLING, C./GODFREY, J., Sows the Seeds of Change, S. 47.

870 Vgl. PLOCK, M., Ertragsrealisation nach IFRS, S. 210.

871 Vgl. JESSEN, D., in: Bohl et al., Beck'sches IFRS Handbuch, § 41, Rn. 18.

872 Bei Pflanzen ist dies u. a. auf die weitverbreitete Bilanzierungsproblematik der faktischen Immobilität zurückzuführen. Vgl. hierzu Abschnitt 22. Während für Feldinventar, Dauerkulturen oder stehendes Holz kaum Preise über einen aktiven Markt ermittelbar sind, sind bei Tieren Verkehrswerte antizipierbar, soweit die Tiere sich als konsumierbare Vermögenswerte zeitlich nah vor ihrer Ernte bzw. Ertragsbringung befinden. Vgl. JANZE, C., IFRS im landwirtschaftlichen Rechnungswesen, S. 283. Vor allem für unfertige oder sich am Anfang oder mitten in einer mehrjährigen Nutzungsdauer befindende Nutztiere können oftmals keine adäquaten Marktdaten ermittelt werden. Vgl. JANZE, C., IFRS im landwirtschaftlichen Rechnungswesen, S. 283.

873 Während in Deutschland für den Großteil pflanzlicher und auch tierischer biologischer Vermögenswerte i. d. R. die Bestimmung eines Preises über einen aktiven Markt nicht möglich ist, kann eine solche Preisbestimmung durch Unterschiede in der Struktur und Transparenz der Märkte in anderen Ländern oder Regionen sehr wohl möglich sein. Vgl. JANZE, C., IFRS im landwirtschaftlichen Rechnungswesen, S. 283.

874 Hier wird in der Literatur die Meinung vertreten, dass der Standardsetter die verbreitete Abwesenheit von aktiven Märkten bei biologischen Vermögenswerten nicht ausreichend in der Regelsetzung berücksichtigt hat. Vgl. hierzu JANZE, C., IFRS im landwirtschaftlichen Rechnungswesen, S. 282.

422.5 Bewertung auf Basis der Inputparameter der zweiten und dritten Stufe

422.51 Überblick

Im Vorkapitel wurde näher auf die Durchführbarkeit der Bewertung zum beizulegenden Zeitwert auf Basis der Inputparameter der ersten Stufe im Kontext der Landwirtschaft eingegangen. Dabei wurden Besonderheiten für bestimmte biologische Vermögenswerte und landwirtschaftliche Erzeugnisse aufgezeigt. Durch den Bezug zu den Inputparametern der ersten Stufe nach IFRS 13 und damit zu notierten, unmittelbar übernommenen Preisen eines identischen Vermögenswertes auf einem aktiven Markt beschränkten sich die Ausführungen definitionsgemäß auf die Anwendung der Marktmethode zur Ermittlung des beizulegenden Zeitwertes.[875] Für die Ermittlung des beizulegenden Zeitwertes auf Basis der Inputparameter der zweiten Stufe, d. h. auf Basis am Markt direkt oder indirekt beobachtbarer Inputparameter, die nicht der ersten Stufe zuzuordnen sind,[876] und für die Ermittlung des beizulegenden Zeitwertes auf Basis der Inputparameter der dritten Stufe, d. h. auf Basis nicht am Markt beobachtbarer Inputparameterkönnen neben auf der Marktmethode basierenden Verfahren auch auf der Kapitalwertmethode und der Kostenmethode basierende Verfahren zur Ermittlung des beizulegenden Zeitwertes angewandt werden.

Nach einer kurzen Darstellung der Bedeutung der Marktmethode für die zweite und dritte Stufe nach IFRS im landwirtschaftlichen Zusammenhang[878] sollen daher diese Verfahren bzw. die damit verbundenen Wertansätze im Folgenden im Fokus der Betrachtung stehen und vor dem Hintergrund der Besonderheiten der landwirtschaftlichen Vermögenswerte diskutiert werden. Die Verfahren können dabei auch in Verbindung zueinander stehen, indem zur Bestimmung des beizulegenden Zeitwertes durch ein bestimmtes Verfahren bspw. auf einen Parameter, der durch ein anders Verfahren ermittelt wurde, zurückgegriffen wird. So sind die marktorientierten, barwertorientierten und kostenorientierten Verfahren insofern auch **nicht** gänzlich **überschneidungsfrei**, da alle Verfahren mehr oder minder auf marktorientierten Parametern basieren. Häufig ist zudem eine Anpassung oder Kombination der Standardverfahren erforderlich, um einen beizulegenden Zeitwert nach den Vorgaben des IFRS 13 ermitteln zu können. Auch lässt sich in der Landwirtschaft mithilfe von verschiedenen Bewertungsverfahren eine **Bandbreite** von Werten festlegen, aus der dann ein Punkt mit der bestmöglichen Repräsentanz für den beizulegenden Zeitwert ausgewählt werden kann.[879] Der beizulegende Zeitwert ergibt sich dabei als eine Art Zwischenwert[880]. Da die Einordnung der Verfahren in die zweite oder dritte Stufe letztlich von der **Qualität bzw. der Beobachtbarkeit der Inputparameter**

---

875 Über barwertorientierte oder kostenorientierte Ansätze hergeleitete Wertansätze sind prinzipiell nicht mit der ersten Stufe der Inputparameter nach IFRS 13 vereinbar, sondern der zweiten oder dritten Stufe zuzuordnen. Vgl. KÖHLING, K., Barwertorientierte Fair Value-Ermittlung für Renditeimmobilien, S. 34.

876 Vgl. IFRS 13.81; Abschnitt 414.23.

877 Vgl. IFRS 13.86; Abschnitt 414.23.

878 Aufgrund der ausführlichen Analyse der Marktmethode in Abschnitt 422.4 und diesbezüglich überwiegend gleicher Gedankengänge wird lediglich auf die Besonderheiten der Marktmethode im landwirtschaftlichen Zusammenhang für die zweite und dritte Stufe eingegangen.

879 Vgl. IFRS 13.63.

880 Vgl. hierzu JANZE, C., IFRS im landwirtschaftlichen Rechnungswesen, S. 325; KÖHNE, M., Landwirtschaftliche Taxationslehre, S. 724 f.

abhängt,[881] die Beobachtbarkeit jedoch einzelfallabhängig variieren kann, wird auf eine allgemeine strukturelle Zuordnung der Bewertungsverfahren zur zweiten oder dritten Stufe verzichtet.[882]

422.52 Marktbasierte Verfahren und Ansätze

Die **marktorientierten** Verfahren greifen auf Preisinformationen und sonstige Informationen zurück, die für Transaktionen identischer oder ähnlicher Vermögenswerte bzw. Vermögenswertgruppen vorliegen.[883] Insofern führt hier ein auf marktorientierten Verfahren basierender beizulegender Zeitwert auch tendenziell zu einer Parametereinstufung bzw. Gesamtergebniseinstufung auf der zweiten Stufe.[884] Insgesamt bietet sich die Ermittlung des beizulegenden Zeitwertes über marktbasierte Verfahren vor allem für im Vergleich zu den zuvor in Abschnitt 422.4 für die Parameter der ersten Stufe in Frage kommenden Vermögenswerten ähnliche Vermögenswerte an, bei denen nicht die Anforderungen der ersten Stufe erfüllt werden, bspw. aufgrund eines wesentlichen Anpassungsbedarfs der Marktpreise oder der Inaktivität der Märkte[885].

Im Gegensatz zu bspw. Finanzimmobilien sind landwirtschaftliche Vermögenswerte und somit sowohl Tiere als auch Pflanzen und deren landwirtschaftliche Erzeugnisse i. d. R. **keine Unikate**, sodass eine Bewertung auf Basis vergleichbarer Marktpreise in vielen Fällen glaubwürdig und relevant erscheinen kann.[886] Letztlich ist es dabei erforderlich, dass die zum Vergleich dienenden Vermögenswerte in den wesentlichen bewertungsrelevanten Merkmalen weitgehend mit dem originär zu bewertenden Vermögenswert übereinstimmen und die herangezogenen, vergleichbaren Marktinformationen auch hinreichend verlässlich bestimmbar sind.[887] Für die Bewertung ist es bedeutsam, dass die vergleichbaren Marktpreise hinsichtlich der Unterschiede zu dem zu approximierenden Preis auf einem aktiven Markt entsprechend **angepasst** werden,[888] indem der Wert bspw. um besondere Motive des Käufers oder besondere Marktgegebenheiten korrigiert wird[889]. Ist eine solche Anpassung allerdings substanziell, ist das Ergebnis der dritten Stufe nach IFRS 13 zuzuordnen, wobei in einem solchen Fall zu hinterfragen ist, inwieweit überhaupt noch eine zur Anwendung der Vergleichsverfahren ausreichende Vergleichbarkeit zwischen den Vermögenswerten vorliegt.[890]

---

881 Vgl. hierzu IFRS 13.72.

882 Stattdessen werden für ausgewählte biologische Vermögenswerte zumindest vereinzelt Tendenzaussagen bezüglich der Zuordnung eines Verfahrens in die zweite oder dritte Ebene getroffen. So ist in der Praxis tendenziell davon auszugehen, dass aufgrund des stärkeren Marktbezugs von Tiervermögen (vgl. hierzu Abschnitt 422.4) dessen beizulegender Zeitwert vielfach mindestens auf der gleichen Stufe einzuordnen ist wie der beizulegende Zeitwert pflanzlicher Vermögenswerte.

883 Vgl. für eine allgemeine Beschreibung der Marktmethode IFRS 13.B5. „Ähnlich“ wird hier im Sinne von „vergleichbar“ genutzt. Vgl. IFRS 13.B5.

884 Vgl. hierfür HFA DES IDW, IDW RS HFA 47, S. 95, Tz. 61. Die Marktmethode für die erste Stufe wurde bereits in Abschnitt 422.4 behandelt.

885 Vgl. hierzu IFRS 13.82; Abschnitt 414.23.

886 Vgl. ähnlich mit Bezug zur Verlässlichkeit PLOCK, M., Ertragsrealisation nach IFRS, S. 258. Vgl. in diesem Zusammenhang zu landwirtschaftlichen Commodity-Gütern auch Fn. 860. Ausnahmen bzw. Unikate stellen häufig insbesondere wertvolle Zuchttiere dar.

887 Vgl. HFA DES IDW, IDW RS HFA 47, S. 95, Tz. 60.

888 Vgl. PLOCK, M., Ertragsrealisation nach IFRS, S. 258.

889 Vgl. HFA DES IDW, IDW RS HFA 47, S. 95, Tz. 60.

890 Vgl. HFA DES IDW, IDW RS HFA 47, S. 95, Tz. 61.

Die Ermittlung des beizulegenden Zeitwertes anhand von Vergleichswerten ist in Analogie zu den in Abschnitt 422.4 für die marktorientierte Bewertung in Frage kommenden Vermögenswerten vor allem für marktfähiges, nahezu fertiggestelltes Tier- und Pflanzenvermögen verhältnismäßig möglich.[891] Tendenziell ist die Ermittlung des beizulegenden Zeitwertes für Vergleichswerte bei langfristigen im Vergleich zu kurzfristigen, bei tragenden im Vergleich zu konsumierbaren und bei pflanzlichen im Vergleich zu tierischen Vermögenswerten in der Praxis aufgrund der jeweiligen zur Verfügung stehenden Anzahl von Vergleichspreisen schlechter möglich.

Im Fokus steht auch bei den marktorientierten Verfahren entsprechend der Konzeption des IFRS 13 die Orientierung an **Verkaufspreisen.**[892] Diese Verkaufspreise können dabei auch Markttransaktionen gleichartiger Vermögenswerte zu früheren Zeitpunkten widerspiegeln[893]. Preise auf nicht aktiven Märkten, auf denen biologische Produkte getauscht bzw. gehandelt werden, können ebenfalls zur Wertermittlung des beizulegenden Zeitwertes beitragen, bspw. Preise auf monatlichen Viehversteigerungen[894] oder Preise auf regelmäßig stattfindenden Tierbörsen oder weiteren landwirtschaftlichen Präsenzmärkten. Dabei ist jedoch zu berücksichtigen, dass sich zwischen dem Transaktionszeitpunkt und dem Bewertungsstichtag die wesentlichen wirtschaftlichen Rahmenbedingungen nicht verändert haben[895] und es ansonsten ebenfalls keine Hinweise auf eine wesentliche Wertveränderung gibt. Aufgrund der zunehmenden Unsicherheit im fortschreitenden Zeitverlauf sind zeitlich jüngere Transaktionspreise älteren Transaktionspreisen vorzuziehen. Dabei muss aber dennoch hinterfragt werden, inwieweit auch ein junger Transaktionspreis für die Bewertung als Maßstab noch relevant sein kann und ob überhaupt noch eine Vergleichbarkeit des Vergleichsobjektes mit dem zu bewertenden Vermögenswert vorliegt.

Als marktorientiertes Verfahren können für biologische Vermögenswerte auch **Markt-Multiplikatoren**, ggf. aus mehreren Vergleichswerten, abgeleitet werden, sodass auf dieser Basis der beizulegende Zeitwert bestimmt werden kann.[896] Dies ähnelt sehr dem Ansatz, der bereits vor dem Inkrafttreten des IFRS 13 in IAS 41.18 (c) (2010) durch den Bezug auf Branchen-Benchmarks verankert war.[897] Für die breite Anwendbarkeit von Multiplikatoren bei biologischen Vermögenswerten und landwirtschaftlichen Erzeugnissen ist auch von Bedeutung, dass sich die landwirtschaftlichen Vermögenswerte häufig auf andere Maßeinheiten als auf die Stückzahl beziehen können. So stellen oftmals Gewicht, Volumen oder andere Parameter bewertungsrelevante Faktoren dar. Entsprechend

---

891 Vgl. ähnlich in Bezug auf Tiervermögen JANZE, C., in: Lüdenbach et al., Haufe IFRS-Kommentar, § 40, Rn. 54.

892 Im Gegensatz zu Verkaufspreisen werden Zukaufspreise über Beschaffungsmärkte ermittelt. Im Rahmen von IFRS 13 ist eine Verwendung solcher Preise (*entry prices*) zwar nicht intendiert (vgl. LÜDENBACH, N./HOFFMANN, W.-D./FREIBERG, J., in: Lüdenbach et al., Haufe IFRS-Kommentar, § 8a, Rn. 13; Abschnitt 414.21), indes können die Preise zur Orientierung dienen und, sofern keine Hinweise auf Abweichungen zwischen einem ggf. nicht konkret bestimmbaren Verkaufspreis und dem Zukaufspreis vorliegen, oftmals verwendet werden.

893 Vgl. im Rahmen der früheren Fair-Value-Definition des IAS 41 auch PLOCK, M., Ertragsrealisation nach IFRS, S. 210.

894 Vgl. im Rahmen der früheren Fair-Value-Definition des IAS 41 auch PLOCK, M., Ertragsrealisation nach IFRS, S. 210.

895 Vgl. zum Wortlaut ähnlich IAS 41.18 (a) (2010).

896 Vgl. für die allgemeine Anwendung IFRS 13.B6.

897 Vgl. für den Bezug IAS 41.18 (c) (2010).

können bspw. Rinder über den Multiplikator Preis pro Kilogramm Fleisch, eine Obstplantage über den Preis pro Hektar, pro Exportkisten oder pro Scheffel[898] und Brennholz über den Preis pro Raummeter ermittelt werden.

Die Ermittlung von sogenannten **Abtriebswerten** ist ein weiteres marktbezogenes Verfahren. Abtriebswerte werden in der Holzbranche genutzt und sind definiert als die um Holzerntekosten[899] verminderten Erlöse, die sich bei der Veräußerung all jener in einem bestimmten Bestandsalter anfallenden Holzsorten und -mengen zu einem jeweils aktuellen durchschnittlichen Preiskonstrukt ergeben würden[900]. Damit handelt es sich bei Abtriebswerten um theoretische, absatzmarktorientierte Liquidationswerte nach der Konzeption der IFRS.[901] Die Berechnungsgrundlagen der Abtriebswerte werden dabei oftmals als Landesdurchschnittswerte veröffentlicht.[902] Diese sind zur Waldbewertung zu nutzen, soweit die Bewertungsgrundlagen nicht im Einzelfall erheblich von den standardisierten Werten abweichen.[903] So werden bspw. die Holzerntekosten für die Holzsorten Eiche, Buche, Fichte und Kiefer und jeweils für ihren Erntebrusthöhendurchmesser sowie für drei unterschiedliche Erntekostenstufen bzw. Ernteschwierigkeitsgrade ausgegeben.[904] Eine Aktualisierung der Landesdurchschnittswerte wird i. d. R. jährlich oder alle zwei Jahre durchgeführt, sodass die Aktualität bzw. die Marktnähe der Wertansätze im Einzelfall hinterfragt werden muss bzw. ggf. die Daten anzupassen sind, soweit es wesentliche Änderungen seit der letzten Aktualisierung der Werte gegeben hat. Allgemein kann der Grundgedanke der Abtriebswerte auch auf andere biologische Vermögenswerte, d. h. auf andere konsumierbare Pflanzen, konsumierbare Tiere oder tragende Tiere und Pflanzen, übertragen werden. Durch das Abstellen der Abtriebswerte auf gegenwärtige bzw. kurz zurückliegende Verhältnisse am Markt und die damit verbundene Ausblendung möglicherweise sehr spekulativer künftiger Zustände und Verhältnisse kann der Wertmaßstab gut für die monetäre Darstellung der aktuellen Vermögenssubstanz bzw. deren Änderung dienen.[905] Dabei bietet sich die Bewertung zu Abtriebswerten insbesondere bei längerfristigem Vermögen, wie stehendem Holz, an[906], da eben keine weit in der Zukunft anfallenden, sehr unsicheren künftigen Zahlungsströme geschätzt werden

898 Vgl. IAS 41.18 (c) (2010).

899 Zu den Holzerntekosten zählen alle Kosten, die bei der Anwendung von gegendspezifischen Ernteverfahren durch das Fällen, Aufarbeiten und Bringen von unentrindetem und gerücktem, d. h. aus dem Wald zu einem Weg befördertem, Holz entstehen. Vgl. MINISTERIUM FÜR ERNÄHRUNG, LANDWIRTSCHAFT UND VERBRAUCHERSCHUTZ, Waldbewertungsrichtlinien, S. 43, Tz. 10. Sie enthalten auch die Lohnnebenkosten, die Holzerntenebenkosten, wie bspw. die Kosten für die Vermessung des Holzbestandes und die Aufnahme dessen Hiebsbedingungen, und die Umsatzsteuer bezüglich des Unternehmereinsatzes. Vgl. MINISTERIUM FÜR ERNÄHRUNG, LANDWIRTSCHAFT UND VERBRAUCHERSCHUTZ, Waldbewertungsrichtlinien, S. 43, Tz. 10.

900 Vgl. MINISTERIUM FÜR ERNÄHRUNG, LANDWIRTSCHAFT UND VERBRAUCHERSCHUTZ, Waldbewertungsrichtlinien, S. 45, Tz. 16.

901 Vgl. JANZE, C., in: Lüdenbach et al., Haufe IFRS-Kommentar, § 40, Rn. 48.

902 Vgl. MINISTERIUM FÜR ERNÄHRUNG, LANDWIRTSCHAFT UND VERBRAUCHERSCHUTZ, Waldbewertungsrichtlinien, S. 41, Tz. 4.

903 Vgl. MINISTERIUM FÜR ERNÄHRUNG, LANDWIRTSCHAFT UND VERBRAUCHERSCHUTZ, Waldbewertungsrichtlinien, S. 41, Tz. 4.

904 Vgl. NIEDERSÄCHSISCHE LANDESFORSTEN (HRSG.), Stammholz - Erntekosten, S. 1. Zur Zuordnung anderer Baumarten in die vier genannten Kategorien vgl. NIEDERSÄCHSISCHE LANDESFORSTEN (HRSG.), Zuordnung der Baumarten, S. 1-3.

905 Vgl. MÜLLER, D. M., Bilanzierung des Waldvermögens, S. 99.

906 Vgl. hierzu JANZE, C., in: Lüdenbach et al., Haufe IFRS-Kommentar, § 40, Rn. 48.

müssen[907], wie z. B. die Verkaufserlöse für das Holz in 120 Jahren. Indes führt die Bewertung zu Abtriebswerten lediglich dann zu glaubwürdigen Informationen für die Abschlussadressaten, wenn der Bestand bzw. der Fortschritt der biologischen Transformation eines Vermögenswertes bspw. aufgrund einer Inventur detailliert ermittelt werden kann.[908] Aufgrund der mit solch einer Inventur in der Praxis z. T. verbundenen hohen finanziellen und organisatorischen Herausforderungen für das bewertende Unternehmen müssen dabei aber vor allem Kosten-Nutzen-Abwägungen mit in die Beurteilung einbezogen werden.[909] So ist bspw. bei stehendem Holz die Bestimmung des Bestockungsgrades, der Leistungsklasse oder des Brusthöhendurchmessers erforderlich und eine solche Inventur aus wirtschaftlichen Gründen i. d. R. nicht jährlich möglich.[910]

Zudem stellt der Abtriebswert i. d. R. lediglich eine **Wertuntergrenze** dar.[911] So wird insbesondere im freien Grundstücksverkehr[912] für stehendes Holz i. d. R. ein höherer Betrag bezahlt als der Abtriebswert, da das veräußernde Unternehmen z. T. eine Entschädigung für den Zuwachsausfall verlangen wird.[913] Daher sind Abtriebswerte insofern nicht immer unmittelbar als beizulegender Zeitwert geeignet, als sie oftmals nicht denjenigen Preis darstellen, welcher im Rahmen einer gewöhnlichen Transaktion am Bewertungsstichtag unter Marktakteuren bei der Veräußerung eines Vermögenswertes zustande kommen würde[914].[915] Der mit einem Vermögenswert künftig erzielbare Nutzen (bspw. durch das Wachstum bis zum beabsichtigten Ende des Transformationsprozesses) wird durch die bei Abtriebswerten unterstellte fiktive Ernte der biologischen Vermögenswerte regelmäßig nicht unmittelbar wiedergegeben. Zudem ist auch das für die Ermittlung von Abtriebswerten erforderliche Preisgefüge nicht immer sachverhaltsgerecht ermittelbar. Dies kann vor allem in den anfänglichen Entwicklungsstadien der biologischen Vermögenswerte zutreffen, in denen ggf. noch keine relevanten Preise zur Verfügung stehen oder in denen die Abtriebswerte negative Werte annehmen würden, da eine Ernte wirtschaftlich nicht sinnvoll wäre.[916] An diesem Beispiel kann nachvollzogen werden, dass die Abtriebswerte oftmals nicht unmittelbar als beizulegende Zeitwerte verwendbar sind, da ein Dritter i. d. R. für einen biologischen Vermögenswert im anfänglichen Stadium sehr wohl einen be-

---

907 Vgl. JANZE, C., IFRS im landwirtschaftlichen Rechnungswesen, S. 309; JANZE, C., Umsetzungsempfehlungen des IAS 41, S. 137.

908 Vgl. in Bezug auf stehendes Holz und noch mit Bezug zur Verlässlichkeit anstelle der glaubwürdigen Darstellung JANZE, C., in: Lüdenbach et al., Haufe IFRS-Kommentar, § 40, Rn. 51, 48; JANZE, C., IFRS im landwirtschaftlichen Rechnungswesen, S. 310.

909 Vgl. zu den Herausforderungen für stehendes Holz JANZE, C., IFRS im landwirtschaftlichen Rechnungswesen, S. 310; JANZE, C., in: Lüdenbach et al., Haufe IFRS-Kommentar, § 40, Rn. 51, 48.

910 Vgl. JANZE, C., IFRS im landwirtschaftlichen Rechnungswesen, S. 310.

911 Vgl. MÜLLER, D. M., Bilanzierung des Waldvermögens, S. 103 und S. 99.

912 Beim freien Grundstücksverkehr werden Grundstücke durch frei vereinbarte Verträge verkauft, gekauft oder getauscht. Vgl. hierzu auch MINISTERIUM FÜR ERNÄHRUNG, LANDWIRTSCHAFT UND VERBRAUCHERSCHUTZ, Waldbewertungsrichtlinien, S. 50, Tz. 37 und S. 4, Tz. 2. Kein freier Grundstücksverkehr liegt typischerweise bei Enteignungen oder bei anderem öffentlich-rechtlich veranlassten Grundstücksverkehr vor. Vgl. hierzu MINISTERIUM FÜR ERNÄHRUNG, LANDWIRTSCHAFT UND VERBRAUCHERSCHUTZ, Waldbewertungsrichtlinien, S. 4, Tz. 2.

913 Vgl. JANZE, C., IFRS im landwirtschaftlichen Rechnungswesen, S. 307; JANZE, C., Umsetzungsempfehlungen des IAS 41, S. 136.

914 Vgl. zur Fair-Value-Definition IFRS 13.9 und in Bezug auf IAS 41 IAS 41.8. Vgl. auch Abschnitt 414.21.

915 Vgl. ähnlich bereits JANZE, C., IFRS im landwirtschaftlichen Rechnungswesen, S. 308.

916 In diesem Zusammenhang wird von JANZE bezogen auf stehendes Holz empfohlen, die Abtriebswerte als Bewertungsmaßstab heranzuziehen, nachdem diese die anfänglich bilanzierten Kostenwerte übersteigen. Vgl. JANZE, C., IFRS im landwirtschaftlichen Rechnungswesen, S. 309.

stimmten positiven Preis bezahlen würde. Dies wäre mit der Absicht des Dritten verbunden, den jeweiligen Vermögenswert bis zu einem bestimmten Zeitpunkt zu halten und dadurch einen Wertzuwachs zu generieren. Es ist im Regelfall nicht davon auszugehen, dass der Käufer Geld vom Verkäufer erhalten muss, damit er den Vermögenswert übernimmt. Letztlich dienen Abtriebswerte vor allem der unteren Einengung der Bandbreite für den beizulegenden Zeitwert eines biologischen Vermögenswertes. Mit zunehmendem Reifegrad nähert sich der Abtriebswert von konsumierbaren biologischen Vermögenswerten dem beizulegenden Zeitwert an, da die ausstehende künftige Transformation des biologischen Vermögenswertes bzw. der damit verbundene Nutzengewinn geringer wird. Bei einer Veräußerung des Vermögenswertes verliert somit die Aufteilung des künftigen Zuwachses zwischen Käufer und Verkäufer an Bedeutung bzw. wird unwesentlicher. Aus theoretischer Sicht dürften sich der Abtriebswert und der beizulegende Zeitwert erst im Zeitpunkt der Ernte entsprechen. Insgesamt ist die Anwendung der Abtriebswerte zur direkten Ermittlung des beizulegenden Zeitwertes daher eingeschränkt.

Ein weiterer marktorientierter Wertansatz ist die Bewertung zum **Neuwert abzüglich eines Entwertungsabschlages**, wobei sich dieser aus der über die Nutzungsdauer verteilten Differenz zwischen dem Neuwert eines gleichen, alternativen biologischen Vermögenswertes und dem Abgangswert des biologischen Vermögenswertes ergibt.[917] Die über diese Methode bewerteten biologischen Vermögenswerte sind i. d. R. tragende Vermögenswerte, werden typischerweise nicht gehandelt und können mit Ausnahme des Alters weitgehend identisch ersetzt werden, was vor allem auf männliche Zuchttiere zutrifft, wie bspw. Zuchtbullen[918] und Zuchthengste.[919] So sind männliche Zuchttiere nach dem Erreichen ihres Reifestatus i. d. R. weder einer wesentlichen körperlichen, biologischen Transformation ausgesetzt, noch führt die Erzeugung ihrer Frucht im Sinne des von ihnen erzeugten Samengutes zu einer erheblichen Wertsteigerung des Tieres, wie dies bei trächtigen Muttertieren häufig der Fall ist. Zudem sind für übliche in der Landwirtschaft genutzte Tiersorten häufig auch Marktwerte für „neuwertige" männliche Zuchttiere relativ gut ermittelbar.[920] Der Entwertungsabschlag kommt einer planmäßigen Abschreibung gleich, deren Höhe sich auch aus der Anzahl der im Produktionszeitraum erwarteten Produktionseinheiten ableiten lässt. Während der Neuwert noch gut zum Bewertungsstichtag ermittelt werden kann, ist dies beim Abgangswert zwar häufig auch der Fall. Indes liegt bei diesem ein falscher Zeitbezug vor. So müsste nach der Konzeption des beizulegenden Zeitwertes nach IFRS 13 nicht der gegenwärtige Abgangswert, sondern der künftig erwartete Abgangswert des biologischen Vermögenswertes zum Zeitpunkt der Veräußerung bzw. des Abgangs zur Berechnung des Entwertungsabschlages herangezogen werden. Zur Ermittlung eines solchen künftigen Abgangswertes könnten bspw. die Preise von Warenterminbörsen für den gleichen Vermögenswert oder für ähnliche Vermögenswerte herangezogen werden. Sollten indes keine Hinweise vorliegen, dass sich der

917 Vgl. in Bezug auf Tiere JANZE, C., IFRS im landwirtschaftlichen Rechnungswesen, S. 341.

918 Vgl. KÖHNE, M., Landwirtschaftliche Taxationslehre, S. 671 f.

919 Darüber hinaus können z. B. auch Legehennen, die mehrjährig genutzt werden, mit dem Neuwert abzüglich des Entwertungsabschlages bewertet werden.

920 Dies gilt nicht unbedingt für besonders wertvolle, individuelle Zuchttiere.

künftige Abgangswert vom gegenwärtigen Abgangswert unterscheidet, kann auch der aktuelle Abgangswert als Schätzwert für den künftigen Abgangswert genutzt werden.

Eine teilweise die vorherigen Wertansätze nutzende, marktorientierte Methode zur Bestimmung des beizulegenden Zeitwertes auf Basis von Inputparametern der zweiten oder dritten Stufe ist die Anpassung durch **Interpolation**. So kann bspw. als praxisrelevante Methode bei unfertigen Masttieren, bei denen von einem annähernd linearen Mastverlauf ausgegangen werden kann, zwischen zwei Eckwerten linear interpoliert werden,[921] um einen Wertansatz nach IFRS 13 zu bestimmen. Insgesamt muss eine Anwendung der linearen Interpolation im Sachverhalt begründet sein, da bspw. der Wertverlauf von Masttieren auch vom Mastverfahren abhängt und es dabei zu wesentlichen Wertunterschieden im Vergleich zu einer linearen Wertannahme kommen kann.[922] So besteht ein diskontinuierlicher Wertverlauf insbesondere bei Mastverfahren mit unterschiedlichen Phasen, wie z. B. Vormast-, Endmast- oder extensiven Mastphasen.[923] Insofern ist die lineare Interpolation bei einem nichtlinearen Verlauf der Mast, wie z. B. bei der Mast von Bullen mit vorgesehenen Weideperioden, regelmäßig nicht für die Bestimmung des beizulegenden Zeitwertes geeignet.[924] Indes kann z. T. aus Vereinfachungsgründen auch bei mehrjährig erzeugenden Tieren eine Interpolation zwischen zwei Eckwerten angemessen sein, wenn bspw. bei einer Milchkuh der Zukaufswert bzw. Marktveräußerungswert und der Schlachtwert einer alten Kuh als Eckwerte dienen.[925] Der damit ggf. verbundene Fehler durch eine nicht gänzlich der Realität entsprechenden Darstellung des Wertverlaufs aufgrund der häufigen nicht-linearen Wertentwicklungen und aufgrund einer Vernachlässigung vermögenswertspezifischer Nutzungsverläufe kann oftmals als lediglich geringfügig eingestuft werden.[926] Letztlich sollte der im Rahmen der marktorientierten Verfahren ermittelte Wert aber noch an die weiteren Umstände bzw. den Zustand des biologischen Vermögenswertes angepasst werden, da sich in einem landwirtschaftlichen Betrieb bspw. gleiche Vermögenswerte in unterschiedlichen Entwicklungsstadien befinden. So können sich bspw. sowohl leerstehende, nieder- und hochtragende Muttertiere in einem Betrieb befinden.[927] Die unterschiedlichen Zustände sollten daher entsprechend durch Trächtigkeitszuschläge berücksichtigt werden, wobei auch je nach Sachverhalt verschiedene weitere Zu- und Abschläge einzubeziehen sind, bspw. Zuchtwertschläge oder Zuschläge aufgrund der erfolgreichen Besamungsvorbereitung.[928] Durch die Ab- und Zuschläge werden somit unterschiedliche Sach-

---

921 Vgl. JANZE, C., in: Lüdenbach et al., Haufe IFRS-Kommentar, § 40, Rn. 55. So kann eine lineare Interpolation u. U. bei Mastschweinen vertretbar sein. Vgl. hierzu KÖHNE, M., Landwirtschaftliche Taxationslehre, S. 662; JANZE, C., in: Lüdenbach et al., Haufe IFRS-Kommentar, § 40, Rn. 55. Auch bei der Geflügelmast kommt eine lineare Interpolation in Frage. Vgl. KÖHNE, M., Landwirtschaftliche Taxationslehre, S. 662.

922 Vgl. KÖHNE, M., Landwirtschaftliche Taxationslehre, S. 662.

923 Vgl. KÖHNE, M., Landwirtschaftliche Taxationslehre, S. 662.

924 Vgl. bereits JANZE, C., IFRS im landwirtschaftlichen Rechnungswesen, S. 334. Vgl. mit Bezug zu Taxationszwecken KÖHNE, M., Landwirtschaftliche Taxationslehre, S. 662.

925 Vgl. JANZE, C., in: Lüdenbach et al., Haufe IFRS-Kommentar, § 40, Rn. 56.

926 Vgl. JANZE, C., IFRS im landwirtschaftlichen Rechnungswesen, S. 338. Eine nicht sachgerechte Darstellung kann vor allem in den frühen Produktionszyklen der Fall sein, z. B. bei Zuchtsauen, deren Wert in diesem Zeitraum regelmäßig noch im Wert zunimmt. Vgl. JANZE, C., IFRS im landwirtschaftlichen Rechnungswesen, S. 338.

927 Vgl. für Zuchtsauen JANZE, C., IFRS im landwirtschaftlichen Rechnungswesen, S. 338.

928 Vgl. für Zuchtsauen JANZE, C., IFRS im landwirtschaftlichen Rechnungswesen, S. 338 f. Auch hierbei kann auf öffentlich verfügbare Daten bzw. Bewertungsrichtlinien zurückgegriffen werden, bspw. auf die von Tierseuchenkassen (vgl. JANZE, C., IFRS im landwirtschaftlichen Rechnungswesen, S. 338) oder Landwirtschaftskammern.

verhalte unterschiedlich bewertet werden, sodass dadurch die Vergleichbarkeit von Finanzinformationen erhöht wird. Vor allem bei bspw. auf die Züchtung von Tieren spezialisierten Betrieben kann die Angabe von Informationen über die verschiedenen Zustände der Tiere zudem eine wesentliche Information darstellen, da z. B. hinsichtlich der Informationen zu den Trächtigkeitszuständen Hinweise auf künftige Erträge in Form von Geburten gegeben werden und somit relevante Informationen vermittelt werden.

Neben der Interpolation können sich noch andere Wertgenerierungsverfahren für die Bewertung eignen. So können **Wertermittlungskurven**[929] zur Orientierung für die Ermittlung des beizulegenden Zeitwertes dienen, soweit die biologischen Vermögenswerte über eine weite Bandbreite hinsichtlich eines bestimmten, wertrelevanten Merkmals hinweg, wie bspw. das Alter bei Nutzvieh oder das Gewicht bei Mastvieh, gehandelt werden.[930] Aufgrund der tendenziell stärkeren Marktorientierung von Tiervermögen im Vergleich zum Pflanzenvermögen bietet sich ein solches Verfahren tendenziell eher bei Tieren an. Indes ist die Ableitung von marktorientierten Größen in der Praxis auch bei Tieren oft lediglich eingeschränkt bzw. vereinzelt möglich.[931] Während Nutzvieh zumeist nur als Jungvieh gehandelt wird, weshalb sich damit i. d. R. keine altersabhängige Wertentwicklungskurve am Markt bestimmen lassen dürfte, wird beim Schlachtvieh im Wesentlichen lediglich mit Mastbullen in einer für die Wertermittlungskurve ausreichend weiten Bandbreite des Merkmals „Gewicht“ Handel betrieben.[932]

Insgesamt zeigt sich, dass für die marktbasierten Verfahren und Ansätze der zweiten und dritten Stufe vor allem landwirtschaftliche Vermögenswerte in Frage kommen, für die zwar nicht immer, aber zumindest in manchen Zuständen oder in ähnlicher Form Marktpreise verfügbar sind. Dabei können verschiedene Verfahren zur Bestimmung des beizulegenden Zeitwertes angewandt werden, die jedoch in Abhängigkeit von der Marktnähe bzw. der Transaktionshäufigkeit und von der Art bzw. dem Charakter des jeweils zu bewertenden landwirtschaftlichen Vermögenswertes ausgewählt und ggf. angepasst werden müssen.

422.53 Kapitalwertorientierte Verfahren und Ansätze

Kann der beizulegende Zeitwert nicht unmittelbar auf Basis von Inputparametern der ersten Stufe für einen biologischen Vermögenswert ermittelt werden, besteht neben der soeben behandelten sonstigen marktorientierten und der im nächsten Kapitel behandelten kostenorientierten Bewertung auch die

---

Vgl. hierzu z. B. LANDWIRTSCHAFTSKAMMER NORDRHEIN-WESTFALEN, Schätzrahmen. Vgl. für Zu- und Abschläge bei der Bewertung von Milchkühen beispielhaft LEITNER, P.-J., Wertermittlung und Schadenersatz bei Milchkühen, S. 10-12.

929 Wertermittlungskurven stellen funktionsartige Zuordnungen dar, die eine Merkmalsausprägung eines Vermögenswertes zum Wert des Vermögenswertes in Verbindung setzen. Wertermittlungskurven werden dabei typischerweise aus möglichst vielen Datenpaaren berechnet und basieren auf statistischen Verfahren. Oftmals stellen Wertermittlungskurven damit lediglich Approximationen bzw. Modelle des tatsächlichen Wertverlaufs dar, da dieser bei vielen Vermögenswerten praktisch nicht eindeutig abgebildet werden kann.

930 Vgl. in Bezug auf Tiere ähnlich KÖHNE, M., Landwirtschaftliche Taxationslehre, S. 660.

931 Vgl. KÖHNE, M., Landwirtschaftliche Taxationslehre, S. 660 f.

932 Vgl. KÖHNE, M., Landwirtschaftliche Taxationslehre, S. 660 f.

Möglichkeit der **kapitalwertorientierten** Bewertung[933]. Dabei werden künftige Beträge bspw. in Form von Erträgen und Aufwendungen oder in Form von Cashflows in einen einzigen auf den Bewertungsstichtag diskontierten Betrag umgerechnet.[934] Die Barwertermittlung kann vor allem auf biologische Vermögenswerte mit vergleichsweise langen Transformationsprozessen anzuwenden sein, da bei solchen Vermögenswerten i. d. R. keine Marktinformationen über die Vermögenswerte in ihren jeweiligen Transformationszuständen bzw. Entwicklungsstufen zur Verfügung stehen.[935] Indes muss gerade bei langfristigen Vermögenswerten zu Beginn der Produktionsperioden auch hinterfragt werden, inwieweit ein Ertragswert keine Spekulation darstellt und uneingeschränkt relevant ist.[936] So können bspw. die Schätzung einer in ca. 120 Jahren zu erntenden Holzmenge und -qualität eines neu angepflanzten Eichenbestandes sowie die Schätzung der Holzpreise zum Zeitpunkt der Ernte regelmäßig mit solch großen Unsicherheiten[937] behaftet sein, dass die Quantifizierung des Vermögenswertes in einem Betrag für den Abschlussadressaten lediglich sehr eingeschränkt relevant und damit wenig entscheidungsnützlich ist. Zur Stärkung der Relevanz und der glaubwürdigen Darstellung der Finanzinformationen in ihrer Gesamtheit könnten bei einer solch hohen Unsicherheit zusätzliche Informationen im Anhang auf die Unsicherheit der Information aufmerksam machen, indem bspw. verschiedene Szenarien mit unterschiedlichen Auswirkungen des Klimawandels beschrieben werden.

Bei der Bestimmung des Barwertes sind vor allem der zeitliche Anfall der Cashflows sowie die mit diesen verbundenen Unsicherheiten relevant.[938] Risiken in Form von Unsicherheiten werden dabei durch Anpassungen im Zinssatz oder in den Cashflows erfasst.[939] Cashflows im Rahmen der Finanzierung der Vermögenswerte oder im Rahmen von Steuerzahlungen bleiben bei der Ermittlung der Cashflows unberücksichtigt.[940] Ebenso hat das bilanzierende Unternehmen ggf. anfallende Zahlungen, die der Wiederherstellung biologischer Vermögenswerte nach einem Erntevorgang dienen, nicht bei der Cashflow-Ermittlung zu berücksichtigen.[941] Die barwertorientierte Bewertung muss den gegenwärtigen Zustand und Ort eines biologischen Vermögenswertes wiedergeben.[942] Letztlich sind somit auch lediglich gegenwärtig aus dem zu bewertenden Vermögenswert zu erwartende Cashflows relevant, die dem bilanzierenden Unternehmen während des Lebenszyklus des biologischen Vermögenswertes bzw. während des Zeitraums der unternehmerischen Nutzung des biologischen Vermö-

933 Vgl. IFRS 13.62.

934 Vgl. IFRS 13.B10.

935 Vgl. PLOCK, M., Ertragsrealisation nach IFRS, S. 211 f.; JESSEN, D., in: Bohl et al., Beck'sches IFRS Handbuch, § 41, Rn. 19. Die wirtschaftliche Nutzbarkeit solcher Vermögenswerte wird nämlich oftmals durch das Erreichen eines bestimmten Reifestatus erreicht. Vgl. PLOCK, M., Ertragsrealisation nach IFRS, S. 213.

936 Vgl. zur Problematik ähnlich JANZE, C., in: Lüdenbach et al., Haufe IFRS-Kommentar, § 40, Rn. 49.

937 So wären ggf. auch die Auswirkungen des Klimawandels zu berücksichtigen. Damit verbunden, jedoch insbesondere auch von der Region des Waldes abhängig, sollte bei der Bestimmung des Barwertes bspw. auch das Risiko von Waldbränden miteinfließen. Diese können sogar zu einem Totalverlust des Waldes führen.

938 Vgl. PLOCK, M., Ertragsrealisation nach IFRS, S. 212. Vgl. zu den Dimensionen sowie zu einer dritten Dimension, der Risikokompensation, auch KÜMMEL, J., Grundsätze für die Fair Value-Ermittlung mit Barwertkalkülen, S. 139-141.

939 Vgl. IFRS 13.B16-B30.

940 Vgl. IAS 41.22.

941 Vgl. IAS 41.22.

942 Vgl. JANZE, C., in: Lüdenbach et al., Haufe IFRS-Kommentar, § 40, Rn. 39.

genswertes zufließen können.[943] Das hypothetische Bewertungsobjekt von biologischen Vermögenswerten in einem gegenwärtig frühen Entwicklungszustand, für den keine Marktinformationen vorliegen, stellt dabei letztlich einen risikobehafteten Rechtsanspruch auf die Zahlungsströme aus den künftig reifen Vermögenswerten dar.[944]

Insgesamt kann die Bestimmung des beizulegenden Zeitwertes anhand des barwertorientierten Ansatzes für biologische Vermögenswerte sehr **komplex** werden, da sie zum einen von der jeweiligen Struktur des individuellen Produktionszyklus bzw. des biologischen Transformationsprozesses abhängt und zum anderen damit auch auf vielen individuellen, subjektiv gestaltbaren und ggf. kritischen Annahmen und Schätzungen basiert.[945] Aufgrund der für die kapitalorientierten Verfahren erforderlichen Inputparameter ist ein derart ermittelter beizulegender Zeitwert im Allgemeinen wohl regelmäßig auf der dritten Stufe einzuordnen.[946] So müssten für eine Einordnung des Ergebnisses auf der zweiten Stufe sämtliche wesentlichen Inputparameter am Markt beobachtbar sein.[947] Dies kann insbesondere im landwirtschaftlichen Bereich eine Herausforderung darstellen. So sind u. a. die künftigen Verkaufspreise, das künftige Erntevolumen, die Wachstums- und Erntezyklen, Preissteigerungen, die Bewirtschaftungs- und Erntekosten und die Diskontierungsfaktoren zu schätzen.[948] Dabei können die Verkaufspreise in Abhängigkeit von den ggf. unterschiedlichen Verwendungszwecken der Ernte variieren.[949] Außerdem ist die Schätzung des Erntevolumens abhängig von Annahmen bezüglich der Wachstumsraten, des Eintritts und der Intensität biologischer Risiken, wie bspw. ein Befall durch Schädlinge oder eine Schädigung durch Sturm und Hochwasser und – insbesondere in der Plantagenwirtschaft – von Ausdünnungen während des Transformationsprozesses.[950] Zudem hängt die mit einem biologischen Vermögenswert verbundene Unsicherheit stark vom zum Bewertungsstichtag vorliegenden Reifegrad ab, da mögliche Schwankungen und Unsicherheiten der Cashflows durch materielle Schwankungen der Qualität und Quantität der Ernteerzeugnisse mit zunehmendem Reifegrad seltener und in ihrem Umfang geringer werden.[951] Dies gilt sowohl für pflanzliche[952] als auch für tierische Vermögenswerte.

---

943 Vgl. PLOCK, M., Ertragsrealisation nach IFRS, S. 213.

944 Vgl. PLOCK, M., Ertragsrealisation nach IFRS, S. 213 f.

945 Vgl. JESSEN, D., in: Bohl et al., Beck'sches IFRS Handbuch, § 41, Rn. 19.

946 Vgl. CASTEDELLO, M., Fair Value Measurement, S. 917

947 Vgl. KÖHLING, K., Barwertorientierte Fair Value-Ermittlung für Renditeimmobilien, S. 34, die indes die Wesentlichkeit als Anforderung durch die von ihr gewählte Formulierung nicht hervorhebt. Die Wesentlichkeit im Sinne der Bedeutsamkeit eines Parameters für die vollständige Bewertung wird vom Standardsetter indes betont. Vgl. dazu IFRS 13.73.

948 Vgl. im Rahmen der Bewertung von Holzbeständen JESSEN, D., in: Bohl et al., Beck'sches IFRS Handbuch, § 41, Rn. 19.

949 Vgl. im Rahmen der Bewertung von Holzbeständen JESSEN, D., in: Bohl et al., Beck'sches IFRS Handbuch, § 41, Rn. 19.

950 Vgl. im Rahmen der Bewertung von Holzbeständen JESSEN, D., in: Bohl et al., Beck'sches IFRS Handbuch, § 41, Rn. 19. Andere zu berücksichtigende Risiken sind bspw. Krankheiten, Todesfälle oder Unfruchtbarkeit. Vgl. im Rahmen der Bewertung eines Tierzuchtbestandes JESSEN, D., in: Bohl et al., Beck'sches IFRS Handbuch, § 41, Rn. 20.

951 Vgl. PLOCK, M., Ertragsrealisation nach IFRS, S. 214.

952 Vgl. für Nutzholzpflanzen PLOCK, M., Ertragsrealisation nach IFRS, S. 214.

Letztlich hängen die soeben geschilderten, den Barwert als Approximation eines Marktwertes als beizulegender Zeitwert betreffenden Faktoren z. T. auch von vorgeschalteten, **übergeordneten** Faktoren ab. So wird die Barwertbewertung bei biologischen Vermögenswerten – verdeutlicht am Beispiel der Holzwirtschaft – maßgeblich von der Art des zu bewertenden Baums sowie der geografischen Lage und den Bodenverhältnissen der Anbaufläche beeinflusst.[953] Dazu gibt es erhebliche Unterschiede in der Qualität der Pflege und Bewirtschaftung im Pflanzenanbau.[954] [955] Analog hängen die Komponenten beim Tiervermögen von den gehaltenen Tierarten sowie den spezifischen Produktionszweigen und -verfahren ab. In diesem Zusammenhang ist somit auch wertrelevant, ob eine intensive oder eine extensive Tierhaltung betrieben wird.

Jedoch kann **länderspezifisch oder regionalspezifisch** z. T. schon auf frei verfügbare und beobachtbare, standardisierte Datensammlungen im Bereich der Landwirtschaft zurückgegriffen werden. Diese betreffen neben marktorientierten Cashinflow-Daten bezüglich der Veräußerung von Ernteerzeugnissen[956] insbesondere Informationen über die möglichen Auszahlungen, die mit den biologischen Vermögenswerten im Laufe ihrer Nutzung anfallen. So existieren in Deutschland bspw. für viele Dauerkulturen Datensammlungen, die regional bspw. durch Landwirtschaftskammern oder bundesweit durch das *Kuratorium für Technik und Bauwesen in der Landwirtschaft (KTBL)* veröffentlicht werden.[957] Die gleichen Institutionen bieten oftmals auch Datensammlungen für gängige landwirtschaftliche Nutztiere an, wie z. B. für Hühner, Schweine und Rinder. Durch solche standardisierten Informationen können die subjektiven, nicht-beobachtbaren Bewertungseinflüsse objektiviert werden, sodass keine betriebsindividuellen Daten erforderlich sind und somit der Teleologie nach IFRS 13 besser entsprochen werden kann.[958] Insofern kann die Bewertung nach den barwertorientierten Verfahren im landwirtschaftlichen Bereich im Gegensatz zur allgemeinen Anwendung barwertorientierter Verfahren im Ergebnis oftmals zu einem beizulegenden Zeitwert auf der zweiten Stufe führen. Letztlich sind die öffentlichen Informationen aber dennoch bezüglich ihrer Aktualität sowie ihrer Eignung für die abzubildenden Sachverhalte des bilanzierenden Unternehmens zu prüfen. Werden sie in Folge der Prüfung angepasst, resultiert hieraus häufig ein beizulegender Zeitwert der dritten Stufe.

Neben der Datenqualität ist zudem die theoretisch korrekte Ermittlung des Ertragswertes als hypothetischer Veräußerungswert hinsichtlich der **Realitätsnähe** zu hinterfragen. So ist es u. U. möglich, dass vom errechneten Ertragswert ein Abschlag vorgenommen werden muss bzw. nicht der vollständige Deckungsbeitrag dem Verkäufer durch die Erzielung des theoretischen Höchstpreises zugerechnet werden kann.[959] In einem solchen Fall muss der Spielraum zwischen dem Höchstpreis eines Käu-

---

953 Vor allem die Bodenverhältnisse und die geografische Lage liegen dabei oftmals lediglich sehr eingeschränkt im Einflussbereich des Unternehmens.

954 Diese Faktoren liegen verstärkt im Einflussbereich des Unternehmens.

955 Vgl. im Rahmen der Bewertung von Holzbeständen für den Absatz JESSEN, D., in: Bohl et al., Beck'sches IFRS Handbuch, § 41, Rn. 19.

956 Vgl. hierzu auch die Abschnitte 422.4 sowie 422.52.

957 Vgl. JANZE, C., IFRS im landwirtschaftlichen Rechnungswesen, S. 314.

958 Vgl. allgemein für die IFRS JANZE, C., IFRS im landwirtschaftlichen Rechnungswesen, S. 314.

959 Vgl. JANZE, C., IFRS im landwirtschaftlichen Rechnungswesen, S. 313.

fers und dem Mindestpreis eines Verkäufers aus Sicht eines Marktteilnehmers im Rahmen einer Entlohnung für den Übergang von Unsicherheiten bzgl. des Produktionsprozesses bei einer Transaktion auf den Käufer berücksichtigt werden,[960] da Marktteilnehmer den im Ertragswert inkludierten **Erfolg aufteilen** würden[961]. Die Deckungsbeiträge können dabei ebenfalls wieder aus öffentlichen Datensammlungen der Landwirtschaftskammern (z. B. der Landwirtschaftskammer Schleswig-Holstein) oder des KTBL übernommen bzw. abgeleitet werden[962] und somit als standardisierte, beobachtbare Parameter die Einordnung des damit ermittelten beizulegenden Zeitwertes auf der zweiten Stufe indirekt fördern. Indes muss berücksichtigt werden, dass die Daten häufig nicht tagesaktuell sind, sondern sich bspw. auf das vergangene Betriebsjahr beziehen und damit tendenziell vergangenheitsorientiert sind. Insofern ist die unmittelbare Verwendung der Daten zu kritisieren bzw. sind z. T. Anpassungen für die Verwendung zum Bilanzstichtag erforderlich.

422.54 Kostenorientierte Verfahren und Ansätze

Die **kostenorientierten** Ansätze nach IFRS 13 basieren auf jenem Betrag, der zum Bewertungsstichtag erforderlich wäre, um die Leistungsfähigkeit des zu bewertenden Vermögenswertes zu ersetzen (sogenannte Wiederbeschaffungskosten).[963] Der Anwendung der kostenorientierten Verfahren nach IFRS 13 liegt die Annahme zugrunde, dass der Veräußerungspreis eines Vermögenswertes auf den Kosten eines Marktteilnehmers basiert, der einen als Ersatz zum bewertenden Vermögenswert dienenden Vermögenswert mit einer vergleichbaren Nutzungsmöglichkeit und unter Berücksichtigung von Veralterung zu konstruieren oder zu erwerben versucht.[964] Da bei diesem Ansatz lediglich die maximale Zahlungsbereitschaft der Marktteilnehmer ermittelt wird, muss allerdings hinterfragt werden, inwieweit der Konzeption des beizulegenden Zeitwertes nach IFRS 13 entsprochen wird.[965] Aufgrund der häufigen Orientierung an Zukaufspreisen, die speziell in der Folgebewertung nicht Verkaufspreisen entsprechen müssen, kann der kostenorientierte Ansatz zudem im Widerspruch mit dem *Exit-Price*-Postulat stehen.[966]

Gerade **am Anfang** der Bilanzierung eines biologischen Vermögenswertes bzw. bei dessen Erstansatz könnten auch die historischen Anschaffungs- und Herstellungskosten als **Wiederbeschaffungskosten** interpretiert werden. Dies betrifft in der Praxis insbesondere längerfristige biologische Vermögenswerte, die kurzfristig kaum wesentlichen Preisschwankungen unterliegen. Sogar der Standardsetter geht inhaltlich insofern in dieselbe Richtung, als er die Anschaffungs- und Herstellungskosten als Wertmaßstab zulässt, soweit diese näherungsweise dem beizulegenden Zeitwert entspre-

---

960 Vgl. JANZE, C., IFRS im landwirtschaftlichen Rechnungswesen, S. 313.

961 Vgl. bereits ETTENAUER, R./MEIXNER, O./PEYERL, H., Die Bewertung langfristiger pflanzlicher Vermögenswerte nach IAS 41, S. 44.

962 Vgl. ähnlich und für ein Anwendungsbeispiel JANZE, C., IFRS im landwirtschaftlichen Rechnungswesen, S. 327-329.

963 Vgl. IFRS 13.B8.

964 Vgl. IFRS 13.B9.

965 Vgl. KIRSCH, H.-J./KÖHLING, K./DETTENRIEDER, D./GALLASCH, F., in: Baetge et al., Rechnungslegung nach IFRS, IFRS 13, Rn. 61.

966 Vgl. KIRSCH, H.-J./KÖHLING, K./DETTENRIEDER, D./GALLASCH, F., in: Baetge et al., Rechnungslegung nach IFRS, IFRS 13, Rn. 61.

chen.[967] Der Kostenwert wird hierbei als Ersatzwert des beizulegenden Zeitwertes betrachtet, sodass letztlich die Verwendung aktueller Preise für die Kostenermittlung sinnvoll erscheint,[968] insbesondere mit fortschreitender biologischer Transformation.

Auch wenn bei landwirtschaftlichen Prozessen eine verursachungsgerechte Verteilung von Kosten **schwierig** sein kann,[969] stehen – analog zu den Datensammlungen für marktbasierte und barwertorientierte Bewertungsverfahren und aus diesen Datensammlungen abgeleitet – für viele biologische Vermögenswerte standardisierte Kosteninformationen zur Verfügung.[970] So wird in der KTBL-Datenbank „Wirtschaftlichkeitsrechner Tier" für die Jungrinderhaltung die Summer der Direktkosten pro Tier detailliert aufgeschlüsselt, bspw. in Kosten für Klauenpflege, in Arznei- und Arztkosten, in Futter- und Wasserkosten oder in Kosten für die Kadaverbeseitigung.[971] Ebenso werden variable und fixe Lohn- und Maschinenkosten sowie ggf. anfallende Kosten für Gebäude, Weideflächen und Rechte für ein einzelnes Tier veröffentlicht.[972] Die Kosteninformationen für biologische Vermögenswerte lassen sich oftmals direkt aus den Informationen im Rahmen der Ermittlung der Deckungsbeiträge ermitteln bzw. sind selbst die Grundlage zur Ermittlung der Deckungsbeiträge.[973] Insofern kann auch bei der Anwendung kostenorientierter Verfahren bei der Ermittlung des beizulegenden Zeitwertes im Rahmen der landwirtschaftlichen Tätigkeit häufig auf beobachtbare Daten zurückgegriffen werden. Indes ist auch hier die Aktualität der Wiederbeschaffungskosten zu hinterfragen. Letztlich können die sich auf das letzte Geschäftsjahr beziehenden Informationen aber zumindest als Orientierungsgrößen für die Wiederbeschaffungskosten am Bilanzstichtag dienen, für die dann ggf. noch Anpassungen erforderlich sind.

422.6 Die Verlässlichkeitsausnahme nach IAS 41

422.61 Der Terminus *„clearly unreliable"*

Der Standardsetter weicht von der durchgängigen Bewertung zum beizulegenden Zeitwert abzüglich der geschätzten Veräußerungskosten mit der **Verlässlichkeitsausnahme** (*reliability exception*) ab, die beim Erstansatz eines biologischen Vermögenswertes greift, sofern dessen beizulegender Zeitwert nicht verlässlich ermittelt werden kann.[974] Damit bestätigt der Standardsetter zwar seine Grundannahme, dass für biologische Vermögenswerte und landwirtschaftliche Erzeugnisse der beizulegende Zeitwert verlässlich ermittelt werden kann.[975] Jedoch erkennt er bei biologischen Vermögenswerten, dass dies nicht immer der Fall sein muss,[976] und sieht in einem solchen Fall die **verpflichtende** Bilanzierung bzw. Bewertung des biologischen Vermögenswertes nach dem

967 Vgl. hierzu IAS 41.24.
968 Vgl. Janze, C., IFRS im landwirtschaftlichen Rechnungswesen, S. 309.
969 Vgl. hierzu insbesondere die Abschnitte 522.12 und 522.13.
970 Vgl. auch Abschnitt 422.53 bezüglich der Informationen zu den Auszahlungen.
971 Vgl. hierzu exemplarisch Datenbank KTBL (Hrsg.), Wirtschaftlichkeitsrechner Tier.
972 Vgl. hierzu exemplarisch Datenbank KTBL (Hrsg.), Wirtschaftlichkeitsrechner Tier.
973 Vgl. zu den Datensammlungen standardisierter Deckungsbeiträge Abschnitt 422.53.
974 Vgl. IAS 41.30 sowie Abschnitt 414.4.
975 Vgl. für biologische Vermögenswerte IAS 41.30 und Ballwieser, W./Dobler, M., in: Ballwieser et al., Handbuch IFRS 2011, Abschnitt 26, Rn. 35 sowie für landwirtschaftliche Erzeugnisse IAS 41.32.
976 Vgl. IAS 41.B20.

Anschaffungskostenmodell und den Regelungen des IAS 16, des IAS 2 und des IAS 36 vor.[977] Eine Anwendung des Neubewertungsmodells nach IAS 16 ist hierbei nicht vorgesehen.[978] Dies ist vor dem Hintergrund der nicht verlässlichen Bestimmung des beizulegenden Zeitwertes als sachgemäß und konsistent zur Verlässlichkeitsausnahme zu bezeichnen.[979] Denn das Neubewertungsmodell nach IAS 16 darf lediglich angewendet werden, wenn der beizulegende Zeitwert verlässlich ermittelbar ist.[980] Diese Bedingung ist aber nicht zu erfüllen, wenn die Verlässlichkeitsausnahme greift.

Abgesehen von der Präzisierung der nicht verlässlichen Ermittelbarkeit eines beizulegenden Zeitwertes mit dem Attribut **eindeutig** (*clearly*) als „eindeutig nicht verlässlich"[981] („*clearly unreliable*"[982]) sieht der Standardsetter von einer Konkretisierung des Verlässlichkeitsniveaus ab.[983] Somit bleibt offen und im Ermessen des bilanzierenden Unternehmens, wann ein hinreichend geringes Verlässlichkeitsniveau im Sinne der Verlässlichkeitsausnahme vorhanden ist.[984] PLOCK hat sich damit befasst, wann bei einer Barwertermittlung das zulässige Verlässlichkeitsniveau unterschritten wird, und sieht Folgendes als relevante Hinweise an:

- die Ableitung der zu prognostizierenden Zahlungsströme auf aktiven Märkten oder diesen ähnlichen Märkten bspw. aufgrund der starken individuellen Merkmale oder der hohen Seltenheit der biologischen Vermögenswerte ist nicht möglich (vor allem bei tragenden, lediglich unternehmensintern genutzten biologischen Vermögenswerten wie bspw. den Weinstöcken eines Weinbauers);

- eine Fundierung der Prognose der künftigen Zahlungsströme auf möglichst vielen unternehmensexternen wie -internen Erfahrungen aus der Vergangenheit ist nicht möglich;

- hohe originäre Risiken;

- frühes Stadium des Transformationsprozesses.[985]

Andere Lösungsvorschläge verweisen zur Konkretisierung der eindeutigen Unverlässlichkeit der Bewertung lediglich auf eine nicht weiter konkretisierte zu hohe Varianz in der Bewertung, sprechen in

---

977 Vgl. IAS 41.30 i. V. m. IAS 41.33.

978 Auch wenn der IASB die Option zur Neubewertung zugelassen hätte, wäre sie inhaltlich überflüssig, da es zur Anwendung des Neubewertungsmodells der zuverlässigen Ermittlung des beizulegenden Zeitwertes bedarf (vgl. IAS 16.31), die im Fall der Verlässlichkeitsausnahme nicht gegeben ist.

979 Vor demselben Hintergrund dürfte sich bei einer eindeutig nicht verlässlichen Ermittlung des beizulegenden Zeitwertes die Prüfung auf einen Bedarf und den Erhalt einer außerplanmäßigen Abschreibung nach IAS 36 im Rahmen der Bewertung zum Anschaffungskostenmodell über den erzielbaren Betrag lediglich auf den Nutzungswert beziehen, da ansonsten die Verlässlichkeitsausnahme des IAS 41.30 wohl nicht greifen kann (vgl. JANZE, C., IFRS im landwirtschaftlichen Rechnungswesen, S. 278, Fn. 951).

980 Vgl. IAS 16.31.

981 IAS 41.30.

982 IAS 41.30.

983 Vgl. PLOCK, M., Ertragsrealisation nach IFRS, S. 198.

984 Vgl. hierzu auch PRICEWATERHOUSECOOPERS INTERNATIONAL LIMITED (HRSG.), A practical guide to accounting for agricultural assets, S. 6.

985 Vgl. PLOCK, M., Ertragsrealisation nach IFRS, S. 262 f.

diesem Zusammenhang aber an, dass bei kurzen Transformationszyklen des biologischen Vermögens meistens eine verlässliche Ermittlung des beizulegenden Zeitwertes möglich ist.[986] Die genannten Hinweise grenzen das erforderliche Verlässlichkeitsniveau zwar insgesamt weiter ein, jedoch werden keine quantitativen Grenzen genannt. Dies ist allerdings kaum zu kritisieren, da die Hinweise durch ihre qualitative Form der Verschiedenartigkeit der landwirtschaftlichen Tätigkeiten gerecht werden. Die allgemeine Vorgabe konkreter quantifizierter Grenzen, bspw. wann ein frühes Stadium im Transformationsprozess endet, wäre daher nicht zu empfehlen. Indes wären solche Quantifizierungen ggf. für bestimmte Arten biologischer Vermögenswerte und für bestimmte Branchen denkbar. Sie könnten bspw. von Landwirtschaftskammern oder Bauernverbänden entwickelt bzw. veröffentlicht werden. Letztlich ist aber auch bei der Vorgabe quantitativer Grenzen davon auszugehen, dass die Ermittlung der quantitativen Werte mit Ermessensspielräumen seitens der produzierenden Betriebe verbunden ist. Insofern können die genannten Hinweise für die Konkretisierung der Verlässlichkeitsausnahme als ausreichend bezeichnet werden. Der qualitative Charakter der Hinweise kommt zudem dem qualitativen Charakter der Verlässlichkeit entgegen.

Bewertungstheoretisch sind die zuvor aufgeführten Hinweise zur Verlässlichkeitsausnahme zu hinterfragen. So müssten bspw. hohe Varianzen in den Ernteerzeugnissen oder hohe Preisschwankungen im Bewertungsmodell abgebildet werden.[987] Auch die Tatsache, dass kein Terminmarktpreis für einen Vermögenswert existiert oder der Produktionszyklus sehr lange dauert, rechtfertigt demnach nicht die Anwendung der Verlässlichkeitsausnahme.[988] Demnach könnte diese lediglich angewendet werden, wenn der Vermögenswert einzigartig ist oder eine besondere Beschaffenheit hat.[989] Damit würde jedoch für die industriell geprägte landwirtschaftliche Tier- und Pflanzenproduktion die Anwendbarkeit der Verlässlichkeitsausnahme praktisch ausgeschlossen werden, da deren Betriebe zwar aufgrund der Individualität der Lebewesen i. d. R. nicht die gleichen bzw. genetisch identischen Vermögenswerte halten, diese jedoch zumindest hinsichtlich ihres wirtschaftlichen Charakters gleich sind. Letztlich würde unter bewertungstheoretischen Aspekten die Anwendung der Verlässlichkeitsausnahme vor allem für sehr besondere Zuchttiere greifen. Dass eine Beschränkung der Ausnahme auf diese Vermögenswerte vom Standardsetter bei der Verabschiedung des Standards beabsichtigt war, ist indes stark zu bezweifeln. Denn die Notwendigkeit des IAS 41 ergab sich vor allem aufgrund des Regelungsbedarfs seitens der industriell aufgestellten landwirtschaftlichen Betriebe.

422.62 Die Aktualität der Verlässlichkeitsausnahme

Aus heutiger bzw. künftiger Sicht ist zu hinterfragen, inwieweit die Verlässlichkeitsausnahme noch **zeitgemäß** ist. Bei der Verabschiedung des Standards bestand eine eigens in IAS 41 vorgegebene Definition des beizulegenden Zeitwertes mit einer eigenen Fair-Value-Hierarchie, wonach zuerst ein

---

986 Vgl. KPMG (Hrsg.), Insights into IFRS, S. 618.

987 Vgl. PricewaterhouseCoopers International Limited (Hrsg.), A practical guide to accounting for agricultural assets, S. 6.

988 Vgl. PricewaterhouseCoopers International Limited (Hrsg.), A practical guide to accounting for agricultural assets, S. 6.

989 Vgl. PricewaterhouseCoopers International Limited (Hrsg.), A practical guide to accounting for agricultural assets, S. 6.

Preis an einem aktiven Markt und, wenn dieser nicht verfügbar war, auf der zweiten Ebene andere marktbestimmte Preise oder Werte (jüngste Markttransaktionspreise, angepasste Marktpreise für ähnliche Vermögenswerte und Branchenbenchmarks) und danach auf der letzten Ebene lediglich der Barwert von erwarteten Netto-Cashflows als beizulegender Zeitwert zu ermitteln waren.[990] Insofern kann allein aufgrund der durch IFRS 13 vollzogenen Erweiterung der Verfahren zur Ermittlung des beizulegenden Zeitwertes um kostenorientierte Verfahren die Bedeutung der Verlässlichkeitsausnahme abgeschwächt werden. Vielmehr kommt jedoch die neue, nach der Qualität der Inputparameter ausgerichtete Fair-Value-Hierarchie des IFRS 13 zum Tragen. Diese ist grundsätzlich unabhängig von der Verlässlichkeit des Wertansatzes im Sinne des alten *Rahmenkonzeptes für die Aufstellung und Darstellung von Abschlüssen (1989)*. Der Standardsetter scheint dadurch Abschlussinformationen zunehmend zu entobjektivieren.[991] Auch indem der Verlässlichkeitsbegriff (*reliability*) durch die glaubwürdige Darstellung (*faithful representation*) als fundamentaler Grundsatz abgelöst sowie das Nachprüfbarkeitskriterium (*verifiability*) in den Bereich der fördernden Grundsätze verschoben wurde, wird das erforderliche Mindestniveau an Verlässlichkeit, verstanden als intersubjektive Nachprüfbarkeit der Abschlussinformationen, gesenkt[992]. Eine ggf. spätere Überführung der Verlässlichkeitsausnahme in eine „**Ausnahme bezüglich der glaubwürdigen Darstellung**" wäre aus der Sicht des Verfassers sinnvoll und würde die Konsistenz und die Prinzipienorientierung der IFRS stärken. Bei einer sehr weiten Auslegung der Unsicherheitsnebenbedingung würde die Verlässlichkeitsausnahme sogar faktisch überflüssig werden, auch wenn dies vor dem Hintergrund einer fraglichen Relevanz von Informationen bei erhöhter Unsicherheit nicht zu empfehlen wäre.

422.63 Der zugrunde liegende Bewertungsmaßstab der Verlässlichkeitsausnahme

Bezüglich der Entscheidungsnützlichkeit ist der **Vergangenheitsbezug** der historischen Anschaffungs- oder Herstellungskosten zu kritisieren[993], da diese nicht bzw. lediglich eingeschränkt das Potenzial des Vermögenswertes zur Generierung künftiger Cashflows widerspiegeln und damit eingeschränkt relevant sind. So gibt die Summe der gezahlten Preise als Kosten eines Vermögenswertes nicht automatisch Auskunft über den aktuellen Wert bzw. den Preis, der für den Vermögenswert aktuell bezahlt werden würde. Zwar können in manchen Situationen die historischen Kosten Hinweise auf den aktuellen Wert eines Vermögenswertes liefern, bspw. wenn zwischen dem Zeitpunkt der Bewertung und dem zeitlichen Anfall der Kosten kaum Zeit vergangen ist, jedoch darf hiervon keinesfalls ausgegangen werden. Die Abweichung der historischen Kosten vom aktuellen Wert eines Vermögenswertes ist insbesondere im landwirtschaftlichen Bereich von Bedeutung. Beispielsweise liegen bei Bäumen z. T. sehr lange Zeiträume zwischen dem Bewertungsstichtag und dem Zeitpunkt der Anschaffung der Jungbäume. In diesen Zeiträumen kann bspw. die biologische Transformation

[990] Vgl. hierzu IAS 41.18-21 (2010).
[991] Vgl. SCHRUFF, W., Spannungsfeld zwischen Cashflow-Prognose und Rechenschaft, S. 858; KIRSCH, H.-J./KOELEN, P./OLBRICH, A./DETTENRIEDER, D., Die Bedeutung der Verlässlichkeit der Berichterstattung, S. 771.
[992] Vgl. KIRSCH, H.-J./KOELEN, P./OLBRICH, A./DETTENRIEDER, D., Die Bedeutung der Verlässlichkeit der Berichterstattung, S. 771.
[993] Vgl. auch JANZE, C., IFRS im landwirtschaftlichen Rechnungswesen, S. 282.

bereits weit vorangeschritten sein, der Markt für Holz oder auch die Inflation sich gravierend verändert haben, sodass historische Kosten i. d. R. nicht entscheidungsrelevant sind.

Auch sieht der Standardsetter bei den Anschaffungs- und Herstellungskosten das Problem, dass bei **Kuppelprodukten** und entsprechend gekoppelten Kosten der Zusammenhang zwischen Ressourceneinsatz und Ergebniswirkung unsachgemäß dargestellt werden könnte, sodass es zu einer willkürlichen, komplexen Kostenverteilung auf die verschiedenen Transformationsstufen kommt.[994] Durch den einheitlichen gemeinsamen Produktionsprozess ist eine separate Ermittlung der Herstellungskosten eines jeden Kuppelproduktes nämlich nicht möglich.[995] Bei landwirtschaftlichen Sachverhalten spielt die Kuppelproduktion eine besondere Rolle. Dies hängt insbesondere mit der körperlichen Vereinigung vom Muttertier bzw. von der Mutterpflanze und ihrer Frucht zusammen. Dabei ergibt sich die Problematik der Kostenzurechnung insbesondere bei der Erzeugung zusätzlicher biologischer Vermögenswerte, mit der Absicht, diese Vermögenswerte auch selbst im Rahmen der eigenen landwirtschaftlichen Tätigkeit zu nutzen.[996] Dies trifft bspw. auf geworfene Ferkel zu, die für die spätere betriebliche Nutzung als Zuchtschweine eingeplant sind. Letztlich sind in vielen Fällen die Herstellungskosten eines jeden Kuppelproduktes nicht festzustellen.[997] Hier wäre aber eine Orientierung an IAS 2.14 möglich, wonach die Kostenverteilung auf die Kuppelprodukte auf einer stetigen und vernünftigen Grundlage basieren sollte.[998]

Am Anschaffungs- und Herstellungskostenansatz kann hinsichtlich des Grundsatzes der Vergleichbarkeit und der Verständlichkeit gerade im landwirtschaftlichen Kontext auch kritisiert werden, dass gleiche oder ähnliche Vermögenswerte z. T. wesentlich unterschiedlich bewertet werden, bspw. durch den Zukauf von biologischen Vermögenswerten unterschiedlicher Herkunft zu unterschiedlichen Marktphasen oder durch Eigenzüchtung.[999]

Der Standardsetter gibt vor, dass im Fall der Verlässlichkeitsausnahme der biologische Vermögenswert mit seinen Anschaffungs- und Herstellungskosten unter Berücksichtigung der kumulierten planmäßigen Abschreibungen und Wertminderungsaufwendungen zu bewerten ist. Hierbei ist zu berücksichtigen, dass bei biologischen Vermögenswerten, die dem Umlaufvermögen zuzurechnen sind, zwar außerplanmäßige Wertminderungsaufwendungen anfallen können, planmäßige Abschreibungen i. d. R. allerdings nicht anzusetzen sind, da das Vermögen nicht abgenutzt wird. Dies ist bspw. bei stehendem Holz der Fall, welches zur Holzgewinnung am Ende des Transformationsprozesses angebaut wird.[1000] Das soeben Aufgeführte ergibt sich aber auch daraus, dass IAS 41.33 die Berücksichtigung von IAS 2, IAS 16 und IAS 36 bei der Ermittlung der relevanten Größen vorsieht.[1001] So

---

994 Vgl. IAS 41.B16 (b).

995 Vgl. Riese, J., in: Bohl et al., Beck'sches IFRS Handbuch, § 8, Rn. 63.

996 Vgl. IAS 41.B16 (b).

997 Vgl. Jacobs, O. H./Schmitt, G. A., in: Baetge et al., Rechnungslegung nach IFRS, IAS 2, Rn. 73.

998 Vgl. IAS 2.14.

999 Vgl. hierzu ähnlich und im Ergebnis IAS 41.B16 (d). Bei ähnlichen bzw. gleichen Vermögenswerten bietet sich indes aus Gründen der Vergleichbarkeit und Verständlichkeit eine auch hinsichtlich des Wertansatzes vergleichbare Bewertung der Vermögenswerte an. Vgl. IAS 41.B16 (d).

1000 Vgl. zum stehenden Holz und der dazu spezifizierten Begründung für die Nicht-Anwendung von Abschreibungen nach IAS 16 Janze, C., IFRS im landwirtschaftlichen Rechnungswesen, S. 309.

1001 Vgl. IAS 41.33.

gibt er zwar nicht explizit vor, dass biologisches Umlaufvermögen bei Anwendung der Verlässlichkeitsausnahme nach IAS 2 zu bewerten ist, jedoch ist dies aus dem Kontext der Regelung zu entnehmen und scheint vom Standardsetter implizit angenommen zu sein. Insbesondere vor dem Hintergrund einer *true and fair view* sollte allein zwischen Umlaufvermögen und Anlagevermögen bezüglich IAS 2 und IAS 16 unterschieden werden. Dies könnte der Standardsetter mit weiteren Konkretisierungen verdeutlichen.

Insgesamt ist die Verlässlichkeitsausnahme mit der Idee verbunden, dass relevante Informationen für die Adressaten lediglich entscheidungsnützlich sein können, wenn sie ein **gewisses Niveau an Verlässlichkeit** im Sinne von Sicherheit aufweisen[1002]. Dies ist trotz der oben dargestellten Nachteile der Bewertung zu Anschaffungs- oder Herstellungskosten zu begrüßen. Der Ansatz zu Anschaffungs- oder Herstellungskosten unterstützt die Glaubwürdigkeit bzw. das Verlässlichkeitsniveau der Bewertung. So gab es Befürworter im IASC, die einen solchen Ansatz für verlässlicher als die beizulegende Zeitwertbewertung hielten, da Anschaffungs- und Herstellungskosten bereits ein realisiertes Ergebnis von Geschäftsvorfällen marktüblicher Bedingungen und nachprüfbar seien sowie einen bedeutsamen Hinweis auf einen Wert auf dem offenen Markt geben würden.[1003] Diesen Ausführungen kann nicht ganz gefolgt werden, da der Wertansatz nicht zwangsläufig auf marktübliche Bedingungen zurückzuführen ist, sondern bspw. auch aus einer Zwangstransaktion oder einem Notverkauf resultieren kann. Wie bereits erläutert, ist auch die Bedeutung von Anschaffungs- oder Herstellungskosten als Hinweis für einen aktuellen Marktwert sehr eingeschränkt. Indes ist zu unterstützen, dass der Ansatz zu Anschaffungs- oder Herstellungskosten unabhängig nachprüfbar ist, da eine Transaktion, bspw. der Kauf von Vieh, bereits stattgefunden hat und dieses entsprechend belegt sein müsste. Damit beruht der originäre Wertansatz nicht auf subjektiven und nicht nachprüfbaren Annahmen.[1004] Die damit verbundene **Objektivität** der Anschaffungs- oder Herstellungskosten bzw. die hohe Verlässlichkeit, verstanden als Nachprüfbarkeit, ist dabei positiv zu bewerten.[1005] Darüber hinaus kann mit der Bewertung zu Anschaffungs- oder Herstellungskosten der Aufwand zur Ermittlung des Wertansatzes im Vergleich zum beizulegenden Zeitwert oftmals reduziert werden.[1006]

Analog zur tendenziell eher gegebenen Marktpreisnotierung bei kurzlebigen biologischen Vermögenswerten ist davon auszugehen, dass die Verlässlichkeitsausnahme insbesondere bei Vermögenswerten mit langen Wachstumsphasen bzw. einem langen Lebenszyklus angewendet wird,[1007] da bei solchen Vermögenswerten tendenziell erhöhte Transformations- und Produktionsrisiken bestehen als bei kurzlebigen Vermögenswerten. Damit ist zudem von einer vermehrten Anwendung der Verläss-

1002 Vgl. KIRSCH, H.-J./KOELEN, P./OLBRICH, A./DETTENRIEDER, D., Die Bedeutung der Verlässlichkeit der Berichterstattung, S. 771.

1003 Vgl. IAS 41.B17.

1004 Vgl. zur analogen Kritik am beizulegenden Zeitwert IAS 41.B17. Sehr wohl ist jedoch zu berücksichtigen, dass bei der Bestimmung der Abschreibung von Vermögenswerten Annahmen gesetzt werden müssen, bspw. hinsichtlich des Restwertes oder der Nutzungsdauer.

1005 Vgl. zur Beurteilung der Objektivität JANZE, C., IFRS im landwirtschaftlichen Rechnungswesen, S. 282.

1006 Vgl. zur diesbezüglichen Kritik am beizulegenden Zeitwert IAS 41.B17 (b).

1007 Vgl. hierzu auch IAS 41.B19 (a).

lichkeitsausnahme bei tragenden biologischen Vermögenswerten auszugehen, da diese oftmals langlebiger sind als konsumierbare biologische Vermögenswerte.

422.64 Die Beschränkung der Anwendung der Verlässlichkeitsausnahme auf den Erstansatz

Die Bestimmung, dass die Verlässlichkeitsausnahme lediglich beim **Erstansatz** ausgeübt werden kann und nach einer einmal getätigten verlässlichen Ermittlung des beizulegenden Zeitwertes an einem Bewertungsstichtag stets auch in den Folgeperioden zum beizulegenden Zeitwert abzüglich der Veräußerungskosten bilanziert werden muss,[1008] zeigt, dass der Standardsetter am grundlegenden Konzept der Bewertung zum beizulegenden Zeitwert trotz der Verlässlichkeitsausnahme festhält. Dies basiert vor allem auch auf der Annahme des IASB, dass im Laufe einer biologischen Transformation die Verlässlichkeit des beizulegenden Zeitwertes des Bewertungsobjektes zunimmt[1009] und dass der beizulegende Zeitwert in der Folgezeit lediglich selten oder überhaupt nicht mehr nicht hinreichend verlässlich ermittelt werden kann, nachdem dies einmal möglich war[1010]. Diesem kann zwar grundsätzlich zugestimmt werden, jedoch kommt es nicht lediglich auf die Seltenheit, sondern auch auf die Bedeutsamkeit der nicht verlässlichen Bewertbarkeit an. So sind im späteren Verlauf der Bewertung ggf. weniger Marktschwankungen oder -unregelmäßigkeiten für ein Verlässlichkeitsdefizit verantwortlich, sondern vielmehr eingetretene Risiken, wie Wetterkatastrophen oder Krankheitsbefall, die eine bisherige biologische Transformation zurücksetzen, schädigen oder gar abbrechen lassen. Dadurch könnte ein annäherndes oder sogar tieferliegendes Niveau der Transformation wieder erreicht werden als das Niveau, welches zuvor für eine nicht verlässliche Bewertung zum beizulegenden Zeitwert gereicht hat bzw. hätte. Somit könnte aus Gründen der Konsistenz hinsichtlich der Gleichbehandlung von gleichen Sachverhalten für die Möglichkeit der erneuten Bewertung zu Anschaffungs- und Herstellungskosten plädiert werden.

Zum Teil scheint es aber aufgrund der Unbestimmtheit des Mindestverlässlichkeitsniveaus bei vielen Vermögenswerten im Ermessensspielraum des bilanzierenden Unternehmens zu liegen, festzulegen, wann ein beizulegender Zeitwert tatsächlich verlässlich zu ermitteln ist[1011]. Die Argumentation des Standardsetters für die Unwiderruflichkeit der Bewertung zum beizulegenden Zeitwert, dass Unternehmen die Verlässlichkeitsausnahme bei rückläufigen Märkten und entsprechend sinkenden Wertansätzen bei einer Bewertung zum beizulegenden Zeitwert missbrauchen könnten,[1012] um somit Verluste einzudämmen, ist daher nachvollziehbar. Auch ist mit der Unwiderruflichkeit eine Stärkung des fördernden Grundsatzes der Vergleichbarkeit verbunden. Bezüglich der neuen Regelungen des IFRS 13 wird zwar die Mindestverlässlichkeit für einen Wertansatz tendenziell gesenkt, sodass Informationen auch mit geringer inhaltlicher Nachprüfbarkeit entscheidungsnützlich sein können. Sollte jedoch die mit der Verlässlichkeitsausnahme verbundene, fiktive Nebenbedingung der zu hohen Unsicherheit zeitlich nach einer bereits erfolgten Bewertung zum beizulegenden Zeitwert greifen, kann der Wertansatz zu (fortgeführten) Anschaffungs- oder Herstellungskosten entscheidungsnützli-

[1008] Vgl. IAS 41.30 f.
[1009] Vgl. IAS 41.B35.
[1010] Vgl. IAS 41.B36.
[1011] Vgl. IAS 41.B35.
[1012] Vgl. IAS 41.B36.

cher sein, sodass in solch einer Situation dieser Wertansatz empfohlen und damit die Unwiderruflichkeit der Bewertung zum beizulegenden Zeitwert kritisiert werden kann.

Bei der Bewertung zu Anschaffungs- oder Herstellungskosten nach IAS 41 ist zudem zu berücksichtigen, dass, sofern der beizulegende Zeitwert nicht verlässlich ermittelbar ist, **umfangreiche Anhangangaben** für die Bewertung zu fortgeführten Anschaffungs- oder Herstellungskosten erforderlich sind[1013]. Letztlich könnten diese bei einem bisher in IAS 41 noch nicht vorgesehenen erneuten Wechsel in der Folgebewertung von einer unverlässlichen Bewertung mit dem beizulegenden Zeitwert zur Bewertung mit den fortgeführten Anschaffungs- oder Herstellungskosten noch verschärft werden. Beispielsweise könnte die Angabe einer Mindestschätzungsbandbreite nicht mehr optional, sondern verpflichtend oder alternativ zumindest die Richtung der Wertentwicklung des nicht verlässlich ermittelbaren beizulegenden Zeitwertes anzugeben sein.

422.65 Die Beschränkung der Anwendung der Verlässlichkeitsausnahme auf biologische Vermögenswerte

Dass die Verlässlichkeitsausnahme nicht auch für landwirtschaftliche Erzeugnisse angewendet werden darf, ist der Tatsache geschuldet, dass der Standardsetter davon ausgeht, dass eine verlässliche Ermittlung des relevanten beizulegenden Zeitwertes bei diesen Vermögenswerten stets möglich ist[1014]. Unter der Berücksichtigung der Tatsache, dass die landwirtschaftlichen Erzeugnisse nach IAS 41 lediglich zum Erntezeitpunkt zu bewerten sind,[1015] ist diese Begründung insofern recht plausibel, als für viele landwirtschaftliche Erzeugnisse oftmals sogar Preise am aktiven Markt verfügbar sind.[1016] Sofern keine marktorientierten Preise vorhanden sind, sind zudem die barwertorientierten Verfahren relativ einfach anzuwenden, da sie aufgrund der zu unterstellenden kurzen Fristigkeit lediglich aus einer Cashflow-Komponente bestehen können und die Unsicherheiten dabei relativ gering sind. Dagegen kann die kostenorientierte Bewertung der landwirtschaftlichen Erzeugnisse problematischer sein, da eine einheitliche, objektive Zurechnung der Kosten auf die einzelnen landwirtschaftlichen Erzeugnisse vor allem bei Kuppelproduktionen oftmals schwierig ist. Dies kann bspw. bei Schafen der Fall sein, da diese Wolle produzieren, Lämmer gebären und zudem noch mit ihren Ausscheidungen natürlichen Dünger erzeugen. Insofern kann die Ausnahme vom Anwendungsbereich der Verlässlichkeitsausnahme hinsichtlich landwirtschaftlicher Erzeugnisse sachlich nachvollzogen werden, auch wenn nicht garantiert werden kann, dass sich nicht unter bestimmten, unerwarteten Bedingungen eine unzuverlässige Bewertungskonstellation einstellen kann.

Wie die vorherigen Ausführungen gezeigt haben, ist die Verlässlichkeitsausnahme insgesamt durchaus als sinnvoll zu bezeichnen. Sie sollte allerdings an die aktuellen Gegebenheiten des Conceptual Framework, vor allem an den neuen Fundamentalgrundsatz der glaubwürdigen Darstellung, angepasst werden. Zudem wäre eine Konkretisierung des Mindestverlässlichkeitsniveaus durch den Standardsetter wünschenswert. Bezüglich des Anwendungsbereichs ist die Gültigkeit der Ausnahmeregelung lediglich für biologische Vermögenswerte und nicht für die landwirtschaftlichen Erzeugnisse

[1013] Vgl. IAS 41.54-56.
[1014] Vgl. IAS 41.32.
[1015] Vgl. hierzu IAS 41.13.
[1016] Vgl. Abschnitt 422.4.

des IAS 41 einerseits inhaltlich nachvollziehbar. Andererseits ist die Anwendung der Verlässlichkeitsausnahme lediglich beim Erstansatz mit Bezug auf später ggf. erneut auftretende hohe Unsicherheiten in der biologischen Transformation eher kritisch zu betrachten.

5 Bilanzierung des landwirtschaftlichen biologischen Vermögens nach den Regelungsänderungen „Agriculture: Bearer Plants"

51 Regelungsänderungen „Agriculture: Bearer Plants"

511. Überblick

Wie bereits in Abschnitt 41 zur Entstehungsgeschichte des IAS 41 erwähnt wurde, beziehen sich die **Änderungen „Agriculture: Bearer Plants"** lediglich auf **fruchttragende Pflanzen** und somit auf eine bestimmte Gruppe biologischer Vermögenswerte. Die fruchttragenden Pflanzen fallen dabei künftig in den Anwendungsbereich des IAS 16 *Sachanlagen* und nicht mehr wie bislang in den Anwendungsbereich IAS 41 *Landwirtschaft*.[1017]

Mit der Bewertung fruchttragender Pflanzen nach IAS 16 nimmt der Standardsetter die Kritik an der grundsätzlichen Vorgabe des Fair Value als Bewertungsmaßstab für alle biologischen Vermögenswerte und landwirtschaftlichen Erzeugnisse im Rahmen der landwirtschaftlichen Tätigkeit nach IAS 41 auf.[1018] So sehen die Neuregelungen „Agriculture: Bearer Plants" nun vor, den produktiven Charakter fruchttragender Pflanzen in Analogie zum Sachanlagevermögen zu berücksichtigen. Letztlich hat sich der Standardsetter dabei lediglich auf die fruchttragende Pflanzen zur Ausgliederung nach IAS 16 beschränkt, da in den Kommentaren zur Agendakonsultation 2011 des IASB vor allem für diese Vermögenswerte Bedenken hinsichtlich ihrer Bilanzierung geäußert wurden.[1019] Entsprechend wollte der Standardsetter mit dem *limited-scope project* schnell handeln und auf das akute Bedürfnis des Plantagenbewirtschaftungssektors eingehen.[1020] Die Frage nach dem Einbezug bspw. tragender Tiere bzw. die Erweiterung des Anwendungsbereichs hätte den Umfang des Projektes erhöht, und würde eher Teil einer vollständigen Überarbeitung des IAS 41 sein, die aber bewusst nicht vorgesehen war.[1021] Aus diesem Grund wurden erweiterte Fragestellungen im Rahmen des Projektes ausgeschlossen. Aktuell ist noch keine vollständige Überarbeitung des IAS 41 konkret geplant. In diesem Zusammenhang beziehen sich die Regelungsänderungen „Agriculture: Bearer Plants" auch lediglich auf fruchttragende Pflanzen in einem *no-alternative-use model*, d. h. auf Pflanzen, mit denen keine wirtschaftliche Veräußerungsabsicht verbunden ist.[1022] Die Verwendung eines *predominant-use model* hätte die Ermessenspielräume der Unternehmen erhöht[1023] und ebenfalls wieder den Projektumfang erweitert. Die Beschränkung auf fruchttragende Pflanzen in einem *no-alternative-use model* ist zudem vor dem Hintergrund zu rechtfertigen, dass die Bedenken aus der Agendakonsultation 2011 überwiegend bezüglich Pflanzen, die dem Unternehmen keine alternative Nutzung einräumen und die zudem keinen separaten, vom Land getrennten Marktwert haben, geäußert wurden[1024].

[1017] Vgl. IASB (Hrsg.), Agriculture: Bearer Plants, S. 4, Introduction.
[1018] Vgl. zur Kritik insbesondere Abschnitt 422.3.
[1019] Vgl. IASB (Hrsg.), Agriculture: Bearer Plants, S. 17, BC42 und S. 20, BC55.
[1020] Vgl. IASB (Hrsg.), Agriculture: Bearer Plants, S. 20, BC58.
[1021] Vgl. IASB (Hrsg.), Agriculture: Bearer Plants, S. 20, BC58.
[1022] Vgl. hierzu IASB (Hrsg.), Agriculture: Bearer Plants, S. 20, BC51.
[1023] Vgl. IASB (Hrsg.), Agriculture: Bearer Plants, S. 20, BC50.
[1024] Vgl. IASB (Hrsg.), Agriculture: Bearer Plants, S. 20, BC51.

Mit der Verlagerung der fruchttragenden Pflanzen in den Anwendungsbereich des IAS 16 sind weitreichende Bilanzierungskonsequenzen verbunden, die im Folgenden erläutert werden. Zuerst wird dazu kurz dargestellt, wie fruchttragende Pflanzen definiert werden. Anschließend wird die Erstbewertung fruchttragender Pflanzen nach den Vorstellungen des IASB erläutert. Im Rahmen der Folgebewertung werden danach die beiden grundlegenden Bewertungsmodelle des IAS 16, das Anschaffungs- und Herstellungskostenmodell sowie das Neubewertungsmodell vorgestellt. Zuletzt wird kurz auf die Bilanzierung der an den fruchttragenden Pflanzen wachsenden landwirtschaftlichen Erzeugnisse eingegangen.

512. Bilanzierung der fruchttragenden Pflanzen

512.1 Definition der fruchttragenden Pflanzen

Um die fruchttragenden Pflanzen eindeutig abzugrenzen, hat der IASB drei Kriterien entwickelt.[1025] Demnach ist eine fruchttragende Pflanze eine Pflanze,

- die im Rahmen der Produktion oder Lieferung von landwirtschaftlichen Erzeugnissen eingesetzt wird,
- von der erwartet wird, dass sie für einen Zeitraum von länger als einer Periode Früchte trägt,[1026] und
- für die lediglich eine geringe Wahrscheinlichkeit besteht, als landwirtschaftliches Erzeugnis verkauft zu werden.[1027]

Von Letzterem ausgenommen ist dabei der Fall eines beiläufigen Verschrottungsverkaufs bzw. das Generieren eines beiläufigen Restverkaufserlöses (*incidental scrap sales*),[1028] bspw. wenn das minderwertige Holz von langgedienten Apfelbäumen noch einen geringen Veräußerungserlös einbringt. Sofern also eine fruchttragende Pflanze nicht mehr zur Produktion landwirtschaftlicher Erzeugnisse fähig ist und daher ggf. abgeschnitten und als Restmaterial (z. B. als Befeuerungsmaterial) verkauft wird, ist dies für die Erfüllung der Definitionskriterien fruchttragender Pflanzen unschädlich.[1029]

Im Vergleich zur Definition von Sachanlagen, die nach IAS 16.6 als materielle Vermögenswerte definiert werden,

---

1025 Vgl. IASB (Hrsg.), Agriculture: Bearer Plants, S. 11, IAS 41.5 und S. 6 f., IAS 16.6.

1026 Die Art der Periode wird nicht weiter spezifiziert, sodass hiermit theoretisch neben einer Jahresperiode auch eine Zwischenperiode, eine Saison oder ein Produktionszyklus gemeint sein kann. Vgl. Ernst & Young Global Limited (Hrsg.), Comment letter ED/2013/8, S. 4. Im Kontext der IFRS-Rechnungslegung ist indes logisch darauf zu schließen, dass es sich hierbei um eine Berichtsperiode handeln sollte. Andernfalls hätte der IASB seine Formulierung bspw. besser „expected to bear produce for more than one time" äußern können.

1027 Vgl. IASB (Hrsg.), Agriculture: Bearer Plants, S. 11, IAS 41.5 und S. 6 f., IAS 16.6.

1028 Vgl. IASB (Hrsg.), Agriculture: Bearer Plants, S. 11, IAS 41.5 und S. 6 f., IAS 16.6.

1029 Vgl. IASB (Hrsg.), Agriculture: Bearer Plants, S. 11, IAS 41.5B.

- die im Rahmen der Produktion und Lieferung von Waren und Dienstleistungen, im Rahmen einer Vermietung an Dritte oder im Rahmen der Verwaltung eingesetzt werden und
- von denen erwartet wird, dass sie für einen Zeitraum von länger als eine Periode genutzt werden können,[1030]

weist die Definition der fruchttragenden Pflanzen eine große Ähnlichkeit auf. Insgesamt ist sie jedoch gleichzeitig wesentlich spezieller, indem sie sich auf typische landwirtschaftliche Tätigkeitsfelder beschränkt und damit landwirtschaftliche Besonderheiten berücksichtigt.

Der IASB konkretisiert seine Vorstellung von fruchttragenden Pflanzen im Rahmen einer **Negativabgrenzung**, indem er artverwandte, pflanzliche Vermögenswerte aufzählt, die explizit keine fruchttragenden Pflanzen darstellen. Hierzu zählen

- zu Zwecken der Ernte als landwirtschaftliche Erzeugnisse angebaute Pflanzen (z. B. zur einmaligen Nutzholzgewinnung),
- Pflanzen, die im Rahmen der Produktion oder der Lieferung von landwirtschaftlichen Erzeugnissen eingesetzt werden und dazu bestimmt sind, als landwirtschaftliche Erzeugnisse geerntet zu werden oder nicht nur bei einem beiläufigen Verschrottungsverkauf bzw. bei der Generierung eines Resterlöses als lebende Pflanze verkauft zu werden (z. B. Fruchtbäume, die zum Zweck der Ernte ihrer Früchte, aber auch zur einmaligen Nutzholzgewinnung angepflanzt und gepflegt werden) und
- einjährige Pflanzenkulturen (z. B. Weizen, Mais).[1031]

Neben den Gegenbeispielen geht der Standardsetter noch knapp auf bestimmte Pflanzen ein, die normalerweise die Definition fruchttragender Pflanzen erfüllen, und nennt in diesem Zusammenhang beispielhaft Weinrebstöcke, Ölpalmen, Gummibäume sowie Teesträucher.[1032]

512.2 Ansatz fruchttragender Pflanzen

Der Ansatz fruchttragender Pflanzen richtet sich zum einen nach der Erfüllung der Definitionskriterien der fruchttragenden Pflanzen, zum anderen nach der Erfüllung der Ansatzkriterien des Sachanlagevermögens. Während die fruchttragenden Pflanzen künftig in IAS 41 unabhängig von den Sachanlagen definiert und konkretisiert werden[1033] und in IAS 16 lediglich die die drei genannten Kriterien enthaltende Definition wiederholt wird[1034], werden die Ansatzkriterien für fruchttragende Pflanzen als **Ansatzkriterien des Sachanlagevermögens** in IAS 16.7 beschrieben. Dabei handelt es sich inhaltlich um die Ansatzkriterien von Vermögenswerten, wie sie im Conceptual Framework vorgege-

---

1030 Vgl. IAS 16.6.

1031 Vgl. IASB (Hrsg.), Agriculture: Bearer Plants, S. 11, IAS 41.5A.

1032 Vgl. IASB (Hrsg.), Agriculture: Bearer Plants, S. 10, IAS 41.4.

1033 Vgl. IASB (Hrsg.), Agriculture: Bearer Plants, S. 11, IAS 41.5-IAS 41.5B. Vgl. zur konkretisierten Definition auch Abschnitt 512.

1034 Vgl. IASB (Hrsg.), Agriculture: Bearer Plants, S. 6 f., IAS 16.6.

ben werden. So muss zum einen der künftige, mit einer Sachanlage verbundene wirtschaftliche Nutzen dem Unternehmen wahrscheinlich zufließen und zum anderen müssen die Anschaffungs- oder Herstellungskosten der Sachanlage verlässlich ermittelbar sein.[1035]

Eine bestimmte Abgrenzung der einzelnen Vermögenswerte im Sachanlagevermögen in Form einer konkreten Bilanzierungseinheit wird vom Standardsetter explizit nicht vorgegeben.[1036] Stattdessen ist hierfür im Rahmen einer offenen Bilanzierungseinheit eine Ermessensentscheidung auf Grundlage der unternehmensspezifischen Gegebenheiten erforderlich.[1037] Hierin liegt ein großer Unterschied im Vergleich zu den Vorschriften des IAS 41. Wie bereits in Abschnitt 413. dargestellt, ist nach IAS 41 nämlich der einzelne biologische Vermögenswert als Bilanzierungseinheit vorgesehen. Künftig können nun verschiedenste Gegenstände wie Wartungsgeräte, Ersatzteile oder Bereitschaftsausrüstungen nach IAS 16 angesetzt werden, soweit sie die Definitionskriterien für eine Sachanlage erfüllen.[1038] Entsprechend ist für jede Sachanlage zu ermitteln, ob die Ansatzvoraussetzungen erfüllt werden.[1039] Das bilanzierende Unternehmen hat die Aktivierbarkeit der Aufwendungen für alle Sachanlagen zu jenem Zeitpunkt zu beurteilen, an dem die Kosten anfallen, sodass sowohl zum Erwerb oder zur Herstellung eines Vermögenswertes anfallende Kosten als auch bestimmte Folgekosten als nachträgliche Anschaffungs- und Herstellungskosten bei Erfüllung der sonstigen Ansatzkriterien anzusetzen sind.[1040]

512.3 Erstbewertung fruchttragender Pflanzen

Als Folge der Änderungen „Agriculture: Bearer Plants" richtet sich auch die **Erstbewertung** nach **IAS 16**. Demnach sind die fruchttragenden Pflanzen künftig beim erstmaligen Ansatz mit ihren **Anschaffungs- oder Herstellungskosten** zu bewerten.[1041] Diese umfassen nach IAS 16.16 den Erwerbspreis inklusive ggf. angefallener Einfuhrzölle sowie nicht erstattungsfähiger Umsatzsteuern nach Abzug von indirekten und direkten Preisnachlässen.[1042] Auch alle unmittelbar zurechenbaren Kosten, die anfallen, um den Vermögenswert in einen vom Management beabsichtigten, **betriebsbereiten Zustand zu versetzen** und an seinen Standort zu bringen, werden darunter gefasst,[1043] bspw. Kosten für Düngemittel oder für die künstliche Bewässerung noch nicht fertiggestellter Pflanzen. Darüber hinaus müssen die erstmalig geschätzten Kosten berücksichtigt werden, die für den Rückbau und die Beseitigung des Vermögenswertes sowie für die Wiederherstellung des Standortes, an dem

---

1035 Vgl. IAS 16.7.

1036 Vgl. IAS 16.9; THIELE, S./ECKERT, T., in: Thiele et al., Internationales Bilanzrecht, IAS 16, Rn. 141; BALLWIESER, W., in: Baetge et al., Rechnungslegung nach IFRS, IAS 16, Rn. 15.

1037 Vgl. IAS 16.9; ERNST & YOUNG (HRSG.), International GAAP 2014, S. 1271; BALLWIESER, W., in: Baetge et al., Rechnungslegung nach IFRS, IAS 16, Rn. 15; ADS International, Abschnitt 9, Rn. 11.

1038 Vgl. IAS 16.6.

1039 Vgl. ADS International, Abschnitt 9, Rn. 11.

1040 Vgl. IAS 16.10.

1041 Zur Erstbewertung nach IAS 16 vgl. IAS 16.15.

1042 Vgl. IAS 16.16 (a). Hierzu zählen Rabatte, Boni und Skonti. Vgl. IAS 16.16 (a).

1043 Vgl. IAS 16.16 (b). Die unmittelbar zurechenbaren Kosten sind bspw. die unmittelbar mit der Herstellung bzw. Anschaffung des Vermögenswertes anfallenden Arbeitnehmerkosten, Standortvorbereitungskosten, Kosten für die erstmalige Lieferung und Verbringung, Installations- und Montagekosten, Testlaufkosten sowie Honorare. Vgl. IAS 16.17.

sich der Vermögenswert befindet, notwendig sind und die dem bilanzierenden Unternehmen aus der Verpflichtung heraus entstehen, dass es den Vermögenswert erworben oder für einen gewissen Zeitraum nicht zur Herstellung von Vorräten, sondern zu anderen Zwecken eingesetzt hat.[1044] [1045] Die Wiederherstellung des Standortes ist für die Landwirtschaft insbesondere relevant, wenn der Landwirt einen Pachtvertrag über ein Grundstück eingeht und dabei eine stehende Ernte übernehmen, jedoch mit dem Ablauf des Pachtvertrages auch wieder eine stehende Ernte übergeben muss[1046]. Solche Wiederanpflanzungskosten können bspw. nach der Abholzung eines Holzbestandes für die Einsaat bzw. das Einpflanzen von Bäumen auf einer Waldflur bestehen.[1047] Insgesamt basiert die Ermittlung der Anschaffungs- oder Herstellungskosten für Sachanlagevermögen im erstmaligen Ansatz auf dem Konzept der Maßgeblichkeit der Gegenleistung,[1048] indem die Anschaffungs- oder Herstellungskosten einer Sachanlage identisch mit dem zum Erfassungszeitpunkt ermittelten Gegenwert des Barpreises der Sachanlage sind[1049].

Für die Ermittlung der Herstellungskosten für selbst produzierte Vermögenswerte sind die gleichen Regelungen anzuwenden, die auch bei einem Kauf der Vermögenswerte angewandt werden.[1050] Der IASB hebt in diesem Zusammenhang hervor, dass fruchttragende Pflanzen bis zu dem Zeitpunkt, zu dem sie sich am Ort und im Zustand befinden, die für ihren vom Management beabsichtigten Einsatz erforderlich sind, analog wie die in den Anwendungsbereich des IAS 16 fallenden Vermögenswerte zu bilanzieren sind, wobei der Herstellungsprozess hierbei alle zum Anbau der fruchttragenden Pflanzen erforderlichen Maßnahmen umfasst.[1051] Fruchttragende Pflanzen sind daher bis zu ihrer Reife zu den **akkumulierten Kosten** zu bilanzieren.[1052]

Ab dem Zeitpunkt, zu dem sich ein betriebsbereiter Sachanlagevermögenswert an dem für ihn vorgesehenen Standort in dem vom Management beabsichtigten Zustand befindet, wird der Ansatz von Kosten als Anschaffungs- oder Herstellungskosten im Buchwert des Sachanlagevermögens eingestellt, sodass die bei der Nutzung oder Verlagerung des Sachanlagevermögens entstehenden Kosten

---

1044 Vgl. IAS 16.16 (c). Fallen diese Kosten für die Erfüllung einer Verpflichtung bei der Produktion von Vorräten an, sind diese nach IAS 2 *Vorräte* zu bilanzieren und dort als Herstellungskosten anzusetzen. Vgl. IAS 16.18; IAS 16.BC15; BALLWIESER, W., in: Baetge et al., Rechnungslegung nach IFRS, IAS 16, Rn. 17.

1045 Keine Anschaffungs- und Herstellungskosten von Sachanlagen sind bspw. die für die Eröffnung einer neuen Betriebsstätte erforderlichen Kosten, Kosten für die Markterschließung eines neuen Gutes, Kosten für geschäftliche Aktivitäten mit neuen Kundengruppen oder an neuen Standorten sowie Verwaltungs- und Gemeinkosten. Vgl. IAS 16.19.

1046 Vgl. JANZE, C., IFRS im landwirtschaftlichen Rechnungswesen, S. 292.

1047 Vgl. zu diesem Beispiel IAS 41.22. IAS 41 verbietet im Übrigen die Berücksichtigung von Cashflows für die Wiederherstellung von biologischen Vermögenswerten. Vgl. IAS 41.22.

1048 Vgl. SCHARFENBERG, A., in: Bohl et al., Beck'sches IFRS Handbuch, § 5, Rn. 22 in Bezug auf IAS 16.15.

1049 Vgl. IAS 16.23.

1050 Vgl. IAS 16.22; ERNST & YOUNG (HRSG.), International GAAP 2014, S. 1280. Sofern ähnliche Vermögenswerte auch zu Veräußerungszwecken hergestellt werden, sind die Herstellungskosten des Vermögenswertes i. d. R. identisch mit denen eines zu veräußernden Gegenstandes. Vgl. IAS 16.22. Interne Gewinne sowie ungewöhnliche hohe Aufwendungen durch Ressourcenverschwendung, zu hohe Ausschussquoten oder zu großer Arbeitsaufwand sind kein Bestandteil der Herstellungskosten eines Vermögenswertes aus Eigenproduktion. Vgl. IAS 16.22.

1051 Vgl. IASB (HRSG.), Agriculture: Bearer Plants, S. 7, IAS 16.22A.

1052 Vgl. IASB (HRSG.), Agriculture: Bearer Plants, S. 23, BC72.

nicht dem Buchwert des Sachanlagevermögens zuzurechnen sind.[1053] So werden laufende Wartungskosten für eine Sachanlage im Sinne von nutzenerhaltenden Instandhaltungen und Reparaturen nicht aktiviert, sondern unmittelbar erfolgswirksam erfasst.[1054] Beim landwirtschaftlichen Vermögen zählen hierzu regelmäßig bspw. die Kosten für die Überprüfung des Gesundheitsstatus der biologischen Vermögenswerte sowie die Kosten für krankheitsvorbeugende bzw. gesundheitserhaltende Maßnahmen. Für sogenannte nachträgliche Anschaffungs- und Herstellungskosten besteht indes eine Ausnahme von der obengenannten zeitlichen Beschränkung der Berücksichtigung im Buchwert der Sachanlage. Sie haben nämlich die Ergänzung des Vermögenswertes, den Ersatz eines seiner Bestandteile oder eine größere Wartung des Vermögenswertes als Zielsetzung und sind bei Anfall zu aktivieren, sofern sie mit dem wahrscheinlichen künftigen Nutzenzufluss und der verlässlichen Ermittlung der Anschaffungs- und Herstellungskosten beide Ansatzkriterien für Sachanlagen nach IAS 16.7 erfüllen[1055].[1056]

Insgesamt ist der Zeitpunkt des Anfalls von bestimmten in Bezug zur Sachanlage stehenden Aufwendungen für die Frage der Ansatzfähigkeit unerheblich.[1057] Die Zuordnung von bestimmten nachträglich anfallenden Aufwendungen zum Erhaltungsaufwand oder zu den nachträglichen Anschaffungs- oder Herstellungskosten ist letztlich einzelfallabhängig abzuwägen[1058]. Entscheidend ist dabei, ob der mit der Sachanlage verbundene wirtschaftliche Nutzen erhöht (**nachträgliche Anschaffungs- oder Herstellungskosten**)[1059] oder lediglich erhalten (**Erhaltungsaufwand**) wird.[1060] Dies kann bei wachsenden biologischen Vermögenswerten insofern eine Herausforderung darstellen, als es bei Pflanzen bspw. zwischen Bewässerungs- oder Düngekosten für das Wachstum oder für die Erhaltung der Pflanzen zu differenzieren gilt.

1053 Vgl. IAS 16.20. Zu diesen Nutzungs- oder Verlagerungskosten zählen bspw. Kosten, die bei einer betriebsbereiten Sachanlage anfallen, um diese in Betrieb zu setzen bzw. die ihren Betrieb noch nicht vollständig hochgefahren hat, erstmalige Verluste, bspw. jene, die entstehen, solange sich noch keine Nachfrage nach den mit der Sachanlage produzierten Vermögenswerten aufgebaut hat, sowie die Verlagerungs- und Umstrukturierungskosten in Bezug auf einen Teil oder auf die Gesamtheit der Geschäftstätigkeit des Unternehmens. Vgl. IAS 16.20.

1054 Vgl. IAS 16.12; THIELE, S./ECKERT, T., in: Thiele et al., Internationales Bilanzrecht, IAS 16, Rn. 155.

1055 Vgl. THEILE, C., in: Heuser et al., IFRS-Handbuch, B. II, Rn. 1232.

1056 Vgl. BAETGE, J./KIRSCH, H.-J./THIELE, S., Bilanzen, S. 304; IAS 16.10, 16.13 f.; THIELE, S./ECKERT, T., in: Thiele et al., Internationales Bilanzrecht, IAS 16, Rn. 143. So müssen die Bestandteile einiger Sachanlagen z. T. regelmäßig ersetzt werden (z. B. Sitze und Boardküchen, die im Lebenszyklus eines Flugzeuges regelmäßig ersetzt werden müssen) (vgl. IAS 16.13) oder regelmäßige größere Wartungen zur Fortsetzung der betrieblichen Tätigkeit einer Sachanlage zwingend durchgeführt werden (vgl. IAS 16.14). Der Buchwert der ersetzten Teile und der ggf. vorhergehenden Wartung ist mit einem neuen Ersatz bzw. einer neuen Wartung auszubuchen. Vgl. IAS 16.14.

1057 Vgl. THIELE, S./ECKERT, T., in: Thiele et al., Internationales Bilanzrecht, IAS 16, Rn. 143.

1058 Vgl. THIELE, S./ECKERT, T., in: Thiele et al., Internationales Bilanzrecht, IAS 16, Rn. 154.

1059 Den Nutzen erhöhende Maßnahmen können bspw. die Änderungen an einer Sachanlage sein, die zu einer Verlängerung der Restnutzungsdauer, zu einer Kapazitätserhöhung, zu einer Qualitätsverbesserung oder zur Kostensenkung in der Produktion auf der Sachanlage führt. Vgl. SCHARFENBERG, A., in: Bohl et al., Beck'sches IFRS Handbuch, § 5, Rn. 85.

1060 Vgl. THIELE, S./ECKERT, T., in: Thiele et al., Internationales Bilanzrecht, IAS 16, Rn. 155. Dies ist über die Erfüllung der Ansatzkriterien herzuleiten. Vgl. LÜDENBACH, N./HOFFMANN, W.-D./FREIBERG, J., in: Lüdenbach et al., Haufe IFRS-Kommentar, § 8, Rn. 33.

512.4 Folgebewertung fruchttragender Pflanzen

512.41 Anschaffungskostenmodell versus Neubewertungsmodell

Durch die Änderungen „Agriculture: Bearer Plants“ stehen den bilanzierenden Unternehmen für die Folgebewertung fruchttragender Pflanzen nach IAS 16 künftig **zwei Rechnungslegungsmethoden** zur Auswahl: das **Anschaffungskostenmodell** (*cost model*) sowie das **Neubewertungsmodell** (*revaluation model*).[1061] Indes darf das Neubewertungsmodell lediglich verwendet werden, soweit der beizulegende Zeitwert für den betreffenden Vermögenswert verlässlich ermittelbar ist.[1062] Für alle einer bestimmten Klasse[1063] des Sachanlagevermögens zugeordneten Vermögenswerte ist einheitlich eine der beiden Methoden anzuwenden.[1064] Da fruchttragende Pflanzen künftig als eigene Vermögensklasse zu sehen sind,[1065] ist somit für sämtliche fruchttragenden Pflanzen die Anwendung lediglich einer der beiden Methoden vorgesehen.

Beide Methoden sind zwar von ihrem Ansatz her unterschiedlich, weisen aber gleichwohl gewisse Ähnlichkeiten auf. Nach dem **Anschaffungskostenmodell** ist eine Sachanlage zu den fortgeführten Anschaffungs- oder Herstellungskosten zu bilanzieren und somit zu den ursprünglichen und nachträglichen Anschaffungs- oder Herstellungskosten abzüglich der kumulierten planmäßigen Abschreibungen sowie der kumulierten Wertminderungsaufwendungen anzusetzen.[1066]

Nach dem **Neubewertungsmodell** ist eine Sachanlage zum sogenannten Neubewertungsbetrag, dem beizulegenden Zeitwert der Sachanlage[1067] zum Zeitpunkt der Neubewertung abzüglich der nachfolgenden kumulierten Abschreibungen und Wertminderungsaufwendungen,[1068] anzusetzen.[1069] Die Neubewertung ist in regelmäßigen Abständen durchzuführen,[1070] wobei die Häufigkeit der Neubewertung von den einzelnen neu zu bewertenden Sachanlagen bzw. der Änderung von deren beizulegendem Zeitwert abhängt[1071]. In Anbetracht oftmals relativ volatiler Preise von als Rohstoffe dienenden landwirtschaftlichen Erzeugnissen oder von biologischen Vermögenswerten bietet sich dabei für

---

1061 Vgl. IAS 16.29. Bei der Bestimmung der Folgebewertungsmethode handelt es sich um ein echtes Wahlrecht. Vgl. BALLWIESER, W., in: Baetge et al., Rechnungslegung nach IFRS, IAS 16, Rn. 29; SCHARFENBERG, A., in: Bohl et al., Beck'sches IFRS Handbuch, § 5, Rn. 102. Eine frühere Differenzierung und Ordnung der beiden Methoden in eine vorziehenswürdige und eine alternative Methode wurde abgeschafft. Vgl. BALLWIESER, W., in: Baetge et al., Rechnungslegung nach IFRS, IAS 16, Rn. 29.

1062 Vgl. IAS 16.31.

1063 Eine Klasse von Sachanlagevermögen wird als eine Zusammenfassung von in ihrer Art und Verwendung innerhalb des Geschäfts des Unternehmens ähnlichen Vermögenswerten gesehen. Vgl. IAS 16.36.

1064 Vgl. IAS 16.29.

1065 Vgl. IASB (HRSG.), Agriculture: Bearer Plants, S. 7, IAS 16.37 (i).

1066 Vgl. IAS 16.30; BAETGE, J./KIRSCH, H.-J./THIELE, S., Bilanzen, S. 306.

1067 Vgl. zur Bestimmung des beizulegenden Zeitwertes nach IFRS 13 auch die Ausführungen in Abschnitt 414.2.

1068 Vgl. THIELE, S./ECKERT, T., in: Thiele et al., Internationales Bilanzrecht, IAS 16, Rn. 223.

1069 Vgl. IAS 16.31; MACKENZIE, B./COETSEE, D./NJIKIZANA, T./SELBST, E./CHAMBOKO, R./COLYVAS, B./HANEKOM, B., WILEY IFRS 2014, S. 161.

1070 Vgl. IAS 16.31.

1071 Vgl. IAS 16.34; PEEMÖLLER, V. H., in: Ballwieser et al., Handbuch IFRS 2011, Abschnitt 10, Rn. 64. So kann es bei wesentlichen Schwankungen erforderlich sein, eine Sachanlage jährlich neu zu bewerten, während bei anderen Sachanlagen möglicherweise nur eine Neubewertung in Abständen von drei bis fünf Jahren notwendig erscheint. Vgl. IAS 16.34; LÜDENBACH, N./HOFFMANN, W.-D./FREIBERG, J., in: Lüdenbach et al., Haufe IFRS-Kommentar, § 8, Rn. 75.

viele landwirtschaftliche Sachverhalte eine jährliche Neubewertung an. Letztlich bedarf es immer einer Neubewertung, wenn sich der beizulegende Zeitwert und der Buchwert der neu zu bewertenden Sachanlage wesentlich voneinander unterscheiden.[1072] Sofern die Neubewertung einer Sachanlage in einer Berichtsperiode durchgeführt wird, sind ebenfalls die gesamte Sachanlagenklasse, der die neubewertete Sachanlage zugehört, und damit alle weiteren Sachanlagen dieser Sachanlagenklasse neu zu bewerten.[1073] Aufgrund der Einstufung fruchttragender Pflanzen als eine Vermögensklasse[1074] sind somit bei einer Neubewertung z. B. einer bestimmten Pflanzensorte sämtliche fruchttragenden Pflanzen des Landwirtes ebenfalls neu zu bewerten. Wenn die Neubewertung zu einer Buchwerterhöhung bei einer Sachanlage führt, ist die resultierende Werterhöhung im sonstigen Ergebnis und als Neubewertungsrücklage im Eigenkapital zu erfassen, es sei denn, die Werterhöhung holt eine zuvor aufgrund einer Neubewertung erfolgswirksam erfasste Abwertung der Sachanlage auf, sodass sie dann bis zur Höhe der Aufholung dieser Abwertung erfolgswirksam zu erfassen ist.[1075] Wenn die Neubewertung einer Sachanlage zu einer Buchwertminderung führt, ist die resultierende Abwertung erfolgswirksam zu erfassen, es sei denn, der Abwertung steht ein Guthaben in der Neubewertungsrücklage für die Sachanlage gegenüber.[1076] In diesem Fall wäre die Abwertung dann bis zur Höhe der Neubewertungsrücklage im sonstigen Ergebnis zu erfassen.[1077]

512.42 Planmäßige Abschreibung nach IAS 16

Obwohl sich das Anschaffungskosten- und das Neubewertungsmodell aufgrund ihrer unterschiedlichen Wertansätze konzeptionell voneinander unterscheiden, ähneln sie sich insofern, als **beide** Modelle **planmäßige Abschreibungen** vorsehen. Planmäßige Abschreibungen sollen den unternehmensspezifischen Verbrauch des mit einem Vermögenswert verbundenen künftigen Nutzens berücksichtigen[1078], indem der sogenannte Abschreibungswert einer Sachanlage systematisch über dessen (Rest-)Nutzungsdauer verteilt wird[1079]. Der Abschreibungswert stellt den Differenzbetrag dar, der sich ergibt, wenn von den Anschaffungs- oder Herstellungskosten bzw. von einem Ersatzbetrag[1080] eines Vermögenswertes dessen Restwert abgezogen wird.[1081] Dieser wird definiert als geschätzter Betrag, den ein Unternehmen gegenwärtig durch den Abgang des Vermögenswertes unter Berücksichtigung des Abzugs geschätzter Verkaufskosten und unter der Annahme, dass der Vermögenswert sich vom Zustand und Alter her am Ende der Nutzungsdauer befindet, vereinnahmen könnte.[1082] Die

---

1072 Vgl. IAS 16.34; BAETGE, J./KIRSCH, H.-J./THIELE, S., Bilanzen, S. 312.

1073 Vgl. IAS 16.36 und 16.38; MACKENZIE, B./COETSEE, D./NJIKIZANA, T./SELBST, E./CHAMBOKO, R./COLYVAS, B./HANEKOM, B., WILEY IFRS 2014, S. 163.

1074 Vgl. IASB (HRSG.), Agriculture: Bearer Plants, S. 7, IAS 16.37 (i).

1075 Vgl. IAS 16.39; MACKENZIE, B./COETSEE, D./NJIKIZANA, T./SELBST, E./CHAMBOKO, R./COLYVAS, B./HANEKOM, B., WILEY IFRS 2014, S. 163.

1076 Vgl. IAS 16.40; MACKENZIE, B./COETSEE, D./NJIKIZANA, T./SELBST, E./CHAMBOKO, R./COLYVAS, B./HANEKOM, B., WILEY IFRS 2014, S. 163.

1077 Vgl. IAS 16.40; MACKENZIE, B./COETSEE, D./NJIKIZANA, T./SELBST, E./CHAMBOKO, R./COLYVAS, B./HANEKOM, B., WILEY IFRS 2014, S. 163.

1078 Vgl. in Bezug auf die bei der planmäßigen Abschreibung eingesetzten Methoden IAS 16.60.

1079 Vgl. IAS 16.6; PEEMÖLLER, V. H., in: Ballwieser et al., Handbuch IFRS 2011, Abschnitt 10, Rn. 10.

1080 Der Neubewertungsbetrag kann einen solchen Ersatzbetrag darstellen.

1081 Vgl. IAS 16.6; WAGENHOFER, A., Internationale Rechnungslegungsstandards IAS/IFRS, S. 201.

1082 Vgl. IAS 16.6; MACKENZIE, B./COETSEE, D./NJIKIZANA, T./SELBST, E./CHAMBOKO, R./COLYVAS, B./HANEKOM, B., WILEY IFRS 2014, S. 159. In der Praxis ist der Restwert für den Abschreibungsbetrag allerdings häufig nicht

Nutzungsdauer wird hierbei entweder nach dem Zeitraum, über den ein Vermögenswert vom Unternehmen voraussichtlich noch genutzt werden kann, nach der voraussichtlichen Anzahl an Produktionseinheiten, die mit dem Vermögenswert voraussichtlich im Unternehmen produzierbar sind, oder nach ähnlichen Größen abgegrenzt.[1083] So könnte bspw. bei einer Zuchtsau eine Nutzungsdauer von 2 bis 2,5 Jahren, 5 bis 6 Würfen oder ca. 55 Ferkeln angenommen werden.[1084] Insgesamt kann damit die Nutzungsdauer sowohl aus zeitlicher wie auch aus sachlicher Perspektive interpretiert werden. Der Restwert und die Nutzungsdauer sind wenigstens am Ende einer Berichtsperiode auf ihre Angemessenheit zu überprüfen und anzupassen, sofern sich die Erwartungshaltung bezüglich einer Komponente oder beider Komponenten verändert hat.[1085] Eine Erwartungsänderung könnte bei Pflanzen bspw. auf den Eintritt von Wetterrisiken oder des Risikos einer Insektenplage zurückzuführen sein.

Die planmäßige Abschreibung einer Sachanlage beginnt ab dem Zeitpunkt, zu dem die Sachanlage zur Nutzung bereitsteht und sie sich somit erstmals in dem vom Management vorgesehenen betriebsbereiten Zustand sowie am gewünschten Standort befindet.[1086] Im Gegensatz dazu endet sie, soweit der frühere der beiden Zeitpunkte, ab dem die Sachanlage entweder nach IFRS 5 als zur Veräußerung gehalten klassifiziert oder ausgebucht wird, eintritt.[1087] Somit endet die planmäßige Abschreibung nicht automatisch, wenn eine noch nicht vollständig abgeschriebene Sachanlage nicht mehr aktiv genutzt wird, jedoch kann die planmäßige Abschreibung bei einer Einstellung der Produktion und der Anwendung der leistungsbezogenen Abschreibungsmethode zumindest dem Wert null entsprechen.[1088] Mit Blick auf das Betrachtungsobjekt der Regelungsänderungen „Agriculture: Bearer Plants“ ist indes anzumerken, dass vor allem bei den fruchttragenden, unter freiem Himmel stehenden Pflanzen aufgrund des natürlichen Transformationsvorgangs und der beschränkten Eingriffsmöglichkeit des Landwirtes das einfache Aussetzen der Produktion i. d. R. nicht bzw. lediglich sehr eingeschränkt möglich ist.[1089]

Da ein Vermögenswert durch seine Nutzung durch das Unternehmen an künftigem wirtschaftlichem Nutzen verliert, dieser jedoch ebenfalls durch Verschleiß, wirtschaftliche und technische Veralterung sowie weitere Faktoren verringert wird, sieht der Standardsetter zur Schätzung der Nutzungsdauer einer Sachanlage die Berücksichtigung verschiedener **Faktoren** vor:

- die zu erwartende Nutzung der Sachanlage unter Berücksichtigung der Ausbringungsmenge und Kapazität der Sachanlage,

maßgeblich, da er dort häufig lediglich von sehr geringer Bedeutung ist. Vgl. IAS 16.53; PEEMÖLLER, V. H., in: Ballwieser et al., Handbuch IFRS 2011, Abschnitt 10, Rn. 52.

1083 Vgl. IAS 16.6; MAAS, J./BACK, C./SINGER, K., in: Buschhüter et al., Kommentar IFRS, IAS 16, Rn. 18.

1084 Vgl. für die Zahlen annähernd im Mittel der Betriebe ähnlich O. V., Lebensleistung der Sau.

1085 Vgl. IAS 16.51.

1086 Vgl. IAS 16.55; THIELE, S./ECKERT, T., in: Thiele et al., Internationales Bilanzrecht, IAS 16, Rn. 265.

1087 Vgl. IAS 16.55.

1088 Vgl. IAS 16.55; WAGENHOFER, A., Internationale Rechnungslegungsstandards IAS/IFRS, S. 202.

1089 Die Wirtschaftlichkeit der Entscheidung zum Aussetzen der Produktion sei hierbei nicht betrachtet.

- der zu erwartende Verschleiß der Sachanlage unter Berücksichtigung verschiedener individueller Betriebsfaktoren wie bspw. der Pflege der Sachanlage oder der Anzahl an Arbeitsschichten, in der der Vermögenswert eingesetzt wird,
- wirtschaftliche und technische Veralterung durch Änderung des Interesses der Nachfrager bezüglich der mit der Sachanlage produzierten Güter sowie durch Verbesserungen in Produktionstechniken und -prozessen sowie
- rechtliche oder ähnliche Beschränkungen hinsichtlich der Nutzung des Vermögenswertes wie bspw. zeitlich befristete Leasingverträge.[1090]

Die Nutzungsdauer eines Vermögenswertes ist letztlich in Abhängigkeit von der erwarteten unternehmensspezifischen Nutzbarkeit des Vermögenswertes zu bestimmen und kann entsprechend bei einer im Rahmen des unternehmerischen Investitionsplans festgelegten Veräußerung des Vermögenswertes vor dem Ende der wirtschaftlichen Nutzungsdauer auch kürzer als die wirtschaftlich mögliche Nutzungsdauer sein.[1091] Dies ist für den Pflanzenanbau in der Landwirtschaft oftmals der Fall, indem über Jahre hinweg nach abgestimmten Plänen Fruchtfolgen für die Bewirtschaftung der Felder festgelegt werden, und vor allem bei relativ kurzlebigen fruchttragenden Pflanzen relevant.[1092] Auch mit diesen Plänen ist die Nutzungsdauer letztlich stets auf Schätzungen des Unternehmens angewiesen.[1093] In Anbetracht von unterschiedlichen Formen der Landwirtschaft und unterschiedlichem Genmaterial ggf. artgleicher biologischer Vermögenswerte können bei an sich gleichen biologischen Vermögenswerten nämlich auch unterschiedliche Nutzungsdauern bestehen. Letztlich sollte bei der konkreten Bestimmung der Nutzungsdauer einer fruchttragenden Pflanze auch die ggf. bestehende Erfahrung bezüglich der Nutzungsdauern der genetischen Vorgänger miteingebracht werden.[1094]

Das Ziel einer sachgerechten Darstellung des geschätzten **Verlaufs des Nutzenverbrauchs** des Vermögenswertes soll mithilfe der gewählten Abschreibungsmethode umgesetzt werden.[1095] Mit der linearen, der degressiven und der leistungsabhängigen planmäßigen Abschreibung gibt der Standardsetter drei mögliche Abschreibungsmethoden vor, aus denen das Unternehmen die den Verlauf

1090 Vgl. IAS 16.56; MACKENZIE, B./COETSEE, D./NJIKIZANA, T./SELBST, E./CHAMBOKO, R./COLYVAS, B./HANEKOM, B., WILEY IFRS 2014, S. 156; PEEMÖLLER, V. H., in: Ballwieser et al., Handbuch IFRS 2011, Abschnitt 10, Rn. 34.

1091 Vgl. IAS 16.57; WAGENHOFER, A., Internationale Rechnungslegungsstandards IAS/IFRS, S. 202.

1092 In der Tierhaltung haben solche Betriebspläne eine noch größere Bedeutung, da u. a. die Produktionszyklen kürzer sind als beim Pflanzenvermögen. Fruchttragende Tiere werden in der Tierhaltung häufig zum einen bevor sie auf natürliche Weise sterben, aber zum anderen auch bevor sie – allein auf sich bezogen – landwirtschaftliche Erzeugnisse nicht mehr wirtschaftlich erzeugen können, geschlachtet und durch jüngere Tiere ersetzt. Dies passiert oftmals auf Basis eines mittelfristigen Betriebsplans, der auf die Bedürfnisse der landwirtschaftlichen Versorgungskette, in die der Betrieb eingebunden ist, abgestimmt ist und damit die Dauer der betrieblichen Nutzung des Tieres im Vorfeld festlegt.

1093 Vgl. THIELE, S./ECKERT, T., in: Thiele et al., Internationales Bilanzrecht, IAS 16, Rn. 266.

1094 Dies dürfte jedoch insgesamt bei der Tierhaltung von größerer Bedeutung sein. Vor allem bei besonderen, einzelnen Zuchttieren sollte die Nutzungsdauer u. U. nämlich besser individuell geschätzt werden.

1095 Vgl. IAS 16.60; MACKENZIE, B./COETSEE, D./NJIKIZANA, T./SELBST, E./CHAMBOKO, R./COLYVAS, B./HANEKOM, B., WILEY IFRS 2014, S. 157.

des Nutzenverbrauchs voraussichtlich am besten darstellende Methode auswählen kann.[1096] Dabei dienen oftmals die Zeit, die Veräußerungserlöse oder die Produktionsmengen als Bezugsbasis des geschätzten Nutzenverbrauchs. Letztere bieten sich prinzipiell vor allem bei nicht umsatzbezogenen Leistungen an, wie sie in der Landwirtschaft bei sich teilweise selbstversorgenden Betrieben bestehen. Jedoch muss hierbei auch berücksichtigt werden, wie sicher die künftigen Fruchterträge prognostiziert werden können. Wie die Abschreibungsdauer und der Restbetrag ist auch die Angemessenheit der Abschreibungsmethode mindestens am Ende einer jeden Berichtsperiode zu überprüfen und bei einer wesentlichen Änderung des erwarteten Verlaufs des Nutzenverbrauchs anzupassen[1097].

512.43 Die außerplanmäßige Abschreibung

Sowohl auf Basis des Anschaffungs- oder Herstellungskostenmodells als auch auf Basis des Neubewertungsmodells bewertete Vermögenswerte können neben den planmäßigen Abschreibungen auch von **zusätzlichen Wertminderungen** betroffen sein. Die Bestimmung eines Wertminderungsbedarfs richtet sich nach dem sogenannten Impairment-Test bzw. Niederstwerttest nach IAS 36 *Wertminderung von Vermögenswerten (Impairment of Assets).*[1098] Mit den Änderungen „Agriculture: Bearer Plants“ wird auch der Anwendungsbereich des IAS 36 entsprechend den Änderungen am Anwendungsbereich von IAS 41 bzw. IAS 16 geändert. Somit sind künftig statt all jener mit landwirtschaftlicher Tätigkeit in Bezug stehenden und zum beizulegenden Zeitwert abzüglich Veräußerungskosten bewerteten biologischen Vermögenswerte lediglich die in den neuen Anwendungsbereich von IAS 41 fallenden biologischen Vermögenswerte von der Anwendung von IAS 36 ausgenommen.[1099] Dadurch kann IAS 36 künftig auch bei der Bilanzierung fruchttragender Pflanzen nach IAS 16 angewendet werden.

Nach IAS 36 ist an jedem Abschlussstichtag vom bilanzierenden Unternehmen zu beurteilen, ob es einen Hinweis auf eine Wertminderung eines Vermögenswertes im Vergleich zu seinem Buchwert gibt,[1100] und, sofern dies der Fall ist, der erzielbare Betrag für den Vermögenswert zu schätzen.[1101] Der **erzielbare Betrag** (*recoverable amount*) ergibt sich als der höhere Betrag aus dem beizulegenden Zeitwert für einen Vermögenswert abzüglich der geschätzten Veräußerungskosten und dem **Nutzungswert** (*value in use*), also dem Barwert der erwarteten zukünftigen Cashflows aus einem Ver-

---

[1096] Vgl. IAS 16.62. Eine Pflicht zur Anwendung einer bestimmten Abschreibungsmethode besteht daher grundsätzlich nicht. Vgl. WAGENHOFER, A., Internationale Rechnungslegungsstandards IAS/IFRS, S. 202.

[1097] Vgl. IAS 16.61; THIELE, S./ECKERT, T., in: Thiele et al., Internationales Bilanzrecht, IAS 16, Rn. 273.

[1098] Vgl. WAGENHOFER, A., Internationale Rechnungslegungsstandards IAS/IFRS, S. 203.

[1099] Vgl. IASB (HRSG.), Agriculture: Bearer Plants, S. 14, IAS 36.2 (g).

[1100] Eine Minimalauflistung der zu berücksichtigenden Anhaltspunkte findet sich in IAS 36.12, indem Anhaltspunkte durch externe Informationsquellen (vgl. hierzu IAS 36.12 (a)-(d)), durch interne Informationsquellen (vgl. hierzu IAS 36.12 (e)-(g)) und durch Dividenden (vgl. hierzu IAS 36.12 (h)) gegeben und weiter konkretisiert werden.

[1101] Vgl. IAS 36.9. In IAS 36 wird teilweise zwischen den Begriffen „Vermögenswert“ und „zahlungsmittelgenerierende Einheit“ differenziert, sodass manche Standardvorschriften lediglich für einzelne Vermögenswerte, andere Standardvorschriften lediglich für zahlungsmittelgenerierende Einheiten und wiederum andere Standardvorschriften für einzelne Vermögenswerte und zahlungsmittelgenerierende Einheiten gelten. Vgl. hierzu zusammenfassend IAS 36.7. Da der Fokus dieser Arbeit auf landwirtschaftlichen Vermögenswerten bzw. des Abschnitts 422.61 auf fruchttragendes Pflanzenvermögen liegt, wird sich im Folgenden auf die Darstellung der für Vermögenswerte relevanten Regelungen beschränkt.

mögenswert aus dessen weiterer Nutzung[1102].[1103] Die beiden Wertansätze unterscheiden sich insofern grundlegend voneinander, als der beizulegende Zeitwert aus der Perspektive eines dritten Marktteilnehmers beurteilt wird, der Nutzungswert jedoch aus der unternehmensspezifischen Perspektive gebildet wird und somit auch echte Synergieeffekte umfassen kann.[1104] Zudem suggeriert der beizulegende Zeitwert die Veräußerung des Vermögenswertes, der Nutzungswert aber die Weiterverwendung im Unternehmen.[1105] Sollte der erzielbare Betrag eines Vermögenswertes geringer als der aktuelle Buchwert des Vermögenswertes sein, ist der Buchwert des Vermögenswertes auf den erzielbaren Betrag abzuschreiben und ein Wertminderungsaufwand zu buchen.[1106] Der Wertminderungsaufwand ist grundsätzlich unmittelbar erfolgswirksam abzubilden.[1107] Insofern besteht hier eine Ähnlichkeit zur Bewertung auf Basis des beizulegenden Zeitwertes nach IAS 41, bei der Wertänderungen ebenfalls unmittelbar erfolgswirksam abzubilden sind, auch wenn die Bewertung nach IAS 41 regelmäßig stattfindet und nicht erst durch ein bestimmtes Ereignis ausgelöst wird.

Nach der Erfassung der Wertminderung im Buchwert des Vermögenswertes ist dessen planmäßige Abschreibung zur Verteilung des neuen Abschreibungswertes auf die Restnutzungsdauer anzupassen.[1108] Von Dritten zu leistende Entschädigungen aufgrund der Wertminderung, des Untergangs oder der Außerbetriebnahme von in den Anwendungsbereich des IAS 16 fallenden Vermögenswerten sind erfolgswirksam zu erfassen, sobald ein Forderungsanspruch auf sie besteht.[1109] Entschädigungszahlungen können **bei fruchttragenden Pflanzen** z. B. aufgrund von Schäden durch Überflutung gezahlt werden. Analog zum Vorgehen bei der Wertminderung[1110] hat ein bilanzierendes Unternehmen in den Folgeperioden nach einer Wertminderung eines Vermögenswertes an jedem Abschlussstichtag zu beurteilen, ob es einen Hinweis dafür gibt, dass die Wertminderung nicht mehr existiert oder sich

---

1102 Vgl. IAS 36.6; PAWELZIK, K. U./DÖRSCHELL, A., in: Heuser et al., IFRS-Handbuch, B. II, Rn. 2020.

1103 Vgl. IAS 36.6 und 36.18; WAGENHOFER, A., Internationale Rechnungslegungsstandards IAS/IFRS, S. 176. Vgl. zu den konkreten Bestimmungsvorschriften des beizulegenden Zeitwertes IFRS 13 sowie Abschnitt 414.2. Vgl. zu den konkreten Bestimmungsvorschriften des Nutzungswertes IAS 36.30-57.

1104 Vgl. ERB, T./EYCK, K./JONAS, M., in: Bohl et al., Beck'sches IFRS Handbuch, § 27, Rn. 19.

1105 Vgl. WAGENHOFER, A., Internationale Rechnungslegungsstandards IAS/IFRS, S. 176 f.

1106 Vgl. IAS 36.59; BAETGE, J./KIRSCH, H.-J./THIELE, S., Bilanzen, S. 316.

1107 Der Wertminderungsaufwand bei einem aufgrund eines anderen Standards neu zu bewertenden Vermögenswert ist indes als Abwertung durch eine Neubewertung nach dem entsprechenden Standard, bspw. IAS 16, zu behandeln. Vgl. IAS 36.60; ERB, T./EYCK, K./JONAS, M., in: Bohl et al., Beck'sches IFRS Handbuch, § 27, Rn. 121 f.; BAETGE, J./KIRSCH, H.-J./THIELE, S., Bilanzen, S. 316. Allerdings besteht auch ein Unterschied zwischen der Wertminderung nach IAS 36 und der Abwertung nach der Neubewertungsmethode nach IAS 16, indem mit der Wertminderung nach IAS 36 umfangreichere Anhangangaben verbunden sind. Vgl. BAETGE, J./KROLAK, T./THIELE, S./HAIN, T., in: Baetge et al., Rechnungslegung nach IFRS, IAS 36, Rn. 75.

1108 Vgl. IAS 36.63; ERNST & YOUNG (HRSG.), International GAAP 2014, S. 1455.

1109 Vgl. IAS 16.65. Wertminderung, Untergang, darauf bezogene Entschädigungsansprüche oder -zahlungen sowie eine ggf. stattfindende Anschaffung oder Herstellung eines Ersatzvermögenswertes sind jeweils als einzelne Bilanzierungssachverhalte zu behandeln und daher separat zu bilanzieren. Vgl. IAS 16.66.

1110 Für die Bestimmung des erzielbaren Betrages eines Vermögenswertes im Rahmen einer Wertaufholung sind die gleichen Grundsätze anzuwenden, wie sie bei der Bestimmung des erzielbaren Betrages eines Vermögenswertes im Rahmen der Wertminderung angewendet werden. Vgl. ERB, T./EYCK, K./JONAS, M., in: Bohl et al., Beck'sches IFRS Handbuch, § 27, Rn. 125.

zumindest reduziert hat[1111]. Wenn sich sodann seit der letzten Wertminderungserfassung eine Änderung in den zur Ermittlung des erzielbareren Betrages verwendeten Schätzungen ergibt, ist der Buchwert des Vermögenswertes im Wert aufzuholen und somit auf den neuen erzielbaren Betrag zuzuschreiben.[1112] Allerdings darf derjenige Buchwert, der ohne die in früheren Berichtsperioden durchgeführten Wertminderungen in der betrachteten Berichtsperiode anzusetzen wäre, nicht von einem im Rahmen der Wertaufholung ermittelten Buchwert überschritten werden.[1113] Wertaufholungen sind grundsätzlich unmittelbar erfolgswirksam abzubilden.[1114] Nach der Erfassung der Wertaufholung im Buchwert des Vermögenswertes ist der jeweilige planmäßige Abschreibungsbetrag zur Verteilung des neuen Abschreibungswertes auf die Restnutzungsdauer anzupassen.[1115]

512.44 Der Komponentenansatz

IAS 16 sieht für die Folgebewertung komplexer Sachanlagen den sogenannten **Komponentenansatz** (*component approach*) vor.[1116] Dieser Ansatz berücksichtigt, dass eine komplexe Sachanlage aus verschiedenen Komponenten bzw. Teilen bestehen kann.[1117] Die einzelnen Komponenten unterscheiden sich in ihren individuellen Nutzungsdauern sowie Nutzungsverläufen.[1118] Jedes Element einer Sachanlage, dessen Anschaffungs- oder Herstellungskosten im Vergleich zu den Anschaffungs- oder Herstellungskosten der gesamten Sachanlage von Bedeutung sind, wird als separater Posten planmäßig abgeschrieben.[1119] Die pro Periode anfallenden planmäßigen Abschreibungsbeträge sind dabei erfolgswirksam zu erfassen, soweit sie nicht bei der Ermittlung des Buchwertes eines anderen Vermögenswertes zu berücksichtigen sind.[1120] Denn wird der mit der Sachanlage verbundene künftige wirtschaftliche Nutzen durch die Produktion anderer Vermögenswerte gemindert, ist die planmäßige Abschreibung als Nutzenverbrauch ein Bestandteil der Herstellungskosten der produzierten Vermögens-

---

1111 Vgl. ERNST & YOUNG (HRSG.), International GAAP 2014, S. 1458. Eine Minimalauflistung der zu berücksichtigenden Anhaltspunkte ähnlich zur Auflistung im Fall der Wertminderung (vgl. hierzu Fn. 1100) findet sich in IAS 36.111, wo Anhaltspunkte durch externe Informationsquellen (vgl. hierzu IAS 36.111 (a)-(c)) und durch interne Informationsquellen (vgl. hierzu IAS 36.111 (d)-(e)) gegeben und weiter konkretisiert werden.

1112 Vgl. IAS 36.114; BAETGE, J./KIRSCH, H.-J./THIELE, S., Bilanzen, S. 319. Der neue erzielbare Betrag muss dabei den Buchwert des Vermögenswertes übersteigen. Vgl. BAETGE, J./KIRSCH, H.-J./THIELE, S., Bilanzen, S. 319.

1113 Vgl. IAS 36.117; ADS International, Abschnitt 9, Rn. 140.

1114 Vgl. IAS 36.119. Wertaufholungen bei einem aufgrund eines anderen Standards neu zu bewertenden Vermögenswert sind indes als Aufwertung durch eine Neubewertung nach dem entsprechenden Standard, bspw. IAS 16, zu behandeln. Vgl. IAS 36.119.

1115 Vgl. IAS 36.121; WAGENHOFER, A., Internationale Rechnungslegungsstandards IAS/IFRS, S. 205.

1116 Vgl. BAETGE, J./KIRSCH, H.-J./THIELE, S., Bilanzen, S. 306; MAAS, J./BACK, C./SINGER, K., in: Buschhüter et al., Kommentar IFRS, IAS 16, Rn. 23.

1117 Vgl. BAETGE, J./KIRSCH, H.-J./THIELE, S., Bilanzen, S. 306.

1118 Vgl. HAGEMEISTER, C., Bilanzierung von Sachanlagevermögen, S. 3.

1119 Vgl. IAS 16.43; MAAS, J./BACK, C./SINGER, K., in: Buschhüter et al., Kommentar IFRS, IAS 16, Rn. 23; MACKENZIE, B./COETSEE, D./NJIKIZANA, T./SELBST, E./CHAMBOKO, R./COLYVAS, B./HANEKOM, B., WILEY IFRS 2014, S. 157. In Ermangelung einer Konkretisierung seitens des IASB (vgl. BALLWIESER, W., in: Baetge et al., Rechnungslegung nach IFRS, IAS 16, Rn. 15) kann auf eine separate Erfassung und Abschreibung einer Komponente verzichtet werden, wenn der Wertansatz einer Komponente 5 % der ursprünglichen Anschaffungs- oder Herstellungskosten des gesamten Vermögenswertes nicht übersteigt. Vgl. ANDREJEWSKI, K. C./BÖCKEM, H., Implementierung des Komponentenansatzes, S. 78.

1120 Vgl. IAS 16.48.

werte und entsprechend in deren Buchwert zu aktivieren.[1121] Da die **landwirtschaftlichen Erzeugnisse** künftig nach IAS 41 und damit grundsätzlich zum beizulegenden Zeitwert abzüglich der Veräußerungskosten bilanziert werden,[1122] ist die Verrechnung der Abschreibung von fruchttragenden Pflanzen auf deren Erzeugnisse maximal von Bedeutung, wenn für die Bewertung der Erzeugnisse die Verlässlichkeitsausnahme[1123] greift. In einem solchen Fall steht dem Abschreibungsaufwand ein ebenso hoher Ertrag aus einer aktivierten Eigenleistung bzw. aus einer Erhöhung des Bestandes an unfertigen Erzeugnissen entgegen.[1124]

513. Bilanzierung der Früchte von fruchttragenden Pflanzen

Mit der Frage der Bilanzierung fruchttragender Pflanzen ist auch die Frage nach der Bilanzierung der an den fruchttragenden Pflanzen **wachsenden Früchte** verbunden. Der IASB diskutierte dabei, ob die Früchte erst im Zeitpunkt ihrer Ernte oder bereits zuvor während ihres Wachstums zum beizulegenden Zeitwert zu bilanzieren sind.[1125] Er stellte fest, dass das Wachstum der Früchte die erwarteten künftigen Umsatzerlöse aus dem Verkauf der landwirtschaftlichen Erzeugnisse steigert und daher Informationen über das Wachstum entscheidungsnützlich sind.[1126] Letztlich sieht der IASB daher vor, dass die an den fruchttragenden Pflanzen wachsenden Früchte zum beizulegenden Zeitwert abzüglich der geschätzten Veräußerungskosten zu bilanzieren sind und die Änderungen des beizulegenden Zeitwertes in der Wachstumsphase erfolgswirksam in jeder Berichtsperiode erfasst werden sollen.[1127] IAS 41 soll daher weiterhin auf die an fruchttragenden Pflanzen wachsenden Früchte angewendet werden.[1128] Diese sollen nun aber wie einzelne biologische Vermögenswerte und nicht mehr, wie aktuell vom IAS 41 vorgegeben, zusammen mit der fruchttragenden Pflanze bilanziert werden. Mit der Bilanzierung der wachsenden Früchte nach IAS 41 wäre auch verbunden, dass bei einer zu geringen Verlässlichkeit der Bewertung zum beizulegenden Zeitwert abzüglich der Verkaufskosten die Verlässlichkeitsausnahme greifen und eine Bewertung der Früchte auf Basis der Anschaffungs- und Herstellungskosten erforderlich werden würde.

1121 Vgl. IAS 16.49.

1122 Vgl. IASB (Hrsg.), Agriculture: Bearer Plants, S. 11, IAS 41.5C.

1123 Die Verlässlichkeitsausnahme ist nach den Neuregelungen „Agriculture: Bearer Plants“ künftig für die an den fruchttragenden Pflanzen wachsenden Früchte anwendbar. Vgl. zur künftigen Bilanzierung der Früchte von fruchttragenden Pflanzen Abschnitt 512.41.

1124 Werden die landwirtschaftlichen Erzeugnisse zum beizulegenden Zeitwert abzüglich der Veräußerungskosten bewertet, ist der Abschreibungsaufwand für die fruchttragenden Pflanzen ebenfalls erfolgswirksam zu erfassen. Jedoch kommt es in diesem Fall zu keiner Aktivierung von Eigenleistungen. Stattdessen werden die Änderungen des beizulegenden Zeitwertes abzüglich der Veräußerungskosten erfolgswirksam erfasst.

1125 Vgl. IASB (Hrsg.), Agriculture: Bearer Plants, S. 23, BC73.

1126 Vgl. IASB (Hrsg.), Agriculture: Bearer Plants, S. 23, BC74.

1127 Vgl. IASB (Hrsg.), Agriculture: Bearer Plants, S. 24, BC78. Trotz möglicher Schwierigkeiten bei der Bestimmung eines beizulegenden Zeitwertes für die wachsenden Früchte schlägt der IASB keine weiteren Befreiungen von der Wertbestimmung nach IAS 41 vor. Vgl. hierzu IASB (Hrsg.), Agriculture: Bearer Plants, S. 11, IAS 41.5C. Dies lag auch daran, dass das *limited-scope project* zur Änderung des IAS 41 die Zielsetzung verfolgt, ggf. Änderungen der Regelungen für fruchttragende Pflanzen herbeizuführen und nicht das gesamte Fair-Value-Modell des IAS 41 zu hinterfragen. Vgl. IASB (Hrsg.), Agriculture: Bearer Plants, S. 24, BC77.

1128 Vgl. hierzu IASB (Hrsg.), Agriculture: Bearer Plants, S. 11, IAS 41.5C.

52 Analyse und Konkretisierung der Regelungsänderungen „Agriculture: Bearer Plants“

521. Kritische Beurteilung des Ansatzes von Vermögenswerten nach den Regelungsänderungen „Agriculture: Bearer Plants“

521.1 Allgemeine Ansatzfähigkeit des landwirtschaftlichen Vermögens nach den Regelungsänderungen „Agriculture: Bearer Plants“

Wie sich bereits aus der allgemeinen Ansatzfähigkeit des landwirtschaftlichen Vermögens in Abschnitt 421.1 ableiten lässt, erfüllen fruchttragende Pflanzen als spezielles landwirtschaftliches Vermögen die Ansatzkriterien für Vermögenswerte. So ist mit ihnen durch die Produktion von Früchten ein erwarteter Nutzenzufluss verbunden.[1129] Dieser Nutzenzufluss ist im Normalfall unabhängig von seiner Höhe[1130] wahrscheinlich und auch eine zuverlässige Bewertung ist oftmals möglich, zumindest auf Basis der Anschaffungs- oder Herstellungskosten.[1131] Die Früchte der fruchttragenden Pflanzen stiften durch ihre Veräußerung oder ihre Nutzung im sie produzierenden landwirtschaftlichen Betrieb Nutzen.

Letztlich sind auch die allgemeinen Ausführungen zum möglichen Erstansatzzeitpunkt der Abschnitte 421.2 und 421.3 analog für fruchttragende Pflanzen und deren Früchte anwendbar. So steigt mit fortschreitender biologischer Transformation und somit mit dem Fortschritt des Abbaus von Risiken im Entwicklungsprozess die Wahrscheinlichkeit für einen Nutzenzufluss und damit die Ansatzfähigkeit der Vermögenswerte.[1132] Ebenso wirkt die Steigerung des Managementeingriffs in den natürlichen Produktionsprozess.[1133] Aufgrund der Tatsache, dass es sich bei fruchttragenden Pflanzen und den an diesen wachsenden Früchten letztlich lediglich um konkrete Beispiele der bereits in den Abschnitten 421.1-421.4 behandelten Sachverhalte handelt, sei hier für die detaillierte Erläuterung der soeben skizzierten Ergebnisse auf die ausführlichen Argumentationen dieser Abschnitte verwiesen.

521.2 Die Bilanzierungseinheit nach den Regelungsänderungen „Agriculture: Bearer Plants“ im Rahmen des Ansatzes

521.21 Die Bilanzierungseinheit fruchttragender Pflanzen

Mit den Änderungen „Agriculture: Bearer Plants“ sind **Änderungen bezüglich der Bilanzierungseinheit** im Vergleich zu IAS 41 verbunden. Im Gegensatz zu IAS 41 werden die fruchttragenden Pflanzen und die an oder in ihnen wachsenden Früchte künftig nicht mehr zusammen als eine aggregierte Bilanzierungseinheit erfasst, sondern bilden jeweils separate Bilanzierungseinheiten. Zwischen

---

1129 Vgl. hierzu Abschnitt 421.1.
1130 Bei der Betrachtung der Höhe des Nutzenzuflusses handelt es sich nicht mehr um eine Ansatz-, sondern um eine Bewertungsfrage.
1131 Vgl. hierzu Abschnitt 421.1.
1132 Vgl. hierzu Abschnitt 421.32.
1133 Vgl. Abschnitt 421.32.

den jeweils vorgeschlagenen Bilanzierungseinheiten der beiden Vermögenswertgruppen gilt es, inhaltlich zu differenzieren.

Die **fruchttragenden Pflanzen** werden zwar weiterhin im Singular als eine Pflanze bzw. als ein biologischer Vermögenswert definiert,[1134] jedoch hebt der Standardsetter in IAS 16 hervor, dass der Standard hinsichtlich des zu bilanzierenden Sachverhaltes keine Maßeinheit vorgibt und somit die Sachverhaltsabgrenzung bzw. die Abgrenzung des Anlagengegenstandes offenlässt.[1135] Dies gilt künftig auch für fruchttragende Pflanzen, sodass den Unternehmen explizit ein Ermessensspielraum hinsichtlich der Gestaltung der Bilanzierungseinheit von fruchttragenden Pflanzen eingeräumt wird[1136]. Dadurch wird den Unternehmen eine ausreichende Flexibilität gewährt, um das Aggregationsniveau der Pflanzen unter Berücksichtigung ihrer eigenen Rahmenbedingungen und Umstände, auch hinsichtlich der Bewertbarkeit der Einheit, zu bestimmen.[1137] Somit können künftig einzelne unbedeutende Elemente zusammengefasst und die Bilanzierungskriterien auf die zusammengefasste Einheit bezogen werden[1138]. Die neue, offene Bilanzierungseinheit begegnet damit den Problemen der Bilanzierungseinheit des IAS 41, wie bspw. dem einzelnen Ansatz einer Pflanze und der damit verbundenen Trennung von Pflanzen und Boden.[1139] Die Änderung bezüglich der Bilanzierungseinheit von fruchttragenden Pflanzen durch den Standardsetter kann insofern als sachgerecht beurteilt werden.

Die Regelungsänderung ermöglicht künftig bspw. die Bildung von **Feldeinheiten**.[1140] Damit können alle auf einem Grundstück angepflanzten oder ausgesäten pflanzlichen Vermögenswerte aggregiert in einer Bilanzierungseinheit zusammengefasst und so die Feldpflanzen bilanziell als ein produzierendes Element betrachtet werden. Neben der Abbildung von Feldeinheiten ist entsprechend eine Abbildung von sonstigen Produktionseinheiten, wie bspw. von Dämmen bei bestimmten Formen des Spargels oder anderen Setzreihen, möglich. Auch die Bildung einer Bilanzierungseinheit für ganze Anbauzyklen, d. h. für den gesamten gesäten oder angepflanzten Bestand einer Pflanzenart, wird ermöglicht.[1141] Weist ein Feld unterschiedlich gute Bodenvoraussetzungen auf, empfiehlt sich auch die Teilung der Feldpflanzen in verschiedene fiktive Produktionseinheiten. Dadurch können die unterschiedlichen Produktionsbedingungen auf dem Feld bzw. kann das Risikoprofil des Feldes den Abschlussadressaten besser vermittelt werden. Die aggregierte Bilanzierungseinheit des IAS 16 ermöglicht letztlich auch die Erfassung von Hilfsgeräten oder sonstigen Installationen, wie bspw. von Rankgestellen oder Wasserrinnen, zusammen mit fruchttragenden Pflanzen als Teil einer gemeinsamen Bilanzierungseinheit.

1134 Vgl. IASB (Hrsg.), Agriculture: Bearer Plants}, S. 11, IAS 41.5.
1135 Vgl. IAS 16.9.
1136 Vgl. IAS 16.9.
1137 Vgl. IASB (Hrsg.), Agriculture: Bearer Plants, S. 24 f., BC.81.
1138 Vgl. hierzu IAS 16.9.
1139 Vgl. zu den Problemen der Bilanzierungseinheit des IAS 41 Abschnitt 421.51.
1140 Vgl. hierzu auch IASB (Hrsg.), Agriculture: Bearer Plants, S. 24 f., BC.81.
1141 Vgl. hierzu IASB (Hrsg.), Agriculture: Bearer Plants, S. 24 f., BC81.

Jedoch muss angemerkt werden, dass die Problematik der Bilanzierungseinheit nicht-fruchttragende Pflanzen noch wesentlich intensiver als fruchttragende Pflanzen betrifft. Fruchttragende Pflanzen werden z. T. als Setzlinge käuflich erworben, sodass bspw. die Anzahl an fruchttragenden Pflanzen relativ einfach ermittelt werden kann (z. B. bei Apfelbäumen). Bei nicht-fruchttragenden, insbesondere kurzlebigen Pflanzen ist i. d. R. die Problematik der Identifikation einzelner Pflanzen noch viel bedeutsamer als bei fruchttragenden Pflanzen, da sie oftmals in einer größeren Anzahl und in einer wesentlich höheren Dichte angebaut werden (z. B. Weizenpflanzen).[1142] Daher ist eine einzelne Pflanze bei nicht-fruchttragenden Pflanzen tendenziell im Verhältnis zum Gesamtanbau unbedeutender, zumal mit ihr i. d. R. lediglich mit einem einzigen Cashinflow und nicht wie bei fruchttragenden Pflanzen mit mehreren, zeitlich unterschiedlichen Cashflow-Einheiten gerechnet werden kann.[1143] Vor diesem Hintergrund sollte der Standardsetter seine die Bilanzierungseinheit betreffenden Regelungsvorgaben auch auf die nicht-fruchttragenden Pflanzen erweitern.

521.22 Die Bilanzierungseinheit der an den fruchttragenden Pflanzen wachsenden Früchte

Aus der Abgrenzung der fruchttragenden Pflanzen und den künftigen Anwendungsbereichen von IAS 16 und IAS 41 resultiert ein **eigener Ansatz der an den fruchttragenden Pflanzen wachsenden Früchte**.[1144] Zwar deckt IAS 41 auch künftig die bislang einbezogenen landwirtschaftlichen Erzeugnisse zum Zeitpunkt der Ernte als eigene anzusetzende Vermögenswerte mit ab. Der Standard geht jedoch in der Gesamtheit künftig darüber hinaus, indem auch die landwirtschaftlichen Erzeugnisse im Zeitraum vor der Ernte separat zu bilanzieren sind. Die Ansatzeinheit und Bewertungseinheit des IAS 41 im Zeitraum vor der Ernte, bestehend aus dem eigentlichen biologischen Vermögenswert und den von diesem produzierten landwirtschaftlichen Erzeugnissen, wird somit bei fruchttragenden Pflanzen künftig getrennt.[1145]

Die detaillierte Erfassung der wachsenden Früchte bereitet aber z. T. große praktische **Umsetzungsschwierigkeiten**. Dies ist vor allem vor dem Hintergrund zu sehen, dass die Erfassung von jenen Früchten in kleineren Gartenanlagen nicht mit derjenigen in der Plantagenwirtschaft zu vergleichen ist.[1146] So bestehen – insbesondere in der Plantagenwirtschaft – bei vielen wachsenden Früchten praktische Umsetzungsschwierigkeiten[1147] bei der Quantifizierung der physischen Menge allein aufgrund der Anzahl der angebauten tragenden Pflanzen, bei Plantagen z. T. Millionen.[1148] Bestehen Plantagen

---

1142 Gerade fruchttragende Pflanzen werden häufig als Setzlinge gekauft, sodass die Anzahl an fruchttragenden Pflanzen z. T. besser ermittelbar ist als bei nicht-fruchttragenden Pflanzen.

1143 Letztlich hängt die Bedeutung einer einzelnen Pflanze im Verhältnis zum Gesamtanbau aber immer vom Einzelfall, vor allem von der Pflanzenart und der konkreten Bewirtschaftungsmethode des Landwirts, ab.

1144 Vgl. hierzu IASB (Hrsg.), Agriculture: Bearer Plants, S. 11, IAS 41.5C.

1145 Nach den bisherigen Regelungen des IAS 41 findet eine Trennung von landwirtschaftlichem Erzeugnis und dem biologischen Vermögenswert erst mit der Ernte statt. Vgl. IAS 41.5.

1146 Vgl. in Bezug auf die Bewertung von Früchten R.E.A. Holdings PLC (Hrsg.), Comment letter ED/2013/8, S. 1.

1147 So können die Fruchtbestände bereits in einem einzelnen hohen Baum aufgrund der Höhe des Baumes z. T. schwierig bzw. lediglich mit kostenintensivem Gerät eingesehen werden. Vgl. hierzu auch R.E.A. Holdings PLC (Hrsg.), Comment letter ED/2013/8, S. 2.

1148 Vgl. Genting Plantations Berhad (Hrsg.), Comment letter ED/2013/8, S. 1. Dabei ist z. T. der Anbau von Millionen Pflanzen keine Seltenheit und kann bereits kleine und mittelgroße Plantagen betreffen, bspw. beim Anbau von Ölpflanzen. Vgl. Sipef NV (Hrsg.), Comment letter ED/2013/8, S. 3.

bspw. aus mehreren Millionen Pflanzen, die jeweils mehrere Früchte entwickeln, ist eine Zählung praktisch unmöglich[1149] und wäre auch mit der Kostenrestriktion der internationalen Rechnungslegung nicht vereinbar. Zudem sind wachsende Früchte in einem sehr frühen Anfangsstadium häufig schwer visuell erfassbar, sodass z. B. auch die Anzahl der Früchte oder die Fruchtmenge für jede einzelne Pflanze schlecht ermittelbar ist. Auch ist es oftmals praktisch unmöglich, Früchte zu erfassen, die bis zur Ernte im Verborgenen bleiben. Dies ist bspw. bei der Latexgewinnung beim Kautschukbaum der Fall, bei der die zum Stichtag im Baumstamm befindliche Menge des Milchsaftes beurteilt werden müsste.[1150] Letztlich muss somit bei größeren Betrieben i. d. R. auf Bewertungsvereinfachungsmethoden bzw. auf Schätzungen zurückgegriffen werden. Für diese sollten repräsentative Flächen und Fruchtbestände als Schätzbasis ausgewählt werden, um entscheidungsnützliche Informationen über die Fruchtentwicklung zu liefern.[1151] Diese sollten im Sinne des IFRS 13 möglichst auf objektivierten Erfahrungswerten basieren. Jedoch ist hinsichtlich der praktischen Durchführbarkeit zu erwähnen, dass bei bestimmten Pflanzen durch Testflächen zwar durchaus festgestellt werden kann, ob es sich um eine gute oder schlechte Ernte handelt, jedoch auch nach jahrelanger Beobachtung und mithilfe betriebsindividueller Daten die konkrete Hochrechnung der Fruchterträge im Vergleich zu den tatsächlichen Fruchterträgen z. T. immer noch stark abweicht.[1152] Dies betrifft vor allem Pflanzen, die ganzjährig fruchttragend sind und einen individuellen Fruchtzyklus haben, bspw. Ölpalmen.[1153]

Neben der Anzahl der Früchte ist auch ihr Transformationsniveau zu bestimmen. Bei Pflanzen, die zur kontinuierlichen Ernte angebaut werden, bspw. Ölpalmen, bestehen i. d. R. unterschiedliche Entwicklungsgrade der wachsenden Frucht[1154] bzw. die Mutterpflanzen befinden sich in unterschiedlichen Stadien des Reifeprozesses für ihre Früchte.[1155] Letztlich produzieren Pflanzen auch in ihrer eigenen Geschwindigkeit Blüten, infolgedessen die Anwendung einer Durchschnittsmethode mit einer Mustergruppe an Pflanzen häufig nicht möglich und eine Zählung bei jeder Pflanze insbesondere in Plantagen nicht durchführbar ist.[1156] Abgesehen von einem Verstoß gegen die Kostenrestriktion der Rechnungslegung könnte auch gegen den Grundsatz der Zeitnähe verstoßen werden. Eine genaue Erfassung der wachsenden Früchte mit im Rahmen der Kostenrestriktion angemessenem Aufwand würde z. T. für eine rechtzeitige Veröffentlichung der Abschlussinformationen zu lange dauern bzw. müssten für eine rechtzeitige Veröffentlichung z. T. zu alte, bspw. am Anfang des Berichtsjahres

---

1149 Vgl. R.E.A. Holdings PLC (Hrsg.), Comment letter ED/2013/8, S. 2.

1150 Vgl. hierzu Sipef NV (Hrsg.), Comment letter ED/2013/8, S. 3; M.P.Evans Group PLC (Hrsg.), Comment letter ED/2013/8, S. 1.

1151 Vgl. hierzu auch R.E.A. Holdings PLC (Hrsg.), Comment letter ED/2013/8, S. 2.

1152 Vgl. R.E.A. Holdings PLC (Hrsg.), Comment letter ED/2013/8, S. 2.

1153 Vgl. hierzu auch R.E.A. Holdings PLC (Hrsg.), Comment letter ED/2013/8, S. 2.

1154 So können Ölpalmen (gleichzeitig) verschiedene Fruchtstufen besitzen, bspw. unbestäubte Blüten, bestäubte Blüten und unterschiedlich entwickelte Fruchtbündel. Vgl. Sipef NV (Hrsg.), Comment letter ED/2013/8, S. 3.

1155 Vgl. R.E.A. Holdings PLC (Hrsg.), Comment letter ED/2013/8, S. 2. Vgl. auch Genting Plantations Berhad (Hrsg.), Comment letter ED/2013/8, S. 1. Eine fehlende Homogenität ist auch auf unterschiedliches genetisches Material sowie unterschiedliche Altersprofile der angebauten Pflanzen zurückzuführen. Vgl. MASB (Hrsg.), Comment letter ED/2013/8, S. 5.

1156 Vgl. für Ölpalmen M.P.Evans Group PLC (Hrsg.), Comment letter ED/2013/8, S. 1.

gesammelte Informationen zu den Fruchtständen in den Abschluss übernommen werden. Damit würde keine Bewertung am Abschlussstichtag widergespiegelt werden.

Analog der Argumentation zur Bilanzierungseinheit bei landwirtschaftlichen Erzeugnissen zum Zeitpunkt der Ernte[1157] geht auch mit der künftigen Formulierung bezüglich der landwirtschaftlichen Erzeugnisse im Zeitraum vor der Ernte keine vorgeschriebene Singularität bzw. inhaltliche, absolute Abgrenzung der Bilanzierungseinheit hervor. Auch die landwirtschaftlichen Erzeugnisse vor der Ernte werden nämlich als „*produce*" bezeichnet.[1158] Indes geht der Standardsetter zumindest konkretisierend auf die an den fruchttragenden Pflanzen wachsenden Erzeugnisse ein, indem er definiert, dass es sich hierbei um einen biologischen Vermögenswert handelt („Produce growing on bearer plants is a biological asset."[1159]).[1160] Da der Standardsetter jedoch die Möglichkeit gehabt hätte, ein einzelnes landwirtschaftliches Erzeugnis als biologischen Vermögenswert zu definieren, bspw. durch die Formulierung „A piece of produce growing is a biological asset.", ist davon auszugehen, dass er bewusst offen gelassen hat, ob lediglich ein landwirtschaftliches Erzeugnis oder mehrere landwirtschaftliche Erzeugnisse einen biologischen Vermögenswert darstellen.

Unabhängig von der mit der Definition bestimmten Bilanzierungseinheit der wachsenden landwirtschaftlichen Erzeugnisse ist die Gleichsetzung dieser mit einem biologischen Vermögenswert inhaltlich jedoch fraglich. So wird nach IAS 41.5 nämlich ein biologischer Vermögenswert weiterhin als lebendiges Tier oder lebendige Pflanze definiert.[1161] Während die erste Möglichkeit bei fruchttragenden Pflanzen per se ausgeschlossen werden kann, ist die zweite Möglichkeit insofern nachzuvollziehen, dass aus einigen landwirtschaftlichen Erzeugnissen bzw. Früchten Pflanzen entstehen können. Insofern kann eine wachsende Frucht als lebendige Pflanze in einem sehr frühen Entwicklungsstadium betrachtet werden. Dies würde letztlich auch der Idee der getrennten Bilanzierung von einer fruchttragenden Pflanze und einer an dieser wachsenden Frucht entsprechen. Eine Pflanze in einem sehr frühen Entwicklungsstadium bzw. Fruchtstadium kann jedoch nicht selbstständig überleben und ist auf die Weiterentwicklung ihrer selbst durch die Mutterpflanze angewiesen.[1162] Zudem können fruchttragende Pflanzen auch Früchte erzeugen, die nicht als lebendig zu bezeichnen sind. Dies ist z. B. der Fall, wenn von den Pflanzen Flüssigkeiten gewonnen werden, wie bspw. Milchsaft von Kautschukbäumen zur Gummiherstellung. Somit wird durch die neue Definition der an den fruchttragenden Pflanzen wachsenden Früchte im Extremfall unterstellt, dass nicht lebendige Früchte lebendige Vermögenswerte sind. Dies ist jedoch nicht möglich. Daher ist die Definition des Standardsetters als sachlich nicht korrekt bzw. das Konzept der Definition landwirtschaftlicher Vermögenswerte inkonsistent und widersprüchlich. Eine Lösung dieses Problems wäre, wenn der Standardsetter statt der gewählten Definition für die an den fruchttragenden Pflanzen wachsenden Früchte lediglich einen Verweis ausgeben würde, mit dem er deutlich macht, dass diese Früchte zwar bilan-

[1157] Vgl. hierzu Abschnitt 421.5.
[1158] Vgl. dazu IASB (HRSG.), Agriculture: Bearer Plants, S. 11, IAS 41.5C.
[1159] IASB (HRSG.), Agriculture: Bearer Plants, S. 11, IAS 41.5C.
[1160] Vgl. IASB (HRSG.), Agriculture: Bearer Plants, S. 11, IAS 41.5C.
[1161] Vgl. IASB (HRSG.), Agriculture: Bearer Plants, S. 11, IAS 41.5 i. V. m. IAS 41.5.
[1162] Vgl. hierzu auch Abschnitt 421.32.

ziell wie biologische Vermögenswerte zu behandeln sind, es sich dabei aber um keine biologischen Vermögenswerte handelt. Ähnlich ging der Standardsetter bereits im ED/2013/8 vor, hat dieses Vorgehen dann jedoch mit der Veröffentlichung der finalen Standardänderungen wieder verworfen.[1163]

Die mit den Änderungen „Agriculture: Bearer Plants" implizit beschlossene offene Bilanzierungseinheit, wie sie bereits bei den landwirtschaftlichen Erzeugnissen zum Erntezeitpunkt nach IAS 41 vorliegt, ist bei den landwirtschaftlichen Erzeugnissen im Zeitraum vor der Ernte ebenfalls zu begrüßen, da sich der Vermögenswert einzelfallabhängig sowohl nach der Stückzahl als auch nach der Menge seiner Elemente oder anderen Kriterien ergeben kann. Durch die offene Bilanzierungseinheit wird vom Standardsetter letztlich auch die potenzielle Vielfalt der landwirtschaftlichen Tätigkeit bzw. der landwirtschaftlichen Erzeugnisse berücksichtigt, sodass die Abschlussadressaten hierdurch relevante, auf das einzelne Unternehmen zugeschnittene Informationen erhalten. Dennoch besteht auch die Gefahr von möglichen bilanzpolitischen Maßnahmen, indem dem bilanzierenden Unternehmen die Entscheidung über die konkrete Bilanzierungseinheit der Erzeugnisse eingeräumt wird. Aufgrund des Stetigkeitsgrundsatzes in der Rechnungslegung sowie oftmals marktüblicher Handelschargen bei vielen geernteten landwirtschaftlichen Erzeugnissen ist die Manipulationsgefahr für den Abschlussadressaten jedoch als gering einzustufen.

Letztlich wird aufgrund der lediglich kleineren Unterschiede im Zustand und Zeitpunkt und der sonstigen natürlichen Gleichheit der beiden Sachverhalte von landwirtschaftlichen Erzeugnissen vor dem und im Zeitpunkt der Ernte durch die gleiche Bilanzierungseinheit für die beiden Sachverhalte die Konsistenz der Rechnungslegung gefördert. Da es sich bei den einzelnen landwirtschaftlichen Erzeugnissen von fruchttragenden Pflanzen häufig um jeweils geringwertige und im Vergleich zu anderen Einheiten homogene Einheiten handelt, deren einzelne Erfassung in vielen Fällen Problemen hervorruft, ist die weite, vom bilanzierenden Unternehmen auf dessen spezifische Sachverhalt anpassbare Bilanzierungseinheit der wachsenden Früchte zudem vor dem Hintergrund der Kostenrestriktion positiv zu beurteilen.

521.23 Trennung von fruchttragenden Pflanzen und der an diesen wachsenden Früchte

Die **Trennung der Bilanzierungseinheit** von fruchttragenden Pflanzen und den an diesen wachsenden Früchten ist grundsätzlich **kritisch** zu sehen. So entstehen hierdurch zum einen Inkonsistenzen zur Regelung aus IAS 41, die bei den dort verbleibenden tragenden Vermögenswerten, wie z. B. Zuchtviehvermögen, weiterhin eine aggregierte Bilanzierungseinheit vorsieht. Gleichzeitig wird durch die getrennte Bilanzierung der fruchttragenden Pflanzen und der an diesen wachsenden Früchte eine Inkonsistenz in der Bilanzierung geschaffen, da sich eine analoge bilanzielle Trennung nicht auch bei anderen in den Anwendungsbereich von IAS 16 fallenden Vermögenswerten wiederfindet.[1164] So werden bspw. Gabelstapler in einer Laufbandproduktion, in der das Laufband nach IAS 16 bilanziert wird, i. d. R. als Vorräte nach IAS 2 bilanziert und gelten nicht darüber hinaus als eigene, andere Vermögensklasse, wie dies bei den an den fruchttragenden Pflanzen wachsenden Früchten als

1163 Vgl. hierzu IASB (Hrsg.), ED: Agriculture: Bearer Plants 2013, S. 12, IAS 41.5C.
1164 Vgl. Milne, J., Comment letter ED/2013/8, S. 11.

separate Vermögenswerte nach IAS 41 der Fall ist.[1165] Gleiches wie bei den Gabelstaplern gilt für Erzeugnisse, die bei ihrer Produktion unmittelbar mit der sie produzierenden Maschine verbunden sind oder sich bei der Produktion in der Maschine befinden.

Neben der biologischen Verbindung der wachsenden Früchte und der Mutterpflanze liegt oftmals eine wirtschaftliche **Verbindung** vor, da die Früchte bis zum Erntezeitpunkt auf die tragende Pflanze angewiesen sind und bei einer Ernte der Früchte vor ihrer bilanziellen Reife ein durch sie resultierender Nutzenzufluss für das bilanzierende Unternehmen unwahrscheinlich ist.[1166] Auf eine eingeschränkte Entscheidungsnützlichkeit bzw. eingeschränkte Relevanz der bilanziellen Trennung von wachsenden Früchten und deren Mutterpflanze weist auch hin, dass vielerorts branchenweit in den unternehmenseigenen Managementberichterstattungen keine getrennte Erfolgsrealisierung von wachsenden Früchten und deren Mutterpflanze ausgewiesen wird.[1167] Zudem ist zu berücksichtigen, dass pflanzenabhängig z. T. schwer zwischen den wachsenden Früchten und deren Mutterpflanzen unterschieden werden kann, z. B. bei Teesträuchern,[1168] da bestimmte Bestandteile der Mutterpflanze später als landwirtschaftliches Erzeugnis geerntet werden, andere wiederum nicht. So könnte auch das Wurzelwerk von Pflanzen als eigene Pflanze betrachtet werden, soweit dieser Teil für die Produktion von Früchten für mehr als eine Periode vorgesehen ist.[1169]

Insgesamt sind die Änderungen „Agriculture: Bearer Plants" hinsichtlich der Bilanzierungseinheit der fruchttragenden Pflanzen und der an diesen wachsenden Früchte zu begrüßen. Die Trennung zwischen den beiden Vermögenswertgruppen ist konzeptionell schlüssig, allerdings mit gravierenden Herausforderungen für die bilanzierenden Unternehmen verbunden.

522. Bewertung nach den Regelungsänderungen „Agriculture: Bearer Plants"

522.1 Bewertung von fruchttragenden Pflanzen

522.11 Übersicht

Mit der **Bewertung von fruchttragenden Pflanzen nach IAS 16 als ein Hauptbestandteil der Änderungen „Agriculture: Bearer Plants"** ergeben sich neben Bilanzierungskonsequenzen für die fruchttragenden Pflanzen ebenso Bilanzierungskonsequenzen für die an den Pflanzen wachsenden Früchte. Im Folgenden sollen zuerst der Bewertungsansatz des IAS 16 für fruchttragende Pflanzen

1165 Vgl. mit einem ähnlichen Beispiel MILNE, J., Comment letter ED/2013/8, S. 11 f.

1166 Vgl. ERNST & YOUNG GLOBAL LIMITED (HRSG.), Comment letter ED/2013/8, S. 9. Vgl. für eine tiefergehende Erläuterung auch Abschnitt 522.13. In diesem Zusammenhang werden bezüglich der Bilanzierung der wachsenden Früchte auch Bewertungsschwierigkeiten hervorgerufen. Vgl. hierzu u. a. Abschnitt 522.13.

1167 Vgl. SIPEF NV (HRSG.), Comment letter ED/2013/8, S. 2; vgl. zur Anwendung in der Managementberichterstattung auch SIPH (HRSG.), Comment letter ED/2013/8, S. 3.

1168 Vgl. PRICEWATERHOUSECOOPERS INTERNATIONAL LIMITED (HRSG.), Comment letter ED/2013/8, S. 6; M.P.EVANS GROUP PLC (HRSG.), Comment letter ED/2013/8, S. 5.

1169 Vgl. AUSTRALIAN ACCOUNTING STANDARDS BOARD (HRSG.), Comment letter ED/2013/8, S. 4. In einem solchen Fall könnte die Pflanze oberhalb der Erde als Frucht der Wurzel betrachtet werden. Zwecks einer konsistenten Anwendung könnte daher der Standardsetter die bilanzielle Behandlung des Sachverhaltes bei mehrjährigen Wurzelkulturen, wie bspw. Zuckerrohr, klarstellen. Vgl. AUSTRALIAN ACCOUNTING STANDARDS BOARD (HRSG.), Comment letter ED/2013/8, S. 4.

konkretisiert und dazu Unterschiede zum Sachanlagevermögen gezeigt werden. Danach wird auf die neue Bilanzierung der an den fruchttragenden Pflanzen wachsenden Früchte eingegangen. Inwieweit das neue Bewertungskonzept für fruchttragende Pflanzen konzeptionell stimmig ist, wird in Abschnitt 6 thematisiert.

522.12 Erstbewertung

Künftig sind fruchttragende Pflanzen in der Erstbewertung bzw. bis zur Fertigstellung zu den bis dahin kumulierten Anschaffungs- und Herstellungskosten analog zu selbsterstellten Vermögenswerten des Anlagevermögens zu bewerten.[1170] Dabei ergibt sich die **Problematik der Bestimmung des Zeitpunktes, ab dem eine fruchttragende Pflanze als fertiggestellt im Sinne von „reif" gilt** und bis zu dem die Anschaffungs- und Herstellungskosten kumuliert aktiviert werden müssen. Denn die Anforderung des Standardsetters, dass Aktivitäten zur Kultivierung von tragenden Pflanzen „before they are in the location and condition necessary to be capable of operating in the manner intended by management [Anmerkung des Verfassers: Text im Original unterstrichen]"[1171] zu berücksichtigen sind, lässt als Hinweis auf die Fertigstellungs- bzw. Erstellungsphase[1172] Ermessensspielräume offen.[1173]

Zwar wird eine fast identische Formulierung auch für das bisherige Sachanlagevermögen nach IAS 16 gewählt,[1174] dennoch wäre es sinnvoll, wenn der Standardsetter – unabhängig von einem Konkretisierungsbedarf der Regelung zur Fertigstellung des nicht biologischen Sachanlagevermögens – konkretisierend auf den Zeitpunkt der Fertigstellung bzw. auf die Reife bei fruchttragenden Pflanzen einginge.[1175] Die Konkretisierung ist von großer Relevanz, da mit dem Zeitpunkt der Fertigstellung auch die Erfassung von Abschreibungen im Rahmen der Folgebewertung beginnt.[1176] Das Bedürfnis nach Klarstellung liegt auch in der Unterschiedlichkeit der Produktionsprozesse von Pflanzen gegenüber bspw. Sachanlagevermögen begründet. So ist der Fertigstellungsprozess von Sachanlagevermögen i. d. R. einfacher vorherzusehen als der von fruchttragenden Pflanzen, deren Reifung von unterschiedlichen exogenen Faktoren, wie z. B. dem Wetter oder der Saison, abhängt[1177]. Zudem weichen auch die Lebensprozesse und -zyklen von fruchttragenden Pflanzen z. T. erheblich voneinander ab, sodass die Feststellung der Reife von Pflanzen praktisch schwierig sein kann.[1178]

1170 Vgl. IASB (Hrsg.), Agriculture: Bearer Plants, S. 7, IAS 16.22A. Vgl. zu den Vorschriften für Sachanlagevermögen nach IFRS IAS 16.15.

1171 Vgl. IASB (Hrsg.), Agriculture: Bearer Plants, S. 7, IAS 16.22A.

1172 Vgl. IASB (Hrsg.), Agriculture: Bearer Plants, S. 7, IAS 16.22A.

1173 Es ist an dieser Stelle zu erwähnen, dass die entsprechende Formulierung im ED/2013/8 „before they are in the location and condition necessary to bear produce" (IASB (Hrsg.), ED: Agriculture: Bearer Plants 2013, S. 8, IAS 16.22A) inhaltlich noch interpretationsbedürftiger war. Vgl. ähnlich hierzu z. B. BDO (Hrsg.), Comment letter ED/2013/8, S. 5.

1174 Vgl. hierzu IAS 16.20.

1175 Vgl. z. B. bereits Ernst & Young Global Limited (Hrsg.), Comment letter ED/2013/8, S. 6; BDO (Hrsg.), Comment letter ED/2013/8, S. 5. Vgl. ähnlich auch bereits AOSSG (Hrsg.), Comment letter ED/2013/8, S. 4.

1176 Vgl. BDO (Hrsg.), Comment letter ED/2013/8, S. 5.

1177 Vgl. EFRAG (Hrsg.), Comment letter ED/2013/8, S. 5.

1178 Vgl. Ernst & Young Global Limited (Hrsg.), Comment letter ED/2013/8, S. 5.

Durch das nicht weiter konkretisierte Reifeverständnis des künftigen IAS 16.22A[1179] und aufgrund der Natur fruchttragender Pflanzen ergeben sich verschiedene Zeitpunkte, die als Zeitpunkt der Fertigstellung bzw. Reife betrachtet werden können und deren Entscheidungsnützlichkeit für die Abschlussadressaten es im Folgenden zu beurteilen gilt. Die Zeitpunkte sind

a) der Zeitpunkt, zu dem die fruchttragende Pflanze in der Lage ist, eine erste Ernte zu erzeugen,

b) der Zeitpunkt, zu dem erstmals erwartet wird, dass die Ernte der Früchte einer fruchttragenden Pflanze kommerziell veräußert werden können, indem sie den Gegebenheiten des Marktes für Veräußerungszwecke gerecht wird, und

c) der Zeitpunkt, zu dem die fruchttragende Pflanze ihre eigentliche biologische Transformation abgeschlossen hat und eine ausgewachsene Pflanze darstellt.[1180]

Die Unterstellung der Reife im **Zeitpunkt a)** ist insofern problematisch, als die erste Ernte häufig nicht wirtschaftlich tragfähig ist, da entweder die Quantität der Ernte nicht ausreichend oder aber die Qualität der Früchte minderwertig ist, bspw. wenn sich Äpfel in den ersten Jahren der Anpflanzung von Apfelbäumen nicht voll ausbilden oder lediglich Blütenstände erreicht werden. Dies kann mit einer Maschine verglichen werden, die bestimmte Produkte produzieren soll, hierzu aber noch nicht in der Lage ist, da sie noch nicht vollständig fertiggestellt oder technisch abgestimmt ist und somit nicht verwertbare Produkte auswirft. Da solch eine Maschine noch nicht die mit ihr vorgesehenen Leistungen erbringt, mangelt es in dem beschriebenen Zustand an der erforderlichen Betriebsbereitschaft.[1181] Der Zustand der Betriebsbereitschaft ist nämlich noch nicht erreicht, wenn die Maschine noch nicht in der vorgesehenen Qualität produzieren kann.[1182] Gleiches gilt für den Fall, dass eine Pflanze zwar qualitativ hochwertige Früchte liefert, die Quantität der Früchte allerdings noch unzureichend ist.[1183] Die Einschätzung des Zeitpunktes a) als Reifezeitpunkt und damit die Annahme, dass ein progressiver Rückgang des künftigen Nutzenpotenzials bei anderen abnutzbaren Vermögenswerten identisch mit dem Nutzenrückgang bei fruchttragenden Pflanzen ist, ist zu absolut.[1184] Dies ist vor dem Hintergrund zu sehen, dass, wie bereits angedeutet, viele Pflanzen erst mit dem Alter und ihrer Bestellung reifen bzw. ihre Fruchterträge steigern, und oftmals auch lediglich erst gegen Ende der Nutzungsdauer ein Produktivitätsrückgang festzustellen ist.[1185] Kosten von bis zur Herstellung der Betriebsbereitschaft anfallenden Testserien von zu produzierenden Produkten können für Sachanla-

1179 Vgl. IASB (Hrsg.), Agriculture: Bearer Plants, S. 7, IAS 16.22A.

1180 Vgl. für eine ähnliche Aufzählung Ernst & Young Global Limited (Hrsg.), Comment letter ED/2013/8, S. 6. Vgl. für Teile auch AOSSG (Hrsg.), Comment letter ED/2013/8, S. 4; BDO (Hrsg.), Comment letter ED/2013/8, S. 5; Singapore Accounting Standards Council (Hrsg.), Comment letter ED/2013/8, S. 3.

1181 Vgl. Tanski, J. S., Sachanlagen nach IFRS, S. 14. Vgl. ähnlich im Ergebnis auch Ballwieser, W., in: Baetge et al., Rechnungslegung nach IFRS, IAS 16, Rn. 18.

1182 Vgl. Tanski, J. S., Sachanlagen nach IFRS, S. 12 f.

1183 Letztlich kann auch hier davon ausgegangen werden, dass sich solch eine Pflanze noch nicht im gewünschten Zustand der Betriebsbereitschaft befindet, da – in Analogie zu einer noch nicht erfolgten Installation aller geplanten Komponenten einer Sachanlage (vgl. Tanski, J. S., Sachanlagen nach IFRS, S. 13) – bspw. noch nicht ausreichend viele fruchtbringende Pflanzenteile ausgebildet sind.

1184 Vgl. zur gleichen Auffassung auch Ernst & Young Global Limited (Hrsg.), Comment letter ED/2013/8, S. 5.

1185 Vgl. Ernst & Young Global Limited (Hrsg.), Comment letter ED/2013/8, S. 5.

gevermögen als Anschaffungs- oder Herstellungskosten aktiviert werden.[1186] In Analogie dazu können für fruchttragende Pflanzen bspw. die qualitativ minderwertigen Anfangsernten als das Ergebnis von Testläufen betrachtet werden.[1187] Vom Sachverhalt her sind fruchttragende Pflanzen zum Zeitpunkt a) daher einer Maschine ähnlich. Somit sollte der Aktivierungszeitraum für fruchttragende Pflanzen aufgrund der noch nicht gegebenen Betriebsbereitschaft und eines damit einhergehenden Zustandes, der noch nicht für die vom Management beabsichtigte operative Nutzung des Vermögenswertes ausreicht, auch nicht im Zeitpunkt a) enden.

Der **Zeitpunkt b)** als Reifezeitpunkt, d. h. wenn die fruchttragende Pflanze erstmals Erzeugnisse in einer für den Verkauf ausreichenden erwarteten Qualität und Quantität erbringt, fußt unmittelbar auf der Anforderung der Betriebsbereitschaft eines Vermögenswertes. So besteht die Intention eines Unternehmens mit einer fruchttragenden Pflanze darin, künftiges Nutzenpotenzial zu erwirtschaften. Dafür ist es erforderlich, dass die Früchte der fruchttragenden Pflanze am Markt veräußert werden können. In Anbetracht der ggf. fortwährenden Transformation fruchttragender Pflanzen über den Zeitpunkt der ersten sachlich marktfähigen Ernte hinweg ist der vom Management gewünschte Zustand eines fertiggestellten Vermögenswertes nicht als endgültiger Zustand, sondern als Mindestzustand zu interpretieren. Zum Zeitpunkt der Managemententscheidung bezüglich der Definition eines solchen Mindestzustandes des Vermögenswertes ist davon auszugehen, dass im Mindestzustand kein Verlust entsteht, da dies unter normalen Umständen nicht in der Absicht des Managements liegen dürfte.

Durch die erste marktgerechte Erzeugung von landwirtschaftlichen Produkten erfüllt eine fruchttragende Pflanze die an sie gestellten Erwartungen erstmals. Als erwartete Minimalleistungen der Pflanzen kann in diesem Fall eine Ernte gesehen werden, deren Erzeugnisse sowohl qualitativ als auch quantitativ Marktmindestansprüchen gerecht werden[1188]. Damit kann erst durch das Erreichen dieser beiden Anforderungen die Betriebsbereitschaft bei fruchttragenden Pflanzen angenommen werden.[1189] Dies geht grundsätzlich auch mit der Reifedefinition von produzierenden biologischen Vermögenswerten aus IAS 41.45 einher, wonach diese Vermögenswerte reif sind, wenn sie gewöhnliche Ernten tragen können.[1190] Durch die Ausgliederung nach IAS 16 ist diese Regelung allerdings künftig nicht mehr für fruchttragende Pflanzen gültig, obwohl sie, wie angedeutet, inhaltlich weiterhin für diese Pflanzen passen würde.

Bei der Frage, ob die Ernte die Ansprüche des Marktes erfüllt, sollte nicht berücksichtigt werden, ob die Veräußerung der Mindesternte insgesamt zu einem negativen oder positiven Nutzenfluss führt, d. h. ob aus der Ernte ein Gewinn oder Verlust entsteht.[1191] Eine Kopplung des Zeitpunktes der Fer-

---

1186 Vgl. IAS 16.17; TANSKI, J. S., Sachanlagen nach IFRS, S. 13.

1187 Hier bestehen auch Ähnlichkeiten „to that for a factory requiring an initial run-in period“ (DELOITTE TOUCHE TOHMATSU LIMITED (HRSG.), Comment letter ED/2013/8, S. 6.) Vgl. DELOITTE TOUCHE TOHMATSU LIMITED (HRSG.), Comment letter ED/2013/8, S. 6. Vgl. auch IASB (HRSG.), ED: Agriculture: Bearer Plants 2013, S. 23 f., BC33.

1188 Vgl. auch MAZARS (HRSG.), Comment letter ED/2013/8, S. 4.

1189 Vgl. hierzu ähnlich die Ausführungen zum Zeitpunkt a).

1190 Vgl. IAS 41.45.

1191 Dies ist unabhängig von der i. d. R. seitens des Managements im Zeitpunkt der Definition der Mindesternte vermuteten Gewinnerwartung durch die Veräußerung der Mindesternte.

tigstellung bzw. des Reifezeitpunktes der fruchttragenden Pflanzen an die späteren Marktverhältnisse würde ggf. zu Verzögerungen in der Bestimmung des Reifezeitpunktes führen. Unter Umständen könnte eine fruchttragende Pflanze dann auch niemals als fertiggestellt gelten. Dies wäre der Fall, wenn sich bis zur intendierten Fertigstellung der Pflanze der Marktpreis oder die Nachfrage so verschlechtern würden, dass das Unternehmen mit der Pflanze bzw. den Früchten der Pflanze nachhaltig keinen Gewinn mehr erwirtschaften kann. In einem solchen Fall hat das Management die künftige Marktlage falsch eingeschätzt. Dennoch ist es in einem solchen Fall möglich, dass sich die Früchte bzw. die Pflanzen in ihrem idealen Zustand bzw. in dem vom Management gewünschten Zustand befinden. Eine negative Marktentwicklung wird also nicht über die Fertigstellung des Vermögenswertes gezeigt, sondern ist stattdessen ggf. als Wertminderung zu erfassen, sodass die unternehmerische Fehleinschätzung im Sinne des Anbaus der furchttragenden Pflanzen auf diese Weise im Rahmen der Rechenschaftslegung dem Adressaten bekannt wird.

Die Fertigstellung trotz anfänglicher Betriebsverluste ist auch in ähnlicher Weise analog beim Sachanlagevermögen zu beobachten, bei dem jene Verluste nicht zum Buchwert des Vermögenswertes zählen und somit nicht zu aktivieren sind.[1192] Letztlich weist der Reifezeitpunkt b) insofern noch eine Analogie zum Sachanlagevermögen auf, als auch beim Sachanlagevermögen mit dem Zeitpunkt der erstmaligen Produktion von marktgängigen Erzeugnissen i. d. R. der Zeitraum der grundsätzlichen Aufwandsaktivierung endet und die planmäßigen Abschreibungen von Vermögenswerten des Sachanlagevermögens beginnen. Insgesamt erscheint die Wahl des **Zeitpunktes b)** als Reifezeitpunkt zur Beendigung des grundsätzlichen Aktivierungszeitraums von zurechenbaren Aufwendungen für eine fruchttragende Pflanze vor dem Hintergrund der erforderlichen Betriebsbereitschaft dieser Pflanze sinnvoll.

Die Wahl des **Zeitpunktes c)** als Reifezeitpunkt, d. h. das zeitliche Ende der eigenen biologischen Transformation einer fruchttragenden Pflanze, geht damit einher, dass eine fruchttragende Pflanze ihr volles Ertragspotenzial erreicht.[1193] Ab diesem Zeitpunkt ist bei vielen Arten tragender Pflanzen zumindest nach einiger Zeit von rückläufigen Erträgen pro Periode auszugehen. Insofern ist der Zustand einer fruchttragenden Pflanze in Zeitpunkt c) mit dem Fertigstellungszustand von Sachanlagevermögen zu vergleichen, indem mit Ende des Aktivierungszeitraums bei solch abnutzbarem Vermögen i. d. R. ebenfalls ein progressiver Rückgang des künftigen Nutzenpotenzials unterstellt wird[1194] und damit das volle Ertragspotenzial der Pflanze für den Zeitpunkt, in dem diese als ausgewachsen gilt, angenommen wird. Das Ende des Aktivierungszeitraums zum Zeitpunkt c) bedeutet jedoch, dass Abschreibungen für tragende Vermögenswerte ggf. erst erfasst werden, wenn die Pflanzen bereits sehr lange, mitunter sogar jahrzehntelang, wirtschaftlich verwertbare Früchte bilden, wie dies bspw. bei Apfelbäumen der Fall sein kann. In Bezug zum *matching principle* nach IFRS würden damit die Aufwendungen und Erträge nicht verursachungsgerecht und entscheidungsnützlich gegenüberge-

1192 Vgl. IAS 16.20 (b).

1193 Vgl. AOSSG (Hrsg.), Comment letter ED/2013/8, S. 4.

1194 Vgl. IASB (Hrsg.), Agriculture: Bearer Plants}, S. 22, BC66.

stellt.[1195] Auch könnte man mit dem Zeitpunkt des Endes der biologischen Transformation als Reifezeitpunkt ggf. auch jenen Pflanzen nicht gerecht werden, deren Früchte Bestandteile der Pflanze selbst sind, also bspw. Spargelpflanzen, bei denen ein Teil ihrer Wurzeln als Früchte geerntet wird. Solche Pflanzen setzen nach der Ernte ihre eigene biologische Transformation fort, indem sie nachwachsen, sodass das Ende der biologischen Transformation nicht eintritt und die biologische Transformation der Pflanze letztlich mit der Fruchtbildung einhergeht. Insgesamt ist der Zeitpunkt c) als definitorischer Reifezeitpunkt vor allem aufgrund der verzerrten Darstellung der Erfolgslage abzulehnen.

Nach der Analyse der drei Zeitpunkte a) bis c) ist zusammenfassend lediglich **Zeitpunkt b) für die Reifedefinition geeignet**. Unter Abwägung der sachverhaltsbezogenen Besonderheiten für fruchttragende Pflanzen sowie der verursachungsgerechten Aufteilung von Erträgen und Aufwendungen kann daher jener Zeitpunkt, zu dem das erste Mal eine marktfähige Ernte von der fruchttragenden Pflanze geerntet werden kann, als definitorischer Reifezeitpunkt empfohlen werden.[1196] Der Lebenszyklus von Pflanzen kann stark variieren, zudem reifen viele Pflanzen erst mit dem Alter bzw. mit ihrer Bestellung.[1197] Die Annahme, dass der Zeitpunkt, zu dem eine Pflanze zur Produktion fähig ist, das Ende jeglicher biologischen Transformation der Pflanze darstellt und dass nach diesem Reifezeitpunkt Produktivitätssteigerungen der Pflanze und Qualitätsverbesserungen der Früchte nicht mehr auftreten, ist unpassend.[1198] Auch bei der Abnutzung von pflanzlichem Vermögen können Unterschiede zur natürlichen Abnutzung zum bislang in IAS 16 geregelten Vermögen gesehen werden. Durch Zeitpunkt b) als Konkretisierung des Reifezeitpunktes können die aus der mit den Änderungen „Agriculture: Bearer Plants“ beschlossenen Reifeformulierung resultierenden verschiedenen Auslegungen in der Praxis reduziert bzw. vermieden werden.[1199] Die Konkretisierung könnte umgesetzt werden, indem der noch im ED/2013/8 verwendete Formulierungsvorschlag „[b]efore bearer plants are in the location and condition necessary to bear produce, they should be accounted for in the same way as self-constructed items of property, plant and equipment [Anmerkung des Verfassers: Text im Original unterstrichen]“[1200] um „their first commercially viable“[1201] vor dem Textbaustein „produce “ ergänzt wird[1202] und die entstehende Formulierung schließlich als zusätzliche Erläuterung in den beschlossenen IAS 16.22A integriert wird. Alternativ wäre es sinnvoll, im beschlossenen IAS 16.22A

1195 Im Extremfall könnte sogar der Fall entstehen, dass die eigene biologische Transformation der fruchttragenden Pflanze im Sinne eines körperlichen Wachstums annähernd bis zu ihrem Lebensende anhält und dabei den Zeitraum der Generierung von Früchten sogar übertreffen könnte, sodass in der vollständigen Zeit der Fruchtbringung den Erträgen keine Aufwendungen gegenübergestellt werden. Bspw. bei sehr langlebigen Fruchtbäumen, die zwar zum Ende ihrer Lebenszeit hin wie am Anfang ihrer Nutzung kaum verwertbare Fruchtbestände mehr tragen, ihre Ressourcen jedoch in den Erhalt der eigenen Pflanze bzw. in das Breitenwachstum des Stammes einfließen lassen.

1196 Vgl. mit dem gleichen bzw. ähnlichen Ergebnis z. B. EFRAG (Hrsg.), Comment letter ED/2013/8, S. 5; MAZARS (Hrsg.), Comment letter ED/2013/8, S. 4.

1197 Vgl. Ernst & Young Global Limited (Hrsg.), Comment letter ED/2013/8, S. 5.

1198 Vgl. ähnlich in Bezug zu den Änderungsvorschlägen des ED/2013/8 Ernst & Young Global Limited (Hrsg.), Comment letter ED/2013/8, S. 5.

1199 Vgl. z. B. MAZARS (Hrsg.), Comment letter ED/2013/8, S. 4; EFRAG (Hrsg.), Comment letter ED/2013/8, S. 5.

1200 IASB (Hrsg.), ED: Agriculture: Bearer Plants 2013, S. 8, IAS 16.22A.

1201 AOSSG (Hrsg.), Comment letter ED/2013/8, S. 4.

1202 Vgl. MAZARS (Hrsg.), Comment letter ED/2013/8, S. 4.

künftig auf die Reifedefinition produzierender biologischer Vermögenswerte nach IAS 41.45 zu verweisen bzw. eine solche Erläuterung zu ergänzen.

522.13 Folgebewertung

522.131. Übersicht

Bei der Folgebewertung können die fruchttragenden Pflanzen entweder weiter nach dem Anschaffungskostenmodell oder nach dem Neubewertungsmodell bewertet werden.[1203] Wie bereits in den Unterabschnitten des Abschnitts 512.4. erwähnt, ähneln sich die beiden Ansätze z. T. sehr, sodass weite Teile der folgenden Ausführungen für beide Ansätze gelten. Es ist zu berücksichtigen, dass sich die Konkretisierung der Bewertung zum Neubewertungsmodell aufgrund des Fair-Value-Bezugs sehr stark an die Argumentation zur Diskussion und Konkretisierung des beizulegenden Zeitwertes im Kapitel zu IAS 41 anlehnt. In Anbetracht der oftmals fraglichen zuverlässigen Bewertbarkeit tragender biologischer Vermögenswerte sei an dieser Stelle auch darauf hingewiesen, dass das Neubewertungsmodell lediglich eine geringere praktische Bedeutung für fruchttragende Pflanzen im Vergleich zum Anschaffungskostenmodell aufweisen dürfte, da IAS 16 die Anwendung des Neubewertungsmodells lediglich erlaubt, sofern der beizulegende Zeitwert verlässlich ermittelbar ist.[1204]

522.132. Bestimmung der planmäßigen Abschreibungen

522.132.1 Nutzungsdauer

Sowohl für das Anschaffungskostenmodell als auch für das Neubewertungsmodell sind Abschreibungen erforderlich, für die neben den Abschreibungsmethoden die **Nutzungsdauer** der fruchttragenden Pflanze sowie deren Restwert am Ende der Nutzungsdauer zu bestimmen sind. Die produktive Zeit einer bestimmten fruchttragenden Pflanze als deren Nutzungsdauer kann dabei schwierig zu bestimmen sein, zumal die Änderungen „Agriculture: Bearer Plants“ die Nutzungsdauer nicht direkt konkretisieren und damit sowohl eine Herleitung auf Basis der biologischen Produktionsfähigkeit der Pflanze als auch eine Herleitung auf Basis der unternehmerischen Nutzungsabsicht möglich scheint.[1205] Grundsätzlich sollte der Standardsetter hier für die Bestimmung der Nutzungsdauer auf die unternehmerische Nutzungsabsicht abstellen, da diese den Abschlussadressaten das Geschäftskonzept des Unternehmens und damit die tatsächlichen Umstände der Nutzung des Vermögenswertes anzeigt.

Sofern bspw. eine fruchttragende Pflanze theoretisch 20 Jahre lang Früchte erzeugen kann, jedoch davon auszugehen ist, dass die Pflanze nach 15 Jahren lediglich noch so wenige Früchte oder Früchte von einer solch geringen Qualität erzeugen kann, dass die Ernte höhere Aufwendungen als Erträge verursachen würde, wäre eine weitere Produktion durch die Pflanze nicht mehr sinnvoll. Eine vorzeitige Beendigung der Bewirtschaftung einer fruchttragenden Pflanze kann zudem wirtschaftlich sinnvoll sein, wenn zwar die Ernte noch wirtschaftlich tragfähig wäre, indes eine Neuanpflanzung der

---

[1203] Vgl. hierzu insbesondere Abschnitt 512.41.

[1204] Vgl. IAS 16.31.

[1205] Vgl. ERNST & YOUNG GLOBAL LIMITED (HRSG.), Comment letter ED/2013/8, S. 4.

gleichen oder einer anderen Pflanze oder aber die Nutzung der Anbaufläche für andere Zwecke ab einem gewissen Zeitpunkt für das Unternehmen von größerem wirtschaftlichem Nutzen ist, da bspw. die Ernteerträge rückläufig sind.[1206]

Es kann schwierig sein, eine **natürliche** Nutzungsdauer von Pflanzen zu bestimmen, da diese z. T. stark von den individuellen Eigenschaften einer Pflanze bzw. von deren spezieller Entwicklung abhängt. So sind neben dem eigentlichen Pflanzenmaterial insbesondere externe Faktoren für die potenzielle Nutzungsdauer mitverantwortlich. Hierzu zählen z. B. die Qualität und die Höhenlage des Bodens oder witterungsbedingte Faktoren wie die Sonneneinstrahlung oder die Niederschlagsmenge. Jedoch sind für weitverbreitete Pflanzenarten z. T. frei zugängliche Informationen bezüglich ihrer Lebens- oder Nutzungsdauer, auch in Abhängigkeit vom regionalen Anbau, verfügbar. Bspw. geben u. a. steuerliche Abschreibungstabellen oder bestimmte Fachliteratur[1207] Hinweise auf Nutzungsdauern. Alternativ kann zumindest mithilfe von z. T. eigenständig veröffentlichten Erfahrungswerten anderer Unternehmen auf durchschnittliche, gemittelte Nutzungsdauern für bestimmte Pflanzenarten zurückgegriffen werden. Sofern diese standardisierten Verhältnisse oder die Erfahrungswerte nicht den Verhältnissen beim bilanzierenden Unternehmen entsprechen bzw. von diesen wesentlich abweichen, können die Informationen zumindest zur Orientierung dienen und ggf. individuell an die Verhältnisse beim Unternehmen angepasst werden. Insgesamt scheint zur Darstellung der tatsächlichen wirtschaftlichen Vermögens- bzw. Erfolgslage nicht die biologisch mögliche Nutzungsdauer relevant zu sein, sondern vielmehr die **beabsichtigte** Nutzungsdauer des Unternehmens.[1208]

522.132.2 Restverkaufserlös

Eine weitere Herausforderung stellt die Bestimmung des **Restverkaufserlöses** für die Ermittlung der planmäßigen Abschreibung in der Folgebewertung dar. Hierbei kann Bezug auf die Definition der fruchttragenden Pflanzen genommen werden, da sie indirekt näher auf den Restverkaufserlös eingeht. So dürfen fruchttragende Pflanzen nämlich „except for incidental scrap sales“[1209] nicht zum Verkauf bestimmt sein.[1210] Dabei kann der Wortlaut *scrap sales* als *Verschrottungserlös* bzw. *Restveräußerungserlös* und *incidental* als *unwesentlich* bzw. *nebensächlich* interpretiert werden. Eine Definition der *incidental scrap sales* unterbleibt allerdings.[1211] Auch fehlt eine Bestimmung, wie festgestellt werden kann, ob Restveräußerungserlöse *incidental* sind.[1212] Bezüglich der Bestimmung des Restverkaufserlöses für die Ermittlung der Abschreibungen kann damit in Frage gestellt werden, inwieweit überhaupt ein Restverkaufserlös für fruchttragende Pflanzen nach der künftigen Definition zu berücksichtigen ist, wenn dieser per Definition als *incidental* im Sinne von unwesentlich gilt.

1206 Vgl. Ernst & Young Global Limited (Hrsg.), Comment letter ED/2013/8, S. 4.

1207 Vgl. bspw. für Spargel Lochner, H./Breker, J., Fachstufe Landwirt, S.189.

1208 Selbstverständlich ist es aber dennoch möglich, dass die biologisch mögliche Nutzungsdauer zufällig relevant sein kann, und zwar dann, wenn sich die biologische mögliche Nutzungsdauer und die beabsichtige Nutzungsdauer durch das Unternehmen entsprechen. Dies wird jedoch i. d. R. nicht der Fall sein.

1209 IASB (Hrsg.), Agriculture: Bearer Plants, S. 11, IAS 41.5 und S. 7, IAS 16.6.

1210 Vgl. IASB (Hrsg.), Agriculture: Bearer Plants, S. 11, IAS 41.5 und S. 7, IAS 16.6.

1211 Vgl. Ernst & Young Global Limited (Hrsg.), Comment letter ED/2013/8, S. 3.

1212 Vgl. Ernst & Young Global Limited (Hrsg.), Comment letter ED/2013/8, S. 3.

Indes ist die **Wesentlichkeit** des Veräußerungserlöses differenziert zu betrachten. So kann die Anforderung der Wesentlichkeit für die Veräußerungsabsicht einer Pflanze anders zu bewerten sein als jene für die Folgebewertung. Letztlich korreliert die Unwesentlichkeit des Restverkaufserlöses in Bezug zur Berechnung der Abschreibungen mit der Unwesentlichkeit des Restverkaufserlöses in Bezug zur Veräußerungsabsicht. Da der Standardsetter bereits klarstellt, dass der Restwert für die Bestimmung des Abschreibungsbetrages in der Praxis oftmals unwesentlich sein dürfte,[1213] sind daher ähnliche Vorkommnisse auch im Rahmen der Unwesentlichkeit bei der Veräußerungsabsicht zu erwarten. Eine Quantifizierung der Wesentlichkeit bezüglich der Veräußerungsabsicht kann bspw. den Restveräußerungserlös ins Verhältnis zur erwarteten Summe der zu erzielenden Erträge setzen, die durch die von der fruchttragenden Pflanze bis zum Ende ihrer Produktionsdauer zu erzeugenden Früchte erwartet werden. Bei der Beurteilung der Wesentlichkeit für die Folgebewertung bietet sich insbesondere der Bezug der Veräußerungserlöse zu den Anschaffungs- oder Herstellungskosten an. So kann bspw. ein Restverkaufserlös in Höhe von 100 € im Verhältnis zu Erlösen in Höhe von 20.000 € für durch die Pflanze erzeugte Früchte unwesentlich, derselbe Restverkaufserlös im Verhältnis zu den Anschaffungskosten derselben Pflanze in Höhe von 250 € jedoch wesentlich erscheinen.

Auch wenn die Definition fruchttragender Pflanzen Bezug auf (positive) Veräußerungserlöse nimmt, muss für die Folgebewertung allgemein und insbesondere für fruchttragende Pflanzen auch der Fall von negativen Veräußerungserlösen im Sinne von Verschrottungskosten berücksichtigt werden. Abgesehen von bspw. hölzernen Pflanzen, deren Holz ggf. noch zu Brennholzzwecken abgegeben werden kann, ist bei fruchttragenden Pflanzen dabei häufig von einer Entsorgung von Altpflanzen und damit von negativen Veräußerungserlösen auszugehen. Dies wird durch die Wortwahl *„scrap“* (dt.: Abfall)[1214] in der Definition fruchttragender Pflanzen[1215] untermauert.

522.132.3 Abschreibungsmethode

Eine weitere Herausforderung bei der Bestimmung der planmäßigen Abschreibung fruchttragender Pflanzen ist die Wahl der **Abschreibungsmethode**. So sind zwar grundsätzlich wie beim Sachanlagevermögen leistungsbezogene oder zeitliche Abschreibungen bei fruchttragenden Pflanzen anwendbar, indes sind dabei **Besonderheiten aufgrund des Lebensprozesses** sowie bezüglich des **Reifezeitpunktes** zu berücksichtigen.

So sind die künftigen Erzeugnisse insbesondere bei den vielerorts im Freien angebauten fruchttragenden Pflanzen bedingt durch externe Faktoren stark mit Unsicherheiten behaftet, die die Erntemengen regelmäßig stärker schwanken lassen als die Produktionserzeugnisse von üblichem Sachanlagevermögen wie bspw. Maschinen. Zu diesen Faktoren zählen insbesondere das Wetter sowie andere exogene Faktoren, die erheblichen Einfluss auf die Produktionsbedingungen haben und für eine natürliche Varianz der Ernteerträge sorgen. Insofern ist es häufig schwierig, die für eine realitätskonforme, leistungsabhängige Abschreibung erforderliche Leistungsverteilung zu bestimmen. Stattdes-

1213 Vgl. IAS 16.52.
1214 Vgl. im Sinne von Altmaterial bzw. Schrott ähnlich o. V., Scrap.
1215 Vgl. hierzu IASB (Hrsg.), Agriculture: Bearer Plants S. 11, IAS 41.5 und S. 7, IAS 16.6.

sen können z. B. per Erwartungswertmethode Schätzungen der Leistungsverteilung vorgenommen werden. Für solch eine Approximation kann vor allem auf eigene Erfahrungswerte und öffentliche Informationen zurückgegriffen werden. Beispielsweise könnte die Leistungsverteilung einer bestimmten Pflanze auf über die vergangenen Anbauzyklen der Pflanze hinweg ermittelten Durchschnittswerten basieren, sofern keine Hinweise auf eine andere als in der Vergangenheit erfolgte Wertentwicklung vorliegen. Letztlich bleibt die Abschreibung nach der wirtschaftlichen Nutzung anspruchsvoll und basiert z. T. auf willkürlichen Annahmen.[1216] Dies ist vor allem der Fall, wenn die Abschreibungen nicht nur an die mengenmäßigen Erfolge, sondern bspw. weitergehend auch an die Produkterträge, -deckungsbeiträge oder -gewinne gekoppelt werden und somit neben der erzeugten Menge auch Preise, Absatzverbundeffekte oder Gemeinkosten zu berücksichtigen sind.[1217] Ist die Unsicherheit bezüglich des Nutzenverlaufs zu hoch, ist nach Literaturmeinung beim Sachanlagevermögen die Verwendung der linearen Abschreibungsmethode angemessen.[1218] Dies stellt eine Vereinfachungsmethode dar, bei der davon ausgegangen wird, dass das Management mit betrieblichen oder standardisiert veröffentlichten Nutzungsdauern für die biologischen Vermögenswerte plant. Unter Berücksichtigung der erhöhten Risiken aufgrund externer Faktoren ist insofern von einer erhöhten Anwendung der linearen Abschreibungsmethode bei fruchttragenden Pflanzen auszugehen.

Eine Besonderheit zur Bestimmung einer entscheidungsnützlichen Abschreibung liegt mit dem Reifeverständnis des Zeitpunktes b), d. h. zeitlich nach der Fähigkeit zur Produktion und während der biologischen Transformation von fruchttragenden Pflanzen, vor.[1219] Denn während im genannten Fall bereits produziert wird, **verschleißt** die produzierende Einheit insgesamt **noch nicht**. Stattdessen gewinnt sie sogar an Qualität und Quantität. Herkömmliche Abschreibungsmethoden gehen i. d. R. von einem stetigen Verschleiß aus und implizieren damit keine Wertsteigerung der Produktionseinheit. Hierzu wird gefordert, dass der Standardsetter eine auf die Gegebenheiten bei fruchttragenden Vermögenswerten abgestimmte Abschreibungsmethode entwickeln muss.[1220]

Letztlich hat sich eine solche Abschreibungsmethodik in Analogie zum Sachanlagevermögen nach IAS 16 auch an dem **Prinzip der nachträglichen Anschaffungs- oder Herstellungskosten** zu orientieren. So können fruchttragende Pflanzen mit einer ähnlichen bzw. gleichen Methodik wie Sachanlagevermögen abgeschrieben werden, indem die fortschreitende biologische Transformation als wirtschaftliche Nutzensteigerung gesehen wird. Ab dem Erreichen des Reifestatus würden dann zwar regulär Abschreibungen anfallen und damit den Abschreibungsbetrag mindern, gleichzeitig würden aber in die biologische Transformation fließende Aufwendungen aktiviert. Ähnlich wird bereits jetzt beim Sachanlagevermögen vorgegangen, indem nachträgliche Anschaffungs- oder Herstellungskosten nach der ursprünglichen Fertigstellung aktiviert und in den Folgejahren abgeschrieben werden.

1216 Vgl. BALLWIESER, W., in: Baetge et al., Rechnungslegung nach IFRS, IAS 16, Rn. 49.

1217 Vgl. ähnlich BALLWIESER, W., in: Baetge et al., Rechnungslegung nach IFRS, IAS 16, Rn. 49.

1218 Vgl. ADS International, Abschnitt 9, Rn. 91; BALLWIESER, W., in: Baetge et al., Rechnungslegung nach IFRS, IAS 16, Rn. 49.

1219 Vgl. ERNST & YOUNG GLOBAL LIMITED (HRSG.), Comment letter ED/2013/8, S. 11. Die Besonderheit trifft ebenfalls für das als nicht sinnvoll erachtete Reifeverständnis des Zeitpunktes a), d. h. zeitlich mit der Fähigkeit zur Produktion und während der biologischen Transformation von fruchttragenden Pflanzen auf. Vgl. ERNST & YOUNG GLOBAL LIMITED (HRSG.), Comment letter ED/2013/8, S. 11.

1220 Vgl. ähnlich ERNST & YOUNG GLOBAL LIMITED (HRSG.), Comment letter ED/2013/8, S. 11.

Die aktivierten Aufwendungen erhöhen für sich allein genommen den Abschreibungsbetrag wieder. Damit würde sowohl ein durch die Ernteerträge realisierter Nutzenabfluss im Vermögenswert als auch der Nutzenzufluss durch die biologische Transformation berücksichtigt und zu einem sachgerechten Erfolgsausweis im Sinne des *matching principle* führen.

522.133. Bestimmung der außerplanmäßigen Abschreibung

Hinsichtlich einer **außerplanmäßigen Abschreibung** nach IAS 36 ergeben sich für fruchttragende Pflanzen **keine grundsätzlichen Unterschiede** zum Sachanlagevermögen. So können sich ebenfalls Hinweise auf Wertminderungen einer fruchttragenden Pflanze durch externe oder interne Informationsquellen ergeben. Typische Beispiele für Wertminderungen können dabei durch exogene Faktoren ausgelöste Ereignisse sein. Hierzu zählen beispielsweise wetterbedingte Phänomene, wie Dürre, Langzeitfrost oder Hagel, fressfeindbedingte Phänomene, wie Wildschäden, oder krankheitsbedingte Phänomene, wie Pilzbefall oder andere Seuchen. Diese besonderen Phänomene treten im Regelfall nicht oder zumindest nicht in dieser elementaren Bedeutung bei nicht lebendigen Vermögenswerten auf und stellen damit Besonderheiten für lebendes Vermögen, hier insbesondere für das Pflanzenvermögen dar.[1221]

Letztlich können aber lediglich Faktoren zu Wertminderungen nach IAS 36 führen, die direkt die fruchttragende Pflanze bzw. das mit ihr verbundene Erfolgspotenzial betreffen. Eine Insektenplage, die lediglich die Früchte von fruchttragenden Pflanzen in einer Periode beschädigt, nicht aber die Pflanze selbst, führt somit nicht zu einer Wertminderung nach IAS 36.[1222] Indes mag die Feststellung, ob ein außerplanmäßiger Wertminderungsbedarf vorliegt, **schwieriger** zu beurteilen sein als beim Sachanlagevermögen, da verschiedene exogene Faktoren die Unsicherheiten im Produktionsprozess fruchttragender Pflanzen beeinflussen. Zudem weisen Pflanzen im Gegensatz zu den meisten Maschinen auch regenerative Fähigkeiten auf und können sich in bestimmtem Ausmaß **selbst heilen**. Insofern ist die Beurteilung einer Wertminderung teilweise mit Herausforderungen verbunden, da unklar sein kann, inwiefern eine Regeneration tatsächlich stattfindet und die fruchttragende Pflanze im Wert gemindert ist.

Bei der Ermittlung des für die Beurteilung einer Wertminderung relevanten Betrages ist neben dem beizulegenden Zeitwert abzüglich der Kosten des Abgangs auf den **Nutzungswert** des Vermögenswertes bzw. einer zahlungsmittelgenerierenden Einheit abzustellen.[1223] Beim Nutzungswert stellt sich die Frage, welche Elemente bei der Wertminderung von fruchttragenden Pflanzen berücksichtigt werden müssen. So werden die an den Pflanzen wachsenden Früchte künftig separat bilanziert und sind

---

1221 So kann zwar bspw. auch maschinelles Sachanlagevermögen durch Hagel im Wert gemindert werden. Jedoch ist zum einen das Material von Maschinen im Vergleich zu organischem Material bei Pflanzen gegenüber Hagel oftmals weniger anfällig. Zum anderen befinden sich Maschinen auch häufig in Gebäuden und sind somit i. d. R. im Vergleich zu im Freien angebauten Pflanzen gegen witterungsbedingte Risiken besser geschützt.

1222 Letztlich wird die Wertminderung der Früchte aber dennoch erfasst, indem der beizulegende Zeitwert der wachsenden Früchte um die Wertminderung sinkt.

1223 Vgl. IAS 36.18. Vgl. zur Diskussion des Wertansatzes auf Basis des beizulegenden Zeitwertes Abschnitte 422.3, 422.4 und 422.5.

damit vom Anwendungsbereich des IAS 36 auszuschließen.[1224] Wird nun eine fruchttragende Pflanze auf Wertminderung geprüft, ist die aktuell an der Pflanze wachsende Frucht für die Bestimmung der Wertminderung entsprechend nicht zu berücksichtigen.[1225] Gleichzeitig sind künftige Nutzenflüsse aus künftigen Ernten mit in die Betrachtung einzubeziehen, da sie der künftigen Produktionsmenge der fruchttragenden Pflanzen zuzurechnen sind.[1226] Dies betrifft neben den künftigen Nutzenzuflüssen in Form von Erträgen wie bspw. Verkaufserlösen ebenso die künftigen Nutzenabflüsse in Form von Aufwendungen wie bspw. die Aufwendungen für lediglich die Frucht schützende Insektizide. Die Aufteilung der Fruchterträge in Fruchterträge bei wachsenden und künftigen Früchten zur Bestimmung des Wertminderungsbedarfs wirkt aufgrund des grundsätzlich gleichen Charakters der Früchte inhaltlich fraglich und eingeschränkt konsistent. Zudem dürfte zumindest das künftige, bis zum Erreichen der Reife einer wachsenden Frucht erforderliche Wachstum ursächlich auf die fruchttragende Pflanze zurückzuführen sein, da die wachsende Frucht für ihr weiteres Wachstum auf die fruchttragende Pflanze angewiesen ist und insofern diese für das künftige Wachstum verantwortlich ist. Die bilanzielle Trennung von wachsender Frucht und fruchttragender Pflanze verhindert indes eine solche verursachungsgerechte Zurechnung.

Bei der Ermittlung des Nutzungswertes sieht der Standardsetter zusätzlich vor, dass lediglich die mit dem auf Wertminderung zu prüfenden Vermögenswert verbundenen künftigen Cashflows im **gegenwärtigen** Zustand des Vermögenswertes zu schätzen sind.[1227] Dies bedeutet, dass die im Rahmen einer Ertragskraftsteigerung im Sinne einer künftigen biologischen Transformation bei fruchttragenden Pflanzen anfallenden Cashin- und Cashoutflows unberücksichtigt bleiben.[1228] Die künftige biologische Transformation einer Pflanze, die die biologische Transformation noch nicht abgeschlossen hat, bleibt damit außen vor. Letztlich entspricht der so ermittelte Wertansatz den Maßstäben des IAS 36, unterschätzt indes den wahren wirtschaftlichen Wert einer Pflanze. Zudem wird dabei nicht berücksichtigt, dass Pflanzen genetisch für ihren Wachstumsprozess programmiert sind und somit ein natürliches Wachstum praktisch unaufhaltsam ist. So würde zum einen die Glaubwürdigkeit der Informationen gemindert werden, da diese durch die Ausblendung der künftigen Transformation das Kriterium der Vollständigkeit nicht erfüllen. Zum anderen würde aufgrund der Vernachlässigung zukunftsorientierter Informationen auch die Relevanz der Informationen geschwächt. Insgesamt würde die Entscheidungsnützlichkeit der Informationen für die Abschlussadressaten gesenkt. Um dem entgegenzuwirken, bietet sich eine geänderte Regelung für Pflanzen an, die dem genannten Umstand gerecht wird und entsprechend die Cashflow-Bewegungen aufgrund einer künftigen biologischen Transformation berücksichtigt.

1224 Vgl. ERNST & YOUNG GLOBAL LIMITED (HRSG.), Comment letter ED/2013/8, S. 11.

1225 Vgl. zur Fragestellung ERNST & YOUNG GLOBAL LIMITED (HRSG.), Comment letter ED/2013/8, S. 11.

1226 Analoges gilt auch für das Sachanlagevermögen nach IAS 16. Die unfertigen Erzeugnisse im Produktionsprozess werden dabei nach IAS 2 separat bilanziert, während die künftigen Erzeugnisse bzw. die mit diesen verbundenen Erfolgswirkungen bei der Wertminderung des Sachanlagevermögenswertes miteinbezogen werden. Die Bedeutung dieser unterschiedlichen Behandlung der Erzeugnisse ist hierbei jedoch oftmals von untergeordneter praktischer Wesentlichkeit, da die Dauer von maschinellen Produktionsprozessen i. d. R. im Vergleich zu jener von tragenden Pflanzen wesentlich kürzer ist und gleichzeitig zudem mehr Produktionschargen erzeugt werden können.

1227 Vgl. IAS 36.44.

1228 Vgl. hierzu allgemein IAS 36.44 (b).

Insbesondere für fruchttragende Pflanzen ist auch die Bedeutung der **zahlungsmittelgenerierenden Einheiten** (*cash generating units*) für Wertminderungen nach IAS 36 zu beachten.[1229] So stellt sich die Frage, inwiefern einzelne Pflanzen als zahlungsmittelgenerierend angesehen werden können. Einerseits kann dabei hinterfragt werden, inwiefern eine einzelne Pflanze bei einer getrennten Bilanzierung von Pflanze und Frucht eigene Cashinflows generieren kann oder ob sie stets als Teil einer zahlungsmittelgenerierenden Einheit zusammen mit der an ihr wachsenden Frucht zu betrachten ist.[1230] So generiert eine einzelne Pflanze bei der getrennten Bilanzierung im laufenden Betrieb keine eigenen Cashinflows, kann aber am Ende der Nutzungsdauer eventuell noch einen Restverkaufserlös erzielen. Andererseits kann es sich insbesondere bei großen Plantagen und relativ unbedeutendem Gewicht einer einzelnen Pflanze aus Wesentlichkeitsgründen und Kosten-Nutzen-Gründen anbieten, Feldbereiche oder ganze Felder als zahlungsmittelgenerierende Einheiten anzusehen.[1231] Letztlich ist bei der Bildung zahlungsmittelgenerierender Einheiten im Rahmen der Wertminderung aufgrund der Verschiedenheit fruchttragender Pflanzen eine Einzelfallbetrachtung für das jeweilige Unternehmen und die jeweilige Pflanzenkultur sinnvoll.

522.134. Instandhaltungsaufwendungen und nachträgliche Anschaffungs- oder Herstellungskosten

Für die Folgebewertung relevant sind auch die Instandhaltungsaufwendungen sowie die nachträglichen Anschaffungs- oder Herstellungskosten. Hierbei unterscheiden sich fruchttragende Pflanzen stark von Vermögenswerten des Anlagevermögens. Während bei Sachanlagen wie bspw. Maschinen Instandhaltungsaufwendungen und nachträgliche Anschaffungs- oder Herstellungskosten häufig relativ genau zu identifizieren sind und die bei einer Fertigung entstehenden Aufwendungen i. d. R. gut auf die gefertigten Produkte direkt als Teil von deren Anschaffungs- oder Herstellungskosten verteilt werden können, ist dies bei lebenden Pflanzen häufig nicht der Fall. Der Großteil der unter IAS 16 fallenden Sachanlagen verändert zudem seinen materiellen, wirtschaftlichen Zustand nicht, sofern er sich nicht in der Produktion befindet, und ist selbst nicht lebendig[1232]. Pflanzen benötigen indes unabhängig vom Einsatz in der Produktion stets Inputleistungen, damit sie ihren körperlichen Zustand erhalten können. Zwar mag insbesondere bei Feldpflanzen der Input größtenteils aus freien Gütern wie Sonnenlicht, Regenwasser oder Luft bestehen, jedoch kann eine Pflanze ohne diese Güter ihren Stoffwechsel langfristig nicht erhalten und droht abzusterben. Somit fallen für fruchttragende Pflanzen auch im Ruhezustand, in dem keine Früchte erzeugt werden, und damit unabhängig von der Produktion Inputleistungen an.

Damit ist unmittelbar die **Problematik der Abgrenzung und Zurechnung von Erhaltungsaufwendungen und nachträglichen Anschaffungs- oder Herstellungskosten** verbunden. Vor dem Ende der eigentlichen biologischen Transformation einer fruchttragenden Pflanze, d. h. bevor diese als

[1229] Vgl. in diesem Zusammenhang auch die Ausführungen zur Bilanzierungseinheit in Abschnitt 521.21.
[1230] Vgl. zur Fragestellung ERNST & YOUNG GLOBAL LIMITED (HRSG.), Comment letter ED/2013/8, S. 11.
[1231] Vgl. hierzu auch die Ausführungen zur Bilanzierungseinheit in Abschnitt 521.21.
[1232] Vgl. DELOITTE TOUCHE TOHMATSU LIMITED (HRSG.), Comment letter ED/2013/8, S. 6.

ausgewachsen gilt,[1233] können die vom Unternehmen für die Pflanze aufgewendeten Inputleistungen in drei Komponenten aufgeteilt werden:

- erstens in nutzenerhaltende Aufwendungen, die die Pflanze in einem gesunden Zustand erhalten, z. B. Aufwendungen für Insektizide gegen den Schädlingsbefall der Pflanze,
- zweitens in nutzensteigernde Aufwendungen, die die biologische Transformation bzw. das Wachstum der fruchttragenden Pflanze vorantreiben, z. B. Aufwendungen für Wachstumsbeschleuniger wie bspw. wachstumsfördernden Spezialdünger,[1234] und
- drittens in Aufwendungen, die nutzensteigernd sind, da sie die Entwicklung von Früchten fördern, z. B. Aufwendungen für Insektizide gegen den Schädlingsbefall der Früchte.

Ab dem Abschluss der biologischen Transformation stehen bei den meisten fruchttragenden Pflanzen die Aufwendungen **erster und dritter** Art im Vordergrund, da bei voll ausgewachsenen Pflanzen aufgrund ihres natürlich vorgegebenen Genpools i. d. R. nicht oder lediglich sehr eingeschränkt nutzensteigernde Maßnahmen oder Aufwendungen an der fruchttragenden Pflanze getroffen werden können, um bspw. die natürliche Lebenszeit der Pflanze zu verlängern[1235].[1236] Dabei haben die nutzenerhaltenden Aufwendungen in Analogie zu IAS 16 die Funktion von Wartungskosten einer sich selbst wartenden Maschine, da sie letztlich dazu dienen, dass sich die Pflanze selbst regeneriert bzw. im Wortlaut des IAS 16 repariert oder instand hält.[1237] Die Anwendung des Anschaffungskostenmodells für fruchttragende Pflanzen unterliegt dabei dennoch z. T. großen Schätzunsicherheiten und ist auch mit Ermessensspielräumen für die bilanzierenden Unternehmen verbunden.[1238]

Hier stellt sich die Frage, welche Kosten bei wachsenden Pflanzen aktivierungsfähig sind, d. h. ob z. B. Aufwendungen für Wasser, Dünger oder auch Gewächshäuser **aktiviert** werden können.[1239] Diese sind zwar für das Wachstum von Pflanzen dienlich, können aber ebenfalls die Erhaltung der Pflanze oder das Reifen von Früchten fördern. Letztlich hängt die Aktivierung analog zum Sachanlagevermögen nach IAS 16 von der Zwecksetzung der eingesetzten Mittel ab. Die Möglichkeit einer genauen Zuordnung der Aufwendungen zu den unterschiedlichen Kategorien im Sinne einer verursachungsgerechten Abbildung ist jedoch bei fruchttragenden Pflanzen oftmals äußerst fraglich, zumal zwischen den unterschiedlichen Kategorien auch gegenseitige Einflüsse oder Überschneidungen bestehen können und bestimmte Eingriffe somit zwar primär einer bestimmten Kategorie, gleichzeitig allerdings auch einer anderen Kategorie, wenn auch in geringerem Maße, dienen können. Auch

---

1233 Dieser Zeitpunkt ist gleichzusetzen mit dem vorgestellten, aber abgelehnten Reifezeitpunkt c). Vgl. hierzu Abschnitt 522.12.

1234 Vgl. allgemein zu den pflanzenbezogenen nutzensteigernden und nutzenerhaltenden Aufwendungen DELOITTE TOUCHE TOHMATSU LIMITED (HRSG.), Comment letter ED/2013/8, S. 5.

1235 Vgl. hierzu in Bezug zu Ölpalmen FACULTY OF ACCOUNTANCY OF UNIVERSITI TEKNOLOGI MARA (HRSG.), Comment letter ED/2013/8, S. 2.

1236 Dennoch sind Nutzensteigerungen nicht ausgeschlossen.

1237 Vgl. zu den Wartungskosten des Sachanlagevermögens IAS 16.12.

1238 Vgl. in Bezug auf unfertige Pflanzen GRANT THORNTON (HRSG.), Comment letter ED/2013/8, S. 3.

1239 Vgl. ERNST & YOUNG GLOBAL LIMITED (HRSG.), Comment letter ED/2013/8, S. 6.

werden nicht immer alle Zuführungen von den Pflanzen aufgenommen, bspw. wenn ein Großteil des Wassers von künstlichen Bewässerungsanlagen im Boden versickert oder dem Boden zugeführter Mineraldünger nicht vollständig von den Pflanzen absorbiert werden. Unabhängig davon, ob diese Zielsetzung durch die zugeführten Mittel erfüllt wird oder nicht, sind diese daher der entsprechenden mit ihnen beabsichtigten Aufwandsart zuzurechnen, soweit es sich um Produktionsaufwendungen handelt. Für Aufwendungen, die den Nutzen der fruchttragenden Pflanzen erhöhen sollen, muss indes der Nutzen tatsächlich erhöht werden bzw. die Zielsetzung tatsächlich erfüllt werden, damit sie aktiviert werden können. Ein analoges Vorgehen findet sich bereits aktuell in IAS 16 beim Sachanlagevermögen, indem dieser festlegt, dass Kosten, die bei der Nutzung einer Sachanlage entstehen, nicht im Buchwert des Vermögenswertes zu erfassen sind[1240] und damit als Aufwand erfasst werden.

Letztlich werden die meisten Zuführungen, auch jene die lediglich für die wachsende Frucht gedacht sind, direkt von der Pflanze aufgenommen, durch diese weiterverarbeitet und erst dann ggf. zur Frucht weitergeleitet. Auch steht bei Pflanzen die natürliche Erhaltung der eigenen Pflanze in Notsituationen im Vordergrund, sodass bei einer existenzbedrohenden Situation wie bspw. einer extremen Dürre u. U. keine Früchte ausgebildet oder die bereits gebildeten Früchte nicht weiterentwickelt werden. Stattdessen stärkt sich die Pflanze mit den gesparten Ressourcen selbst. Insgesamt sollten aus den soeben genannten Gründen bei einer unsicheren Zuordenbarkeit der Aufwendungen für fruchttragende Pflanzen bzw. für deren Früchte die Aufwendungen tendenziell als Erhaltungsaufwand der Pflanze erfasst werden, soweit die biologische Transformation der Pflanze selbst noch nicht weitgehend abgeschlossen ist. Letztlich ist die Unterteilung der Zuführungen in die drei obengenannten Kategorien der pflanzlichen Nutzensteigerung, der pflanzlichen Erhaltung und der Nutzensteigerung der Frucht vom Gesamtergebnis her ab dem vorläufigen Abschluss der Transformation der furchttragenden Pflanze nämlich kaum noch relevant. Denn ab diesem Zeitpunkt sind die anfallenden materiellen Zuführungen i. d. R. lediglich erfolgswirksam zu erfassen, da sie fast ausschließlich aus Zuführungen für den Erhalt der Pflanze oder für die Früchte bestehen. Zu aktivierende, nutzensteigernde Aufwendungen bei ausgewachsenen Lebewesen fallen i. d. R. nicht mehr an. In Bezug auf das Nettoergebnis ist insofern die schwierige Differenzierung zwischen den beiden genannten erfolgswirksamen Aufwendungen von untergeordneter Bedeutung. Daher sollte bei einer unsicheren verursachungsgerechten Zuordnung der Aufwendungen der anfallende Aufwand aus Vereinfachungsgründen als Erhaltungsaufwand der Pflanze erfasst werden.

Oft ist somit lediglich in Einzelfällen eine direkte Zuordnung von Aufwendungen zu einer bestimmten Kategorie möglich. Dies ist bspw. bei Aufwendungen für spezielle Insektizide der Fall, die lediglich die Pflanze und nicht deren Früchte vor bestimmten Parasiten und Fressfeinden schützen. Damit erhalten diese Insektizide den Zustand der Pflanze und führen nicht zu einer Nutzenerhöhung, sodass die entsprechenden Aufwendungen Erhaltungsaufwendungen der fruchttragenden Pflanze sind. Insektizide, die dagegen direkt auf die Früchte aufgetragen werden und für deren Schutz bestimmt sind, sind erfolgswirksam zu erfassende Aufwendungen der Früchte. Aufwendungen für Wasser und Mineraldünger sind hingegen in fast allen Fällen wieder als Erhaltungsaufwendungen der fruchttragenden Pflanzen zu interpretieren. Oftmals ist zudem auch keine verlässliche Zuordnung der Aufwen-

[1240] Vgl. IAS 16.20.

dungen zwischen Pflanze und Frucht möglich, sodass die Anwendungen vollständig als Erhaltungsaufwendungen der Pflanze erfasst werden können.

Insgesamt ist die sachgerechte Verteilung der Kosten oftmals lediglich im Einzelfall möglich. Sie hängt vor allem von den individuellen Gegebenheiten bei den landwirtschaftlichen Betrieben und den spezifischen Umweltbedingungen bzw. den jeweiligen Einflüssen der exogenen Faktoren ab. Forderungen in den Kommentaren zum ED/2013/8, dass der Standardsetter allgemeine Vorgaben oder zumindest **Hinweise für eine angemessene Verteilung** der Kosten zwischen fruchttragenden Pflanzen und deren Früchten entwickeln sollte,[1241] können aufgrund des ähnlichen Inhaltes des ED/2013/8 und der finalen Änderungen „Agriculture: Bearer Plants" auf Letztere übertragen werden, sind jedoch, soweit sie über die in dieser Arbeit vorgeschlagenen Vereinfachung hinausgehen, kaum umsetzbar. Aufgrund der Vielfältigkeit der Pflanzenwelt ist es nämlich kaum zu realisieren, eine einheitliche, konkrete Allokationsmethode vorzugeben, die allen Besonderheiten der verschiedenen Pflanzenarten gerecht wird. Auch eine Kategorisierung der fruchttragenden Pflanzen dürfte aufgrund der Individualität der vielen einzelnen Sorten einer Pflanzenart kaum möglich sein.

Vielmehr kann es sinnvoll sein, Richtwerte für eine dezidiertere Kostenzurechnung bei weitverbreiteten Pflanzen mithilfe von regionalen bzw. länderspezifischen Institutionen, wie bspw. Landwirtschaftskammern oder Branchenverbänden, zu veröffentlichen, sodass auch regionale Unterschiede in der landwirtschaftlichen Tätigkeit angemessen berücksichtigt werden können. Diese könnten auf dafür dann noch durchzuführenden wissenschaftlichen Studien basieren, die bspw. die Verteilung einer bestimmten Ressource (bspw. Wasser) auf die drei oben vorgestellten Aufwandskategorien bei fruchttragenden Pflanzen untersuchen. Da die Kostenzurechnung vor allem vom speziellen Unternehmen bzw. dessen Ausübung der landwirtschaftlichen Tätigkeit abhängt, sollte den Unternehmen die endgültige Anpassung bzw. Entwicklung von vernünftigen und praktischen Rechnungen überlassen werden, um somit eine auf das **spezielle Geschäftsmodell** abgestimmte Implementierung des Anschaffungskostenmodells zu ermöglichen.[1242] Hierdurch werden den Unternehmen zwar Ermessensspielräume gewährt, jedoch kann zugleich die Relevanz der vermittelten Informationen erhöht werden.

Im Rahmen der Bewertung gibt es insbesondere bei Pflanzen noch die **Besonderheit**, dass zwar auf einer bestimmten Fläche zuerst viele Pflanzen oder viel Saatgut angepflanzt wird, sich die **Anzahl der Pflanzen** pro Flächeneinheit jedoch mit voranschreitendem Entwicklungsstadium **reduziert**. Diese Reduktion mag zum Teil unbeabsichtigt sein, wenn schwächere Pflanzen aus verschiedensten Gründen absterben, zum Teil aber auch beabsichtigt sein, wenn durch eine Ausdünnung des Bestandes bessere Produktionsbedingungen für die verbleibenden Pflanzen geschaffen werden und somit die Produktivität gesteigert werden kann.[1243] In diesem Zusammenhang ist auch zu bestimmen, welches Niveau an Schwundmenge bzw. Sterblichkeitsmenge als normal bezeichnet werden kann.[1244]

1241 Vgl. ähnlich ERNST & YOUNG GLOBAL LIMITED (HRSG.), Comment letter ED/2013/8, S. 7.

1242 Vgl. in Bezug auf unfertige Pflanzen GRANT THORNTON (HRSG.), Comment letter ED/2013/8, S. 3.

1243 Vgl. hierzu auch ERNST & YOUNG GLOBAL LIMITED (HRSG.), Comment letter ED/2013/8, S. 10.

1244 Vgl. IASB (HRSG.), Agriculture: Bearer Plants, S. 25, BC83 (a). Vgl. hierzu auch ERNST & YOUNG GLOBAL LIMITED (HRSG.), Comment letter ED/2013/8, S. 11.

Dies ist vor allem bedeutsam, wenn sich ein Unternehmen für eine aggregierte Bilanzierungseinheit, bspw. ein ganzes Feld, entscheidet. In diesem Fall kann bspw. bei einer erwarteten Schwundmenge von 51 % immer noch ein Vermögenswert angesetzt werden, da ein Nutzenzufluss trotzdem wahrscheinlich ist, während eine einzelne Pflanze bei einer Schwundquote von 51 % nicht anzusetzen ist, da sie das Wahrscheinlichkeitskriterium des Nutzenzuflusses nicht erfüllt. Bei fruchttragenden Pflanzen ist vom Bestehen einer bestimmten normalen Schwundquote auszugehen, die aus Sicht des IASB entsprechend dem Vorgehen beim Sachanlagevermögen unter Berücksichtigung der Erfordernisse des IAS 16 behandelt werden kann.[1245] So ähnelt insbesondere eine ungewollte Ausdünnung bei Pflanzen einem Szenario, bei dem ein Unternehmen zerbrechliche technische Geräte für die eigene Nutzung baut.[1246] Absichtliche Ausdünnungen zur Produktivitätssteigerung der verbleibenden Pflanzen sollten indes als Anschaffungskosten bzw. nachträgliche Anschaffungskosten der verbleibenden Pflanzen bilanziert werden, da sie zu einer Nutzensteigerung führen. Diese entsteht dadurch, dass Pflanzen vor einer Ausdünnung in ihrer Ausbreitung durch die nebenstehenden Pflanzen behindert werden können. Durch das Entfernen der schlechter entwickelten Pflanzen aus dem Bestand können die verbleibenden Pflanzen den neu entstehenden Platz für ihr Wachstum nutzen, sodass sie ein besseres Fruchterzeugnis erbringen können. Somit steigt c. p. der Wert der einzelnen Pflanze, während der Wert der ausgedünnten Pflanze erlischt. Dies ist jedoch lediglich insoweit relevant, als auch die einzelne Pflanze als Bilanzierungseinheit gewählt wurde. Im Regelfall dürfte beim Feldinventar bzw. bei der Plantagenbewirtschaftung der ganze Aufwuchs eines Feldes als Bilanzierungseinheit gewählt werden. In einem solchen Fall führen Ausdünnungen nicht zwangsläufig zu ausgewiesenen bilanziellen Wertsteigerungen, da die Nutzensteigerung der Ausdünnung den Aufwendungen für die Ausdünnung entgegensteht.

522.135. Komponentenansatz

Mit IAS 16 ist für komplexe Vermögenswerte die Anwendung des sogenannten **Komponentenansatzes** (*component approach*) möglich,[1247] wonach jedes Element einer Sachanlage, dessen Anschaffungs- oder Herstellungskosten im Vergleich zu den Anschaffungs- oder Herstellungskosten der gesamten Sachanlage von Bedeutung sind, als separater Posten planmäßig abgeschrieben werden soll.[1248] Für einzelne lebende Vermögenswerte, d. h. hier für eine einzelne lebende Pflanze, ist die Relevanz des Komponentenansatzes dabei fraglich, da Pflanzen eine natürliche Einheit bilden und sich ggf. abgrenzbare Pflanzenbestandteile, wie bspw. die Stämme bei Bäumen, i. d. R. nicht ohne Weiteres austauschen lassen, ohne den damit verbundenen Aufwand zu rechtfertigen oder der Lebensfähigkeit des Organismus zu schaden. Als zusammenhängender Organismus ist die Lebensdauer für alle eventuell abgrenzbaren Bestandteile einer Pflanze i. d. R. gleich. Für einzelne fruchttragende

---

1245 Vgl. IASB (Hrsg.), Agriculture: Bearer Plants, S. 25, BC83 (a) i. V. m. S. 26, BC84.

1246 Vgl. IASB (Hrsg.), Agriculture: Bearer Plants, S. 25, BC83 (a).

1247 Vgl. Baetge, J./Kirsch, H.-J./Thiele, S., Bilanzen, S. 306; Maas, J./Back, C./Singer, K., in: Buschhüter et al., Kommentar IFRS, IAS 16, Rn. 23.

1248 Vgl. IAS 16.43; Maas, J./Back, C./Singer, K., in: Buschhüter et al., Kommentar IFRS, IAS 16, Rn. 23; Mackenzie, B./Coetsee, D./Njikizana, T./Selbst, E./Chamboko, R./Colyvas, B./Hanekom, B., WILEY IFRS 2014, S. 157.

Pflanzen scheint daher der Komponentenansatz lediglich von geringer Bedeutung für die praktische Anwendung zu sein.

Anders sieht dies aber bei einer **höher aggregierten** Einheit von Pflanzen aus, bspw. soweit der Aufwuchs eines ganzen Feldes als Bilanzierungseinheit genutzt wird. Hier kann es je nach fruchttragender Pflanzenart durchaus der Fall sein, dass die Abbildung von Komponenten sinnvoll und erforderlich ist. So ist es z. T. wirtschaftlich sinnvoll, neben einer Hauptkultur Ergänzungskulturen auf einem Feld zu pflanzen, die auf die Entwicklung der Hauptkultur förderlich wirken. Dies ist bspw. bei sogenannten Schattenbäumen der Fall, die in Tee- und Kaffeeplantagen angepflanzt werden, um die Tee- und Kaffeepflanzen vor zu viel Sonneneinstrahlung zu schützen, indem sie für die Pflanzen ausreichend viel Schatten werfen.[1249] So können die Schattenbäume zwar auch als eigene Vermögenswerte betrachtet werden.[1250] Wird aber als Bilanzierungseinheit nicht die einzelne Pflanze, sondern die Plantage oder das Feld als Ganzes gewählt, stellen die Schattenbäume potenziell eine Komponente dar.[1251] Sie haben oftmals eine im Vergleich zur Hauptkultur unterschiedliche individuelle Nutzungsdauer und einen individuellen Nutzungsverlauf und erfüllen damit die Kriterien einer Komponente.[1252] Letztlich gilt es aber auch im Einzelfall zu entscheiden, inwiefern die Anschaffungskosten der Schattenbäume wesentlich zu denen der Hauptkultur sind.[1253] [1254]

Ein anderes Beispiel für Komponenten außerhalb der lebendigen Vermögenswerte sind Rankstäbe, -gestelle oder sonstige Installationen, die das Wachstum der Hauptkultur auf eine bestimmte Art und Weise fördern oder die fruchttragenden Pflanzen stabilisieren, wie dies bspw. im Weinbau der Fall sein kann. Mit fortschreitender Entwicklung der fruchttragenden Pflanze sind solche Rankinstallationen dann z. T. anzupassen bzw. auszutauschen. Selbstverständlich kann ein Ersatz auch altersbedingt verursacht sein. Andere als Komponenten interpretierbare Vermögenswerte für fruchttragende Pflanzen sind Schutzfolien gegen Wettereinflüsse oder Netze zum Schutz vor Fressfeinden. Letztlich ist also insbesondere bei einer aggregierten Bilanzierungseinheit wie bspw. bei Feldern oder Plantagen potenziell die Anwendung des Komponentenansatzes ähnlich wie beim Sachanlagevermögen.

522.2 Bewertung von wachsenden Früchten

Für die an fruchttragenden Pflanzen **wachsenden Früchte** sind künftig nicht die Bewertungsvorschriften des IAS 41 für landwirtschaftliche Erzeugnisse zum Erntezeitpunkt, sondern die Regelun-

---

1249 Vgl. zur Funktion der Schattenbäume THE INSTITUTE OF CHARTERED ACCOUNTANTS OF INDIA (HRSG.), Comment letter ED/2013/8, S. 2.

1250 Vgl. hierzu THE INSTITUTE OF CHARTERED ACCOUNTANTS OF INDIA (HRSG.), Comment letter ED/2013/8, S. 3.

1251 Vgl. hierzu auch THE INSTITUTE OF CHARTERED ACCOUNTANTS OF INDIA (HRSG.), Comment letter ED/2013/8, S. 3.

1252 Vgl. zu den Kriterien HAGEMEISTER, C., Bilanzierung von Sachanlagevermögen, S. 3; Abschnitt 512.44.

1253 Vgl. hierzu IAS 16.43.

1254 Zudem sind Besonderheiten insofern zu betrachten, als die Lebensdauer einer Ergänzungskultur die Lebensdauer der Hauptkultur überdauern kann, wie dies bspw. bei Schattenbäumen und Kaffeepflanzen der Fall ist. Zum Teil kann zudem der Austausch von Schattenbäumen komplizierter sein als bspw. der Austausch einer Sitzgruppe im Flugzeug, da die Schattenbäume oftmals ebenfalls einen Transformationsprozess bewältigen müssen. Dies ist auch der Fall, wenn sie nicht bereits als Aussaat eingepflanzt werden, sondern sich bei ihrer Anpflanzung in einem wesentlich weiteren Entwicklungsstadium befinden und zumindest noch „anwachsen“ müssen.

gen für biologische Vermögenswerte relevant.[1255] Dies ist insoweit verständlich, als sich IAS 41 hinsichtlich landwirtschaftlicher Erzeugnisse lediglich auf die geernteten Produktionsergebnisse der biologischen Vermögenswerte bezieht[1256] und deren Bewertung an den Zeitpunkt der Ernte knüpft[1257]. Die noch an der fruchttragenden Pflanze wachsenden Früchte erfüllen das Kriterium der Ernte allerdings noch nicht. Stattdessen weisen sie starke Ähnlichkeiten zu biologischen Vermögenswerten auf,[1258] da sie sich noch in einer biologischen Transformation befinden und potenziell Leben aufweisen[1259].

Der Standardsetter beschloss daher, dass die Regelungen, die sich in IAS 41 auf biologische Vermögenswerte beziehen, künftig analog auf die wachsenden Früchte vor ihrem Erntezeitpunkt anzuwenden sind.[1260] Daraus folgt die grundsätzliche Bewertung der wachsenden Früchte zum beizulegenden Zeitwert abzüglich Veräußerungskosten, welche indes aus verschiedenen Gründen **kritisch** zu sehen ist. Insgesamt scheint jedoch die Einschätzung des IASB, dass die Bewertung zum beizulegenden Zeitwert abzüglich Veräußerungskosten bei wachsenden Früchten manchmal in der Praxis schwierig sein mag,[1261] die Intensität der Probleme bei der Bewertung wachsender Früchte zu untertreiben.[1262] So sind zwar für viele geerntete pflanzliche landwirtschaftliche Erzeugnisse marktorientierte Preise ermittelbar,[1263] ein aktiver Markt für Früchte, die den Erntestatus noch nicht erreicht haben, existiert jedoch i. d. R. nicht[1264]. Hiervon sind vor allem Entwicklungsländer oder angehende Industriestaaten

---

1255 Vgl. dazu IASB (Hrsg.), Agriculture: Bearer Plants, S. 11, IAS 41.5C. Jedoch ist festzustellen, dass sich die Neuregelungen „Agriculture: Bearer Plants" nicht explizit auf die Bilanzierung von an fruchttragenden Pflanzen wachsenden Früchten beziehen. Vgl. Ernst & Young Global Limited (Hrsg.), Comment letter ED/2013/8, S. 13.

1256 Vgl. IAS 41.5.

1257 Vgl. IAS 41.13.

1258 Die an einer fruchttragenden Pflanze wachsenden Früchte werden vom IASB sogar als konsumierbare, biologische Vermögenswerte gesehen. Vgl. IASB (Hrsg.), Agriculture: Bearer Plants, S. 23, BC74. Diese Beurteilung ist jedoch nicht uneingeschränkt zu teilen, da unter einer wachsenden Frucht nicht notwendigerweise gleich auch eine lebende Pflanze verstanden werden muss. Vgl. hierzu auch M.P.Evans Group PLC (Hrsg.), Comment letter ED/2013/8, S. 1. Laut Definition des Standardsetters ist ein biologischer Vermögenswert aber entweder ein lebendes Tier oder eben eine lebende Pflanze. Vgl. IAS 41.5. Neben der Zugehörigkeit zu biologischen Vermögenswerten kann bei wachsenden Früchten auch die vom IASB unterstellte Konsumierbarkeit insofern infrage gestellt werden, als an einer Pflanze wachsendes Saatgut später selbst als tragende Pflanze genutzt werden soll. Vgl. zu dieser Problematik BAYER AG/KWS SAAT AG/Syngenta International AG (Hrsg.), Comment letter ED/2013/8, S. 2 f. Letztlich wäre jedoch für die Zuordnung der an einer fruchttragenden Pflanze wachsenden Früchte in konsumierbare oder tragende Vermögenswerte auf die mit der wachsenden Frucht verbundene konkrete Nutzungsabsicht des Unternehmens abzustellen.

1259 Vgl. hierzu allgemein Abschnitt 421.31.

1260 Vgl. hierzu IASB (Hrsg.), Agriculture: Bearer Plants, S. 11, IAS 41.5C.

1261 Vgl. IASB (Hrsg.), Agriculture: Bearer Plants, S. 24, BC76. Der IASB erkennt die Probleme, entschloss sich jedoch aufgrund der Zielsetzung des begrenzten Projektes, die Änderung des IAS 41 hinsichtlich der Bilanzierung von tragenden biologischen Vermögenswerten, die Ausnahmen von der Bewertung zum beizulegenden Zeitwert nach IAS 41 nicht im Rahmen des aktuellen Projektes zu diskutieren. Vgl. IASB (Hrsg.), Agriculture: Bearer Plants, S. 24, BC76.

1262 Vgl. zur Bewertungsproblematik auch R.E.A. Holdings PLC (Hrsg.), Comment letter ED/2013/8, S. 1.

1263 Vgl. hierzu insbesondere Abschnitt 422.4.

1264 An dieser Stelle sei nochmals betont, dass es hierbei um den erntefähigen Zustand (vgl. IAS 41.45) und nicht zwangsläufig um die Reife im Sinne der Verzehrbarkeit geht. Der erntefähige Zustand bzw. die Reife im Sinne des IAS 41 kann sich nämlich vom allgemeinen Begriff der Reife im Sinne einer fertigen, z. B. verzehrbaren Frucht unterscheiden. So gibt es viele Früchte, die bspw. aufgrund langer Transportwege zu ihren Absatzmärkten vor ihrer eigentlichen (Verzehr-)Reife geerntet werden und die anschließend während des Transports künstlich reifen, sodass

betroffen, da in solchen Volkswirtschaften aufgrund z. T. stark ausgeprägter Marktunvollständigkeiten und -intransparenzen die Ermittlung verlässlicher, marktorientierter Informationen für die verschiedenen Entwicklungsstufen wachsender Früchte äußerst schwierig ist.[1265]

Aus der Sicht der bilanzierenden Unternehmen kann angenommen werden, dass die theoretische Möglichkeit der Ermittlung eines beizulegenden Zeitwertes bei wachsenden Früchten und die damit einhergehenden praktischen Schwierigkeiten damit **umgangen** werden können, dass die Unternehmen ihre Berichtsperiode mit dem Erntezyklus abstimmen.[1266] Dies führt dazu, dass sie am Bewertungsstichtag keine wachsenden Früchte mehr zu bewerten haben, weil sie die Früchte kurz vor oder zur Zeit des Bewertungsstichtages geerntet haben.[1267] Dies ist jedoch lediglich bei Unternehmen, die tragende Bodenpflanzen mit unterjähriger Ernte und tragende Pflanzen, die nicht stetig wachsende Früchte bilden, zu erwarten. [1268] Unternehmen mit stetig Frucht abwerfenden Pflanzen können indes keinen Gebrauch von dieser faktischen Umgehung der Ermittlung des beizulegenden Zeitwertes für wachsende Früchte machen.[1269] Ähnliches gilt für Unternehmen, die fruchttragende Pflanzen anbauen, deren Erntezyklus ein Jahr überschreitet.

Der Standardsetter argumentiert für die Bewertung wachsender Früchte nach zum beizulegenden Zeitwert abzüglich Veräußerungskosten, dass das Wachstum der Früchte an tragenden Pflanzen unmittelbar die erwarteten Einkünfte aus dem Verkauf der Erzeugnisse steigert.[1270] Dabei sollte indes berücksichtigt werden, dass bilanziell noch nicht reife Früchte i. d. R. nicht auf Märkten veräußerbar sind. Während bspw. Teile einer Maschine ersetzt und in anderen Maschinen genutzt und weiterverarbeitet werden können, ist so etwas bei wachsenden Früchten an einer fruchttragenden Pflanze i. d. R. nicht der Fall, denn diese sind mit ihren Mutterpflanzen biologisch und wirtschaftlich bis zur Ernte verbunden.[1271] Wird eine Frucht vor ihrer (bilanziellen) Reife geerntet, ist es oftmals unwahrscheinlich, dass mit der unreifen Frucht der Zufluss wirtschaftlichen Nutzens verbunden ist,[1272] insbesondere wenn sich die Frucht in einem frühen Entwicklungsstadium befindet und statt Erträgen aus der Ernte aufgrund der Unreife der Frucht Entsorgungskosten anfallen.

Vor dem Hintergrund der Intention einer Erhöhung der Genauigkeit der in der Bilanz abgebildeten Werte durch den beizulegenden Zeitwert abzüglich der Veräußerungskosten bei wachsenden Früchten ist auch die Gefahr einer **fehlerhaften Genauigkeit** zu berücksichtigen.[1273] So kommt es zu einer

---

sie bei der Veräußerung über ihren Absatzmarkt ihren eigentlichen Reifestatus erreicht haben. Dies ist bspw. häufig bei Bananen aus Mittel- oder Südamerika der Fall, die letztlich als Nahrung für europäische Endkonsumenten gedacht sind. Sind die Ernteregion und die Absatzregion indes nicht weit voneinander entfernt oder entsprechen sich die beiden Regionen sogar, ist die Reife im bilanziellen Sinne bei vielen Vermögenswerten mit der Reife im Sinne der Verzehrbarkeit identisch.

1265 Vgl. ähnlich CHINA ACCOUNTING STANDARDS COMMITTEE (HRSG.), Comment letter ED/2013/8, S. 5.

1266 Vgl. SIPEF NV (HRSG.), Comment letter ED/2013/8, S. 2.

1267 Vgl. SIPEF NV (HRSG.), Comment letter ED/2013/8, S. 2.

1268 Vgl. SIPEF NV (HRSG.), Comment letter ED/2013/8, S. 2.

1269 Vgl. SIPEF NV (HRSG.), Comment letter ED/2013/8, S. 2.

1270 Vgl. IASB (HRSG.), Agriculture: Bearer Plants, S. 23, BC74.

1271 Vgl. ERNST & YOUNG GLOBAL LIMITED (HRSG.), Comment letter ED/2013/8, S. 9.

1272 Vgl. ERNST & YOUNG GLOBAL LIMITED (HRSG.), Comment letter ED/2013/8, S. 9.

1273 Vgl. JARDINE MATHESON LIMITED (HRSG.), Comment letter ED/2013/8, S. 1.

Scheingenauigkeit, wenn über formeltechnische Anpassungen theoretische Wertansätze geschaffen werden, diese indes realitätsfern sind und große Differenzen zu den später tatsächlich resultierenden Werten aufweisen.[1274] Darüber hinaus sind die formeltechnischen Anpassungen häufig mit subjektiven Ermessensspielräumen behaftet[1275] und können die Richtigkeit und Objektivität von Information reduzieren. Zwar ist durch die Ermittlung eines beizulegenden Zeitwertes auf der dritten Stufe nach IFRS 13 noch eine entscheidungsnützliche Darstellung möglich, jedoch ist diese den Ermittlungsformen auf den anderen Stufen auch in der Entscheidungsnützlichkeit nachrangig.[1276] Bezüglich der Scheingenauigkeit ist es daher für den Adressaten entscheidungsnützlich, auf die Unsicherheiten angemessen im Anhang hinzuweisen sowie ggf. weitere Szenarien, wie zusätzlich ein Positiv- sowie ein Negativ-Szenario, aufzuzeigen.

Zudem kann der Wertansatz der getrennt von den fruchttragenden Pflanzen bilanzierten wachsenden Früchte noch über den gemeinsamen beizulegenden Zeitwert von Frucht und Pflanze als Ganzes bestimmt werden, indem der beizulegende Zeitwert auf die beiden Elemente **verteilt** wird.[1277] Dabei könnte ähnlich wie bisher in IAS 41 vom Wert des kombinierten Vermögenswertes[1278] der Wert der fruchttragenden Pflanzen abgezogen werden. Indes würde dies in der Praxis häufig mit Problemen behaftet sein, da für fruchttragende Pflanzen oftmals kein verlässlicher beizulegender Zeitwert ermittelbar ist.[1279]

Letztlich kann die Bewertung von an fruchttragenden Pflanzen wachsenden Früchten auch über die wirtschaftliche Funktion der fruchttragenden Pflanzen diskutiert werden. In Analogie zur Ähnlichkeit der fruchttragenden Pflanzen mit dem Sachanlagevermögen haben wachsende Früchte grundsätzlich die Funktion von *work in progress* nach IAS 2 *Vorräte*,[1280] indem sie sich als Vermögenswerte im Herstellungsprozess für einen Verkauf im normalen Geschäftsbetrieb befinden[1281]. Aus diesem Grund erscheint es logisch und **konsistent**, bei einer Bewertung von fruchttragenden Pflanzen nach IAS 16 auch deren Produkte in Erzeugung analog nach IAS 2 zu bilanzieren.[1282]

IAS 2 verlangt keine Bewertung von Vorräten zum beizulegenden Zeitwert abzüglich der Veräußerungskosten, sondern sieht die Bewertung von Vorräten zum niedrigeren Wert aus den Anschaffungs- oder Herstellungskosten und dem Nettoveräußerungswert vor[1283]. Letzterer stellt dabei den vom bilanzierenden Unternehmen aus der unternehmensspezifischen Sicht geschätzten Betrag dar, der sich aus dem im normalen Geschäftsbetrieb erzielbaren Verkaufserlös des Vermögenswertes abzüglich

1274 Vgl. ähnlich R.E.A. Holdings PLC (Hrsg.), Comment letter ED/2013/8, S. 2.
1275 Vgl. R.E.A. Holdings PLC (Hrsg.), Comment letter ED/2013/8, S. 3.
1276 Vgl. für detaillierte Informationen Abschnitt 414.23.
1277 Vgl. Ernst & Young Global Limited (Hrsg.), Comment letter ED/2013/8, S. 10. Dass die fruchttragenden Pflanzen dabei nach den Neuregelungen „Agriculture: Bearer Plants“ und damit nach IAS 16.15 bzw. IAS 16.29 letztlich auch zu den fortgeführten Anschaffungs- oder Herstellungskosten bilanziert werden müssen bzw. können, ist dabei unerheblich.
1278 Vgl. IAS 41.25 zu den kombinierten Vermögenswerten aus Pflanzen und Grundstücken.
1279 Vgl. Abschnitt 421.5 und dabei insbesondere Abschnitte 422.4, 422.5 und 422.6.
1280 Vgl. SEBI (Hrsg.), Comment letter ED/2013/8, S. 2.
1281 Vgl. zur Definition IAS 2.6.
1282 Vgl. zur ähnlichen Kritik auch St. Clair-George, M. A., Comment letter ED/2013/8, S. 2.
1283 Vgl. IAS 2.9.

der bis zur Fertigstellung anfallenden Kosten und der erforderlichen Vertriebskosten ergibt.[1284] Im Gegensatz zum beizulegenden Zeitwert nach IFRS 13 wird also der Wertansatz nicht originär aus der Perspektive einer gegenwärtigen Veräußerung des Vermögenswertes, sondern aus der Perspektive der künftigen Veräußerung abgeleitet. Insgesamt ist die Bewertung auf Basis des Nettoveräußerungswertes einerseits mit höheren Ermessensspielräumen seitens des bilanzierenden Unternehmens verbunden, die damit stärker bilanzpolitische Maßnahmen zulassen und somit die glaubwürdige Darstellung der Informationen schwächen. Andererseits können durch die Bewertung zum Nettoveräußerungswert jedoch auch relevantere Werte vermittelt werden, indem damit die Gegebenheiten des jeweiligen Unternehmens aus der Sicht des Managements und keine ggf. entfremdende Marktperspektive wiedergegeben wird. Vor allem hinsichtlich der Rechenschaftsfunktion bezüglich des Kostenanfalls sind hierdurch Vorteile zum beizulegenden Zeitwert zu sehen.

Insgesamt käme es bei der Bewertungskonzeption des IAS 2 bei wachsenden Früchten aber z. T. zu **praktischen Umsetzungsproblemen**. So ist die Anwendung des **Anschaffungskostenmodells** für wachsende Früchte unmittelbar mit der Anwendung des Anschaffungskostenmodells für fruchttragende Pflanzen verbunden, da es bei den Aufwendungen zwischen Aufwendungen für die Erhaltung oder Nutzensteigerung der fruchttragenden Pflanzen und Aufwendungen für die wachsende Frucht zu differenzieren gilt.[1285] Somit existieren die bei fruchttragenden Pflanzen bezüglich des Anschaffungskostenmodells angesprochenen Probleme auch bei den wachsenden Früchten. Die Bewertung der wachsenden Früchte auf Basis des Anschaffungskostenmodells ist damit mit großen Schätzunsicherheiten und mit Ermessensspielräumen für die bilanzierenden Unternehmen verbunden,[1286] sodass auch aus Gründen der glaubwürdigen Darstellung bzw. der Verlässlichkeit nicht vollends für den Wertansatz der Anschaffungs- oder Herstellungskosten für wachsende Früchte plädiert werden kann.

Letztlich ist die Bewertung der wachsenden Früchte zu den Anschaffungs- oder Herstellungskosten aber auch konzeptionell hinsichtlich der Relevanz zu hinterfragen. So wird durch eine solche Bewertung die biologische Transformation bzw. das Wachstum der Früchte nicht abgebildet, sodass hierdurch dem Bilanzadressaten entscheidungsnützliche Informationen vorenthalten werden. Dazu ist zu berücksichtigen, dass bei den fruchttragenden Pflanzen aufgrund der Nutzung freier Güter, wie bspw. Luft und Regenwasser, nach der Anpflanzung der fruchttragenden Pflanze z. T. kaum noch Aufwendungen anfallen und damit oftmals lediglich die Abschreibungen der fruchttragenden Pflanzen auf die Früchte umzurechnen sind. Hiermit liegt ein bedeutender konzeptioneller Unterschied zur industriellen Fertigung vor, an die sich IAS 2 vor allem richtet und in der regelmäßig umfangreiche Direktkosten für die Produktionserzeugnisse erforderlich sind. Diese Kosten sind vor allem Anschaffungskosten für unfertige Erzeugnisse oder Rohmaterialien. Vor dem Hintergrund, dass dies bei der biolo-

---

1284 Vgl. IAS 2.6 f. Ein Unterschied zum beizulegenden Zeitwert liegt in der unternehmensspezifischen Sichtweise bei der Schätzung des Betrages (vgl. RIESE, J., in: Bohl et al., Beck'sches IFRS Handbuch, § 8, Rn. 8), sodass beide Wertansätze nicht immer identisch sind bzw. sein müssen. Vgl. IAS 2.7. Wie der beizulegende Zeitwert auch, ist bei der Ermittlung des Nettoveräußerungspreises aber auch eine Absatzmarktorientierung vorgesehen. Vgl. JACOBS, O. H./SCHMITT, G. A., in: Baetge et al., Rechnungslegung nach IFRS, IAS 2, Rn. 95; RIESE, J., in: Bohl et al., Beck'sches IFRS Handbuch, § 8, Rn. 8 und 92.

1285 Vgl. hierzu auch Abschnitt 522.134.

1286 Vgl. in Bezug auf unfertige Pflanzen GRANT THORNTON (HRSG.), Comment letter ED/2013/8, S. 3.

gischen Transformation bzw. Fruchtproduktion bei fruchttragenden Pflanzen oftmals wegfällt, sind die wachsenden Früchte nicht als übliches Vorratsvermögen anzusehen. Letztlich würden die wachsenden Früchte durch die Bewertung auf Basis des Anschaffungskostenmodells regelmäßig c. p. im Vergleich zum industriellen Vorratsvermögen unterbewertet.

Dies ist bei einer Bewertung der Vermögenswerte zum **Nettoveräußerungswert** anders. Dieser basiert nicht auf dem aktuellen Verkaufspreis, d. h. auf dem gegenwärtigen Marktpreis des Vermögenswertes in seinem gegenwärtigen Zustand, sondern auf dem Verkaufserlös des Fertigerzeugnisses.[1287] Dabei können auch die festgelegten Preise aus individuell gestalteten Lieferverträgen als Veräußerungserlös des Fertigungserzeugnisses dienen.[1288] Auch die Preise bspw. an Warenterminbörsen können als Grundlage zur Wertermittlung dienen. Insgesamt würde mit der Berücksichtigung des künftigen Verkaufserlöses des Fertigerzeugnisses bzw. des reifen landwirtschaftlichen Erzeugnisses der Bewertung von wachsenden Früchten insofern entgegengekommen werden, als für deren gegenwärtigen unreifen Zustand oftmals kein marktorientierter beizulegender Zeitwert ermittelbar ist, jedoch regelmäßig für fertige landwirtschaftliche Erzeugnisse[1289]. Wie bereits in diesem Kapitel angedeutet, ist ein gegenwärtiger Marktpreis von wachsenden Früchten in einer frühen, unreifen Entwicklungsstufe oftmals nicht gegeben bzw. unwesentlich, da diese Früchte sowohl als unfertige Erzeugnisse als auch als Rohstoffe häufig kaum einen Wert besitzen.[1290] Zudem würde die Bewertung der wachsenden Früchte auf Basis ihres gegenwärtigen Zustandes bei einer stets absatzmarktorientierten, stichtagsbezogenen Wertermittlung keine sachgerechten Ergebnisse vermitteln, wenn bezüglich der wachsenden Früchte generell oder in ihrem aktuellen Zustand keine Veräußerungsabsicht[1291] besteht.[1292]

Letztlich tritt bei der Bestimmung des Nettoveräußerungspreises aber die **gleiche Problematik** auf, wie es bereits bei den Anschaffungskosten der Fall war. So müssen neben den Vertriebskosten auch die bis zur Fertigstellung der Frucht anfallenden Kosten vom (Brutto-)Veräußerungspreis abgezogen werden. Wie bereits erläutert, ist jedoch die korrekte Kostenaufteilung auf die Frucht und auf die fruchttragende Pflanze von besonderer Schwierigkeit. Dennoch wäre die Intensität des Problems insofern nicht so groß wie bei den fruchttragenden Pflanzen, als die noch anfallenden Anschaffungs- und Herstellungskosten mit zunehmender Fruchtentwicklung weniger werden, da die Kosten im Zeitablauf bereits angefallen sind und die angefallenen Kosten den Bruttoveräußerungspreis nicht reduzieren. Insgesamt wäre auch eine ggf. schwer zu ermittelnde verursachungsgerechte Zuordnung der

---

[1287] Vgl. JACOBS, O. H./SCHMITT, G. A., in: Baetge et al., Rechnungslegung nach IFRS, IAS 2, Rn. 26.

[1288] Vgl. IAS 2.31.

[1289] Vgl. hierzu Abschnitt 422.4.

[1290] Vgl. ähnlich und allgemein für Vermögenswerte JACOBS, O. H./SCHMITT, G. A., in: Baetge et al., Rechnungslegung nach IFRS, IAS 2, Rn. 26.

[1291] Dies dürfte bei unreifen Früchten i. d. R. der Fall sein. Der Transformationsprozess von Früchten dauert bei Pflanzen oftmals mehrere Monate. Zudem handelt es sich dabei i. d. R. um einen einstufigen, durchgängigen Produktionsprozess, an dessen Ende die fertigen, reifen Früchte stehen. Die Früchte selbst stellen zwischenzeitlich i. d. R. keine veräußerbaren Zwischenprodukte dar und eine vorzeitige Veräußerung bzw. der vorzeitige Absatz der Vermögenswerte kann lediglich durch eine vorgezogene Ernte bzw. durch einen Abbruch der Produktion erwirkt werden. Auch hierdurch wird insgesamt deutlich, dass die Veräußerungsperspektive bei den wachsenden Früchten oftmals von geringerer Relevanz ist.

[1292] Vgl. allgemein für Vermögenswerte JACOBS, O. H./SCHMITT, G. A., in: Baetge et al., Rechnungslegung nach IFRS, IAS 2, Rn. 96.

Anschaffungskosten auf die wachsenden Früchte mit den Regelungen des IAS 2 tendenziell vereinbar, da der Standardsetter bei den in den Nettoveräußerungspreis einfließenden Parametern explizit von Schätzungen ausgeht[1293] und den Unternehmen durch die unternehmensspezifische Wertbestimmung Bewertungsspielräume lässt. Zudem fußt die Bewertung im Vergleich zum beizulegenden Zeitwert tendenziell eher auf nicht beobachtbaren Parametern. Insgesamt greift für die bewertenden Unternehmen dennoch die Nebenbedingung, dass die zu veröffentlichenden Informationen auf einem ausreichenden Sicherheitsniveau basieren müssen, um für die Adressaten relevant zu sein.[1294]

Insgesamt ist jedoch bei der Anwendung von Nettoveräußerungswerten – ähnlich wie zuvor bei den Anschaffungs- oder Herstellungskosten – für wachsende Früchte zu berücksichtigen, dass bei den fruchttragenden Pflanzen nach der Anpflanzung z. T. kaum noch Aufwendungen und damit geringe Aufwendungen für die Herleitung des Wertansatzes einzubeziehen sind. Im Gegensatz zur Bewertung der wachsenden Früchte mit den Anschaffungs- oder Herstellungskosten würde eine Bewertung zum Nettoveräußerungswert c. p. zu einem erhöhten Wertansatz und damit zu einer früheren Erfolgsrealisation als bei Produkten der industriellen Fertigung führen, da vom späteren Veräußerungspreis weniger Kosten abzuziehen sind. Im Ergebnis bildet der Wertansatz zum Nettoveräußerungspreis aber ebenfalls die biologische Transformation der Früchte nicht ab und vermittelt damit nur eingeschränkt entscheidungsnützliche Informationen.

1293 Vgl. hierzu IAS 2.6.
1294 Vgl. CF.QC16; Abschnitt 313.22.

6 Empfehlung eines Bewertungskonzeptes für die sachgerechte Erfolgsdarstellung von landwirtschaftlichen Transformationsprozessen nach IFRS

61 Einführung zur Problematik der Bewertung des landwirtschaftlichen Vermögens nach IAS 41 und den Regelungsänderungen „Agriculture: Bearer Plants"

Nach dem ursprünglichen IAS 41 sind sämtliche biologische Vermögenswerte grundsätzlich auf Basis des beizulegenden Zeitwertes zu bewerten,[1295] während die Änderungen „Agriculture: Bearer Plants" für fruchttragende Pflanzen eine Bewertung nach den fortgeführten Anschaffungs- oder Herstellungskosten bzw. dem Neubewertungsmodell nach IAS 16 und damit für die Bewertung biologischer Vermögenswerte insgesamt ein *mixed model* vorsehen.[1296] Es ist zu hinterfragen, ob die umfassende Bewertung biologischer Vermögenswerte auf Basis des Fair Value aus konzeptioneller Sicht geeignet ist. Sofern dies nicht der Fall ist, soll für ein gemischtes Bewertungsmodell geprüft werden, welche Bewertungsmaßstäbe für welche biologischen Vermögenswerte und aus welchem Grund anzuwenden sind.

Wie bereits angesprochen, erscheint der Bewertungsmaßstab des IAS 41 für biologische Vermögenswerte z. T. **nicht konsistent** zu den Bewertungsregelungen wirtschaftlich ähnlicher Sachverhalte, wie z. B. für das den tragenden biologischen Vermögenswerten funktional ähnliche Sachanlagevermögen. Letztlich sind die Bewertungsvorschriften des IAS 41 nämlich auf die biologische Form der Vermögenswerte und nicht auf die wirtschaftliche Substanz oder die Funktion der Vermögenswerte ausgerichtet.[1297] Dies führt zu einem Verstoß gegen den Grundsatz der Vergleichbarkeit. Denn mit der Bewertung sowohl der konsumierbaren als auch der tragenden biologischen Vermögenswerte auf Basis des beizulegenden Zeitwertes und damit zum gleichen Bewertungsmaßstab werden wirtschaftlich unterschiedliche Sachverhalte identisch behandelt.[1298] Die Entscheidungsnützlichkeit von Finanzinformationen über biologische Vermögenswerte ist aber tendenziell höher, wenn die biologischen Vermögenswerte konsistent zu ihrer wirtschaftlichen Nutzung bewertet werden.[1299]

Insgesamt gehen diesbezüglich zumindest die Neuregelungen „Agriculture: Bearer Plants" inhaltlich in eine differenzierende Richtung, da sie für einen Teil der tragenden Vermögenswerte die Bilanzierung nach dem Anschaffungskostenmodel des IAS 16 vorsehen. Jedoch ist die durch die Beschränkung der Neuregelungen auf Pflanzenvermögen vorgenommene Differenzierung zwischen pflanzlichen und tierischen tragenden Vermögenswerten und damit die weitere Orientierung bei der Bilanzierung nach der biologischen Art der Vermögenswerte zu kritisieren. Auch die Neuregelungen sind damit konzeptionell nicht nachvollziehbar und in Bezug auf die Regelungen nach IAS 41 inkonsis-

---

1295 Vgl. IAS 41.12.

1296 Vgl. IAS 16.29; Abschnitt 512.41.

1297 Vgl. MILNE, J., Comment letter ED/2013/8, S. 7. Dies gilt nicht nur für die tragenden biologischen Vermögenswerte, sondern für die biologischen Vermögenswerte allgemein. Diese werden letztlich wie Sondersachverhalte neben den nicht-biologischen Vermögenswerten behandelt.

1298 Vgl. zu den Anforderungen des Vergleichbarkeitsgrundsatz Abschnitt 313.31.

1299 Vgl. HUFFMAN, A., Decision-useful asset measurement and asset use, S. 21; HUFFMAN, A., Comment letter ED/2013/8, S. 1 f.

tent.[1300] Unabhängig von der Zuordnung zum Pflanzen- oder Tiervermögen sind die mit tragenden biologischen Vermögenswerten verbundenen Geschäftsmodelle nämlich wirtschaftlich ähnlich.[1301] Sowohl beim Pflanzen- als auch beim Tiervermögen findet bei den fruchttragenden Vermögenswerten im ausgewachsenen Zustand keine wesentliche biologische Transformation mehr statt, und die Produktion von Erzeugnissen wird angestrebt, um diese zu veräußern[1302] oder selbst im eigenen Betrieb einzusetzen. Durch die Regelungsänderungen „Agriculture: Bearer Plants" werden somit wirtschaftlich ähnliche Sachverhalte unterschiedlich bilanziert, sodass die Vergleichbarkeit der Finanzinformationen eingeschränkt wird.[1303]

Aus konzeptioneller Sicht sollten tierische tragende Vermögenswerte ebenfalls in den Anwendungsbereich der Regelungsänderungen fallen und ähnlich wie pflanzliche tragende Vermögenswerte bilanziert werden.[1304] Der **Anwendungsbereich** der Neuregelungen „Agriculture: Bearer Plants" ist somit **zu klein.**[1305] Letztlich ist für die konzeptionellen Mängel des Anwendungsbereiches der Neuregelungen auch nicht relevant, dass liquide Märkte für Tiervermögen oftmals existieren und somit der beizulegende Zeitwert für Tiere häufig ermittelbar ist.[1306] Zudem ist in diesem Zusammenhang nicht bedeutsam, dass es oftmals auch eine alternative Nutzungsmöglichkeit der Tiere als konsumierbare Vermögenswerte gibt oder die Bewertung auf Basis des Anschaffungskostenmodells als Alternative zum beizulegenden Zeitwert bei Tieren häufig sehr komplex ist.[1307] Denn obwohl diese Faktoren die praktische Umsetzung einer Bewertung auf Basis des beizulegenden Zeitwertes begünstigen und veranschaulichen, dass eine solche Bewertung beim Tiervermögen gut möglich bzw. durchführbar wäre, sind sie keine konzeptionellen Argumente und stellen nicht auf den wirtschaftlichen Charakter der abzubildenden Sachverhalte ab.

Insgesamt könnte sich bei der Unterscheidung der der Vermögenswerte bzw. bei deren Bewertung an eine bereits zuvor in der Literatur vorgeschlagene Differenzierung orientiert werden, wonach zwischen Vermögenswerten zur Generierung eines *value-in-exchange* und Vermögenswerten zur Generierung eines *value-in-use* unterschieden wird[1308]. Von **Value-in-Exchange-Vermögenswerten** wird eine Ertragsrealisation durch einen Tausch mit Geld oder anderen wirtschaftlichen Vermögenswerten auf Stand-alone-Basis erwartet, während **Value-in-Use-Vermögenswerte** dazu bestimmt sind, Wert

1300 Vgl. ähnlich MILNE, J., Comment letter ED/2013/8, S. 7 und S. 11.

1301 Vgl. ICAEW (HRSG.), Comment letter ED/2013/8, S. 2, EFRAG (HRSG.), Comment letter ED/2013/8, S. 2. Vgl. ähnlich auch DRSC E.V. (HRSG.), Comment letter ED/2013/8, S. 2.

1302 Vgl. auch EFRAG (HRSG.), Comment letter ED/2013/8, S. 2. Vgl. ähnlich auch DRSC E.V. (HRSG.), Comment letter ED/2013/8, S. 2.

1303 Vgl. ähnlich bereits ICAEW (HRSG.), Comment letter ED/2013/8, S. 1 f.

1304 Vgl. ähnlich bereits DRSC E.V. (HRSG.), Comment letter ED/2013/8, S. 2. Vgl. auch BUSINESSEUROPE (HRSG.), Comment letter ED/2013/8, S. 3.

1305 Vgl. CANADIAN ACCOUNTING STANDARD BOARD (HRSG.), Comment letter ED/2013/8, S. 3. Vgl. zum ähnlichen Ergebnis kommend auch EFRAG (HRSG.), Comment letter ED/2013/8, S. 2. Vgl. ähnlich ICAEW (HRSG.), Comment letter ED/2013/8, S. 1 f.

1306 Vgl. bereits DRSC E.V. (HRSG.), Comment letter ED/2013/8, S. 2. Vgl. ähnlich ICAEW (HRSG.), Comment letter ED/2013/8, S. 2. Vgl. zu den genannten Gründen IASB (HRSG.), Agriculture: Bearer Plants, S. 19, BC49 und BC51 f.

1307 Vgl. bereits DRSC E.V. (HRSG.), Comment letter ED/2013/8, S. 2. Vgl. ähnlich ICAEW (HRSG.), Comment letter ED/2013/8, S. 2. Vgl. zu den genannten Gründen IASB (HRSG.), Agriculture: Bearer Plants, S. 19, BC49 und BC51 f.

1308 Vgl. BOTOSAN, C./HUFFMAN, A., A Business Valuation Framework for Asset Measurement, S. 9.

zu schaffen, indem sie in Kombination mit anderen Vermögenswerten in der Produktion oder im Verkauf genutzt oder konsumiert werden.[1309] In Bezug auf biologische Vermögenswerte können unter Verwendung der Unterscheidung in IAS 41 die konsumierbaren biologischen Vermögenswerte als Value-in-Exchange-Vermögenswerte und die tragenden Vermögenswerte als Value-in-Use-Vermögenswerte betrachtet werden.[1310] Für die Value-in-Exchange-Vermögenswerte wird in der Literatur eine Bewertung zum beizulegenden Zeitwert in der Form eines *exit price* in einer hypothetischen Markttransaktion abzüglich der Veräußerungskosten und für die Value-in-Use-Vermögenswerte eine Bewertung auf Basis der historischen Kosten empfohlen.[1311] Inwieweit sich die Bilanzierung landwirtschaftlicher Sachverhalte daran orientieren sollte und ob für solch eine Bilanzierung die mit zwei Gruppen vorgeschlagene Differenzierung ausreicht, wird in den folgenden Abschnitten geklärt. Da IAS 41 indes noch für beide Vermögenswertkategorien die gleiche Bewertung auf Basis des beizulegenden Zeitwertes vorsieht, erscheint zumindest dies – wie oben gezeigt – nicht angemessen.

Mit der Bewertung von Vermögenswerten ist unmittelbar auch die Frage nach der Erfolgsrealisation verbunden. IAS 41 schreibt dabei mit der grundsätzlichen Bewertung der biologischen Vermögenswerte zum beizulegenden Zeitwert abzüglich der Veräußerungskosten die sofortige Erfassung von Erfolgen in jener Periode vor, in der sie entstanden sind, und sieht als mögliche **erfolgsverursachende** Ereignisse den Erstansatz des Vermögenswertes oder die Änderung des beizulegenden Zeitwertes abzüglich der Veräußerungskosten eines biologischen Vermögenswertes.[1312]

Die Entscheidung des Standardsetters für die umfassende Bewertung von Sachverhalten der Landwirtschaft auf Basis des beizulegenden Zeitwertes nach IAS 41 basiert auf der **Annahme von langfristigen, fortlaufenden landwirtschaftlichen Produktionsprozessen**, bei denen i. d. R. der gesamte Produktionszyklus nicht durch die Rechnungslegungsperiode abgedeckt werden kann.[1313] Mit dieser Erfolgsrealisation bzw. der Zeitwertbilanzierung ist daher die Idee verbunden, der biologischen Fruchtbringung vor allem bei langfristigen Transformationszeiten, wie bspw. in der Forstwirtschaft, ausreichend Rechnung zu tragen und im Gegensatz zu einer Bilanzierung nach dem Anschaffungskostenmodell und der damit verbundenen vollständigen Erfolgsrealisierung zum Zeitpunkt der Ernte[1314] durch eine Erfolgsglättung über die Produktionsperioden der Bildung stiller Reserven entgegenzuwirken.[1315] Somit soll letztlich die wirtschaftliche Leistung des landwirtschaftlichen Unternehmens zutreffend abgebildet werden. Durch geringe oder keine Erträge oder sogar Verluste im Fall von nicht zu aktivierenden Produktionsaufwendungen in einigen Perioden und durch wesentliche Erträge in anderen Perioden, vor allem in der Ernteperiode, kann eine Bilanzierung von biologischen Vermögenswerten mit langen Herstellungszeiträumen auf Basis der Anschaffungs- oder Herstel-

1309 Vgl. auch BOTOSAN, C./HUFFMAN, A., A Business Valuation Framework for Asset Measurement, S. 9.

1310 Vgl. HUFFMAN, A., Decision-useful asset measurement and asset use, S. 10 f.

1311 Vgl. BOTOSAN, C./HUFFMAN, A., A Business Valuation Framework for Asset Measurement, S. 31.

1312 Vgl. IAS 41.26.

1313 Vgl. IAS 41.B16 (c); JANZE, C., in: Lüdenbach et al., Haufe IFRS-Kommentar, § 40, Rn. 2; MACKENZIE, B./COETSEE, D./NJIKIZANA, T./SELBST, E./CHAMBOKO, R./COLYVAS, B./HANEKOM, B., WILEY IFRS 2014, S. 830.

1314 In diesem Fall muss der Erfolg nicht zwangsläufig vollständig am Ende anfallen, da bspw. durch Ausdünnungsverkäufe auch vor der eigentlichen Ernte Erträge realisiert werden können.

1315 Vgl. ähnlich BALLWIESER, W./DOBLER, M., in: Ballwieser et al., Handbuch IFRS 2011, Abschnitt 26, Rn. 27.

lungskosten zu einer verzerrten Darstellung der Erfolge aus der landwirtschaftlichen Tätigkeit führen.[1316] So erkennt der Standardsetter in diesem Zusammenhang, dass in der Forstwirtschaft bis zur Ernte des Baumbestandes über den gesamten Produktionsprozess keine Erträge anfallen, sofern die Bilanzierung auf dem Anschaffungs- und Herstellungskostenmodell beruht, indes über die Bilanzierung auf Basis des beizulegenden Zeitwertes über den Zeitraum des Produktionsprozesses bis hin zum Ende des Produktionsprozesses durch die Ernte des Baumbestandes Erträge ausgewiesen werden können.[1317] Somit ist im Rahmen der landwirtschaftlichen Tätigkeit nach den Regelungen des IAS 41 vor allem der Prozess der biologischen Transformation und nicht wie üblicherweise nach dem Anschaffungskostenmodell eine Verkaufstransaktion ursächlich bzw. erforderlich für die Erfassung von Gewinnen.[1318]

Die Bewertung zum beizulegenden Zeitwert basiert auf dem Verständnis, dass sich die **Aktivitäten** zur Einleitung einer biologischen Transformation oftmals lediglich **eingeschränkt auf die biologische Transformation selbst beziehen** und daher auch nur bedingt einen Bezug zum erwarteten künftigen wirtschaftlichen Nutzen aus der biologischen Transformation haben.[1319] Beispielsweise beeinflusst in diesem Zusammenhang das Wachstumsmuster eines Waldes den künftigen erwarteten Nutzenanfall, unterscheidet sich aber zeitlich i. d. R. sehr vom Muster des Kostenanfalls.[1320] Mit den Aktivitäten verbundene Aufwendungen sind daher lediglich eingeschränkt wert- und entscheidungsrelevant. In Anbetracht der Fähigkeit der Selbstgeneration von biologischen Vermögenswerten sowie des häufig lediglich geringen Eigenaufwandes aufgrund der natürlichen Nutzung von freien, kostenlosen Gütern (Luft, Sonne, Regenwasser) durch die biologischen Vermögenswerte ist das dargestellte Verständnis sachlich nachvollziehbar. Die Auswirkungen von durch biologische Transformation hervorgerufenen Änderungen könnten demnach prinzipiell am besten durch den Bezug zu Veränderungen des beizulegenden Zeitwertes ermittelt werden, da diese dem Verständnis nach unmittelbar mit den Änderungen der erwarteten künftigen Nutzenzuflüsse verbunden sind.[1321] Der Standardsetter macht damit deutlich, dass für den Produktionserfolg die Herstellungs- bzw. Entstehungsperioden

---

1316 Vgl. auch MACKENZIE, B./COETSEE, D./NJIKIZANA, T./SELBST, E./CHAMBOKO, R./COLYVAS, B./HANEKOM, B., WILEY IFRS 2014, S. 830.

1317 Vgl. IAS 41.B15; MACKENZIE, B./COETSEE, D./NJIKIZANA, T./SELBST, E./CHAMBOKO, R./COLYVAS, B./HANEKOM, B., WILEY IFRS 2014, S. 830.

1318 Vgl. DELOITTE TOUCHE TOHMATSU LIMITED (HRSG.), iGAAP 2014, S. 2649. Die Erfolgsrealisation nach IAS 41 entspricht dabei grundsätzlich dem Accretion-Konzept, da der Gewinn mit Bezug zum angefallenen Wachstum bzw. zur Marktwertsteigerung realisiert wird. Für die separate Betrachtung landwirtschaftlicher Erzeugnisse ist die Ernte zwar auch als *critical event* interpretierbar, da diese erst mit der Ernte anzusetzen sind und in der Folge ein Gewinn entsteht. Der Erfolg beim Erstansatz wird jedoch durch eine entsprechende Wertminderung beim Mutterorganismus wieder neutralisiert. In der Folge entsteht aus der Gesamtunternehmenssicht kein Nettoerfolg. Letztlich ist der Erfolg nämlich bereits vorher durch die fortlaufende Wertsteigerung des Mutterorganismus samt heranwachsendem Erzeugnis in der Wachstumsphase entstanden, sodass dies erneut als Auswuchs des Accretion-Konzeptes anzusehen ist.

1319 Vgl. IAS 41.B15.

1320 Vgl. IAS 41.B15.

1321 Vgl. IAS 41.B.14. Indes ist zu erwähnen, dass bei intensiv kontrollierten landwirtschaftlichen Tätigkeiten mit kurzen, überwiegend innerhalb eines Berichtsjahres stattfindenden Produktionszyklen und hohen Umschlagszahlen eine Beziehung zwischen den Anschaffungs- und Herstellungskosten und dem erwarteten künftigen Nutzenzufluss aus Bilanzierungssicht zumindest relativ stabiler als bei langfristigen Produktionszyklen zu sein scheint. Vgl. IAS 41.B16 (c).

ebenso wichtig sein können wie die Periode der Erfolgsrealisierung[1322] bzw. der Ernte. Eine Bilanzierung nach den Anschaffungs- und Herstellungskosten würde letztlich die Aufwuchsphase sowie den über mehrere Perioden vorhandenen Wertzuwachs von biologischen Vermögenswerten unzureichend berücksichtigen[1323] und zudem der biologischen Transformation als betriebliche Tätigkeit der landwirtschaftlichen Unternehmen nicht gerecht werden[1324]. Weiterhin würde eine solche Bilanzierung in vielen Fällen kaum mit dem Erfolgsverständnis der in den IFRS stark ausgeprägten Ansätze des *asset and liability approach*[1325] kompatibel sein, bspw. mit dem Accretion-Konzept zur Abbildung der Erfolgsentstehung[1326].

Letztlich unterstellt der Standardsetter mit der konzeptionellen Konstruktion des IAS 41 für biologische Vermögenswerte wohl, dass diese **im Zeitablauf steigende Ertragswerte** aufweisen.[1327] Mit steigenden Ertragswerten sind jedoch nicht lediglich und unmittelbar die bewertungstheoretischen Ertragswerte gemeint, sondern vielmehr auch die Fruchtertragswerte, die aus einem biologischen Vermögenswert gewonnen werden können, d. h. bspw. die in einer Periode zur Ernte zur Verfügung stehenden Fruchtmengen.

Stetig im Zeitablauf steigende fruchtbezogene und bewertungstheoretische Ertragswerte können dabei typischerweise bei den **konsumierbaren biologischen Vermögenswerten** beobachtet werden, wie bspw. in der Forstwirtschaft bei stehendem Holz[1328]. Dies ist unabhängig davon, ob es sich bei den konsumierbaren Vermögenswerten um Tiere oder Pflanzen handelt. Die steigenden Ertragswerte bei den konsumierbaren biologischen Vermögenswerten resultieren aus dem stetigen Wachstum der Vermögenswerte, d. h. aus der Steigerung der körperlichen Substanz bis zu dem Zeitpunkt, in dem der Erntestatus des biologischen Vermögenswertes erreicht wird. Dies ist sowohl bei langfristigen biologischen Vermögenswerten, wie bspw. bei den Bäumen einer Waldflur, als auch bei kurzfristigen Vermögenswerten, wie bspw. bei Weizenpflanzen, der Fall. Nachdem ein biologischer Vermögenswert nach dem Erntezeitpunkt oftmals seine körperliche Substanz für einen bestimmten Zeitraum beibehalten würde und entsprechend kein Wachstum vorliegen würde, soweit keine Ernte stattfindet, würde der biologische Vermögenswert zu gegebener Zeit aufgrund des Alterungsprozesses wieder an körperlicher Substanz verlieren. In diesem Fall kann von einem negativen Wachstum ausgegangen werden. Bilanziell ist jedoch lediglich der wirtschaftliche Lebenszeitraum, d. h. der Zeitraum bis zum Erntezeitpunkt bei den konsumierbaren Vermögenswerten relevant (vgl. zur Entwicklung der körperlichen Substanz auch Abbildung 6-1).

1322 Vgl. JANZE, C., IFRS im landwirtschaftlichen Rechnungswesen, S. 282.

1323 Vgl. KÜMPEL, T., IAS 41 als spezielle Bewertungsvorschrift für die Landwirtschaft, S. 550; JANZE, C., in: Lüdenbach et al., Haufe IFRS-Kommentar, § 40, Rn. 2.

1324 Vgl. Abschnitt 323.

1325 Vgl. hierzu Abschnitt 321.

1326 Vgl. hierzu Abschnitt 322.

1327 Vgl. JANZE, C., in: Lüdenbach et al., Haufe IFRS-Kommentar, § 40, Rn. 42.

1328 Vgl. hierzu auch JANZE, C., in: Lüdenbach et al., Haufe IFRS-Kommentar, § 40, Rn. 42.

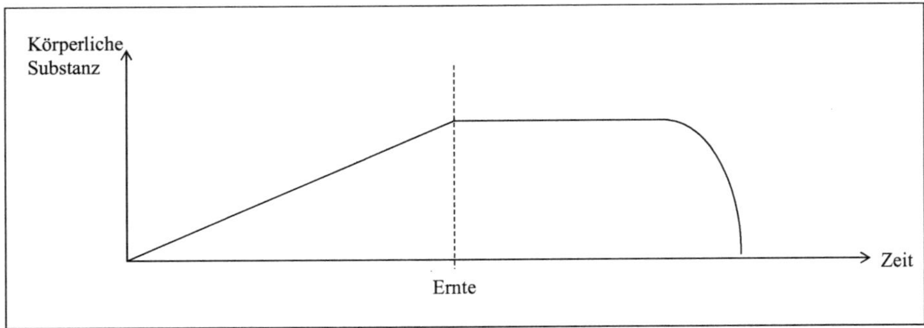

Abbildung 6-1: Beispielhafte Entwicklung der körperlichen Substanz eines konsumierbaren biologischen Vermögenswertes über den biologischen Lebenszeitraum

Die vom Standardsetter unterstellten, im Zeitablauf steigenden Ertragswerte liegen aber nicht bei sämtlichen biologischen Vermögenswerten vor. Dies wird rückblickend auch bei der Diskussion zur Reifedefinition fruchttragender Pflanzen deutlich,[1329] bspw. bei Weinreben oder Spargelpflanzen. Diese können zwar auch nach dem Erreichen einer marktgängigen Ernte bzw. nach ihrer Reife ihre Ernteerzeugnisse bis zu einem gewissen Zeitpunkt steigern. Statt der vom IASB unterstellten Annahme von im Zeitablauf im Allgemeinen steigenden Ertragswerten mindern sich jedoch die Ertragswerte insbesondere bei vielen Dauerkulturen im Zeitablauf[1330] bzw. bleiben davor zumindest zeitweise auf einem annähernd gleichen Niveau. Dies macht auch die Entwicklung der körperlichen Substanz eines tragenden Vermögenswertes deutlich, die mit der Entwicklung der Früchte zunimmt, jedoch mit der Ernte jener Früchte wieder abrupt abnimmt. Das bei tragenden biologischen Vermögenswerten durch die Fruchtbildung in den verschiedenen Perioden zu verzeichnende Wachstum wird dabei also durch die Ernte am Ende der Fruchtbringungsperiode wieder kompensiert und somit netto „auf Null“ gesetzt.[1331] Letztlich nehmen nach einer gewissen Zeit dann das Produktionsniveau der Ernteergebnisse und die körperliche Substanz des Vermögenswertes altersbedingt ab. Im Ergebnis liegen bei **tragenden biologischen Vermögenswerten** i. d. R. im Zeitablauf sinkende Ertragswerte vor[1332] (vgl. zur Entwicklung der körperlichen Substanz auch Abbildung 6-2). Durch die zwischenzeitlichen Ernten und der damit verbundenen Nutzenrealisierung während der betrieblichen Nutzungsdauer des Vermögenswertes nimmt das künftige Nutzenpotential bzw. der bewertungstheoretische Ertragswert des Vermögenswertes im Zeitablauf ab.[1333]

1329 Vgl. zur Diskussion des Reifezeitpunktes Abschnitt 522.12.

1330 Vgl. JANZE, C., IFRS im landwirtschaftlichen Rechnungswesen, S. 317 f.

1331 Dabei ist dieser Effekt bei pro Ernteperiode einmal zu erntenden tragenden biologischen Vermögenswerten stärker als bei zur ganzjährigen, kontinuierlichen Ernte angebauten Pflanzen.

1332 Vgl. für Dauerkulturen im Ergebnis JANZE, C., in: Lüdenbach et al., Haufe IFRS-Kommentar, § 40, Rn. 42.

1333 Vgl. hierzu auch JANZE, C., IFRS im landwirtschaftlichen Rechnungswesen, S. 317 f. Dies liegt daran, dass sich die Anzahl der ausstehenden Ernten im Zeitablauf reduziert. Vgl. hierzu auch ähnlich JANZE, C., IFRS im landwirtschaftlichen Rechnungswesen, S. 317.

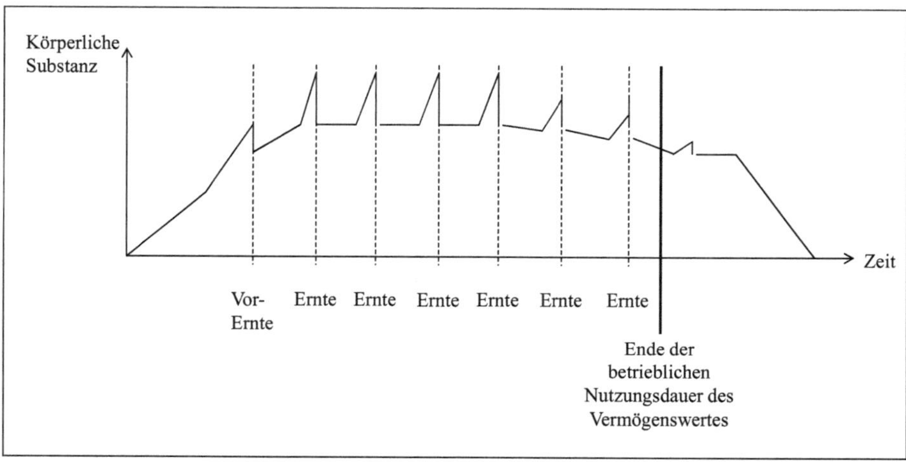

Abbildung 6-2: Beispielhafte Entwicklung der körperlichen Substanz eines tragenden biologischen Vermögenswertes über den biologischen Lebenszeitraum

Bei den fruchttragenden Vermögenswerten ist jedoch auch zu berücksichtigen, dass die wachsenden Früchte selbst als konsumierbare Vermögenswerte angesehen und somit die Fruchterträge von der Entwicklung der körperlichen Substanz des tragenden Vermögenswertes getrennt dargestellt werden können. In einem solchen Fall ist die Entwicklung der körperlichen Substanz des tragenden biologischen Vermögenswertes ähnlich zu jener von konsumierbaren biologischen Vermögenswerten (vgl. hierzu Abbildung 6-1), wobei der tragende Vermögenswert auch, nachdem ggf. das Maximum der körperlichen Substanz erreicht wurde, i. d. R. weitergehalten wird, da er nicht selbst den Fruchtertrag darstellt, wie dies bei den konsumierbaren biologischen Vermögenswerten der Fall ist. Die körperliche Substanz des tragenden Vermögenswertes verringert sich in dem Sinne nicht unmittelbar mit jeder Ernte.

Insgesamt zeigt sich, dass der Standardsetter durch die Bewertung des biologischen Vermögens nach IAS 41 viele implizite Annahmen gesetzt hat, die bei konkreten Sachverhalten nicht immer erfüllt sind. Die Festlegung des beizulegenden Zeitwertes als Bewertungsmaßstab für sämtliche biologischen Vermögenswerte ist dabei abzulehnen. Diesbezüglich hat der Standardsetter mit den Änderungen „Agriculture: Bearer Plants" diese Bewertung zumindest für fruchttragende Pflanzen korrigiert. Unabhängig vom damit verbundenen Bewertungsmaßstab soll im Folgenden analysiert werden, welcher Bewertungsmaßstab für welche biologischen Vermögenswerte entscheidungsnützliche Informationen liefert.

62 Ein Konzept zur differenzierten Bewertung von biologischen Vermögenswerten

Bevor ein **differenzierter Lösungsvorschlag zur Bewertung der biologischen Vermögenswerte** entwickelt werden kann und somit für bestimmte Vermögenswertgruppen Bewertungsmaßstäbe vorgeschlagen werden können, ist es zunächst erforderlich, die biologischen Vermögenswerte anhand relevanter Unterscheidungsmerkmale zu strukturieren. Dazu werden die biologischen Vermögenswerte zunächst anhand ihrer **wirtschaftlichen Funktion** eingeordnet. Diesbezüglich differenziert der Standardsetter in IAS 41 bereits zwischen verbrauchbaren und produzierenden biologischen Vermögenswerten,[1334] auch wenn er daraus keine unmittelbaren Vorgaben für eine unterschiedliche Bilanzierung der Vermögenswerte ableitet. Mit Bezug auf die in Abschnitt 61 dargestellten Unterschiede und in Analogie zur vom IASB vorgenommenen Differenzierung werden die biologischen Vermögenswerte für das Bewertungskonzept in dieser Arbeit daher hinsichtlich tragender und konsumierbarer biologischer Vermögenswerte differenziert.

Im Rahmen der Bilanzierung und des damit verbundenen Erfolgsausweises im Sinne einer *true and fair view* sollte bei der Differenzierung biologischer Vermögenswerte zudem auf das mit einem Vermögenswert verbundene **Geschäftsmodell** abgestellt werden. So ist zwischen Vermögenswerten, die lediglich zur Nutzung vorgesehen sind, und jenen, die nicht (nur) zur Nutzung vorgesehen sind, zu differenzieren. Eine ähnliche Differenzierung erfolgt bereits in den Neuregelungen „Agriculture: Bearer Plants", indem diese die Bewertung nach IAS 16 lediglich für pflanzliche tragende Vermögenswerte, die für eine mehrperiodische Nutzung vorgesehen sind und für die lediglich eine geringe Wahrscheinlichkeit besteht, als landwirtschaftliches Erzeugnis verkauft zu werden, zulassen.[1335] Bezüglich der oben vorgeschlagenen Differenzierung war jedoch der den Reglungsänderungen vorhergehende Vorschlag des ED/2013/8 konsequenter. Dieser sah nämlich vor, die Bilanzierung nach IAS 16 lediglich für pflanzliche Vermögenswerte zuzulassen, die ausschließlich zur Nutzung verwendet und nicht zu Veräußerungszwecken gehalten werden,[1336] und beschränkte sich damit auf dem Geschäftsbetrieb auf Dauer dienende pflanzliche Vermögenswerte. Letztlich hat sich also der Standardsetter selbst bei der Entwicklung der Neuregelungen „Agriculture: Bearer Plants" von den mit den betreffenden Vermögenswerten verbundenen Geschäftsmodellen inspirieren lassen, auch wenn durch die Beschränkung auf pflanzliche Vermögenswerte ebenfalls eine Differenzierung nach der biologischen Art der Vermögenswerte eine Rolle spielte.

Insgesamt bietet es sich für die Entwicklung eines Bewertungskonzeptes landwirtschaftlicher Vermögenswerte zunächst an, zwischen konsumierbaren und tragenden Vermögenswerten zu unterscheiden. Die konsumierbaren biologischen Vermögenswerte, also typischerweise Mastschweine, Getreide oder für die Gewinnung von Brennholz angepflanzte Bäume, bilden eine zusammenhängende Kategorie. Die Vermögenswertgruppe der tragenden biologischen Vermögenswerte wird bei der hier gewählten Differenzierung noch weiter untergliedert. Die **tragenden** biologischen Vermögenswerte werden hinsichtlich des mit ihnen verbundenen **Geschäftsmodells** unterschieden in zum einen dem Geschäftsbetrieb auf Dauer dienende Vermögenswerte und zum anderen in Vermögenswerte, die in einem hybriden Geschäftsmodell genutzt werden bzw. mit denen neben der Nutzungs- auch eine Veräußerungsabsicht verbunden ist. Zu Ersteren gehören typischerweise mehrjährige Kulturen im Plantagenanbau wie bspw. Ölpalmen, während Letztere bspw. oftmals bei der Züchtung wertvoller Tiere vorliegen. Die konsumierbaren biologischen Vermögenswerte bleiben als eine Kategorie bestehen

1334 Vgl. IAS 41.44; Abschnitt 412.22.
1335 Vgl. IASB (Hrsg.), Agriculture: Bearer Plants, S. 11, IAS 41.5 und S. 6 f., IAS 16.6.
1336 Vgl. IASB (Hrsg.), ED: Agriculture: Bearer Plants 2013, S. 12, IAS 41.5.

(vgl. für die Bewertungskategorien Abbildung 6-3). Für die drei Vermögenswertkategorien gilt es im Folgenden Bewertungsmaßstäbe für eine realitätsnahe und entscheidungsnützliche Abbildung zu finden.

<table>
<tr><th>Vermögenswerte</th><th colspan="2">Bewertungsmaßstab</th></tr>
<tr><td>Konsumierbare biologische Vermögenswerte</td><td colspan="2"></td></tr>
<tr><td rowspan="2">Tragende biologische Vermögenswerte</td><td>Dem Geschäftsbetrieb auf Dauer dienend</td><td>Eingesetzt in hybridem Geschäftsmodell</td></tr>
<tr><td></td><td></td></tr>
</table>

Abbildung 6-3: Die drei Vermögenswertkategorien

63 Vorschlag für konsumierbare biologische Vermögenswerte

631. Das Problem der Anschaffungs- und Herstellungskosten als Bewertungsmaßstab

Wie in Abschnitt 61 deutlich gemacht, sind konsumierbare biologische Vermögenswerte durch eine stetige Transformation im Sinne einer Steigerung der körperlichen Substanz durch Wachstum gekennzeichnet. Dies ist unabhängig von der Dauer der biologischen Transformation. Vor allem bei biologischen konsumierbaren Vermögenswerten mit längeren Produktionsprozessen führt jedoch die oftmals in der Rechnungslegung verwendete Bewertung zu Anschaffungs- oder Herstellungskosten nicht zu einem Erfolgsausweis, der die tatsächlichen wirtschaftlichen Verhältnisse widerspiegelt, da der Kernertrag im Sinne der Ernteergebnisse lediglich am Ende der biologischen Transformation ausgewiesen wird.[1337] Ähnliches gilt auch für kurzfristige landwirtschaftliche Produktionsprozesse, wenn sich diese über einen Bilanzierungsstichtag vollziehen. Mit einer Bewertung zu **Anschaffungs- und Herstellungskosten** würden bei konsumierbaren Vermögenswerten nämlich in den Produktionsperioden bzw. am Ende der Berichtsperioden keine Erträge erfasst, sondern lediglich in jener Periode, in die die Ernte der konsumierbaren Vermögenswerte bzw. die Veräußerung der Ernte fällt. In dieser Periode würden auch sämtliche bis dahin aktivierten Aufwendungen für den konsumierbaren Vermögenswert erfolgswirksam erfasst. Dadurch, dass der Erfolg lediglich am Ende entsteht, wird auf die sonstigen Produktionsperioden also kein Erfolg verteilt.

1337 Vgl. hierzu allgemein auch Abschnitt 61. Als Beispiel sei hier die Anpflanzung von über 100 Jahre wachsenden Bäumen erwähnt.

Dies sei an einem Beispiel verdeutlicht. So werden zur **Holzgewinnung** dienende Pflanzen als Setzlinge zu Beginn des Standjahres 1 (Ende Standjahr 0) gepflanzt. Die hierfür erforderlichen Aufwendungen belaufen sich auf 1.000,00 €. In jedem Standjahr sind 200,00 € für die Pflege der Anlage erforderlich. Der Holzpreis wird konstant mit 60,00 € pro Tonne (t) Holz[1338] angenommen. Während im ersten Jahr 4 t neues Holz entstehen, beträgt das Wachstum im zweiten Jahr 10 t bis hin zu 40 t im letzten, fünften Jahr (vgl. für eine Übersicht zum beschriebenen Beispiel Tabelle 6-1).

Standjahr	Wachstum (in t)	Bestand (in t)	Preis (je t)	Erträge	Aufwendungen	Differenz
0	0	0	60,00 €	0,00 €	1.000,00 €	-1.000,00 €
1	4	4	60,00 €	0,00 €	200,00 €	- 200,00 €
2	10	14	60,00 €	0,00 €	200,00 €	- 200,00 €
3	18	32	60,00 €	0,00 €	200,00 €	- 200,00 €
4	28	60	60,00 €	0,00 €	200,00 €	- 200,00 €
5	40	100	60,00 €	6.000,00 €	200,00 €	5.800,00 €
Σ	100			6.000,00 €	2.000,00 €	4.000,00 €

Tabelle 6-1: Datenübersicht zum Beispiel des stehenden Holzes

So ergibt sich durch die Bewertung auf Basis der Anschaffungs- oder Herstellungskosten ein steigender Buchwert von 1.000,00 € nach der erstmaligen Aktivierung am Ende des Standjahres 0 bis 2.000,00 € am Ende des Standjahres 5. Am Ende des Standjahres 5 fällt der Gesamtertrag in Höhe von 6.000,00 € an, der durch die aufwandwirksame Ausbuchung des Holzbestandes in Höhe von 2.000,00 € zum Zeitpunkt der Ernte bzw. des Verkaufs der Ernte zu einem Erfolg in Höhe von 4.000,00 € führt. Bei diesem periodenspezifischen Erfolg des Standjahres 5 handelt es sich gleichzeitig um den mit dem konsumierbaren biologischen Vermögenswert verbundenen Gesamterfolg. Dies liegt daran, dass im Standjahr 5 erstmalig erfolgswirksam gebucht wird. Eine planmäßige Abschreibung über die Wachstumsperioden hinweg findet bei der Bewertung auf Basis des Anschaffungskostenmodells bei konsumierbaren biologischen Vermögenswerten im Vergleich zu tragenden biologischen Vermögenswerten nämlich nicht statt (vgl. für Absatz Tabelle 6-2 und Abbildung 6-4).

Standjahr	Erträge	Aufwendungen der Periode	Aktivierter Aufwand	Erfolg
0	0,00 €	1.000,00 €	1.000,00 €	0,00 €
1	0,00 €	200,00 €	200,00 €	0,00 €
2	0,00 €	200,00 €	200,00 €	0,00 €
3	0,00 €	200,00 €	200,00 €	0,00 €
4	0,00 €	200,00 €	200,00 €	0,00 €
5	6.000,00 €	2.200,00 €	200,00 €	4.000,00 €
Σ	6.000,00 €	4.000,00 €	2.000,00 €	4.000,00 €

Tabelle 6-2: Erträge und Aufwendungen bei der Bewertung auf Basis der AK/HK am Beispiel des stehenden Holzes

1338 Um sämtliches Holz während der Transformation zu erfassen, wird im Folgenden vereinfachend das Maß *t* verwendet und auf auf Derbholz basierende Holzmaße wie Ernte- oder Vorratsfestmeter (vgl. hierzu BUNDESMINISTERIUM FÜR ERNÄHRUNG UND LANDWIRTSCHAFT, Bundeswaldinventur – Fachbegriffe) verzichtet.

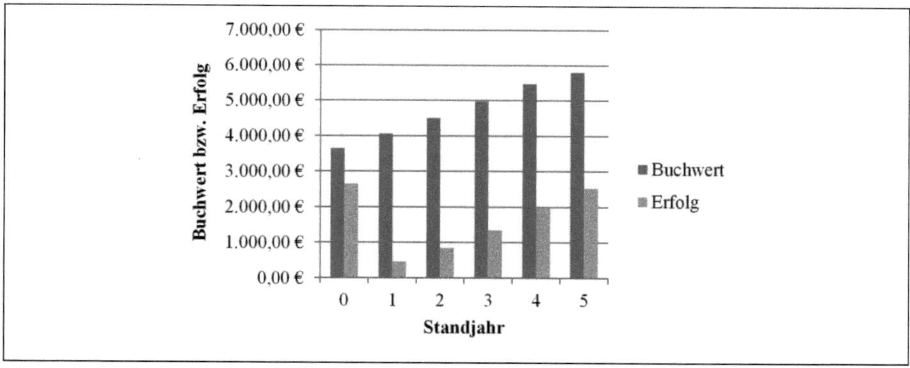

Abbildung 6-4: Buchwerte und Erfolge bei der Bewertung auf Basis der AK/HK am Beispiel des stehenden Holzes

Anhand des Beispiels wird deutlich, dass bei der Bewertung auf Basis des Anschaffungskostenmodells bei konsumierbaren biologischen Vermögenswerten nicht nur der Erfolg ungleichmäßig verteilt wird. Der Verlauf des bilanziellen Wertansatzes spiegelt auch nicht die Fortentwicklung der biologischen Transformation wider. Zwar steigt der Buchwert bedingt durch die Aktivierung der Pflegeaufwendungen als Produktionsaufwendungen, die Buchwertsteigerung ist jedoch von dem eigentlichen Wachstum entkoppelt. Dies zeigt sich auch an folgendem Extremum. Fallen in einer Periode keine Aufwendungen an, würde der konsumierbare biologische Vermögenswert im Wertansatz im Vergleich zur Vorperiode unverändert bleiben, da es keine Aufwendungen zu aktivieren gibt. Ob der Vermögenswert dabei ebenfalls seine körperliche Substanz erhält, sie ausbaut oder reduziert, kann vom Bewertungsmaßstab selbst nicht mit Gewissheit abgeleitet werden. Zwar mag i. d. R. eine positive Korrelation zwischen erbrachten Aufwendungen und der fortgeschrittenen Transformation vorliegen. Eine solche Korrelation ist jedoch nicht allgemeingültig und gerade in vielen Bereichen der Landwirtschaft gar nicht bzw. wesentlich schwächer ausgeprägt als bspw. in der industriellen Fertigung, bei der oftmals Produktionsfunktionen approximiert werden können. Die Anschaffungs- oder Herstellungskosten sind daher als Bewertungsmaßstab für konsumierbare biologische Vermögenswerte abzulehnen. In diesem Zusammenhang ist auch der retrograd vom künftigen Veräußerungspreis aus über die künftig noch anfallenden Aufwendungen zu ermittelnde Nettoveräußerungspreis[1339] nicht als Bewertungsmaßstab zu empfehlen, da er ebenfalls von den Aufwendungen im Produktionsprozess abhängt. Aufgrund der oftmals niedrigen noch ausstehenden Aufwendungen in der Landwirtschaft würde der Ansatz zum Nettoveräußerungspreis tendenziell zu zu hohen bilanziellen Wertansätzen für konsumierbare biologische Vermögenswerte führen.[1340]

[1339] Vgl. Jacobs, O. H./Schmitt, G. A., in: Baetge et al., Rechnungslegung nach IFRS, IAS 2, Rn. 26.

[1340] Vgl. zur ausführlichen Diskussion des Nettoveräußerungspreises bei den Früchten von fruchttragenden Pflanzen als konsumierbare Vermögenswerte Abschnitt 522.2.

632. Der landwirtschaftliche Erfolg bei konsumierbaren biologischen Vermögenswerten

Die **betriebliche Leistung** liegt bei konsumierbaren Vermögenswerten zu großen Teilen nicht im Absatz, sondern in der **Förderung der biologischen Transformation**,[1341] d. h. vor allem im Wachstum der Vermögenswerte. Insofern sind für die Adressaten des Jahresabschlusses Informationen relevant, die sich auf die Entwicklung der konsumierbaren biologischen Vermögenswerte beziehen. Entsprechend ist eine Teilrealisation der Erträge für die spezifischen Perioden zu fordern, sodass der Fortschritt der biologischen Transformation als Erfolg gemessen wird und den Abschlussadressaten nützliche Informationen bereitgestellt werden können.

Das Wachstum der biologischen Vermögenswerte lässt sich durch die Steigerung der körperlichen Substanz messen, bspw. durch die Zunahme des Gewichtes eines Masttieres oder des Volumens eines Waldes. Da die Adressaten aber vor allem an finanziellen Informationen interessiert sind, muss die Steigerung der körperlichen Substanz auch wertmäßig abgebildet werden. Dies ist dadurch möglich, dass der aktuelle periodenspezifische Wert des Vermögenswertes zwischen zwei Bewertungsstichtagen verglichen wird. Der Wert eines konsumierbaren biologischen Vermögenswertes korreliert dabei positiv mit dem Fortschritt der biologischen Transformation, sodass die Wertunterschiede für die Adressaten relevant sind.

Die **Abbildung des stetigen Wachstums** der konsumierbaren Vermögenswerte und einer damit verbundenen kumulierten Erfolgsrealisation durch Bilanzierungsregelungen sind letztlich ein Ausdruck des **Konzeptes des Accretion-Konzeptes.**[1342] Denn auch hier wird davon ausgegangen, dass der Ertrag stetig während der Produktion anfällt und somit zeitraumbezogen und nicht zeitpunktbezogen wie beim Anschaffungskostenmodell und dem damit verbundenen Realisationsprinzip bzw. Critical-Event-Konzept entsteht. Auch vor dem Hintergrund der tendenziellen Ausrichtung der IFRS-Rechnungslegung auf den *asset and liability approach* ist die Bewertung auf Basis des Anschaffungskostenmodells für konsumierbare biologische Vermögenswerte nicht zu empfehlen und die Erfolgsermittlung über die Bewertung von Vermögenswerten zu begrüßen. Letztlich spiegelt sich hier der Gedanke wider, dass für eine sachgerechte Gewinnermittlung eine sachgerechte Bewertung der Vermögenswerte erforderlich sein sollte[1343] und somit aus Wertänderungen der Vermögenswerte Erfolge entstehen.

633. Die Percentage-of-Completion-Methode

Eine Methodik der Erfolgsrealisation, die sich nach dem Accretion-Konzept richtet, ist die **Percentage-of-Completion-Methode** (PoC-Methode).[1344] Die PoC-Methode wird oftmals bei der Bilanzie-

---

[1341] Vgl. Deloitte Touche Tohmatsu Limited (Hrsg.), iGAAP 2014, S. 2649; Abschnitt 61.

[1342] Vgl. hierzu Abschnitt 322.

[1343] Vgl. Gerbaulet, C., Reporting Comprehensive Income, S. 13.

[1344] Vgl. in Bezug auf die Anlagenfertigung Bischof, S., Gewinnrealisierung im industriellen Anlagengeschäft, S 55; Abschnitt 322. Daneben ist für die Abbildung dieser Art der Fertigung auch noch die Anwendung der Completed-Contract-Methode möglich. Vgl. hierzu IAS 11.32. Da diese jedoch aus Unternehmenssicht netto c. p. zur gleichen Erfolgs- und Vermögensdarstellung führt, wie die Bewertung auf Basis des Anschaffungskostenmodells, wird diese

rung von periodenübergreifenden Fertigungsaufträgen angewendet.[1345] Die Fertigungsaufträge sind häufig langfristig angelegt. Dies ist hinsichtlich einer Anwendung der PoC-Methode für landwirtschaftliche Transformationsprozesse positiv zu beurteilen, da landwirtschaftliche Transformationsprozesse im Vergleich zu vielen industriellen Produktionsprozessen i. d. R. auch langfristiger Natur sind. Die Methodik berücksichtigt zudem, dass der Fertigstellungsgrad des Auftragsobjektes im Zeitablauf steigt. Dabei greift sie auf verschiedene Bezugspunkte bei der Erfolgsrealisation zurück. So erlaubt sie die Berücksichtigung des Fertigstellungsgrades

- auf Basis des Anteils der fertiggestellten physischen Teile am Gesamtprodukt,
- auf Basis der bis zum Bewertungszeitpunkt angefallenen Kosten im Verhältnis zu den Gesamtkosten oder
- nach Maßgabe des erreichten Leistungsfortschrittes.[1346]

Wird dies nun auf die typischen landwirtschaftlichen Produktionsprozesse bei konsumierbaren biologischen Vermögenswerten übertragen, machen sich die Unterschiede der biologischen Transformation zu anderen typischen Produktionsprozessen bemerkbar. Diesbezüglich ist die biologische Transformation bei konsumierbaren biologischen Vermögenswerten fast immer dadurch gekennzeichnet, dass der betrachtete Vermögenswert als Ganzes wächst. Dass einzelne wirtschaftlich relevante **Teile** des konsumierbaren Vermögenswertes nach und nach als fertiggestellt gelten, ist bei biologischen Vermögenswerten sehr untypisch. Insofern würde eine verpflichtende Berücksichtigung des Fertigstellungsgrades auf Basis von fertiggestellten Teilen des Vermögenswertes insgesamt nicht die tatsächlichen Gegebenheiten bei der biologischen Transformation widerspiegeln. Auch eine praktische Umsetzung wäre daher kaum möglich. Die glaubwürdige Darstellung und damit die Entscheidungsnützlichkeit der Informationen über den biologischen Transformationsprozess wären ebenfalls nicht gegeben. Infolgedessen ist diese Berücksichtigung des Fertigstellungsgrades bei biologischen konsumierbaren Vermögenswerten abzulehnen.

Mit der Erfolgsrealisation auf Basis der bis zum Bewertungszeitpunkt angefallenen **Kosten im Verhältnis zu den Gesamtkosten** ist bei vielen konsumierbaren biologischen Gütern die zuvor bereits bei der Bewertung nach den Anschaffungs- oder Herstellungskosten angesprochene Problematik verbunden. So ist zwar mit dieser Variante eine systematische Erfolgszurechnung auf die jeweiligen Perioden möglich, diese wird jedoch aufgrund des fehlenden Bezuges zwischen den in einer Periode anfallenden Inputleistungen und dem Fortschritt in der biologischen Transformation in vielen Bereichen der Landwirtschaft nicht dem Maßstab eines *true and fair view* gerecht. Letztlich wird der Erfolg nach der PoC-Methode auf Kostenbasis nämlich nicht zwingend nach der Leistungserbringung bzw. dem Fortschritt in der biologischen Transformation erfasst. So kann auch ein unwirtschaftlicher Ressourceneinsatz zu einem erhöhten relativen Erfolgsausweis in einer Periode führen, was ebenfalls in

hier nicht weiter thematisiert bzw. aus den Gründen, die bereits zur Ablehnung des Anschaffungskostenmodell aufgeführt sind, abgelehnt.

1345 Vgl. zur Bilanzierung von Fertigungsaufträgen IAS 11.

1346 Vgl. IAS 11.30; BAETGE, J./KIRSCH, H.-J./THIELE, S., Bilanzen, S. 399.

keinem Bezug zu der der Periode zuzurechnenden Leistung bzw. zum betrieblichen Erfolg steht. Dennoch periodisiert diese Methode die Erfolgsbeiträge zumindest stärker als die Bewertung auf Basis des Anschaffungskostenmodells. Dies liegt daran, dass nicht nur die angefallenen Aufwendungen pro Periode aktiviert werden, sondern darüber hinaus auch ein Teil des Gesamtgewinns realisiert wird. Neben dem oftmals fehlenden Bezug zur biologischen Transformation ist dennoch eine starke Erfolgsverzerrung möglich. So sind gerade im Pflanzenanbau anfangs erhebliche Anbauaufwendungen erforderlich, die dazu führen würden, dass gerade zu Beginn des Anbaus, wenn die biologische Transformation z. T. noch gar nicht angefangen hat, der Großteil des Gewinns zu realisieren ist. So würde auch für das obige Beispiel eine Erfolgsrealisation auf Basis der anfallenden Kosten im Verhältnis zu den Gesamtkosten dazu führen, dass aufgrund des hohen Kostenanfalls bei der Anpflanzung und der dazu geringen Folgekosten die Hälfte des Totalerfolgs in Höhe von 4.000,00 €, d. h. ein Erfolg in Höhe von 2.000,00 € mit der Anpflanzung anfällt und damit ein **vorgezogener** Erfolgsausweis verbunden ist (vgl. Tabelle 6-3 und Abbildung 6-5).

Standjahr	Buchwert	Erfolg
0	3.000,00 €	2.000,00 €
1	3.600,00 €	400,00 €
2	4.200,00 €	400,00 €
3	4.800,00 €	400,00 €
4	5.400,00 €	400,00 €
5	6.000,00 €	400,00 €

Tabelle 6-3: Buchwerte und Erfolge bei der Bewertung nach der PoC-Methode auf Kostenbasis am Beispiel des stehenden Holzes (I)

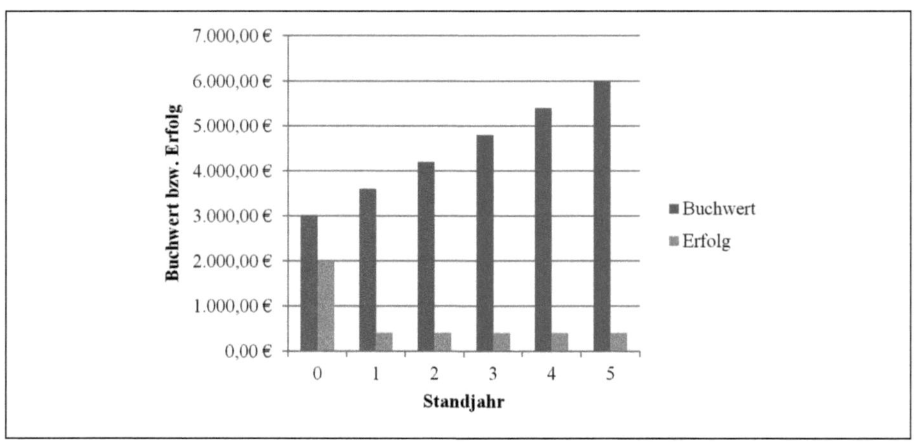

Abbildung 6-5: Buchwerte und Erfolge bei der Bewertung nach der PoC-Methode auf Kostenbasis am Beispiel des stehenden Holzes (II)

Aufgrund der obigen Ausführungen wird in der vorliegenden Arbeit auch diese Form der akkumulierten Erfolgsrealisation für die Abbildung des landwirtschaftlichen Produktionsprozesses von konsumierbaren biologischen Vermögenswerten als ungeeignet erachtet.

Die Erfolgsrealisation **auf Maßgabe des erreichten Leistungsfortschrittes** als dritte Möglichkeit der Erfolgsrealisation nach der PoC-Methode nimmt direkt Bezug zum Leistungsfortschritt des Produktionsprozesses, d. h. für konsumierbare biologische Vermögenswerte auf die Entwicklung der biologischen Transformation. Dies entspricht grundsätzlich der Forderung einer Teilrealisation der Erträge für die spezifischen Perioden, nach der der Fortschritt der biologischen Transformation als Erfolg gemessen wird und den Abschlussadressaten nützliche Informationen bereitgestellt werden können. Eine solche Erfolgsrealisation führt dazu, dass der Erfolg mit der biologischen Transformation eintritt und insofern bei der Anpflanzung bzw. der Inbetriebnahme der Produktion des Vermögenswertes selbst noch kein Erfolg zu erfassen ist. Der anzusetzende Wert des konsumierbaren biologischen Vermögenswertes wird stattdessen jeweils um die zuzurechnenden Aufwendungen und um den jeweiligen Teilgewinn der Periode erhöht. Insofern findet eine Verteilung des Gesamterfolgs gewichtet für die Perioden statt. Dies wird exemplarisch am obengenannten Beispiel deutlich, indem im Zeitablauf und damit mit steigenden Wachstum pro Periode sich auch die periodenindividuellen Erfolge von 0,00 € auf 1.600,00 € sowie der Buchwert des stehenden Holzes von 1.000,00 € auf 6.000,00 € stetig erhöhen (vgl. für die Beispieldaten Tabelle 6-4 und Abbildung 6-6).[1347]

Standjahr	Buchwert	Erfolg
0	1.000,00 €	0,00 €
1	1.360,00 €	160,00 €
2	1.960,00 €	400,00 €
3	2.880,00 €	720,00 €
4	4.200,00 €	1.120,00 €
5	6.000,00 €	1.600,00 €

Tabelle 6-4: Buchwerte und Erfolge bei der Bewertung nach der PoC-Methode auf Leistungsbasis am Beispiel des stehenden Holzes (I)

Da die Erfolgserfassung bei der PoC-Methode nach dem erreichten Leistungsfortschritt unmittelbar vom Output abhängt, bildet diese Methode die periodenspezifischen Erfolge bzw. die landwirtschaftliche Leistung grundsätzlich besser ab als die PoC-Methoden auf Kostenbasis bzw. auf Basis der fertiggestellten physischen Teile der konsumierbaren biologischen Vermögenswerte. Dies wird auch dem Umstand der fehlenden bzw. geringen Inputorientierung des biologischen Transformationserfolgs gerecht. Jedoch ist zu berücksichtigen, dass die künftigen Fruchterzeugnisse künftiger Perioden nicht unmittelbar in den Erfolg einer aktuellen Periode einfließen. Der Zeitwert von in Zukunft anfallenden Einzahlungen wird also nicht für die jeweiligen Perioden berücksichtigt, wie dies bspw. bei der Ertragswertermittlung durch die Abzinsung von künftigen Erträgen der Fall ist. Insofern ist die **Vorziehenswürdigkeit** der PoC-Methode auf Basis des erreichten Leistungsfortschritts als Methode für die Erfolgsrealisation und Bewertung bei konsumierbaren biologischen Vermögenswerten fraglich.

[1347] Vgl. hierzu für ein anderes Beispiel auch PELLENS, B./FÜLBIER, R. U./GASSEN, J./SELLHORN, T., Internationale Rechnungslegung, S. 276-279.

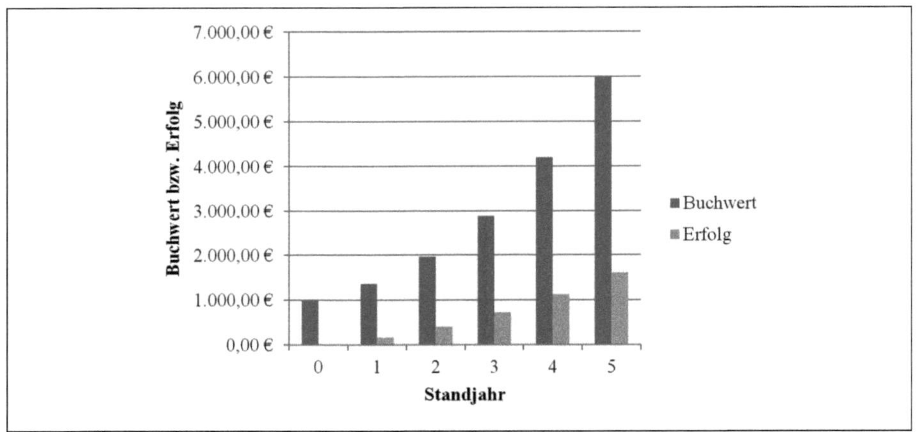

Abbildung 6-6: Buchwerte und Erfolge bei der Bewertung nach der PoC-Methode auf Leistungsbasis am Beispiel des stehenden Holzes (II)

In diesem Zusammenhang ist zudem noch auf eine Problematik der PoC-Methode für landwirtschaftliche Vermögenswerte hinzuweisen. So ist der landwirtschaftliche Transformationsprozess zwar durch den stetigen Produktionsfortschritt mit der Auftragsfertigung zu vergleichen, jedoch sind die beiden Prozesse im Detail keineswegs als identisch zu bezeichnen und weisen z. T. gravierende Unterschiede auf. So wird diesbezüglich vor allem von Unsicherheiten im landwirtschaftlichen Produktionsprozess gesprochen, die dazu führen, dass die biologische Transformation oftmals nicht zuverlässig bestimmbar und eine endgültige Ertragsrealisation nicht prognostizierbar ist.[1348] Infolgedessen liegt dem landwirtschaftlichen Produktionsprozess üblicherweise auch kein Vertrag zugrunde, der die Produktionsdauer sowie die konkrete Ertragsrealisation gemäß ähnlichen Anforderungen wie im IAS 11 festlegt.[1349] So ist der Gesamterfolg in der landwirtschaftlichen Produktion von konsumierbaren Vermögenswerten am Ende des Transformationsprozesses insgesamt durch die größeren Unsicherheiten, bspw. durch die oftmals variablen Preise, längst nicht so sicher, wie er bei Fertigungsaufträgen (vertraglich) zugesichert ist. Letztlich würden somit bei einer Anwendung der PoC-Methode für biogische Vermögenswerte Erfolge erfasst, ohne dass deren Realisation so hinreichend sicher ist, dass ihre Umsetzung nur noch eine Frage der Zeit darstellt.[1350]

Insgesamt erfüllen die konsumierbaren biologischen Vermögenswerte nicht die Voraussetzungen des IAS 11 bezüglich der Anwendung der PoC-Methode und sind diesbezüglich vor allem aufgrund der großen Entwicklungsunsicherheiten abzulehnen. Es ist jedoch zu erwähnen, dass sich der IASB vor

---

1348 Vgl. JANZE, C., IFRS im landwirtschaftlichen Rechnungswesen, S. 287 f.

1349 Vgl. JANZE, C., IFRS im landwirtschaftlichen Rechnungswesen, S. 287 f.

1350 Vgl. MARSH, T./FISCHER, M., Accounting For Agricultural Products, S. 83. Die Frage des Unsicherheitsniveaus ist jedoch auch vom jeweiligen Produktionsprozess abhängig. Mit einer zunehmenden Dauer des Produktionsprozesses ist somit von zunehmenden Unsicherheiten auszugehen. So lässt sich die biologische Transformation bei kurzen Produktionszyklen, wie z. B. bei Masthähnchen, tendenziell besser vorhersehen als bei langen Produktionszyklen, wie z. B. bei Waldbeständen.

dem Hintergrund des Ausweises von Erfolgen vor deren tatsächlichen Realisation durch die Bewertung zum beizulegenden Zeitwert abzüglich Veräußerungskosten bei dem Konzept des Wertmaßstabes auch an den Grundsätzen der Bilanzierung einer langfristigen Auftragsfertigung nach der PoC-Methode[1351] nach IAS 11 orientiert hat,[1352] sich dann aber wohl aus den obengenannten Gründen für einen anderen grundsätzlichen Wertmaßstab, den beizulegenden Zeitwert, entschieden hat.

634. Die Ermittlung des beizulegenden Zeitwertes auf Basis des gegenwärtigen Zustandes des Vermögenswertes

Der **beizulegende Zeitwert** als Wertmaßstab für konsumierbare biologische Vermögenswerte scheint verständlich, da er den aktuellen Wert eines Vermögenswertes und damit die biologische Transformation wiedergeben kann. Indes gilt es hierbei zu differenzieren, ob der beizulegende Zeitwert unmittelbar für den aktuellen Zustand bzw. die aktuelle Entwicklungsstufe eines biologischen konsumierbaren Vermögenswertes oder indirekt bzw. retrograd über den künftig fertigstellten biologischen Vermögenswert ermittelt wird. In letzterem Fall kann es nämlich zu einer Vernachlässigung der biologischen Transformation des Vermögenswertes in den einzelnen Perioden und damit zu einem nicht angemessenen Erfolgsausweis kommen.

Im Fall der unmittelbaren Ermittlung des beizulegenden Zeitwertes anhand des aktuellen Zustandes des Vermögenswertes ist der beizulegende Zeitwert nach IFRS 13 – wie bereits in Abschnitt 322. angedeutet – als Beispiel des Accretion-Konzeptes zu interpretieren. Hierbei handelt es sich jedoch um jene Interpretation das Accretion-Konzeptes, welche sich nach möglichst objektivierten Maßstäben richtet. Der beizulegende Zeitwert nimmt dabei nämlich die Rolle einer objektivierten bzw. intersubjektiven Größe an. Damit wird im Wertmaßstab der körperliche Zustand bzw. im Vergleich zur Vorperiode der Fortschritt der biologischen Transformation des konsumierbaren biologischen Vermögenswertes, jedoch auch das Preisniveau abgebildet. Hiermit verbunden ist die plausible Annahme, dass ein Marktteilnehmer bei gleichbleibenden Preisen aufgrund der stärker fortgeschrittenen biologischen Transformation und den damit verbundenen geringeren Entwicklungsrisiken für konsumierbare biologische Vermögenswerte, die in ihrer Entwicklung weiter sind als andere gleichartige biologische Vermögenswerte, einen höheren Preis zahlt als für die weniger entwickelten Vermögenswerte. Den finanziell bewerteten Transformationsänderungen der biologischen Vermögenswerte stehen die unmittelbar in der Periode anfallenden Aufwendungen gegenüber. Dies ist im Sinne des *matching* zu begrüßen. Durch die marktnahe Bewertung werden auch implizit der künftige Nutzenzufluss aus dem biologischen Vermögenswert sowie der Unsicherheitsgrad ausstehender Entwicklungen berücksichtigt. Insgesamt ist der Wertmaßstab auch im Kontext des *asset and liability approach* der IFRS zu begrüßen, da der Erfolg einer Periode aus der Bewertung der Vermögenswerte abgeleitet wird.

[1351] Vgl. MACKENZIE, B./COETSEE, D./NJIKIZANA, T./SELBST, E./CHAMBOKO, R./COLYVAS, B./HANEKOM, B., WILEY IFRS 2014, S. 830.

[1352] Vgl. JANZE, C., IFRS im landwirtschaftlichen Rechnungswesen, S. 282.

Im Zusammenhang mit der Marktbewertung ist bei der Bewertung der konsumierbaren biologischen Vermögenswerte zum beizulegenden Zeitwert zu berücksichtigen, dass der Wertunterschied zur Vorperiode nicht unbedingt lediglich auf die Leistung des Managements zurückzuführen ist, sondern auch durch Änderungen der Marktbedingungen hervorgerufen werden kann. Dies kann im Rahmen der Rechenschaft die **Beurteilung der Leistung des Managements** durch die Abschlussadressaten bzw. die Kapitalgeber erschweren, soweit die Ursachen der Wertänderung nicht offengelegt werden. Daher ist im Sinne der Vollständigkeit zur glaubwürdigen Darstellung die Konkretisierung der Änderung der biologischen Transformation im Anhang sinnvoll, bspw. durch die Angabe der Masse der neu gewachsenen körperlichen Substanz. Des Weiteren können die Wertdifferenzen im Anhang anteilig ihren verschiedenen Ursachen (biologische Transformation, Preisunterschiede, Bestandsänderungen) zugeordnet werden.[1353] Auch aus Relevanzgründen ist eine getrennte Angabe der Ursachen der Änderung des beizulegenden Zeitwertes zu empfehlen, da so bessere Rückschlüsse auf die nachhaltigen Komponenten des Erfolgs gezogen werden können und diese zu Prognosezwecken eingesetzt werden.[1354]

635. Die Ermittlung des beizulegenden Zeitwertes auf Basis des fertigen Vermögenswertes

Die Problematik der Orientierung des beizulegenden Zeitwertes eines unreifen konsumierbaren biologischen Vermögenswertes am Reifezustand des Vermögenswertes sei im Folgenden anhand des bereits oben eingeführten Beispiels des stehenden Holzes verdeutlicht. Es wird angenommen, dass die Zahlungsströme und sonstigen Komponenten den Anforderungen aus der Sicht eines Marktteilnehmers nach IFRS 13 entsprechen. Zudem wird ein Zinssatz von 6 % angenommen. Der Preis bleibt weiterhin bei 60 € je Tonne Holz. Der beizulegende Zeitwert wird als Ertragswert mit der folgenden Formel ermittelt:

$$E_t = 1 + \frac{E_{t+1}}{1+i} + \frac{D_{t+1}}{1+i}$$

mit E_t = Ertragswert am Ende des Standjahres t; D_t = Differenz zwischen Erträgen und Aufwendungen im Standjahr t (vgl. hierzu Tabelle 6-1); E_5 = 0 und i = 0,06 (= Zinssatz).

Wird der konsumierbare Vermögenswert mithilfe des Ertragswertverfahrens bewertet, ergibt sich über die Zeit ein stetig steigender beizulegender Zeitwert in Höhe von 3.641,08 € im Standjahr 0 bis

1353 Kritisch ist diesbezüglich bei der möglichen Gruppenbewertung nach IAS 41 jedoch die Vermengung unterschiedlicher Komponenten bei einer Wertänderung zwischen zwei Stichtagen zu sehen, da Änderungen des beizulegenden Zeitwertes abzüglich der Verkaufskosten sowohl auf Entwicklungen in der biologischen Transformation, auf Änderungen der Preislage oder auf Änderungen des körperlichen Bestands in der Gruppe zurückzuführen sind. Angaben zur Offenlegung dieser Komponenten werden zwar vom Standardsetter in IAS 41.51 empfohlen, indes nicht zwingend vorgeschrieben. Eine zwingende Veröffentlichung der Angaben wäre auch fraglich, da bspw. bei der Anschaffung eines biologischen Vermögenswertes dessen Anschaffungskosten vom beizulegenden Zeitwert abweichen können und durch die vorgeschriebene Bewertung auf Basis des beizulegenden Zeitwertes Preis- und Bestandseffekte vermischt werden können. Vgl. für die gesamte Fußnote JANZE, C., IFRS im landwirtschaftlichen Rechnungswesen, S. 297.

1354 Vgl. ähnlich PLOCK, M., Ertragsrealisation nach IFRS, S. 277. So sind bspw. die Änderungen des Veräußerungspreises auf den relevanten Märkten tendenziell als nicht nachhaltige Erfolgskomponenten zu bezeichnen. Vgl. PLOCK, M., Ertragsrealisation nach IFRS, S. 277.

zu 5.800 € eine logische Sekunde vor der Ernte am Ende des Standjahres 5. Mit der Ernte als Abschluss des Transformationsprozesses bzw. der damit oftmals verbundenen Veräußerung fällt der Ertragswert aufgrund des Zustandswechsels auf Null (vgl. zum Absatz Tabelle 6-5).

Standjahr	Ertragswert	Differenz zum Vorjahr
0	3.641,08 €	3.641,08 €
1	4.059,54 €	418,46 €
2	4.503,11 €	443,57 €
3	4.973,30 €	470,19 €
4	5.471,70 €	498,40 €
5	0,00 €	- 5.471,70 €

Tabelle 6-5: Ertragswert und Vergleich zum Vorjahr am Beispiel des stehenden Holzes

Tabelle 6-6 und Abbildung 6-7 machen deutlich, dass bei dieser Ermittlung des beizulegenden Zeitwertes u. U. ein relativ hoher, vorgezogener Erfolg zum Zeitpunkt der Anpflanzung des Holzbestandes anfallen kann, obwohl noch keine biologische Transformation stattgefunden hat.[1355]

Standjahr	Erträge	Aufwendungen der Periode	FV-Änderungen	Erfolg I
0	0,00 €	1.000,00 €	3.641,08 €	2.641,08 €
1	0,00 €	200,00 €	418,46 €	218,46 €
2	0,00 €	200,00 €	443,57 €	243,57 €
3	0,00 €	200,00 €	470,19 €	270,19 €
4	0,00 €	200,00 €	498,40 €	298,40 €
5	6.000,00 €	200,00 €	- 5.471,70 €	328,30 €
$\sum$	6.000,00 €	2.000,00 €	0,00 €	4.000,00 €

Tabelle 6-6: Erträge und Aufwendungen bei der Bewertung nach der Ertragswertmethode im Rahmen der Ermittlung des beizulegenden Zeitwertes am Beispiel des stehenden Holzes

Ab dem ersten Standjahr nimmt der ausgewiesene Erfolg pro Periode zu. Diese Steigerung der periodenspezifischen Erfolge basiert jedoch nicht auf dem jeweiligen Wachstum des biologischen Vermögenswertes in den Perioden, sondern resultiert aus der Aufzinsung des stetig steigenden Buchwertes des konsumierbaren Vermögenswertes. Durch die Aufzinsung werden der Zeitwert des Geldes bzw. die Unsicherheit im Transformationsprozess berücksichtigt.[1356] So steigt der bewertungstheoretische Ertragswert im Zeitablauf ähnlich wie der potenziell in jeder Periode zu erntende Fruchtertrag. Auch wenn das Beispiel – im Vergleich zum Anstieg des körperlichen Wachstum des stehenden Holzes – mit der Aufzinsung den Eindruck erweckt, dass der Ertragswert die periodenspezifische biologische Transformation widerspiegelt, ist der dadurch abgebildete Erfolg jedoch von der biologischen

[1355] Es ist jedoch zu erwähnen, dass die hohe Wertsteigerung des konsumierbaren Vermögenswertes bzw. der hohe Ertrag beim Erstansatz in gewissem Maße in der Praxis auch damit zu erklären ist, dass in der Realität die Annahme eines vollkommenen Marktes für biologische Vermögenswerte i. d. R. nicht erfüllt ist. Vgl. hierzu auch Abschnitt 422.3. Insofern ist es möglich, dass der Verkäufer der jungen Bäume nicht die gesamten potenziellen Nutzungsmöglichkeiten der Jungpflanzen in seinem Veräußerungspreis berücksichtigen kann, wobei der Käufer den von ihm ausgeübten Wertschöpfungsprozess aus Marktsicht abbilden kann. Vgl. hierzu Abschnitt 422.3.

[1356] Vgl. hierzu übersichtshalber bspw. MEYER, B. H., Unternehmensbewertung, S. 29 f. m. w. N.

Transformation innerhalb des Produktionszeitraums unabhängig. So spiegelt sich das in einer bestimmten Periode vollzogene Wachstum des Vermögenswertes nicht im durch den Ertragswert ermittelten Erfolg des Unternehmens wider, da lediglich das Gesamtergebnis der biologischen Transformation am Ende in die Bewertung einfließt. Die Aufzinsung berücksichtigt somit nicht, ob das Wachstum des konsumierbaren Vermögenswertes im Zeitablauf steigend, rückläufig oder gleichverteilt ist oder ob es lediglich am Anfang oder am Ende des Bewirtschaftungszeitraums anfällt. Zudem wird eine sich aus der Bewertung ergebene verzerrte Darstellung der Erfolgslage deutlich, wenn vollkommene Sicherheit unterstellt wird. Denn dann sind die Erträge aus der biologische Transformation vollständig beim Erstansatz des konsumierbaren Vermögenswertes zu erfassen, obwohl bis dahin noch keine biologische Transformation des konsumierbaren Vermögenswertes stattgefunden hat. Den späteren Perioden, in denen eine biologische Transformation stattfindet, werden entsprechend keine Erfolge aus der biologischen Transformation zugeordnet.

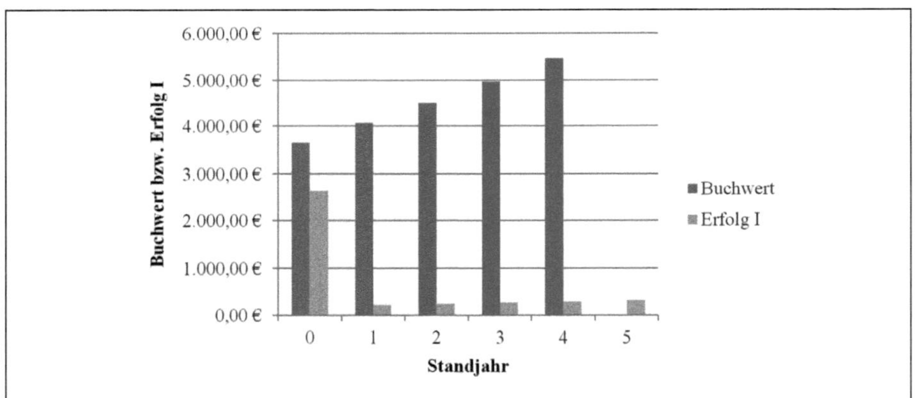

Abbildung 6-7: Buchwerte und Erfolge bei der Bewertung nach der Ertragswertmethode im Rahmen der Ermittlung des beizulegenden Zeitwertes am Beispiel des stehenden Holzes

Neben der verzerrten Darstellung der Erfolgslage[1357] ist jedoch hervorzuheben, dass die auf dem reifen Vermögenswert basierende Bewertung auch erhebliche Vorteile aufweist. So werden der Zeitwert des Geldes und die Unsicherheiten der Produktion explizit berücksichtigt, sodass der Bewertungsansatz diesbezüglich bspw. der Anwendung der PoC-Methode vorzuziehen wäre.[1358] Es stellt sich dadurch die Frage, ob die Vorteile der beiden Methoden nicht gebündelt werden können, indem die Bewertung auf Basis des reifen Zustandes des Vermögenswertes variiert oder ergänzt wird und gleichzeitig der Erfolg entsprechend der periodenspezifischen biologischen Transformation der Vermögenswerte verteilt wird.

1357 Eine ähnliche Problematik tritt bei der Bewertung einer Dauerkultur zum Ertragswert auf. Zum verzerrten Erfolgsausweis durch den erstmaligen erfolgswirksamen Ansatz einer Dauerkultur zum Ertragswert vgl. Janze, C., IFRS im landwirtschaftlichen Rechnungswesen, S. 317.

1358 Vgl. zur Kritik an der PoC-Methode Abschnitt 633.

Als Lösungsansatz hierfür bietet es sich an, den tatsächlichen Wert des Vermögenswertes in der Bilanz auszuweisen,[1359] die Wertänderungen jedoch nicht direkt erfolgswirksam zu erfassen. Dies ist mithilfe der Bilanzierung eines passiven Abgrenzungspostens parallel zur auf Basis des beizulegenden Zeitwertes beruhenden Bilanzierung des konsumierbaren Vermögenswertes möglich.[1360] Der Abgrenzungsposten übernimmt dabei eine Art Filter- bzw. Speicherfunktion, indem er die noch nicht erfolgswirksam erfassten Teile der Wertänderungen solange erfolgsneutral zurückhält, bis sie entsprechend der periodenspezifischen biologischen Transformation den jeweiligen Perioden erfolgswirksam zugeordnet werden können.

Für diese Lösung ist mit dem Erstansatz des konsumierbaren Vermögenswertes zum Ertragswert ein passiver Abgrenzungsposten in der gleicher Höhe zu bilanzieren. Dieser wird dann in den Folgeperioden entsprechend des Anteils des Wachstums in einer Periode am insgesamt erwarteten Wachstum erfolgswirksam aufgelöst. Beim Erstansatz im obengenannten Beispiel wird demnach neben dem positiv erfolgswirksam gebuchten Ertragswert von 3.641,08 € (siehe Tabelle 6-5) ein negativ erfolgswirksam gebuchter passiver Abgrenzungsposten in Höhe von 3.641,08 € erfasst, sodass es netto zu einer Aufhebung der Erfolgswirkungen kommt. Im periodenspezifischen Erfolg des Standjahrs 0 zeigt sich lediglich der Anfangsaufwand von 1.000,00 €. Ein positiver betrieblicher Erfolg aus der Ertragswertbewertung wird nicht ausgewiesen. Dies ist auch zu befürworten, da im Erstansatz noch keine biologische Transformation stattfindet. In den folgenden Perioden wird für die Ermittlung der neuen periodenspezifischen Erfolge (Erfolg II) zu den ursprünglichen Erfolgen[1361] (Erfolg I) die Auflösung des passiven Abgrenzungspostens gewinnerhöhend und periodenspezifisch erfasst. Entsprechend dem Verhältnis des Wachstums in der fünften Periode zum Wachstum in der ersten Periode (40 t zu 4 t)[1362] wird somit bspw. aus der Auflösung des passiven Abgrenzungspostens in der fünften Periode mit dem Zehnfachen ein weitaus höherer Gewinn ausgewiesen erfasst als in der ersten Periode. Die Entwicklung des Buchwertes des konsumierbaren Vermögenswertes bleibt im Vergleich zur Bilanzierung ohne den passiven Abgrenzungsposten unverändert (vgl. zum Absatz Tabelle 6-7 und Abbildung 6-8).[1363]

1359 Dabei wird in den folgenden Ausführungen dieses Abschnitts angenommen, dass der beizulegende Zeitwert dem Ertragswert entspricht, auch wenn in der Praxis oftmals noch ein Ertragswertabschlag vorzunehmen ist. Vgl. ähnlich JANZE, C., IFRS im landwirtschaftlichen Rechnungswesen, S. 317.

1360 Vgl. zur Idee der Anwendung eines passiven Rechnungsabgrenzungsposten im Rahmen der Bilanzierung von tragenden Vermögenswerten JANZE, C., IFRS im landwirtschaftlichen Rechnungswesen, S. 318-320.

1361 Vgl. hierzu Tabelle 6-6.

1362 Vgl. hierzu Tabelle 6-1.

1363 Bei einer separaten Betrachtung der Aktivseite der Bilanz und bei einer Vernachlässigung praktischer Einschränkungen wird der Vermögensausweis damit zutreffend dargestellt. Vgl. ähnlich in Bezug auf tragende Vermögenswerte JANZE, C., IFRS im landwirtschaftlichen Rechnungswesen, S. 318.

Standjahr	Erfolg I	Erfolgsbuchung „Abgrenzungsposten"	Erfolg II
0	2.641,08 €	- 3.641,08 €	- 1.000,00 €
1	218,46 €	145,64 €	364,11 €
2	243,57 €	364,11 €	607,68 €
3	270,19 €	655,39 €	925,58 €
4	298,40 €	1.019,50 €	1.317,90 €
5	328,30 €	1.456,43 €	1.784,73 €
∑	4.000,00 €	0,00 €	4.000,00 €

Tabelle 6-7: Vergleich der Erfolge mit und ohne der Bilanzierung des passiven Abgrenzungspostens

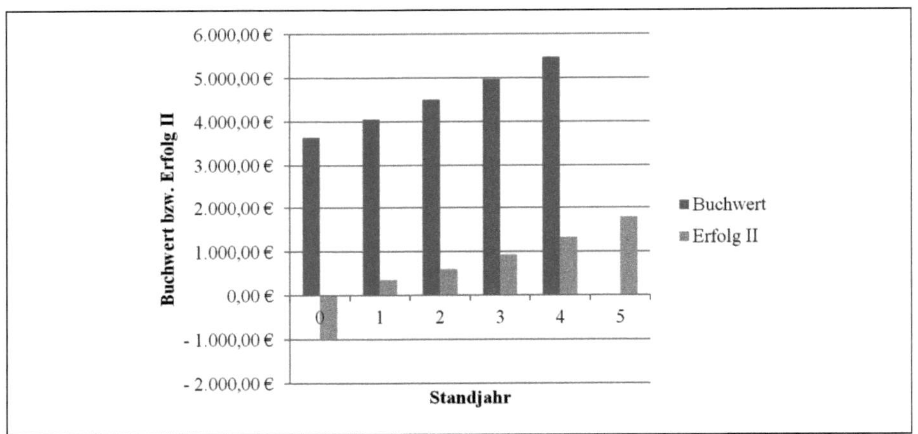

Abbildung 6-8: Buchwerte und Erfolge bei der Bewertung nach der Ertragswertmethode sowie der Bilanzierung eines passiven Abgrenzungspostens im Rahmen der Ermittlung des beizulegenden Zeitwertes am Beispiel des stehenden Holzes

Das Beispiel zeigt, dass über die hier vorgeschlagene Bildung und periodenspezifische Auflösung eines passiven Abgrenzungspostens die ausgewiesenen Erfolge bei der Bilanzierung eines konsumierbaren biologischen Vermögenswertes von dessen biologischer Transformation abhängen. Die Verzerrung des Erfolgsausweises nimmt ab, da es durch die Bildung bzw. die Auflösung des passiven Abgrenzungspostens zu einer Korrektur des antizipativen erfolgswirksamen Ausweises eines Großteils des Gesamterfolgs zum Zeitpunkt des Erstansatzes des Vermögenswertes kommt.[1364] Wie bereits erwähnt, berücksichtigt diese Methode implizit nun auch die Unsicherheiten im Transformationsprozess sowie den Zeitwert des Geldes, indem diese durch Berücksichtigung im Zinssatz oder im Cashflow in den Ertragswert mit einfließen. Insofern stellt der hier dargestellte Ansatz für konsumierbare biologische Vermögenswerte für den Fall, dass sich deren Wert nicht unmittelbar über den aktuellen Entwicklungszustand bzw. sich deren Wert über den Wert des Vermögenswertes im Reifezustand herleiten lässt, ein angemessene Bewertungsmethodik dar.

[1364] Vgl. ähnlich zur Bilanzierung eines passiven Rechnungsabgrenzungsposten im Rahmen der Bilanzierung von tragenden Vermögenswerten JANZE, C., IFRS im landwirtschaftlichen Rechnungswesen, S. 318.

Diskussionswürdig erscheint allerdings der Ausweis eines negativen Periodenerfolgs im Standjahr 0 bei einem insgesamt positiven Gesamterfolg. Um diesen negativen „Erfolgsausschlag" zu vermeiden, könnte sich die Höhe des Abgrenzungspostens anstatt am Barwert des biologischen Vermögenswertes zum Erstansatz alternativ auch an der Differenz zwischen dem Barwert und den Anfangsaufwendungen orientieren. Dies hätte für das oben genannte Beispiel zur Folge, dass der passive Abgrenzungsposten nicht in Höhe von 3.641,08 €, sondern stattdessen in Höhe von 2.641,08 € (= 3.641,08 € - 1.000,00 €) zu bilden wäre. Der Erstansatz wäre damit erfolgsneutral, was aber sicher nur gerechtfertigt wäre, wenn hinreichend verlässlich von einem positiven Gesamterfolg ausgegangen werden kann (vgl. für die Beispieldaten Tabelle 6-8 und Abbildung 6-9). Letztlich würde eine solche Bilanzierung unmittelbar dem Sachverhalt gerecht werden, dass zum Erstansatz des biologischen Vermögenswertes noch keine neue biologische Transformation stattgefunden hat.

Standjahr	Erfolg I	Erfolgsbuchung „Abgrenzungsposten"	Erfolg II
0	2.641,08 €	- 2.641,08 €	0,00 €
1	218,46 €	105,64 €	324,11 €
2	243,57 €	264,11 €	507,68 €
3	270,19 €	475,39 €	745,58 €
4	298,40 €	739,50 €	1.037,90 €
5	328,30 €	1.056,43 €	1.384,73 €
∑	4.000,00 €	0,00 €	4.000,00 €

Tabelle 6-8: Vergleich der Erfolge mit und ohne der Bilanzierung des passiven Abgrenzungspostens (Alternative 2)

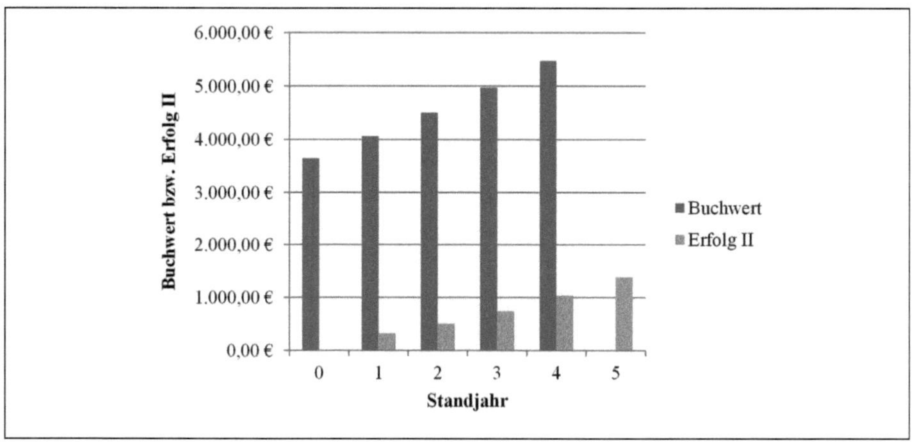

Abbildung 6-9: Buchwerte und Erfolge bei der Bewertung nach der Ertragswertmethode sowie der Bilanzierung eines passiven Abgrenzungspostens im Rahmen der Ermittlung des beizulegenden Zeitwertes am Beispiel des stehenden Holzes (Alternative 2)

Allerdings ist eine solche Bilanzierung nicht ganz unproblematisch, da die Aufhebung des Negativerfolgs beim Erstansatz des Vermögenswertes letztlich die Folgeperioden belastet. So würden deren periodenspezifische Erträge in ihrer absoluten Höhe reduziert werden, da die anfänglichen Aufwendungen in der Form eines Mindererfolgs auf die Folgeperioden entsprechend der jeweiligen biologischen Transformation umverteilt werden. Zudem wäre es im Rahmen der weiterhin bestehenden Bewertung des konsumierbaren Vermögenswertes auf Basis des beizulegenden Zeitwertes und damit auch im Sinne des *matching* von Erträgen und Aufwendungen inkonsequent, die Anfangsaufwendungen für den konsumierbaren Vermögenswert erfolgswirksam zum Zeitpunkt bzw. in der Periode ihres Anfalls zu erfassen und die damit verbundene Erfolgswirkung gleichzeitig durch die Reduktion des Abgrenzungspostens faktisch zu neutralisieren. Aus diesen Gründen wird hier weiterhin für die Bildung eines Abgrenzungspostens in Höhe des Barwertes des konsumierbaren biologischen Vermögenswertes zum Erstansatz plädiert.

636. Zur Veräußerung versus zur innerbetrieblichen Verwertung vorgesehene konsumierbare biologische Vermögenswerte

In der Landwirtschaft werden landwirtschaftliche Erzeugnisse bzw. Teile der Ernte oftmals für neue biologische Transformationen beim selben Landwirt verwendet, sodass für den Zeitraum nach der Ernte hinsichtlich der weiteren Verwertung der Ernteerzeugnisse zwischen zu veräußernden und im eigenen Betrieb einzubringenden, konsumierbaren biologischen Vermögenswerten unterschieden werden kann. Die Differenzierung ist vor allem bei Viehhaltern von Bedeutung, die regelmäßig einen Teil des Futterbedarfs ihrer Tiere über den eigenen Pflanzenanbau decken.[1365] Es ist jedoch zu hinterfragen, ob die Unterscheidung zwischen den zur Veräußerung und den zur innerbetrieblichen Verwertung vorgesehenen, konsumierbaren biologischen Vermögenswerten auch bilanziell relevant ist.

Hierbei kann geprüft werden, ob durch den unterschiedlichen Verwendungszweck im Rahmen einer sogenannten *own use exemption* der Bewertungsmaßstab der konsumierbaren Vermögenswerte zu variieren ist. Eine *own use exemption* kann im Kontext von IAS 39 und IFRS 9 bei der Bilanzierung von Finanzinstrumenten auftreten.[1366] Dabei sind von der *own use exemption* jene Warentermingeschäfte betroffen, die aufgrund des erwarteten eigenen Nutzungs-, Verkaufs- oder Einkaufsbedarfs eines Unternehmens geschlossen wurden und gehalten werden, um künftig nicht-finanzielle Vermögenswerte zu empfangen bzw. geliefert zu bekommen, und die daher nicht im Anwendungsbereich des IAS 39 liegen.[1367] Sie sind somit von der entsprechenden Bewertung zum beizulegenden Zeitwert ausgeschlossen.[1368]

In Analogie dazu könnten im eigenen Unternehmen verwendete biologische Vermögenswerte als Own-Use-Vermögenswerte interpretiert werden, da diese hinsichtlich des erwarteten Nutzungsbedarfs des Unternehmens produziert werden. Gleiches müsste dann jedoch auch für die zur Veräußerung vorgesehenen biologischen Vermögenswerte gelten, die im Sinne des erwarteten Verkaufsbedarfs des Unternehmens entsprechend als Own-Use-Vermögenswerte interpretierbar sind. Insofern

1365 Vgl. hierzu Abschnitt 233.1.

1366 Vgl. DELOITTE & TOUCHE GMBH WIRTSCHAFTSPRÜFUNGSGESELLSCHAFT, IFRS 9 Finanzinstrumente, S. 8 f.

1367 Vgl. IAS 39.5. Vgl. im Ergebnis auch LÜDENBACH, N./HOFFMANN, W.-D./FREIBERG, J., in: Lüdenbach et al., Haufe IFRS-Kommentar, § 28, Rn. 225.

1368 Vgl. im Ergebnis IAS 39.5.

ist vor diesem Hintergrund eine unterschiedliche bilanzielle Behandlung der zur internen bzw. externen Nutzung vorgesehenen konsumierbaren biologischen Vermögenswerte abzulehnen. Hierfür sprechen noch weitere Gründe.

So ist zudem für die gleiche bilanzielle Behandlung der beiden Vermögenswertgruppen zu plädieren, da die biologische Transformation der Vermögenswerte in beiden Fällen Nutzen stiftet bzw. die wirtschaftliche Lage des Unternehmens c. p. verbessert, sodass Informationen hierüber für den Bilanzadressaten entscheidungsnützlich sind. Die biologische Transformation ist also analog zur allgemeinen Erfolgsdefinition bei konsumierbaren biologischen Vermögenswerten[1369] sowohl bei einer Veräußerung als auch bei einer internen Weiterverwendung als betriebliche Tätigkeit und damit ein Fortschritt in der Transformation als Erfolg zu sehen. Weiterhin kommt eine identische Regelung der Tatsache entgegen, dass die Verwertung der konsumierbaren Vermögenswerte z. T. auch vom jeweiligen Ernteerfolg abhängen kann und damit ex post variieren kann. Die gleiche Behandlung der zur Veräußerung bzw. zur innerbetrieblichen Verwertung vorgesehenen konsumierbaren biologischen Vermögenswerte ist letztlich auch mit dem bisherigen Prinzip des IAS 41 und der Neuregelungen vereinbar, das die Anwendung der Vorschriften auf die biologischen Vermögenswerte lediglich bis zum Zeitpunkt der Ernte bezieht und darüber hinaus die künftige Verwendung den allgemeinen Standards überlässt. Die Weiterverarbeitung eigens produzierter Produkte findet zudem auch in anderen Betrieben statt und ist von der Sache her keine Besonderheit der landwirtschaftlichen Tätigkeit. Daher ist es sinnvoll, die Ernteerzeugnisse ab dem Zeitpunkt der Ernte wie übliche weiterzuverarbeitende Produkte zu bilanzieren, d. h. im Regelfall als Vorratsvermögen nach IAS 2[1370] oder als neue biologische Vermögenswerte nach IAS 41 oder künftig auch IAS 16 bzw. nach den in dieser Arbeit vorgeschlagenen Regelungen. Eine Differenzierung der Bewertung konsumierbarer biologischer Vermögenswerte vor der Ernte ist nicht sachgerecht.

637. Fazit sowie Abgleich mit IAS 41 und den Regelungsänderungen „Agriculture: Bearer Plants"

Insgesamt zeigt sich, dass der beizulegende Zeitwert die biologische Transformation bei konsumierbaren biologischen Vermögenswerten und damit den betrieblichen Erfolg der landwirtschaftlichen Tätigkeit realitätsnah und objektiviert abbilden kann. Sowohl Informationen zum Fortschritt der biologischen Transformation der konsumierbaren biologischen Vermögenswerte als auch zur Bewertung der Vermögenswerte durch den Markt stellen für die Bilanzadressaten grundsätzlich relevante Informationen dar. Für die Erfolgsdarstellung gilt es zu unterscheiden, ob der beizulegende Zeitwert mittelbar oder unmittelbar über den aktuellen Entwicklungszustand des biologischen Vermögenswertes ermittelt werden kann. Erfolgt die Bewertung nämlich über die Abzinsung des Wertes des Vermögenswertes im Reifezustand ist parallel zur Bilanzierung des konsumierbaren Vermögenswertes die zusätzliche Bilanzierung und erfolgswirksame Auflösung eines passiven Abgrenzungspostens sinnvoll.

1369 Vgl. hierzu Abschnitt 194.

1370 Dies ist auch bereits nach dem gültigen IAS 41 vorgesehen. Vgl. IAS 41.3.; SCHULTE, A., Bewertung von biologischen Vermögenswerten nach IFRS, S. 84; Abschnitt 412.1.

Bei einem Vergleich der hier vorgeschlagenen Regelungen mit den aktuellen Regelungen des IAS 41 sowie den Neuregelungen „Agriculture: Bearer Plants“ fällt auf, dass die vorgeschlagene Bewertung konsumierbarer biologischer Vermögenswerte auf Basis des beizulegenden Zeitwertes grundsätzlich konform zu den Regelungen nach IAS 41 (außer bei Anwendung der Verlässlichkeitsausnahme) sowie den Neuregelungen „Agriculture: Bearer Plants“ ist. Sowohl die bisherigen Regelungen nach IAS 41 als auch die Regelungsänderungen sehen dabei mit der Bewertung zum beizulegenden Zeitwert abzüglich der Veräußerungskosten den gleichen Bewertungsmaßstab für das Pflanzen- als auch für das Tiervermögen vor. Dies ist aus konzeptioneller Sicht zu begrüßen. Die ggf. erforderliche Bildung eines passiven Abgrenzungspostens ist weder nach IAS 41 noch nach den Regelungsänderungen vorgesehen.

Es ist zudem zu erwähnen, dass nach den Regelungsänderungen „Agriculture: Bearer Plants“ nicht nur die lebende Pflanze oder das lebende Tier als potenzielles konsumierbares Gut betrachtet wird, sondern darüber hinaus die an den tragenden Vermögenswerten wachsende Frucht separat bilanziert wird. Vor dem Hintergrund einer vollständigen Berücksichtigung ist diese getrennte Bilanzierung konzeptionell zu begrüßen, da somit die biologische Transformation der Früchte, vor allem bei langfristigen Transformationsprozessen, abgebildet wird und dadurch dem Bilanzadressaten relevante, entscheidungsnützliche Informationen bereitgestellt werden. Werden die wachsenden Früchte zusammen mit den fruchttragenden Pflanzen bilanziert, stellt dies eine Gefährdung der Verständlichkeit der Finanzinformationen dar, sofern nicht im Anhang über die Zusammensetzung des Wertansatzes informiert wird. Ansonsten kann nämlich der Bilanzadressat kaum nachvollziehen, wie sich der kumulierte Wert des bilanziellen Vermögenswertes zusammensetzt.

64 Vorschlag für tragende biologische Vermögenswerte

641. Tragende, dem Geschäftsbetrieb auf Dauer dienende biologische Vermögenswerte

641.1 Vorüberlegung

Tragende, **dem Geschäftsbetrieb auf Dauer dienende** biologische Vermögenswerte sind für eine i. d. R. mehrjährige Nutzung vorgesehen, wobei die wirtschaftliche und natürliche Nutzungsdauer grundsätzlich zeitlich beschränkt ist. Das alleinige mit diesen Vermögenswerten verbundene Ziel ist die Produktion von weiteren biologischen Vermögenswerten und landwirtschaftlichen Erzeugnissen. Diese Produktionsergebnisse fallen normalerweise in regelmäßigen Abständen an, wobei ihr jeweiliger Produktionszyklus mit dem Erntevorgang endet. Letztlich verteilt sich die Menge an Ernteergebnissen damit über die Nutzungsdauer des tragenden Vermögenswertes hinweg. Ausgaben entstehen zum einen für die Anschaffung bzw. Herstellung des biologischen Vermögenswertes und zum anderen während der Nutzungsdauer in Form von bspw. Pflegeaufwendungen.[1371] Insgesamt bedarf es einer periodenspezifischen Ertragsverteilung und -erfassung auf Basis der periodenspezifischen Leistung des Vermögenswertes. Gleiches gilt für die Aufwendungen. Um einen Bewertungsmaßstab zu entwickeln, der den Adressaten des Jahresabschlusses bezüglich tragender, dem Geschäftsbetrieb auf

[1371] Vor allem bei Pflanzen sind die anfänglichen Ausgaben im Verhältnis zu den Folgeausgaben hoch, da für die Produktion der Erzeugnisse oftmals freie, kostenlose Güter genutzt werden können (Sonne, Licht, Regenwasser) und damit die Folgeausgaben häufig gering sind.

Dauer dienender biologischer Vermögenswerte entscheidungsnützliche Informationen liefert, muss analysiert werden, welche Informationen diesbezüglich relevant sind und wie diese glaubwürdig dargestellt werden können.

641.2 Der beizulegende Zeitwert

Ausgehend von der Bewertung aller biologischen Vermögenswerte nach IAS 41 auf Basis des **beizulegenden Zeitwertes** scheint dieser Bewertungsmaßstab für die dauerhaften, tragenden biologischen Vermögenswerte nicht geeignet zu sein. So begründet der Standardsetter die Wahl des beizulegenden Zeitwertes nämlich u. a. damit, dass dieser die biologische Transformation der biologischen Vermögenswerte und damit einhergehende Nutzenänderungen für das Unternehmen am besten abbildet.[1372] Dabei gilt es aber zu berücksichtigen, dass bei tragenden Vermögenswerten oftmals keine wesentliche biologische Transformation mehr stattfindet,[1373] nachdem sie ausgewachsen sind. Die Vermögenswerte bleiben abgesehen von Alterungs- oder Abnutzungserscheinungen sowie außerplanmäßigen Ereignissen in ihrer körperlichen Substanz erhalten. Zwar kann bezüglich der Fruchtbildung von einer biologischen Transformation gesprochen werden. Diese bezieht sich allerdings vielmehr auf die Frucht selbst und nicht auf den tragenden biologischen Vermögenswert. Die biologische Transformation der tragenden biologischen Vermögenswerte ist insofern nicht als das primäre Ziel der landwirtschaftlichen Tätigkeit zu interpretieren. Analog zum „normalen" Anlagevermögen besteht die Leistung tragender biologischer Vermögenswerte in der Produktion bzw. Entwicklung eines anderen Gutes. Dieses bzw. dessen Entwicklung werden dabei jedoch separat bilanziert. Insofern ist eine Bewertung der tragenden, dem Geschäftsbetrieb auf Dauer dienenden biologischen Vermögenwerte auf Basis des beizulegenden Zeitwertes nicht erforderlich.[1374] Die Änderung der biologischen Transformation als Interpretation der Änderung des beizulegenden Zeitwertes und damit als betrieblicher Erfolg liefert für den Adressatenkreis des Jahresabschlusses somit bei tragenden, dem Geschäftsbetrieb auf Dauer dienenden biologischen Vermögenswerten nur eingeschränkt relevante Informationen.

Unter Vernachlässigung der Prognoseunsicherheiten entspricht die Bewertung zum beizulegenden Zeitwert abzüglich Veräußerungskosten anhand des Ertragswertverfahrens zwar dem wirtschaftlich reellen Wertverlauf eines tragenden, dem Geschäftsbetrieb auf Dauer dienenden biologischen Vermögenswertes.[1375] Aus der erfolgswirksamen Erfassung von Änderungen in der Bewertung zum beizulegenden Zeitwert abzüglich der Veräußerungskosten resultiert aber u. U. – ähnlich wie bei den

---

1372 Vgl. IAS 41.B14.

1373 Vgl. EFRAG (HRSG.), Comment letter ED/2013/8, S. 2. Vgl. ähnlich auch DRSC E.V. (HRSG.), Comment letter ED/2013/8, S. 2.

1374 Vgl. DRSC E.V. (HRSG.), Comment letter ED/2013/8, S. 2.

1375 Vgl. in Bezug auf Dauerkulturen ETTENAUER, R./MEIXNER, O./PEYERL, H., Die Bewertung langfristiger pflanzlicher Vermögenswerte nach IAS 41, S. 46. In der Praxis würde sich der beizulegende Zeitwert in den Anfangsjahren wohl eher am Kostenwert orientieren, während erst in späteren Jahren eine Bewertung auf Basis des Ertragswertes stattfinden würde. Vgl. JANZE, C., in: Lüdenbach et al., Haufe IFRS-Kommentar, § 40, Rn. 44. Die methodischen Defizite des IAS 41 bezüglich der Bewertung von tragenden biologischen Vermögenswerten am Beispiel der Dauerkulturen können indes dennoch gut gezeigt werden. Vgl. JANZE, C., in: Lüdenbach et al., Haufe IFRS-Kommentar, § 40, Rn. 44.

konsumierbaren biologischen Vermögenswerten – eine erhebliche Vorverlagerung von Erträgen, indem bereits ein Großteil der künftig erwarteten, aber mit großen Unsicherheiten behafteten Erträge ausgewiesen wird, bevor die erste Ernte stattgefunden hat bzw. bevor die Dauerkultur Fruchterträge erbringt.[1376] Das heißt, dass bereits mit der Anpflanzung bzw. Anschaffung ohne eine bis dahin stattgefundene Produktion von landwirtschaftlichen Erzeugnissen und ohne die Betriebsbereitschaft des Vermögenswertes Erträge realisiert werden. Eine solche Erfolgsrealisation scheint hinsichtlich einer die reale Situation berücksichtigenden Erfolgsdarstellung fraglich. Letztlich werden dazu die Aufwendungen aus der Reduzierung des Ertragswertes sowie die jährlichen aufwandswirksamen weiteren Kosten, wie bspw. Pflegekosten, erheblich durch die zu erfassenden, periodenspezifischen Erträge aus der Ernte der Früchte kompensiert,[1377] sodass die bilanziellen Erfolge in den Folgeperioden tendenziell vermindert ausgewiesen werden.[1378]

Im Folgenden sei die Problematik des vorgezogenen Erfolgsausweises nach IAS 41 kurz an einem **Beispiel** für die Ermittlung des beizulegenden Zeitwertes anhand des Ertragswertverfahrens für eine Dauerkultur als pflanzlichen tragenden Vermögenswert gezeigt.[1379] Die **Dauerkultur** wird sechs Jahre nach ihrer Anpflanzung betrieblich verwendet.[1380] Im Standjahr 0 entstehen nicht nach IAS 41 aktivierungsfähige Anpflanzungskosten in Höhe von 20.000 €.[1381] Im ersten Standjahr fallen Pflegeaufwendungen in Höhe von 2.000 € an, wobei die Pflanzen in diesem Jahr noch keine Früchte tragen. Erst im zweiten Jahr trägt die Pflanze Früchte (65 t). Danach können jährlich 120 t Früchte so lange geerntet werden, bis im sechsten Jahr voraussichtlich noch 55 t Früchte heranreifen. Danach fallen keine Früchte mehr an. Der Preis für die Früchte beträgt vereinfachend über die Perioden hinweg

1376 Vgl. ETTENAUER, R./MEIXNER, O./PEYERL, H., Die Bewertung langfristiger pflanzlicher Vermögenswerte nach IAS 41, S. 46.

1377 Vgl. JANZE, C., in: Lüdenbach et al., Haufe IFRS-Kommentar, § 40, Rn. 44.

1378 Nach Literaturmeinungen kann für die tragenden biologischen Vermögenswerte somit ein nicht den tatsächlichen wirtschaftlichen Verhältnissen entsprechender Erfolgsausweis resultieren. Vgl. ETTENAUER, R./MEIXNER, O./PEYERL, H., Die Bewertung langfristiger pflanzlicher Vermögenswerte nach IAS 41, S. 46; JANZE, C., in: Lüdenbach et al., Haufe IFRS-Kommentar, § 40, Rn. 44.

1379 Dies bietet sich auch deshalb an, da ein Marktpreis für Dauerkulturen für verschiedene Entwicklungszustände oftmals nicht verfügbar ist und somit zumindest die Bewertung mit dem beizulegenden Zeitwert auf Basis der ersten Stufe der Hierarchie der Fair-Value-Inputparameter mit den marktbasierten Verfahren nicht möglich ist, (vgl. Abschnitt 422.4) sodass die barwertorientierten Verfahren angewendet werden können. Vgl. zu ähnlichen Beispielen auch JANZE, C., IFRS im landwirtschaftlichen Rechnungswesen, S. 313-317; ETTENAUER, R./MEIXNER, O./PEYERL, H., Die Bewertung langfristiger pflanzlicher Vermögenswerte nach IAS 41, S. 45-47.

1380 Auch wenn sich die Bilanzierungseinheit des IAS 41 in der Theorie auf den einzelnen biologischen Vermögenswert bezieht (vgl. Abschnitt 421.51), werden hier die Zahlungsströme bzw. die Wertansätze der Dauerkulturpflanzen als eine Gesamtsumme ausgewiesen. Die aggregierte Darstellung ist insofern sinnvoll, als diese in aller Regel auch beim bilanziellen Ausweis der Wertansätze angewendet wird, d. h. jede Pflanze nicht einzeln ausgewiesen wird. Letztlich ergeben sich – auch vor dem Hintergrund der oftmals angewendeten Gruppenbewertung – durch die Wertaggregation in der Summe keine wesentlichen Unterschiede. Es wird dadurch angenommen, dass die Bewertung der Gruppe der Pflanzen sowie die Aggregation der Wertansätze der einzelnen Pflanzen zum gleichen Gesamtwert führen. Faktisch wird von einer bewerteten Feldeinheit ausgegangen. Letztlich können die im Beispiel verwendeten aggregierten Zahlenwerte jedoch auch vereinfacht auf eine einzelne Pflanze heruntergerechnet werden, indem diese durch die Gesamtzahl der Pflanzen geteilt werden.

1381 Auch wenn ein Teil dieser Anpflanzungskosten aktivierbar wäre, würde dies für den Gesamterfolg bzw. den Buchwert der Anlage am Ende des Standjahres 0 keinen Unterschied machen. Dies liegt daran, dass die Verringerung der aufwandswirksamen Anpflanzungskosten und ein damit c. p. verbundener höherer Gesamterfolg durch eine geringere Zuschreibung des Buchwertes bei der Bewertung zum beizulegenden Zeitwert c. p. wieder vollständig aufgehoben werden würde.

105 € pro t. Es wird ein Zinssatz von 6 % angenommen. Die laufenden Aufwendungen betragen in den Ertragsjahren 4.000 € pro Jahr. Lediglich im letzten Produktionsjahr belaufen sie sich auf 1.000 €. Insgesamt werden somit pro Standjahr Überschüsse erzielt, die in den Jahren 0 und 1 noch negativ, in den darauffolgenden Jahren indes positiv sind (vgl. Tabelle 6-9).

Standjahr	Ertrag (in t)	Preis (je t)	Erträge	Aufwendungen	Differenz
0	0	105,00 €	0,00 €	20.000,00 €	-20.000,00 €
1	0	105,00 €	0,00 €	2.000,00 €	- 2.000,00 €
2	65	105,00 €	6.825,00 €	4.000,00 €	2.825,00 €
3	120	105,00 €	12.600,00 €	4.000,00 €	8.600,00 €
4	120	105,00 €	12.600,00 €	4.000,00 €	8.600,00 €
5	120	105,00 €	12.600,00 €	4.000,00 €	8.600,00 €
6	55	105,00 €	5.775,00 €	1.000,00 €	4.775,00 €
Σ	480		50.400,00 €	39.000,00 €	11.400,00 €

Tabelle 6-9: Datenübersicht zum Beispiel der Dauerkultur

Aus den gegebenen Daten lassen sich mit dem Zinssatz von 6 % Ertragswerte für das Ende jedes Jahres ermitteln (vgl. Tabelle 6-10). Diese werden über folgende bereits aus Abschnitt 635. bekannte Formel berechnet:

$$E_t = 1 + \frac{E_{t+1}}{1+i} + \frac{D_{t+1}}{1+i}$$

mit E_t = Ertragswert am Ende des Standjahres t; D_t = Differenz zwischen Erträgen und Aufwendungen im Standjahr t (vgl. hierzu Tabelle 6-10); E_6 = 0[1382] und i = 0,06 (= Zinssatz).

Standjahr	Ertragswert	Differenz zum Vorjahr
0	24.452,79 €	24.452,79 €
1	27.919,95 €	3.467,17 €
2	26.770,15 €	- 1.149,80 €
3	19.776,36 €	- 6.993,79 €
4	12.362,94 €	- 7.413,42 €
5	4.504,72 €	- 7.858,22 €
6	0,00 €	- 4.504,72 €

Tabelle 6-10: Ertragswert und Vergleich zum Vorjahr am Beispiel der Dauerkultur

Am Beispiel wird deutlich, dass sich die Anschaffungskosten und der beizulegende Zeitwert voneinander unterscheiden können. In der Folge ist nach IAS 41.26 ein *day one gain* in Höhe der Differenz zwischen dem Ertragswert im Standjahr 0 (24.452,79 €) und den Anschaffungskosten (20.000 €) in Höhe von 4.452,79 € zu erfassen, die sich in der zweiten Zeile in der fünften Spalte von Tabelle 6-11 zeigt. Zwar kann die hohe Wertsteigerung des tragenden Vermögenswertes beim Erstansatz hinterfragt werden, da aus theoretischer Perspektive in einem vollkommenen Markt der Marktpreis eines

1382 Der Ertragswert am Ende des sechsten Standjahres ist Null, da sich die Dauerkultur zu diesem Zeitpunkt am Ende ihrer Nutzung befindet.

Stecklings die mit ihm verbundenen Risiken in seinem Wert widerspiegeln würde und somit der Preis eines gekauften Stecklings nicht vom Preis eines in einer spezifischen Nutzung einzubringenden Stecklings abweichen dürfte. Jedoch ist in der Praxis i. d. R. von unvollständigen Märkten und unvollständiger Information auszugehen.[1383] Insofern ist es auch hier möglich, dass der Verkäufer der Stecklinge nicht all dessen Nutzungsmöglichkeiten im Veräußerungspreis abbildet, während der Käufer den von ihm ausgeübten Wertschöpfungsprozess marktgerecht berücksichtigen kann.[1384] Die Erfolge der jeweiligen Jahre lassen sich als Differenz aus den Erträgen und den Aufwendungen pro Periode zuzüglich der Änderungen des beizulegenden Zeitwertes ermitteln (vgl. Tabelle 6-11).

Standjahr	Erträge	Aufwendungen der Periode	FV-Änderungen	Erfolg
0	0,00 €	20.000,00 €	24.452,79 €	4.452,79 €
1	0,00 €	2.000,00 €	3.467,17 €	1.467,17 €
2	6.825,00 €	4.000,00 €	- 1.149,80 €	1.675,20 €
3	12.600,00 €	4.000,00 €	- 6.993,79 €	1.606,21 €
4	12.600,00 €	4.000,00 €	- 7.413,42 €	1.186,58 €
5	12.600,00 €	4.000,00 €	- 7.858,22 €	741,78 €
6	5.775,00 €	1.000,00 €	- 4.504,72 €	270,28 €
∑	50.400,00 €	39.000,00 €	0,00 €	11.400,00 €

Tabelle 6-11: Erträge und Aufwendungen bei der Bewertung nach der Ertragswertmethode im Rahmen der Ermittlung des beizulegenden Zeitwertes am Beispiel der Dauerkultur

Es zeigt sich, dass der Ertragswert der Dauerkultur bis zu deren Betriebsbereitschaft bzw. im ersten Jahr noch steigt (vgl. Tabelle 6-10 und Abbildung 6-10). Dies liegt darin begründet, dass mit den ausstehenden, in die Berechnung einbezogenen Perioden ab dem Zeitpunkt der Betriebsbereitschaft der Dauerkultur lediglich (Netto-)Ertragsperioden mit in die Berechnung einfließen und diese Anzahl der Ertragsperioden auch die maximal mögliche Anzahl der in der Folgezeit noch einzubeziehenden Ertragsperioden ist.[1385] Die Perioden, in denen die Aufwendungen die Erträge übertreffen, sind zu dieser Zeit bereits vergangen. Letztlich ist die Zunahme des Ertragswertes auch auf einen Fortschritt der biologischen Transformation der Dauerkultur bis hin zu deren Reife bzw. Betriebsbereitschaft zurückzuführen.[1386] Die Verringerung des Ertragswertes ab der Reife der Dauerkultur bzw. ab Jahr 2 ist davon abzuleiten, dass die einzubeziehenden Ertragsperioden von Jahr zu Jahr weniger werden[1387] und bereits ein Teil der Erträge realisiert ist[1388]. Dies ist auch plausibel, da für eine mehrere Jahre nutzbare Dauerkultur ein anderer, i. d. R. höherer beizulegender Zeitwert anzunehmen ist als bei der gleichen Dauerkultur mit einer kürzeren Restnutzungsdauer[1389].

1383 Vgl. hierzu auch Abschnitt 422.3.

1384 Vgl. hierzu Abschnitt 422.3.

1385 Vgl. ETTENAUER, R./MEIXNER, O./PEYERL, H., Die Bewertung langfristiger pflanzlicher Vermögenswerte nach IAS 41, S. 46 und S. 46, Fn. 6.

1386 Vgl. ETTENAUER, R./MEIXNER, O./PEYERL, H., Die Bewertung langfristiger pflanzlicher Vermögenswerte nach IAS 41, S. 46, Fn. 6.

1387 Vgl. JANZE, C., in: Lüdenbach et al., Haufe IFRS-Kommentar, § 40, Rn. 44.

1388 Vgl. ETTENAUER, R./MEIXNER, O./PEYERL, H., Die Bewertung langfristiger pflanzlicher Vermögenswerte nach IAS 41, S. 46.

1389 Vgl. JANZE, C., in: Lüdenbach et al., Haufe IFRS-Kommentar, § 40, Rn. 45.

Insgesamt zeigt sich mit dem Beispiel, dass – wie bereits zuvor mit den Fruchtertragswerten angedeutet – nicht von stetig steigenden Ertragswerten bei tragenden Vermögenswerten auszugehen ist und sich beim Erstansatz bzw. der erstmaligen Bewertung zum beizulegenden Zeitwert beim bilanzierenden Unternehmen ein im Verhältnis zu den Erfolgen der anderen Perioden relativ hoher Erfolg ergeben kann.

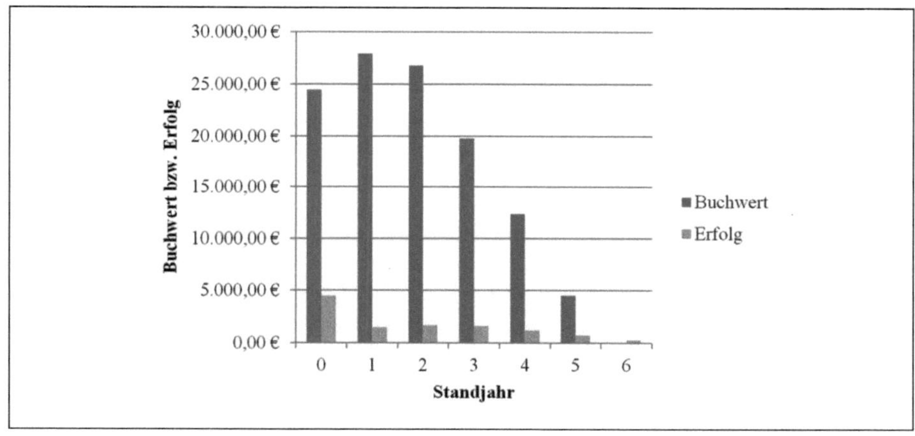

Abbildung 6-10: Buchwerte und Erfolge bei der Bewertung nach der Ertragswertmethode im Rahmen der Ermittlung des beizulegenden Zeitwertes am Beispiel der Dauerkultur

Neben der Kritik des ggf. hohen anfänglichen Erfolgsausweises durch die Bewertung zum beizulegenden Zeitwert ist jedoch wichtig zu hinterfragen, ob bei dem Geschäftsbetrieb auf Dauer dienenden biologischen Vermögenswerten die mit dem beizulegenden Zeitwert einhergehenden erfolgswirksamen Wertänderungen – abgesehen von der Abbildung der biologischen Transformation – überhaupt relevant sind. Beeinflusst es die Entscheidung eines Investors, ob inflationäre Effekte oder sonstige Marktpreisänderungen den aktuellen Wert des dem Geschäftsbetrieb auf Dauer dienenden tragenden biologischen Vermögenswertes steigern oder senken? Da ein Investor davon ausgehen kann, dass jener Vermögenswert bis zum Ende seiner wirtschaftlichen Nutzungsdauer genutzt und nicht vorher veräußert wird, sind der **aktuelle Marktpreis des Vermögenswertes und damit verbundene Wertschwankungen bzw. Erfolgswirkungen nicht entscheidungsrelevant**. Diese werden nämlich nicht vor dem Ende der Nutzungsdauer realisiert. Die Erfolge durch die Wertschwankungen sind zudem nicht das Ziel des Geschäftsmodells. Einen Vermögenswert erfolgswirksam zum beizulegenden Zeitwert zu bewerten, ohne dass mit dem Vermögenswert die Realisation der Erträge beabsichtigt wird, würde bei den Adressaten des Jahresabschlusses zu missverständlichen Informationen führen.[1390] Daher vermittelt der beizulegende Zeitwert für dem Geschäftsbetrieb auf Dauer dienende biologische Vermögenswerte keine hinreichend entscheidungsnützlichen Informationen. Möglichkeiten, den Adressaten ohne eine verzerrte Darstellung der Erfolgslage Informationen über die Wertentwicklung

[1390] Vgl. in Bezug auf Tiere LANDCORP FARMING LIMITED (HRSG.), Comment letter ED/2013/8, S. 1.

mitzuteilen, wären ansonsten bspw. die Angabe des beizulegenden Zeitwertes im Anhang oder eine erfolgsneutrale Neubewertung.

641.3 Die fortgeführten Anschaffungs- oder Herstellungskosten

Eine Bewertung auf Basis des **Anschaffungskostenmodells** ist von **Marktpreisänderungen** relativ **unabhängig**. Bei den dem Geschäftsbetrieb auf Dauer dienenden tragenden biologischen Vermögenswerten kommt es darauf an, den in einer Periode entstehenden Nutzen die dafür erforderlichen Aufwendungen gegenüberzustellen und somit einen periodenspezifischen, unverzerrten Erfolg im Sinne der Periodenabgrenzung auszuweisen. Dies ist möglich, indem die Anschaffungs- bzw. Herstellungskosten der tragenden biologischen Vermögenswerte über planmäßige Abschreibungen verursachungsgerecht über die Nutzungsperioden verteilt werden. Somit werden den Erträgen aus den Ernteperioden entsprechende Aufwendungen zugeteilt.

Jedoch kann dem entgegengehalten werden, dass eine Bewertung zu den fortgeführten Anschaffungs- oder Herstellungskosten auch mit einer unzutreffenden Darstellung der Erfolgslage in Verbindung gebracht werden kann, da bei langfristig tendenziell steigenden Preisen und damit auch steigenden Verkaufserlösen, sich die planmäßigen Abschreibungen auf historische Wertansätze beziehen.[1391] Werden die dadurch entstehenden zu hohen Gewinne ausgeschüttet, werden dem Unternehmen künftig u. U. keine ausreichenden Ressourcen für Ersatzinvestitionen mehr zur Verfügung stehen.[1392] Somit besteht durch die Bewertung zu den fortgeführten Anschaffungs- oder Herstellungskosten die Gefahr der Substanzschwächung des bilanzierenden Unternehmens. Diesem kann mit der Anwendung der Neubewertungsmethode nach IAS 16 entgegengewirkt werden. Somit könnte aus Gründen der substanziellen Kapitalerhaltung für die Neubewertungsmethode als Bewertungsmethode der tragenden, dem Geschäftsbetrieb auf Dauer dienenden biologischen Vermögenswerte tendiert werden. Jedoch ist hiergegen einzuwenden, dass die damit bezweckte Substanzerhaltung keinen Selbstzweck darstellt.[1393] Zudem legt sich der Standardsetter im Conceptual Framework nicht auf das substanzielle Kapitalerhaltungskonzept als Kapitalerhaltungskonzept fest und betont stattdessen sogar die weitverbreitete Anwendung des nominellen Kapitalerhaltungskonzeptes.[1394] Insofern kann eine Neubewertung der Vermögenswerte nicht auf Basis der Kapitalerhaltungskonzeptionen begründet werden.[1395] Aus diesem Grund sowie den weiteren Ausführungen wird in dieser Arbeit für eine Bilanzierung der tragenden, dem Geschäftsbetrieb auf Dauer dienenden biologischen Vermögenswerte nach dem **Anschaffungskostenmodell** plädiert. Um jedoch ebenfalls möglichen Informationsbedürfnissen bezüglich der Substanzerhaltung begegnen zu können, wird zudem – wie bereits im Vorabschnitt kurz angesprochen – der Ausweis des beizulegenden Zeitwertes im Anhang für die betreffenden biologischen Vermögenswerte als sinnvoll erachtet. So bietet sich die Angabe des beizulegenden Zeitwertes im Anhang vor allem für tragende Vermögenswerte an, die eine relativ große Differenz zwischen ihrem

1391 Vgl. ADS International, Abschnitt 9, Rn. 142.

1392 Vgl. MACKENZIE, B./COETSEE, D./NJIKIZANA, T./SELBST, E./CHAMBOKO, R./COLYVAS, B./HANEKOM, B., WILEY IFRS 2014, S. 162; ADS International, Abschnitt 9, Rn. 142.

1393 Vgl. ADS International, Abschnitt 9, Rn. 142.

1394 Vgl. CF.4.57.

1395 Vgl. ADS International, Abschnitt 9, Rn. 142.

beizulegenden Zeitwert und ihren Anschaffungskosten aufweisen. Dies kann bspw. bei Zuchttieren der Fall sein, deren Nachzucht durch Leistungserfolge über verschiedene Generationen hinweg wertvoller wird.[1396]

Da biologische Vermögenswerte eine beschränkte erwartete wirtschaftliche Nutzungsdauer haben, die z. T. auch durch rechtliche Vorgaben beschränkt werden kann, ist die Aufteilung der Anschaffungskosten anhand der Anzahl der Perioden oftmals angemessen. Zwar wäre im Sinne des *matching* grundsätzlich auch die Verteilung der Anschaffungskosten über die Stückzahl oder die Menge der produzierten Erzeugnisse denkbar[1397] und hinsichtlich der Berücksichtigung der effektiven Nutzung während der Nutzungszeit vorzuziehen[1398], die Ernteergebnisse sind allerdings oftmals aufgrund der starken Abhängigkeit von externen Faktoren variabel, sodass neben der Erntemenge der einzelnen Perioden die Gesamtmenge der produzierten Erzeugnisse über die wirtschaftliche Nutzungsdauer des Vermögenswertes mit großen Unsicherheiten behaftet ist und dies einer Abschreibung über die Anzahl der produzierten Einheiten im Wege stehen kann.[1399] Letztlich ist eine Entscheidung bezüglich der Abschreibungsmethodik einzelfallabhängig, wobei mit einer zunehmenden Kontrollierbarkeit des Fruchtentwicklungsprozesses eine realitätsnahe Abbildung mit der Menge der produzierten Erzeugnisse als Abschreibungsbasis wahrscheinlicher erscheint.

Die Ausführungen werden veranschaulicht am obengenannten Beispiel, wobei die Bewertung auf Basis des Anschaffungskostenmodells und Abschreibungen nach den Produktionsmengen der Perioden vorgenommen werden. Die periodenspezifische Verteilung der Anschaffungskosten führt mit Bezug auf die Gesamtproduktionsmenge von 480 t Früchten und deren Verteilung auf die jeweiligen Perioden dazu, dass von den abzuschreibenden 22.000,00 € 65/480 dem Standjahr 2 (2.979,17 €), jeweils 120/480 den Standjahren 3 bis 5 (5.500,00 €) und 55/480 dem Standjahr 6 (2.520,83 €) zuzuordnen sind. Insgesamt sinkt der Buchwert des Vermögenswertes nach der Fertigstellung und es kommt zu einer Erfolgsglättung, ohne dass einer Periode unverhältnismäßig viel Erfolg zugewiesen wird (vgl. Tabelle 6-12, Tabelle 6-13 und Abbildung 6-11).

[1396] Im Bereich der Pflanzen wäre Ähnliches bspw. beim Anbau einer spezifischen Weinsorte denkbar.

[1397] Dabei wird angenommen, dass der biologische Vermögenswert mit jeder erzeugten Produktionseinheit an Wert verliert und somit der Nutzenverlust des biologischen Vermögenswertes in einer Periode von der Anzahl der in der betrachteten Periode erzeugten Produktionseinheiten abhängt. Insofern ist hier eine Ähnlichkeit zum Accretion-Konzept festzustellen, mit dem Unterschied, dass es sich hierbei um Wertverluste handelt und der Vermögenswert stetig an Wert bzw. an Nutzen verliert.

[1398] Vgl. in Bezug auf Sachanlagevermögen LÜDENBACH, N./HOFFMANN, W.-D./FREIBERG, J., in: Lüdenbach et al., Haufe IFRS-Kommentar, § 10, Rn. 28. Allgemein ist jedoch beim Sachanlagevermögen keine Bevorzugung einer Abschreibungsmethode erkennbar. Vgl. LÜDENBACH, N./HOFFMANN, W.-D./FREIBERG, J., in: Lüdenbach et al., Haufe IFRS-Kommentar, § 10, Rn. 29.

[1399] Vor allem tragende Pflanzen, die nicht konstanten Wetterverhältnissen ausgesetzt sind, sind davon betroffen.

Standjahr	Erträge	Aufwendungen der Periode	Abschreibungen	Erfolg
0	0,00 €	(20.000,00 €)	0,00 €	0,00 €
1	0,00 €	(2.000 €)	0,00 €	0,00 €
2	6.825,00 €	4.000,00 €	2.979,17 €	- 154,17 €
3	12.600,00 €	4.000,00 €	5.500,00 €	3.100,00 €
4	12.600,00 €	4.000,00 €	5.500,00 €	3.100,00 €
5	12.600,00 €	4.000,00 €	5.500,00 €	3.100,00 €
6	5.775,00 €	1.000,00 €	2.520,83 €	2.254,17 €
$\sum$	50.400,00 €	17.000,00 €	22.000,00 €	11.400,00 €

Tabelle 6-12: Erträge und Aufwendungen bei der Bewertung auf Basis der AK/HK mit der Produktionsmenge als Abschreibungsbasis am Beispiel der Dauerkultur

Standjahr	Buchwert	Erfolg
0	20.000,00 €	0,00 €
1	22.000,00 €	0,00 €
2	19.020,83 €	- 154,17 €
3	13.520,83 €	3.100,00 €
4	8.020,83 €	3.100,00 €
5	2.520,83 €	3.100,00 €
6	0,00 €	2.254,17 €

Tabelle 6-13: Buchwerte und Erfolge bei der Bewertung auf Basis der AK/HK mit der Produktionsmenge als Abschreibungsbasis am Beispiel der Dauerkultur (I)

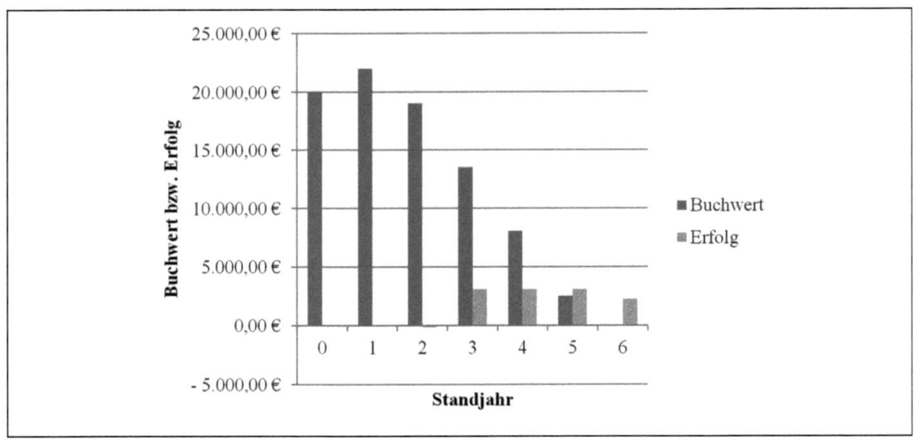

Abbildung 6-11: Buchwerte und Erfolge bei der Bewertung auf Basis der AK/HK mit der Produktionsmenge als Abschreibungsbasis am Beispiel der Dauerkultur (II)

Insgesamt wird bei der Bilanzierung auf Basis des Anschaffungskostenmodells deutlich, dass der Erfolg nicht mehr im Standjahr 0 den höchsten Wert aufweist. Stattdessen beginnt die erfolgswirksame Erfassung von Erträgen und Aufwendungen mit der Betriebsbereitschaft. Letztlich werden die anteiligen Anschaffungs- oder Herstellungskosten des biologischen Vermögenswertes nach einem

Schlüssel auf die Perioden der Produktion verteilt. Die Erträge durch die jährliche Ernte werden den Perioden zugerechnet, in denen die Ernte anfällt. Die Aufwendungen werden ebenfalls **periodenspezifisch** zugeordnet. Es wird deutlich, dass die Verteilung der Erfolge geglättet wird, was im Vergleich zur Bewertung zum beizulegenden Zeitwert abzüglich der Veräußerungskosten nach IAS 41 eher den tatsächlichen wirtschaftlichen Verhältnissen gerecht wird.

Der Ausweis eines mit dem Anschaffungskostenmodell für den Geschäftsbetrieb auf Dauer dienenden Vermögenswerten verbundenen **nachhaltigen** Erfolgs kann die Entscheidungen von Investoren beeinflussen und ist damit relevant. Im Gegensatz zur Fair-Value-Bilanzierung scheint bei tragenden Vermögenswerten zudem die glaubwürdige Darstellung der Information in höherem Maße erfüllt zu sein. So werden tragende Vermögenswerte mangels Marktpreise bei der Bestimmung des beizulegenden Zeitwertes oftmals auf Basis von Bewertungsmodellen bewertet, sodass viele häufig unsichere Bewertungsparameter zu bestimmen sind. Zwar sind im Anschaffungskostenmodell die Nutzungsdauer und die Abschreibungsmethodik mit Ermessen seitens des Bilanzierenden behaftet, die Anschaffungskosten sind jedoch oftmals über Anschaffungsbelege wesentlich einfacher zu bestimmen. Zudem grenzen diese Ermessens- und Manipulationsspielräume für die Bewertung durch das Unternehmen ein. Dies fördert auch die Neutralität und die Fehlerfreiheit der Finanzinformationen. Somit werden die Informationen insgesamt glaubwürdig dargestellt. Zudem sind die Anschaffungskosten objektiv nachprüfbar.

Die hier vorgeschlagene Anwendung des Anschaffungskostenmodells und damit die Umsetzung des mit dem *revenue and expense approach* verbundenen Realisationsprinzips ist jedoch hinsichtlich der Ergebnisse in Abschnitt 63 im Vergleich zur üblichen Ertragsrealisation nach den IFRS mit Besonderheiten behaftet. So ist in Zusammenhang mit dem *matching* weder der Verkauf der Erzeugnisse der tragenden Vermögenswerte noch die Ernte als kritisches Ereignis zur Ertragsrealisierung zu interpretieren. Stattdessen sind die an den tragenden biologischen Vermögenswerten wachsenden Früchte als konsumierbare biologische Vermögenswerte zu interpretieren und deren biologische Transformation entsprechend als landwirtschaftlicher Erfolg zu werten.[1400] Die Erfassung der Erzeugnisse erst zum Erntezeitpunkt würde die Existenz der wachsenden Erzeugnisse als das Ergebnis der landwirtschaftlichen Tätigkeit vernachlässigen und den Jahresabschlussadressaten entscheidungsrelevante Informationen vorenthalten. Gegen den Grundsatz der Vollständigkeit und damit auch gegen die glaubwürdige Darstellung würde verstoßen werden. Außerdem würde insgesamt die Vergleichbarkeit der Finanzinformationen reduziert. Denn bei einem leerstehenden fruchttragenden Vermögenswert handelt es sich um einen anderen Sachverhalt als bei einem fruchttragenden Vermögenswert, der kurz vor der Ernte steht. Durch die Bewertung der wachsenden Früchte als konsumierbare biologische Vermögenswerte und den daraus resultierenden Erträgen wird die Bewertung der tragenden, dem Geschäftsbetrieb auf Dauer dienenden biologischen Vermögenswerten auf Basis der fortgeführten Anschaffungs- oder Herstellungskosten auch dem *matching* gerecht, da den Erträgen aus der biologischen Transformation die periodisierten Abschreibungen des tragenden biologischen Vermögenswertes entgegenstehen.

[1400] Vgl. hierzu die Ausführungen zu den konsumierbaren biologischen Vermögenswerten in Abschnitt 63.

Letztlich ist die hier vorgeschlagene Bewertung der tragenden biologischen Vermögenswerte, die dem Betrieb auf Dauer dienen, zu den fortgeführten Anschaffungs- oder Herstellungskosten konsistent mit wirtschaftlich ähnlichen Sachverhalten anderer Standards. So besteht ein Sachverhalt, bei dem Wertschwankungen unbedeutend sind, bei der Bilanzierung von Finanzinstrumenten. So sind **Finanzinstrumente**, die planmäßig gehalten werden sollen, um mit ihnen Cashflows zu generieren, nach IFRS 9 unter Umständen zu fortgeführten Anschaffungskosten zu bewerten.[1401] Jene Finanzinstrumente und die dem Geschäftsbetrieb auf Dauer dienenden biologischen Vermögenswerte haben gemein, dass beide Vermögenswertkategorien i. d. R. bis zur Endfälligkeit gehalten werden. Insofern ist die Bewertungskonzeption der genannten Finanzinstrumente inhaltlich auf die auf Dauer eingesetzten, tragenden biologischen Vermögenswerte übertragbar. Die Zielsetzung der beiden Vermögenswertkategorien, die Generierung von Nutzenzufluss bis zum Ende der wirtschaftlichen Nutzungsdauer, ist grundsätzlich die gleiche, wobei bei den dargestellten Finanzinstrumenten die Nutzenzuflüsse aufgrund von vertraglichen Beschlüssen i. d. R. sicherer sind als bei biologischen Vermögenswerten, zumal bei Finanzinstrumenten oftmals keine Wertschöpfung im eigentlichen Sinne stattfindet und damit Wertschöpfungsrisiken lediglich von untergeordneter Bedeutung sind.[1402] Wie bereits mit den Darstellungen der Neuregelungen „Agriculture: Bearer Plants" beschrieben, besteht bei den dem Geschäftsbetrieb auf Dauer dienenden tragenden Vermögenswerte auch eine **Ähnlichkeit zu Sachanlagevermögen**. Dieses wird i. d. R. über mehrere Perioden genutzt und soll dem Geschäftsbetrieb auf Dauer dienen. Wertschwankungen sind hierbei für die Abschlussadressaten im Regelfall ebenfalls lediglich beschränkt relevant. Auch hier kann eine Bilanzierung auf Basis des Anschaffungskostenmodells gewählt werden.[1403]

Bei der Bewertung nach dem Anschaffungskostenmodell wird letztlich ein *matching* zwischen Aufwendungen und Erträgen erreicht, indem bis zur Fertigstellung des Vermögenswertes die anfallenden Aufwendungen in einem erfolgsneutralen Vorgang aktiviert werden und über den eigentlichen Nutzungszeitraum die Abschreibungen der Anschaffungs- und Herstellungskosten leistungsbezogen den jeweiligen periodenspezifischen Erträgen gegenübergestellt werden. Wertsteigerungen haben somit keinen direkten Einfluss auf den Wertansatz des Vermögenswertes. Wie zuvor erwähnt ist die Bewertung damit unabhängig von der biologischen Art des Vermögenswertes, auch wenn ein Verkauf i. d. R. tendenziell bei pflanzlichen tragenden Vermögenswerten seltener als bei tierischen tragenden Vermögenswerten geplant ist.

[1401] Vgl. IFRS 9.4.2.1. Hierbei sind zwei Anforderungen zu erfüllen. Erstens muss der Vermögenswert zur Vereinnahmung vertraglich festgelegter Cashflows gehalten werden. Vgl. IFRS 9.4.2.1 (a). Zweitens müssen die Vertragsbedingungen zu Tilgungs- und Zinszahlungen auf das ausstehende Kapital zu bestimmten, festgelegten Zeitpunkten führen. Vgl. IFRS 9.4.2.1 (b).

[1402] Stattdessen bestehen bei Finanzinstrumenten typischerweise Ausfallrisiken. Nach dem Ende der Nutzungsdauer bzw. der Endfälligkeit sind die obengenannten Finanzinstrumente i. d. R. wertlos und verursachen auch keine zusätzlichen Kosten. Bei biologischen Vermögenswerten können z. T. Resterlöse erzielt werden oder Entsorgungskosten anfallen.

[1403] Die analog anwendbare Neubewertungsmethode nach IAS 16 wird für das tragende, dem Geschäftsbetrieb auf Dauer dienende biologische Vermögen aus oben genannten Gründen nicht befürwortet.

642. Tragende biologische Vermögenswerte in einem hybriden Geschäftsmodell

642.1 Vorüberlegung

Ein anderer Sachverhalt bei tragenden biologischen Vermögenswerten ergibt sich, wenn diese nicht ausschließlich dafür bestimmt sind, dem Geschäftsbetrieb auf Dauer zu dienen, sondern stattdessen in einem **hybriden Geschäftsmodell** eingesetzt werden. Dies impliziert, dass der Vermögenswert zwar grundsätzlich genutzt werden soll, die Veräußerungsoption jedoch offengehalten wird. Sollte sich aus Sicht des bilanzierenden Unternehmens daher während der Nutzung eine günstige Marktsituation für den Vermögenswert ergeben, ist dieser zur Veräußerung vorgesehen. So besteht **keine zwangsläufige Halteabsicht** des tragenden Vermögenswertes zur Cashflow-Generierung bis zum Ende der wirtschaftlichen Nutzungsdauer. Der tragende Vermögenswert wird vielmehr vorläufig genutzt. Dadurch, dass eine **bedingte Veräußerungsabsicht** besteht, indem die Veräußerung von den Marktbedingungen abhängt, ist es unsicher, ob es überhaupt zu einer Veräußerung kommt. Sollten die gewünschten Marktbedingungen nicht eintreten, wird der Vermögenswert weiter bis zum Ende seiner wirtschaftlichen Nutzungsdauer verwendet. Letztlich kann bei diesem hybriden Geschäftsmodell von einer aktiven Verwaltung unter Wertsteigerungsaspekten ausgegangen werden. Ein typisches Beispiel für solch ein hybrides Geschäftsmodell im landwirtschaftlichen Bereich ist die Zucht hochwertiger bzw. hochpreisiger Tiere. Diese werden zwar u. a. zur Zucht genutzt, stehen aber bei einer entsprechenden Kaufbereitschaft oftmals auch zum Verkauf bereit.[1404]

Da bei den biologischen Vermögenswerten des hybriden Geschäftsmodells sowohl eine Veräußerung als auch eine Nutzung des Vermögenswertes in Frage kommt, müsste ein Bewertungskonzept, das entscheidungsnützliche Informationen liefert, beide Möglichkeiten berücksichtigen. Dabei sollte in die Überlegungen einbezogen werden, dass die Nutzung i. d. R. anfangs noch im Vordergrund steht. Nachdem bereits dargestellt wurde, dass eine Bewertung über das Anschaffungskostenmodell relevante Informationen für die weitere Nutzung eines Vermögenswertes berücksichtigt und bei der Bewertung zum beizulegenden Zeitwert relevante Informationen hinsichtlich einer Veräußerungsperspektive erzeugt[1405] werden, können die Vermögenswerte bspw. in der Bilanz und der Gewinn- und Verlustrechnung lediglich nach der Methodik der fortgeführten Anschaffungs- oder Herstellungskosten ausgewiesen werden, wobei eine parallele Bilanzierung auf Basis des beizulegenden Zeitwertes im Anhang erfolgt. Eine solche Trennung ist jedoch damit verbunden, dass zum einem für die bilanzierenden Unternehmen ein erheblicher Mehraufwand besteht und zum anderen aufgrund der getrennten Darstellung die Verständlichkeit der Informationen für die Adressaten eingeschränkt sein kann. Zudem wird zumindest aus bilanzieller Hinsicht gegen den Grundsatz der Vergleichbarkeit verstoßen, da die tragenden biologischen Vermögenswerte des hybriden Geschäftsmodells in der Bilanz identisch mit den tragenden, dem Geschäftsbetrieb auf Dauer dienenden biologischen Vermögenswerten bilanziert werden.

1404 Dies ist bspw. oftmals bei der Pferdezucht der Fall. Doppelfunktional sind im Bereich der Pflanzen z. B. bestimmte Baumarten wie bspw. der Schwarznussbaum, dessen Nüsse als landwirtschaftliche Erzeugnisse genutzt werden können und dessen Holz als Nutzholz weiterverarbeitet werden kann.

1405 Vgl. hierzu Abschnitt 63.

Eine weitere Möglichkeit zur Berücksichtigung der beiden Bewertungskonzepte ist die explizite Berücksichtigung von Wahrscheinlichkeiten im Wertansatz, indem die jeweiligen Bewertungen auf Basis des Anschaffungskostenmodells und auf Basis des beizulegenden Zeitwertes mit der vom bilanzierenden Unternehmen geschätzten Wahrscheinlichkeit für eine künftige Veräußerung des Vermögenswertes bzw. mit der Gegenwahrscheinlichkeit gewichtet und dann als verschmolzener Wert bilanziell ausgewiesen werden. Jedoch ist auch dieser Vorschlag zu verwerfen, da ein „gemischter" Wertansatz, der entsprechend zwischen dem beizulegenden Zeitwert und den fortgeführten Anschaffungskosten liegen muss, weder im Verständnis des *asset and liability approach* noch im Verständnis des *revenue and expense approach* ein sinnvoller Bewertungsmaßstab ist. Zudem ist die Verständlichkeit der mit dem Wertansatz verbundenen Information als eingeschränkt verständlich einzuordnen, auch wenn Anhangangaben zur Gewichtung die Informationen verständlicher wirken lassen würden.

Letztlich sind Überlegungen für ein **gemischtes Modell** erforderlich, in das Elemente beider Bewertungskonzepte einfließen. Dabei kann auf die Idee des Neubewertungsmodells nach IAS 16 zurückgegriffen werden, das sowohl Aspekte des Anschaffungskostenmodells als auch Aspekte des beizulegenden Zeitwertes integriert, indem der biologische Vermögenswert bis zu seiner Betriebsbereitschaft zu den Anschaffungs- und Herstellungskosten und mit dem Erreichen der Betriebsbereitschaft auf Basis des beizulegenden Zeitwertes bilanziert wird. Dies ist nach IAS 41 bereits heute möglich, soweit der Zeitpunkt der Betriebsbereitschaft mit dem einer erstmaligen zuverlässigen Bewertung zum beizulegenden Zeitwert abzüglich Veräußerungskosten übereinstimmt und zuvor die Verlässlichkeitsausnahme gegriffen hat.[1406] Zudem können nach IAS 41 die Anschaffungs- oder Herstellungskosten als Ersatzwert für den beizulegenden Zeitwert abzüglich Veräußerungskosten genutzt werden, wenn beide Wertmaßstäbe approximativ übereinstimmen.[1407]. Letztlich ist die Anwendung eines Neubewertungsmodells künftig auch eine Option in der Bewertung fruchttragender Pflanzen nach IAS 16.[1408]

642.2 Das Neubewertungsmodell

Beim hiesigen **Neubewertungsmodell** werden zunächst bis zum Zeitpunkt der Fertigstellung des tragenden biologischen Vermögenswertes dessen Anschaffungs- oder Herstellungskosten als Bewertungsmaßstab verwendet. Dies entspricht bis hierher der Bewertung der tragenden, dem Geschäftsbetrieb auf Dauer dienenden biologischen Vermögenswerte. Steht zum Zeitpunkt der Fertigstellung bereits fest, dass der Vermögenswert veräußert werden soll, wird für die Folgebewertung der Neuwert im Sinne des beizulegenden Zeitwertes bestimmt. Besteht jedoch im Zeitpunkt der Fertigstellung noch keine grundsätzliche Veräußerungsabsicht des Vermögenswertes, wird er nach dem Zeitpunkt

1406 Vgl. zur Verlässlichkeitsausnahme IAS 41.30. Hierbei dürfte es sich jedoch tendenziell um ein zufälliges Ereignis handeln, auch wenn der Zustand der Betriebsbereitschaft eine erhöhte Sicherheit für die künftig aus dem Vermögenswert zu generierenden Erträge mit sich bringt.

1407 Vgl. hierzu IAS 41.24.

1408 Vgl. Abschnitt 512.41.

seiner Fertigstellung solange zu den fortgeführten Anschaffungs- oder Herstellungskosten bilanziert,[1409] bis eine Veräußerungsabsicht des Vermögenswertes besteht. Dies kommt dem Umstand entgegen, dass zum Zeitpunkt der Fertigstellung die Veräußerungsabsicht bei manchen Vermögenswerten u. U. noch nicht endgültig feststeht, da der Entwicklungszustand des Vermögenswertes darüber noch keine finale Entscheidung zulässt.

Besteht dann mit bzw. nach der Fertigstellung des biologischen Vermögenswertes eine Veräußerungsabsicht, beginnt die eigentliche Neubewertung des Vermögenswertes. Zwar würde mit der ersten neubewertenden Folgebewertung und der damit einhergehenden Umstellung von der Bewertung zu Anschaffungskosten zur Bewertung zum beizulegenden Zeitwert ggf. ein Erfolg entstehen, der nicht auf Änderungen des Sachverhaltes bzw. unternehmerische Leistungen und damit auf wirtschaftliche Veränderungen, sondern lediglich auf die Änderung der Bewertungskonzeption zurückzuführen ist.[1410] Ein unangemessen hoher Erfolgsausweis bei der Umstellung von den Anschaffungs- oder Herstellungskosten auf den beizulegenden Zeitwert wird jedoch dadurch umgangen, dass die Differenz zwischen den beiden Werten **erfolgsneutral in einer Neubewertungsrücklage** im Eigenkapital ausgewiesen wird. Die Umstellung der Bewertung von Anschaffungs- und Herstellungskosten auf den beizulegenden Zeitwert in der Folgeperiode nach dem Erstansatz des Vermögenswertes führt daher auch insgesamt zu keiner direkten Erfolgswirkung und ein vorzeitiger Ausweis von nicht realisierten, unsicheren Gewinnen wird verhindert.[1411]

Insgesamt berücksichtigt die regelmäßige Neubewertung des Vermögenswertes zum beizulegenden Zeitwert die bedingte Veräußerungsabsicht des biologischen tragenden Vermögenswertes und bietet relevante Informationen bezüglich einer möglichen Veräußerung des tragenden Vermögenswertes. Durch die Verteilung der Anschaffungs- und Herstellungskosten bzw. des Neubewertungsbetrages über die planmäßige Restnutzungsdauer des Vermögenswertes nach dem tatsächlichen Werteverzehr wird die vorerst geplante Nutzungsabsicht berücksichtigt.

Als zusätzlicher Kompromiss zwischen der Veräußerung und der Weiternutzung als Verwendungszweck ist die **Erfolgsneutralität** der Bewegungen in der Neubewertungsrücklage zu interpretieren. So wird zwar letztlich dennoch der bilanzielle Wert des Vermögenswertes annähernd marktgerecht dargestellt. Da allerdings unter den aktuellen Gegebenheiten die Bedingungen für eine Veräußerung nicht zwangsläufig erfüllt sein müssen und somit keine unmittelbare Realisation angenommen werden kann, wird der positive, aus der Wertsteigerung des Vermögenswertes hervorgehende Erfolg ins OCI gebucht. Somit resultiert keine Erfolgswirkung im Periodenergebnis, sodass eine ggf. verzerrte Darstellung der Erfolge in Bezug auf deren tatsächlichen Anfall verhindert wird. Durch die Verhinderung eines solchen Ausweises von Gewinnen, die lediglich auf Preisänderungen beruhen, bleibt die leistungswirtschaftliche Substanz im landwirtschaftlichen Unternehmen erhalten.[1412] Die erfolgsneutrale Erfassung trägt darüber hinaus dem Umstand Rechnung, dass der künftige Erfolg vor allem

1409 Vgl. hierzu Abschnitt 641.3.
1410 Vgl. hierzu auch Abschnitt 422.4.
1411 Vgl. ETTENAUER, R./MEIXNER, O./PEYERL, H., Die Bewertung langfristiger pflanzlicher Vermögenswerte nach IAS 41, S. 49.
1412 Vgl. allgemein HAGEMEISTER, C., Bilanzierung von Sachanlagevermögen, S. 36.

bei tragenden Vermögenswerten aufgrund der oftmals langen Nutzungsdauer sowie der Verschiedenartigkeit der theoretisch in die Berechnung eines beizulegenden Zeitwertes einfließenden Parameter mit starken Unsicherheiten behaftet sein kann. Insgesamt resultiert zwar eine Bewertung des Vermögenswertes zum beizulegenden Zeitwert im Sinne des *asset and liability approach*, die Periodisierung der historischen Anschaffungs- oder Herstellungskosten geht jedoch nicht mit der Fair-Value-Bilanzierung einher, sondern entspricht dem *revenue and expense approach.*[1413]

Es ist zu erwähnen, dass die hier vorgeschlagene Bilanzierung nach dem Neubewertungsmodell **nicht** der Bilanzierung nach dem **Neubewertungsmodell nach IAS 16** entspricht. So findet – wie bereits beschrieben – die Neubewertung nach dem hiesigen Neubewertungsmodell erst statt, nachdem der tragende biologische Vermögenswert als **fertiggestellt** gilt und wenn **zusätzlich** auch die **Veräußerungsabsicht** feststeht. Von größerer Bedeutung ist jedoch der Unterschied bezüglich der Auflösung der Neubewertungsrücklage bzw. der Abschreibungsbeträge.

Nach dem Neubewertungsmodell nach IAS 16 wird die Differenz zwischen den fortgeführten Anschaffungs- oder Herstellungskosten und dem beizulegenden Zeitwert erfolgsneutral durch die Bildung einer Neubewertungsrücklage erfasst.[1414] Diese wird nach und nach im Laufe der Nutzung des Vermögenswertes oder bei der Ausbuchung des Vermögenswertes vollständig in die Gewinnrücklagen umgebucht.[1415] Der durch die Neubewertung erhöhte bilanzielle Wertansatz des Vermögenswertes wird jedoch erfolgswirksam in der planmäßigen Abschreibung berücksichtigt.[1416] Es kommt in dem Sinne zu einem Verstoß gegen das Kongruenzprinzip, dass dann der Totalperiodenerfolg in der Gewinn- und Verlustrechnung nicht mehr der Summe der Teilperiodenerfolge entsprechen kann.[1417] Im Totalerfolg der Gewinn- und Verlustrechnung sind nämlich keine Erträge aus der Neubewertung, jedoch schon die diesbezüglichen Abschreibungsaufwendungen enthalten.[1418]

Im Gegensatz zum Neubewertungsmodell nach IAS 16 liegt dem hiesigen Vorschlag die Idee einer erfolgsneutralen planmäßigen Wertminderung zugrunde. Dies kann entweder netto durch eine erfolgswirksame Abschreibung wie nach IAS 16 und einer entsprechenden erfolgswirksamen Auflösung der Neubewertungsrücklage oder durch eine Aufteilung der planmäßigen Wertminderung des tragenden biologischen Vermögenswertes in einen erfolgswirksamen Teil auf Basis der fortgeführten

---

1413 Vgl. allgemein HAGEMEISTER, C., Bilanzierung von Sachanlagevermögen, S. 35 f.

1414 Vgl. IAS 16.39.

1415 Vgl. IAS 16.41.

1416 Vgl. im Ergebnis PELLENS, B./FÜLBIER, R. U./GASSEN, J./SELLHORN, T., Internationale Rechnungslegung, S. 367.

1417 Vgl. PELLENS, B./FÜLBIER, R. U./GASSEN, J./SELLHORN, T., Internationale Rechnungslegung, S. 370. Da aber alle Wertänderungen letztlich auch in der Gesamtergebnisrechnung erfasst werden, kann zumindest in Bezug auf die Gesamtergebnisrechnung kein Verstoß gegen das Kongruenzprinzip festgestellt werden. Vgl. PELLENS, B./FÜLBIER, R. U./GASSEN, J./SELLHORN, T., Internationale Rechnungslegung, S. 370.

1418 Aus der Perspektive einer erfolgsneutralen Erfassung würde somit der Gewinn in der GuV durch die zusätzlichen Abschreibungen im Rahmen der Neubewertung reduziert. Vgl. analog zum gewinnerhöhenden Einfluss einer erfolgsneutralen Erfassung der Zusatzabschreibungen LÜDENBACH, N./HOFFMANN, W.-D./FREIBERG, J., in: Lüdenbach et al., Haufe IFRS-Kommentar, § 8, Rn. 84.

Anschaffungs- oder Herstellungskosten und einen erfolgsneutralen die Neubewertungsrücklage mindernden Teil vollzogen werden.[1419] Der letztgenannte Ansatz wird in dieser Arbeit präferiert. Die erfolgsneutrale Verrechnung der Zusatzabschreibung zu Lasten der Neubewertungsrücklage ist nämlich konsequent zu deren erfolgsneutraler Einstellung[1420] und auch aus Kongruenzgründen zu befürworten. Des Weiteren ist ein im Vergleich zum hier vorgeschlagenen Vorgehen ähnliches Vorgehen bei der Wertminderung nach IAS 36 vorzufinden, wonach eine außerplanmäßige Abschreibung bei einer vorhergehenden Neubewertung gegen diese Neubewertungsrücklage zu verrechnen ist.[1421] Mit der hier präferierten Methode wird der Fair Value des tragenden Vermögenswertes unmittelbar ausgewiesen.[1422] Dies ist hinsichtlich der Wertrelevanz des beizulegenden Zeitwertes bezüglich der bedingten Veräußerungsabsicht zu begrüßen. Die direkte Abbildung des Wertes fördert letztlich die Verständlichkeit der Finanzinformationen.

Insgesamt bietet sich für tragende Vermögenswerte in einem hybriden Geschäftsmodell die Bewertung mit dem Neubewertungsmodell an. Die damit vorgeschlagene unterschiedliche Bilanzierung innerhalb der Gruppe der tragenden biologischen Vermögenswerte wird dem Grundsatz der Vergleichbarkeit gerecht, da sich die tragenden biologischen Vermögenswerte hinsichtlich des mit ihnen verbundenen Geschäftsmodells wirtschaftlich unterscheiden. Letztlich sieht der Standardsetter auch mit IFRS 9 sowie IAS 39 (2010) eine erfolgsneutrale Bewertung zum beizulegenden Zeitwert von **Finanzinstrumenten** vor.[1423]

Er begründet dies bei IFRS 9 damit, dass für bestimmte Eigenkapitalinstrumente die Erfolgswirksamkeit von Veränderungen des Fair Value keine Informationen über die Ertragskraft des Unternehmens liefert[1424] und damit nicht entscheidungsnützlich ist. Dies sieht er für Investitionen in Eigenkapitalinstrumente, deren wesentliches Ziel nicht die Wertsteigerung ist[1425] bzw. die nicht zu Handelszwecken gehalten werden[1426]. Der IASB stellt in diesem Zusammenhang klar, dass Abschlussadressaten bei der Unternehmensbewertung oftmals zwischen der Veränderung eines beizulegenden Zeitwertes bei zum Handel gehaltenen Instrumenten und bei Instrumenten, die zur Generierung von Erträgen gehalten werden, differenzieren.[1427] Demnach kann eine gesonderte Darstellung einiger Instrumente im OCI mit entscheidungsnützlichen Informationen verbunden sein.[1428]

1419 Vgl. für Sachanlagevermögen MUJKANOVIC, R., Fair Value im Financial Statement nach IAS, S. 145. Vgl. auch LÜDENBACH, N./HOFFMANN, W.-D./FREIBERG, J., in: Lüdenbach et al., Haufe IFRS-Kommentar, § 8, Rn. 83 sowie für Teile auch SCHMIDT, M./SEIDEL, T., Planmäßige Abschreibungen im Rahmen der Neubewertung, S. 601.

1420 Vgl. LÜDENBACH, N./HOFFMANN, W.-D./FREIBERG, J., in: Lüdenbach et al., Haufe IFRS-Kommentar, § 8, Rn. 83.

1421 Vgl. IAS 36.60. Vgl. LÜDENBACH, N./HOFFMANN, W.-D./FREIBERG, J., in: Lüdenbach et al., Haufe IFRS-Kommentar, § 8, Rn. 83.

1422 Vgl. für Sachanlagevermögen MUJKANOVIC, R., Fair Value im Financial Statement nach IAS, S. 145. Zudem wird die Erfüllung der Nominalkapitalerhaltung gewährleistet. Vgl. für Sachanlagevermögen MUJKANOVIC, R., Fair Value im Financial Statement nach IAS, S. 145.

1423 Vgl. hierzu IFRS 9.5.7.5.

1424 Vgl. IFRS 9.BC5.22.

1425 Vgl. IFRS 9.BC5.22.

1426 Vgl. hierzu IFRS 9.5.7.5.

1427 Vgl. IFRS 9.BC5.23.

1428 Vgl. IFRS 9.BC5.23.

Ähnlich bezüglich einer erfolgsneutralen Erfassung ging der Standardsetter auch in IAS 39 (2010) vor, mit dem er eine solche Konzeption für zur Veräußerung verfügbare Finanzinstrumente (*available-for-sale*) vorsah.[1429] Dabei grenzte er diese Vermögenswerte u. U. von bis zur Endfälligkeit gehaltene finanzielle Vermögenswerte (*held-to-maturity*) oder eben auch erfolgswirksam zum beizulegenden Zeitwert bewertete Finanzinstrumente, wie u. a. zum Handel gehaltene Finanzinstrumente, ab.[1430] Die beiden Letztgenannten können dabei in Analogie zur hier gewählten Differenzierung als auf Dauer dem Geschäftsbetrieb dienende bzw. veräußerbare konsumierbare Vermögenswerte interpretiert werden. Die Überlegungen bzw. Regelungen bzgl. der erfolgsneutralen und entscheidungsnützlichen Erfassung im OCI[1431] sind letztlich auch für die tragenden biologischen Vermögenswerte im hybriden Geschäftsmodell übertragbar. Durch den gesonderten Ausweis ist die Änderung des beizulegenden Zeitwertes für die Adressaten leichter einzusehen und kann angemessener in die Beurteilung des Unternehmens einbezogen werden.[1432] In Analogie zur Begründung der erfolgsneutralen Erfassung von Wertsteigerungen bei Finanzinstrumenten kann sich daher für die Bildung der Neubewertungsrücklage bei tragenden biologischen Vermögenswerten im hybriden Geschäftsmodell ausgesprochen werden.

642.3 Das Recycling von Erträgen

Schließlich muss beim vorgeschlagenen Neubewertungsmodell noch hinterfragt werden, inwiefern die erfolgsneutralen Erfassungen nicht ggf. wieder durch die Gewinn- und Verlustrechnung zu buchen sind, wenn es tatsächlich zu einer Veräußerung des Vermögenswertes kommt (**Recycling**). Findet kein Recycling statt, würde durch eine Veräußerung des Vermögenswertes zum beizulegenden Zeitwert lediglich ein erfolgsneutraler Vorgang eingeleitet werden, da nicht mehr der Vermögenswert, sondern stattdessen bspw. Forderungen aus Lieferungen und Leistungen in entsprechender Höhe in der Bilanz ständen. Es würde sich somit lediglich um einen Aktivtausch handeln.

Werden die Marktumstände für eine Veräußerung des Vermögenswertes erfüllt, ist dies im Halten des Vermögenswertes durch das Unternehmen einkalkuliert. In diesem Sinn kann das Halten des tragenden biologischen Vermögenswertes als nachhaltige und betriebliche Tätigkeit eingestuft werden. Ein betrieblicher, nachhaltiger Erfolg ist für die Adressaten des Jahresabschlusses vor allem zu Prognosezwecken im Rahmen der Bewertungsnützlichkeit von Bedeutung und letztlich entscheidungsnützlich. Ein entsprechender betrieblicher Erfolg sollte daher auch erfolgswirksam erfasst werden. Durch die vorherige erfolgsneutrale Erfassung des die fortgeführten Anschaffungs- oder Herstellungskosten übersteigenden Betrages ist bei einer Veräußerung des Vermögenswertes jedoch zuvor bereits mindestens ein Teil des eigentlichen Verkaufsertrages in die Vorperioden verlagert und zudem lediglich erfolgsneutral erfasst worden. Um nun in der entsprechenden Periode einen erfolgswirksa-

---

[1429] Vgl. IAS 39.105 (2010).

[1430] Vgl. PELLENS, B./FÜLBIER, R. U./GASSEN, J./SELLHORN, T., Internationale Rechnungslegung, S. 575-577.

[1431] Vgl. IFRS 9.BC5.23.

[1432] Vgl. IFRS 9.BC5.23.

men Ertrag aus dem Verkauf des Vermögenswertes ausweisen zu können, gilt es die Neubewertungsrücklage als ursprünglich erfolgsneutral erfassten Betrag im Rahmen des Recyclings erfolgswirksam aufzulösen.

Dieses Vorgehen geht analog mit der Bilanzierung der oben genannten zur Veräußerung verfügbaren Finanzinstrumente nach IAS 39 einher. Denn ebenfalls für diese war im Falle der Veräußerung eine Umstellung der erfolgsneutral erfassten Erträge in die Gewinn- und Verlustrechnung vorgesehen.[1433] Auch wenn die IFRS keine eindeutigen Kriterien bezüglich der erfolgsneutralen Behandlung von Erträgen und Aufwendungen sowie dem Recycling enthalten,[1434] ist das hier vorgeschlagene Modell mit einem Teil der in diesem Zusammenhang vom IASB im Diskussionspapier zur Überarbeitung des Conceptual Framework vorgestellten Faktoren verträglich. So sieht der Standardsetter nämlich u. a. unrealisierte Erfolge für eine erfolgsneutrale Erfassung und für diese Erfolge zum Zeitpunkt der Realisation ein Recycling in die Gewinn- und Verlustrechnung vor.[1435] Das Verkaufsgeschäft aus dem hybriden Geschäftsmodell ist hiermit vergleichbar.

643. Fazit sowie Abgleich mit IAS 41 und den Regelungsänderungen „Agriculture: Bearer Plants“

Im Vergleich zur aktuell verpflichtenden Rechnungslegung nach IAS 41 unterscheidet sich die vom Verfasser de lege ferenda vorgeschlagene Bewertung tragender Vermögenswerte in weiten Teilen. Nur sofern die Verlässlichkeitsausnahme greift, ist nach IAS 41 eine Bewertung der tragenden Vermögenswerte mit den fortgeführten Anschaffungskosten nach IAS 16 möglich. Die Anwendung des Neubewertungsmodells ist auch beim Greifen der Verlässlichkeitsausnahme nicht vorgesehen, sodass die vorgeschlagene Bewertung der tragenden biologischen Vermögenswerte im hybriden Geschäftsmodell de lege lata nicht möglich ist,[1436] zumal es sich bei dem hier vorgeschlagenen Neubewertungsmodell um ein anderes wie dasjenige aus IAS 16 handelt.

Die Regelungsänderungen „Agriculture: Bearer Plants“ gehen bezüglich der obengenannten Vorschläge zwar in die richtige Richtung, sind aber nicht weitreichend genug. So ist künftig für pflanzliche tragende Vermögenswerte, die dem Geschäftsbetrieb auf Dauer dienen, eine Bewertung nach IAS 16 durchzuführen, jedoch wird damit für diese Vermögenswerte alternativ zur Bewertung auf Basis des Anschaffungskostenmodells auch die Bewertung auf Basis des Neubewertungsmodells ermöglicht. Von größerer Bedeutung ist indes, dass sich die Regelungsänderungen „Agriculture: Bearer Plants“ nicht auf die pflanzlichen tragenden Vermögenswerte in einem hybriden Geschäftsmodell beziehen, sodass für diese Vermögenswerte die Bewertung auf Basis des Neubewertungsmodells nicht vorgesehen ist. Wie oben erwähnt, wäre aber auch das hier vorgeschlagene Neubewertungsmodell nicht mit demjenigen der Neuregelungen identisch. Außerdem wird das Tiervermögen von den

---

[1433] Vgl. IAS 39.26 (2010).

[1434] Vgl. PELLENS, B./FÜLBIER, R. U./GASSEN, J./SELLHORN, T., Internationale Rechnungslegung, S. 174.

[1435] Vgl. IASB (HRSG.), DP/2013/1: Conceptual Framework, S. 158.

[1436] Davon abgesehen dürfte die Neubewertungsmethode nach IAS 16 auch lediglich dann angewendet werden, wenn der beizulegende Zeitwert verlässlich ermittelbar ist. Vgl. IAS 16.31. Dies ist jedoch beim Greifen der Verlässlichkeitsausnahme ausgeschlossen.

Regelungsänderungen „Agriculture: Bearer Plants" gänzlich ausgeschlossen, worin ein konzeptionelles Defizit der Neuregelungen besteht. Da sich Pflanzenvermögen und Tiervermögen bezüglich der wirtschaftlichen Sachverhalte nicht konzeptionell unterscheiden, sollten für die beiden Gruppen der biologischen Vermögenswerte auch die gleichen Regelungen gelten. Insofern wäre eine Erweiterung der Regelungsänderungen auch für Tiervermögen zu begrüßen, auch wenn die Regelungsänderungen weiterhin um die de lege ferenda vorgeschlagenen Bewertungsregelungen für biologischen Vermögenswerte im hybriden Geschäftsmodell ergänzt werden sollten.

65 Überblick zum vorgeschlagenen Bewertungskonzept für die sachgerechte Erfolgsdarstellung von landwirtschaftlichen Transformationsprozessen nach IFRS

Die Abbildung 6-12 fasst die Ergebnisse für die Vorschläge de lege ferenda zur Bewertung der biologischen Vermögenswerte in Abhängigkeit von deren Verwendungszweck zusammen. Mit Bezug zur am Anfang des Abschnitts 61 formulierten Fragestellung hat sich in den vorherigen Abschnitten gezeigt, dass die bisherige grundsätzliche Bewertung sämtlicher biologischer Vermögenswerte nach IAS 41 auf Basis des beizulegenden Zeitwertes den unterschiedlichen landwirtschaftlichen Sachverhalten nicht gerecht wird. Stattdessen wurde zur angemessenen Bewertung der biologischen Vermögenswerte landwirtschaftlicher Unternehmen ein *mixed model* erarbeitet.

Die konsumierbaren biologischen Vermögenswerte sollten erfolgswirksam auf Basis des beizulegenden Zeitwertes bewertet werden. Sofern sich dieser vom künftigen Wert des konsumierbaren Vermögenswertes im Reifezustand herleiten lässt und dabei die ausgewiesenen Erfolge sich nicht mehr am Fortschritt der biologischen Transformation in den jeweiligen Perioden orientieren, ist die parallele Bilanzierung und periodenübergreifende Auflösung eines passiven Abgrenzungspostens sinnvoll.

Für die tragenden biologischen Vermögenswerte, die dem Geschäftsbetrieb auf Dauer dienen sollen, wird ein Ansatz zu fortgeführten Anschaffungs- oder Herstellungskosten empfohlen, für die in einem hybriden Geschäftsmodell eingesetzten tragenden biologischen Vermögenswerte eine Bewertung auf Basis des Neubewertungsmodells. Letztlich ist hierbei festzuhalten, dass das Unternehmen bei der Bestimmung der Nutzungsabsicht des tragenden biologischen Vermögenswertes über Ermessensspielräume verfügen würde und somit oftmals faktisch zwischen den beiden Bewertungsansätzen gewählt werden könnte. Die konsumierbaren biologischen Vermögenswerte sollten erfolgswirksam zum beizulegenden Zeitwert bewertet werden.

<table>
<tr><th>Vermögenswerte</th><th colspan="2">Bewertungsmaßstab</th></tr>
<tr><td>Konsumierbare biologische Vermögenswerte</td><td colspan="2">Bewertung auf Basis des beizulegenden Zeitwertes (erfolgswirksam), ggf. mit paralleler Bilanzierung eines passiven Abgrenzungspostens</td></tr>
<tr><td rowspan="2">Tragende biologische Vermögenswerte</td><td>Dem Geschäftsbetrieb auf Dauer dienend</td><td>Eingesetzt in hybridem Geschäftsmodell</td></tr>
<tr><td>Bewertung auf Basis der fortgeführten Anschaffungs- oder Herstellungskosten</td><td>Bewertung auf Basis des Neubewertungsmodells</td></tr>
</table>

Abbildung 6-12: Zusammenfassung der Vorschläge de lege ferenda zur Bewertung biologischer Vermögenswerte

7 Zusammenfassung

Biologische Vermögenswerte besitzen im Vergleich zu leblosen Vermögenswerten besondere Eigenschaften. Landwirtschaftliche Produktionsprozesse sind dadurch im Vergleich zu den Produktionsprozessen anderer Branchen mit spezifischen sachlichen und zeitlichen Unsicherheiten behaftet, bspw. durch den oftmals sehr starken Einfluss externer Faktoren oder die häufig längeren Produktionszeiten. Durch das besondere Unsicherheitsprofil der landwirtschaftlichen Transformationsprozesse stellt sich die Frage, wie biologische Produktionsprozesse zu bilanzieren sind, um entscheidungsnützliche Informationen zu vermitteln.

Die IFRS-Bilanzierungsregelungen schlossen lange Zeit landwirtschaftliche Sachverhalte vom Anwendungsbereich her aus. Erst im Jahr 2000 wurde der Standard IAS 41 *Agriculture* verabschiedet, der sich speziell den landwirtschaftlichen Sachverhalten widmet. An IAS 41 wurde bereits seit kurz nach dem Inkrafttreten des Standards Kritik geübt. Vor allem die Fair-Value-Bewertung von tragenden Vermögenswerten ist anhaltender Kritik ausgesetzt. Daher entschloss sich der Standardsetter zu einem begrenzten Projekt zur Änderung des IAS 41 bezüglich der Bilanzierung von tragenden biologischen Vermögenswerten, was in den Regelungsänderungen „Agriculture: Bearer Plants" und damit in einem *mixed model* für die Bewertung biologischer Vermögenswerte mündete.

Das **Ziel dieser Arbeit** bestand darin, zu analysieren, inwiefern für spezielle landwirtschaftliche Sachverhalte, d. h. für pflanzliche und tierische Vermögenswerte sowie deren Erzeugnisse, eine besondere Bilanzierung erforderlich ist. Hierbei stellte sich die Frage, inwieweit die aktuellen Vorschriften nach IAS 41 und die Neuregelungen „Agriculture: Bearer Plants" ausreichend sind bzw. den wirtschaftlichen Charakter der landwirtschaftlichen Sachverhalte widerspiegeln. Im Fokus standen zudem die Konkretisierung der Regelungen sowie die Analyse der Entscheidungsnützlichkeit der jeweiligen Vorschriften. Letztlich wurde auch untersucht, inwieweit es zur Bewertung biologischer Vermögenswerte ein *mixed model* mit verschiedenen Bewertungsmaßstäben für unterschiedliche Vermögenswerte bedarf.

In Abschnitt 4 wurde herausgearbeitet, dass Tiere und Pflanzen als Vermögenswerte nach IFRS anzusetzen sind, da sie sowohl die Definitions- als auch die Ansatzkriterien von Vermögenswerten erfüllen. Anhand der Vermehrungsprozesse beim biologischen Vermögen wurde gezeigt, dass dessen Ansatz theoretisch bereits während des Reifungsprozesses und nicht erst bei der Ernte möglich ist, auch wenn eine zu geringe Wahrscheinlichkeit des Nutzenzuflusses den **Ansatz** des biologischen Vermögens in frühen Entwicklungsstadien oftmals verhindert. Ein verstärkter Eingriff des Managements erhöht tendenziell die Sicherheit des Transformationsprozesses und führt c. p. zu einer vorgezogenen Ansatzfähigkeit.

Die Bilanzierungseinheit nach IAS 41 ist bei biologischen Vermögenswerten auf den einzelnen Vermögenswert zu beziehen, während die Bilanzierungseinheit von landwirtschaftlichen Erzeugnissen auslegungsbedürftig ist. Aufgrund der oftmals homogenen Erzeugnisse sowie der z. T. schwierigen Zählbarkeit der Erzeugnisse insbesondere bei Pflanzen ist eine solche offen gehaltene Bilanzierungseinheit aus Gründen der Entscheidungsnützlichkeit und aus Kostengründen zu begrüßen. Auch für biologische Vermögenswerte allgemein wäre eine nicht deterministisch festgelegte Bilanzierungseinheit sinnvoll. Hiermit würde man sowohl der Bilanzierung wertvoller, individueller Tiere als auch der Bilanzierung zahlreicher homogener und im Gruppenverband angebauter Pflanzen, die faktisch nicht einzeln erfasst und bewertet werden können, gerecht werden.

Die erfolgswirksame **Bewertung** des biologischen Vermögens nach IAS 41 zum beizulegenden Zeitwert abzüglich Veräußerungskosten an jedem Bilanzstichtag sorgt dafür, dass bei langfristigen konsumierbaren Vermögenswerten bereits während ihres Wachstumsprozesses vor ihrer Ernte Erträge ausgewiesen werden, auch wenn bezüglich der weiteren Transformation und einer ggf. späteren Veräußerung der Vermögenswerte Unsicherheit besteht. Der unterschiedlichen Intensität der Unsicherheit bei verschiedenen Sachverhalten wird aber durch die Verlässlichkeitsausnahme nach IAS 41 und die absteigende Fair-Value-Hierarchie des IFRS 13 begegnet. Der ***highest-and-best-use*-Grundsatz** der Ermittlung des beizulegenden Zeitwertes kann bei einem möglichen Absatz des Vermögenswertes auf mehreren Märkten zu einer zu hohen und nicht realitätsgetreuen Abbildung führen. In einem solchen Fall erscheint eine gewichtete Bewertung des Produktes auf Basis der Verteilung seiner Absatzanteile für die jeweiligen Märkte sinnvoll. Für die Anwendung im Bereich der Landwirtschaft und damit auf lebendige Vermögenswerte sollte bezüglich der höchst- und bestmöglichen Nutzung neben der bisher nach IFRS 13 vorgegebenen physisch möglichen, rechtlich zulässigen und finanziell sinnvollen Nutzung auch eine vom Wesen des biologischen Vermögenswertes her mögliche Nutzung berücksichtigt werden.

Bei der Anwendung des beizulegenden Zeitwertes auf biologische Vermögenswerte und landwirtschaftliche Erzeugnisse wurde zunächst die Bewertung auf Basis der **Inputparameter der ersten Stufe** konkretisiert. Dabei stellte sich heraus, dass vor allem für in Massen hergestellte homogene landwirtschaftliche Erzeugnisse und biologische Vermögenswerte oftmals aktive Märkte existieren. Die Inputparameter der ersten Stufe können in Deutschland bei verschiedenen Anbietern von Marktinformationen abgerufen werden. Für sehr individuelle, besonders wertvolle biologische Vermögenswerte wird eine Bewertung auf Basis eines beizulegenden Zeitwertes auf der ersten Hierarchiestufe aber im Regelfall nicht möglich sein. Tendenziell sind konsumierbare bzw. tierische Vermögenswerte eher auf Basis eines beizulegenden Zeitwertes der ersten Stufe bewertbar als tragende bzw. pflanzliche Vermögenswerte.

Für die Konkretisierung der Bewertung auf Basis der **Inputparameter der zweiten und dritten Stufe** können gleiche Bewertungsverfahren genutzt werden. Die **marktbasierten Verfahren** können vor allem für marktfähiges, nahezu fertiggestelltes Tier- und Pflanzenvermögen angewendet werden. Da die landwirtschaftlichen Vermögenswerte aus Marktsicht regelmäßig keine Unikate sind, lässt sich i. d. R. eine Bewertung auf Basis von Vergleichspreisen durchführen. Marktpreise können dabei bspw. von regelmäßig stattfindenden Präsenzmärkten oder von den für die Eingangsparameter der ersten Stufe verwendeten Datenbanken genutzt werden. Landwirtschaftliche Vermögenswerte werden oftmals auch in anderen Maßeinheiten als in Stückzahlen gehandelt, aus denen dann u. U. Multiplikatoren für die Bewertung hergeleitet werden können. Weitere potenziell anwendbare, z. T. jedoch vermögenswertspezifische marktbasierte Verfahren sind die Ermittlung von Abtriebswerten oder Neuwerten abzüglich eines Entwertungsabschlages sowie die Bewertung mithilfe von Wertinterpolationen bzw. Wertermittlungskurven. Die **barwertorientierten Verfahren** bieten sich vor allem bei langfristigen Transformationsprozessen an. Zum Teil besteht dabei jedoch die Gefahr spekulationsgetriebener Einflüsse. Aufgrund der Vielzahl einzubeziehender Parameter und der hohen Bedeutung von externen Faktoren sind in der Landwirtschaft mithilfe von barwertorientierten Verfahren oftmals lediglich beizulegende Zeitwerte der dritten Stufe zu ermitteln. Jedoch kann z. T. auch auf frei verfügbare und standardisierte beobachtbare Datensammlungen, die die mit einem biologischen Vermögenswert verbundenen Ein- und Auszahlungen approximativ wiedergeben, zurückgegriffen werden, auch wenn die Daten regelmäßig hinsichtlich ihrer Aktualität und Regionalität anzupassen sind. Die **kostenorientierten Verfahren** stehen konzeptionell der Verkaufspreisorientierung nach IFRS 13 entgegen. Kostenwerte können dennoch als Ersatzwerte des beizulegenden Zeitwertes dienen. Für Informationen zu den Wiederbeschaffungswerten von landwirtschaftlichen Vermögenswerten kann vor allem auf die bereits bei den barwertorientierten Verfahren angesprochenen Datenbanken zurückgegriffen werden.

Die **Verlässlichkeitsausnahme** des IAS 41 schützt den Adressaten vor nicht verlässlichen Informationen, geht jedoch durch die Bewertung zu fortgeführten Anschaffungskosten mit z. T. nur eingeschränkt relevanten Informationen einher. Zudem bestehen oftmals praktische Umsetzungsprobleme. Die lediglich einmalige Anwendungsoption der Verlässlichkeitsausnahme beim Erstansatz des Vermögenswertes ist zu hinterfragen, da auch nach einer erstmalig verlässlichen Bewertung der beizulegende Zeitwert erneut nicht verlässlich ermittelt werden könnte. Indes ist die Unwiderruflichkeit zumindest aus Vergleichbarkeitsgründen und zur Einschränkung von Bilanzpolitik zu begrüßen. Der Ausschluss der Verlässlichkeitsausnahme bei landwirtschaftlichen Erzeugnissen ist hinsichtlich vielfach vorhandener Marktpreise und der überwiegend guten Ermittelbarkeit beizulegender Zeitwerte schlüssig. Letztlich hat sich herausgestellt, dass die Verlässlichkeitsausnahme auch heute noch eine Daseinsberechtigung hat, jedoch zur „Ausnahme bezüglich der glaubwürdigen Darstellung" angepasst werden sollte.

Nach dem IAS 41 wurden in Abschnitt 5 die **Regelungsänderungen „Agriculture: Bearer Plants"** analysiert. Diese kommen den mit den bisherigen Regelungen des IAS 41 verbundenen Problemen entgegen, auch wenn sie sich mit den fruchttragenden Pflanzen lediglich auf eine bestimmte Gruppe von biologischen Vermögenswerten beschränken. Die vom IASB beschlossene offene Bilanzierungseinheit für die fruchttragenden Pflanzen ist zu begrüßen. Die Trennung zwischen fruchttragenden Pflanzen und den an diesen wachsenden Früchten ist jedoch praktisch nicht immer umsetzbar. Zudem ist die Trennung aufgrund der auch nach den Neuregelungen noch weiterhin verpflichtend anzuwendenden Regelungen des IAS 41 für fruchttragende Tiere aus Konsistenzgründen kritisch zu sehen.

Die **Bewertung der fruchttragenden Pflanzen** nach IAS 16 ist darauf zugeschnitten, dass diese im Rahmen der Produktion über mehrere Perioden eingesetzt werden. Mit Blick auf die Bewertung des Sachanlagevermögens ist der Bewertungsansatz konzeptionell stimmig. Indes besteht bei der Anwendung der Vorschriften Konkretisierungsbedarf. Bei der **Erstbewertung** stellt sich die Frage, ab wann der Vermögenswert fertiggestellt ist. Diesbezüglich hat sich der Zeitpunkt der Gewinnung erster minimaler Fruchterzeugnisse als zu früh herausgestellt, während der Zeitpunkt des Auswachsens einer Pflanze bzw. der damit oftmals verbundenen ersten Ernte mit maximalen Erträgen als zu spät identifiziert wurde. Letztlich ist derjenige Zeitpunkt als Zeitpunkt der Fertigstellung zu wählen, zu dem die Ernteergebnisse einem Mindestmaß an Qualität und Quantität genügen.

Bei der **Folgebewertung** gilt es, die für diese erforderlichen Komponenten für fruchttragende Pflanzen zu konkretisieren. So sollte der Bestimmung der **planmäßigen Abschreibungen** nicht die biologische, sondern die vom Unternehmen beabsichtigte wirtschaftliche Nutzungsdauer zugrunde gelegt werden. Nach der Definition von fruchttragenden Pflanzen dürfen die Restverkaufserlöse der tragenden Pflanzen lediglich unwesentlich sein. Eine Quantifizierung der Unwesentlichkeit unterbleibt indes. Hierzu wird in dieser Arbeit die Lösung erarbeitet, bei der Quantifizierung auf das Verhältnis zu den gesamten während ihrer Nutzungsdauer anfallenden Ernteerträgen einer Pflanze abzustellen. Die Wahl der Abschreibungsmethode sollte sich an eigenen Erfahrungswerten oder öffentlich zugänglichen Informationen orientieren. Dadurch, dass die Produktion oftmals stark von externen Faktoren wie bspw. dem Wetter abhängt, ist es ansonsten schwierig, die für eine leistungsabhängige Abschreibung notwendige Leistungsverteilung zu ermitteln. Eine Besonderheit der fruchttragenden Pflanzen besteht darin, dass die Abschreibung nach IAS 16 bei der in dieser Arbeit als zielführend herausgestellten Reifedefinition bereits zu einem Zeitpunkt startet, zu dem die Pflanze i. d. R. noch nicht voll entwickelt ist. Die damit verbundene Problematik für die Bilanzierung kann gelöst werden, indem die zum Wachstum der Pflanze erforderlichen Aufwendungen bis zum Auswachsen der Pflanze im Rahmen einer Nutzensteigerung als nachträgliche Herstellungskosten aktiviert werden und somit den abzuschreibenden Betrag erhöhen. Der Komponentenansatz spielt für eine einzelne tragende Pflanze keine Rolle. Bei einer höher aggregierten Bilanzierungseinheit, wie bspw. einem Feld, können aber verschiedene Anbauhilfen, wie Nebenkulturen oder Rankstäbe, als Komponenten betrachtet und separat folgebewertet werden.

Bei **außerplanmäßigen Abschreibungen** ergibt sich bei fruchttragenden Pflanzen als lebender Vermögenswert die Besonderheit, dass sie sich selbst regenerieren können. Die Entscheidung über einen außerplanmäßigen Wertminderungsbedarf kann daher insofern schwierig sein, als die individuelle Regenerationsfähigkeit des biologischen Vermögenswertes nach einem Schaden unklar bleiben kann. Bei der für die außerplanmäßige Abschreibung erforderliche Bestimmung des Nutzungswertes spielt die an einer Pflanze aktuell wachsende Frucht nach den Neuregelungen „Agriculture: Bearer Plants" keine Rolle. Es sind stattdessen die künftigen Fruchtfolgen miteinzubeziehen. Durch die definitorische Einschränkung des Nutzungswertes auf künftige Cashflows im gegenwärtigen Zustand des Vermögenswertes werden jedoch die durch das Wachstum einer Pflanze verursachten Ertragskraftsteigerungen nicht weiter berücksichtigt, sodass der wirtschaftliche Wert der Pflanze unterschätzt wird. Die Ausblendung solcher zukunftsorientierter Informationen kann die Entscheidungsnützlichkeit der Informationen einschränken. Um dem künftig entgegenzuwirken, wird eine Regelung empfohlen, die Cashflow-Veränderungen, die auf das künftige Wachstum einer fruchttragenden Pflanze zurückzuführen sind, berücksichtigt.

Die Differenzierung zwischen **Instandhaltungsaufwendungen und nachträglichen Anschaffungs- oder Herstellungskosten** ist bei fruchttragenden Pflanzen schwierig, da diese neben Inputleistungen für ihre Erweiterung auch auf Inputleistungen zum Erhalt ihres Zustandes angewiesen sind. Die Abgrenzung ist oftmals mit großen Schätzunsicherheiten verbunden. Als ein Lösungsansatz könnten länderspezifische oder regionale Institutionen Daten sammeln und auf dieser Grundlage standardisierte Richtwerte zur Aufwandsverteilung veröffentlichen, die von den Unternehmen genutzt werden könnten. Bei fruchttragenden Pflanzen ist zu beachten, dass im Produktionsverlauf neben einer natürlichen auch eine bewusst herbeigeführte Sterblichkeitsquote existiert. Letztere dient der Nutzensteigerung in Form von höheren Erträgen bei den verbleibenden biologischen Vermögenswerten. Daher sind die Aufwendungen für solche Ausdünnungen als nachträgliche Anschaffungskosten der verbleibenden Vermögenswerte zu aktiveren.

Bezüglich der **Bewertung der wachsenden Früchte** sind die Neuregelungen zu begrüßen, da mit der **Bewertung** zum beizulegenden Zeitwert abzüglich der Veräußerungskosten die biologische Transformation der Früchte abgebildet werden kann. Jedoch ist insofern mit praktischen Umsetzungsproblemen zu rechnen, als für unreife Früchte oftmals keine Absatzmärkte existieren.

In Abschnitt 6 wurde schließlich zur entscheidungsnützlichen Erfolgsdarstellung nach einer **gesamtheitlichen konzeptionellen Lösung für die Bewertung biologischer Vermögenswerte** gesucht. Aus der aktuell gültigen Bilanzierung des IAS 41 und den Regelungsänderungen „Agriculture: Bearer Plants“ resultiert nämlich eine z. T. sachlich nicht gerechtfertigte Bilanzierung. Im Ergebnis ergab sich für eine Bilanzierung im Sinne eines *true and fair view* de lege ferenda eine Bewertungskonzeption, die zwischen drei verschiedenen Fällen unterscheidet. Dabei ist hinsichtlich der wirtschaftlichen Funktion der Vermögenswerte zuerst in konsumierbare und tragende Vermögenswerte zu differenzieren.

Für die **konsumierbaren** biologischen Vermögenswerte wird eine erfolgswirksame Bewertung auf Basis des beizulegenden Zeitwertes vorgeschlagen, da für Bilanzadressaten hierbei Informationen über den Fortschritt der biologischen Transformation als die betriebliche Leistung relevant sind. Der beizulegende Zeitwert gilt dabei als Maßstab zur Abbildung der biologischen Transformation. Je fortgeschrittener die biologische Transformation ist, desto höher dürfte c. p. der beizulegende Zeitwert sein. Jedoch ist der beizulegende Zeitwert eines konsumierbaren biologischen Vermögenswertes z. T. auch über den Wert des Vermögenswertes im künftigen Reifezustand abzuleiten, was zu einer Nicht-Berücksichtigung der periodenspezifischen biologischen Transformation im Erfolgsausweis führen kann. Eine dadurch resultierende verzerrte Erfolgsdarstellung kann jedoch durch den Ansatz und die periodisierte erfolgswirksame Auflösung eines passiven Abgrenzungspostens in Höhe eines ansonsten (netto) zum Erstansatz des Vermögenswertes entstehenden *day one gain* vermieden werden. Eine bilanzielle Differenzierung in zur Veräußerung und zur betriebsinternen Verwendung vorgesehene konsumierbare biologische Vermögenswerte im Rahmen einer *own use exemption* wird abgelehnt.

Die **tragenden** biologischen Vermögenswerte werden in einem Geschäftsmodell auf Dauer dienende Vermögenswerte und in in einem hybriden Geschäftsmodell eingesetzte Vermögenswerte differenziert. In Abhängigkeit von der Verwendungsabsicht wird eine Bewertung zu den fortgeführten Anschaffungs- oder Herstellungskosten (dem Geschäftsmodell auf Dauer dienend) oder auf Basis des Neubewertungsmodells (hybrides Geschäftsmodell: Nutzungs- und Veräußerungsabsicht) vorgeschlagen. Der Wertansatz eines tragenden biologischen Vermögenswertes wird dabei bei beiden Vermögenswertgruppen über die restliche Nutzungsdauer des jeweiligen Vermögenswertes planmäßig verteilt. Während bei den dem Geschäftsmodell auf Dauer dienenden Vermögenswerten zwischenzeitliche Wertänderungen nicht relevant sind, da sie definitionsgemäß nicht realisiert werden, ist dies bei Vermögenswerten im hybriden Geschäftsmodell nicht zwangsläufig der Fall. Da es hierbei unsicher ist, ob es zu einer Veräußerung kommt, wird bei tragenden Vermögenswerten in einem hybriden Geschäftsmodell für Wertzuwächse, die zu einem höheren Wertansatz als die ursprünglichen fortgeführten Anschaffungs- oder Herstellungskosten führen, lediglich eine Neubewertungsrücklage gebildet. Damit werden Wertsteigerungen erfolgsneutral erfasst.

Letztlich ist festzuhalten, dass die Anwendung des gleichen Bewertungsmaßstabes auf alle im Rahmen einer landwirtschaftlichen Tätigkeit anfallenden biologischen Vermögenswerte nach dem bisherigen IAS 41 weder zielführend noch entscheidungsnützlich ist. Stattdessen bedarf es auch bei den biologischen Vermögenswerten einer Unterscheidung nach der wirtschaftlichen Funktion der Vermögenswerte in konsumierbare und tragende biologische Vermögenswerte. Zwischen Tieren und Pflanzen ist dabei nicht zu unterscheiden. Die Neuregelungen „Agriculture: Bearer Plants“ gehen konzeptionell in die richtige Richtung, hätten jedoch durch eine differenziertere Betrachtung der verschiedenen Sachverhalte zu einer noch entscheidungsnützlicheren Informationsvermittlung beitragen können. Bezüglich einer differenzierteren Betrachtung hat sich der IASB bereits zuversichtlich gezeigt, dass er sich nach den Neuregelungen „Agriculture: Bearer Plants“ ggf. mit weiteren Problemfeldern des IAS 41 auseinanderzusetzen möchte. Hierzu bestehen aber noch keine konkreten inhaltlichen und zeitlichen Planungen.

Quellenverzeichnis

Literaturverzeichnis

ADLER, HANS/DÜRING, WALTHER/SCHMALTZ, KURT, Rechnungslegung nach internationalen Standards – Kommentar, Stuttgart 2002 ff. (ADS International).

AIGNER, ALOIS, Fruchtfolgegestaltung, in: Landwirtschaftlicher Pflanzenbau – Grundlagen des Acker- und Pflanzenbaus, der guten fachlichen Praxis und der Verfahrenstechnik sowie der Agrarmeteorologie und des Klimawandels - Produktions- und Verfahrenstechnik der Kulturpflanzen - Dauergrünland - Sonderkulturen - Nachwachsende Rohstoffe - Ökologischer Landbau - Naturschutz und Landschaftspflege - Feldversuchswesen - Waldbewirtschaftung, hrsg. v. Doleschel, Peter/Frahm, Johann, 13. Aufl., München 2014, S. 185-194 (Fruchtfolgegestaltung).

ALPARSLAN, ADEM, Strukturalistische Prinzipal-Agent-Theorie – Eine Reformulierung der Hidden-Action-Modelle aus der Perspektive des Strukturalismus, Wiesbaden 2006 (Prinzipal-Agent-Theorie).

ALSING, INGRID, Lexikon Landwirtschaft – Pflanzliche Erzeugung; Tierische Erzeugung; Landtechnik/Bauwesen; Ökologischer Landbau; Betriebslehre; Landwirtschaftliches Recht, 4. Aufl., Stuttgart 2002 (Lexikon Landwirtschaft).

ALVAREZ, MANUEL/KLEEKÄMPER, HEINZ/KUHLEWIND, ANDREAS-MARKUS, Teil A, Kapitel 1, in: Rechnungslegung nach IFRS – Kommentar auf der Grundlage des deutschen Bilanzrechts, hrsg. v. Baetge, Jörg/Wollmert, Peter/Kirsch, Hans-Jürgen/Oser, Peter/Bischof, Stefan, 2. Aufl., Stuttgart 2002.

ANDREJEWSKI, KAI C./BÖCKEM, HANNE, Praktische Fragestellungen der Implementierung des Komponentenansatzes nach IAS 16, Sachanlagen (Property, Plant and Equipment), in: KoR 2005, Nr. 2, S. 75-81 (Implementierung des Komponentenansatzes).

ANTONAKOPOULOS, NADINE, Gewinnkonzeptionen und Erfolgsdarstellung nach IFRS – Analyse der direkt im Eigenkapital erfassten Erfolgsbestandteile, Wiesbaden 2007 (Gewinnkonzeptionen und Erfolgsdarstellung nach IFRS).

AOSSG (HRSG.), Comment letter ED/2013/8, verfügbar unter: http://www.ifrs.org/Current-Projects/IASB-Projects/Bearer-biological-assets/Exposure-Draft-June-2013/Pages/Comment-letters.aspx, Stand: 01.06.2014 (Comment letter ED/2013/8).

AUSTRALIAN ACCOUNTING STANDARDS BOARD (HRSG.), Comment letter ED/2013/8, verfügbar unter: http://www.ifrs.org/Current-Projects/IASB-Projects/Bearer-biological-assets/Exposure-Draft-June-2013/Pages/Comment-letters.aspx, Stand: 01.06.2014 (Comment letter ED/2013/8).

BAETGE, JÖRG, Möglichkeiten der Objektivierung des Jahreserfolges, Düsseldorf 1970 (Objektivierung des Jahreserfolgs).

BAETGE, JÖRG/KIRSCH, HANS-JÜRGEN/THIELE, STEFAN, Bilanzanalyse, 2. Aufl., Düsseldorf 2004 (Bilanzanalyse).

BAETGE, JÖRG/KIRSCH, HANS-JÜRGEN/THIELE, STEFAN, Bilanzen, 13. Aufl., Düsseldorf 2014 (Bilanzen).

BAETGE, JÖRG/KIRSCH, HANS-JÜRGEN/WOLLMERT, PETER/BRÜGGEMANN, PETER, Teil A, Kapitel 2, in: Rechnungslegung nach IFRS – Kommentar auf der Grundlage des deutschen Bilanzrechts, hrsg. v. Baetge, Jörg/Wollmert, Peter/Kirsch, Hans-Jürgen/Oser, Peter/Bischof, Stefan, 2. Aufl., Stuttgart 2002.

BAETGE, JÖRG/KROLAK, THOMAS/THIELE, STEFAN/HAIN, THORSTEN, IAS 36, in: Rechnungslegung nach IFRS – Kommentar auf der Grundlage des deutschen Bilanzrechts, hrsg. v. Baetge, Jörg/Wollmert, Peter/Kirsch, Hans-Jürgen/Oser, Peter/Bischof, Stefan, 2. Aufl., Stuttgart 2002.

BAETGE, JÖRG/THIELE, STEFAN, Gesellschafterschutz versus Gläubigerschutz - Rechenschaft versus Kapitalerhaltung – Zu den Zwecken des deutschen Einzelabschlusses vor dem Hintergrund der internationalen Harmonisierung, in: Handelsbilanzen und Steuerbilanzen – Festschrift zum 70. Geburtstag von Prof. Dr. h. c. Heinrich Beisse, hrsg. v. Budde, Wolfgang Dieter/Moxter, Adolf/Offerhaus, Klaus 1997, S. 11-24 (Rechenschaft vs. Kapitalerhaltung).

BAETGE, JÖRG/ZÜLCH, HENNING, Abt. I/2, in: HdJ Handbuch des Jahresabschlusses – Rechnungslegung nach HGB und internationalen Standards, hrsg. v. Wysocki, Klaus von/Schulze-Osterloh, Joachim/Hennrichs, Joachim/Kuhner, Christoph, Köln 1984.

BALLWIESER, WOLFGANG, Anforderungen des Kapitalmarkts an Bilanzansatz- und Bilanzbewertungsregeln, in: KoR 2001, Nr. 4, S. 160-164 (Anforderungen des Kapitalmarkts an Bilanzansatz- und Bilanzbewertungsregeln).

BALLWIESER, WOLFGANG, Informations-GoB - auch im Lichte von IAS und US-GAAP, in: KoR 2002, Nr. 3, S. 115-121 (Informations-GoB).

BALLWIESER, WOLFGANG, IAS 16, in: Rechnungslegung nach IFRS – Kommentar auf der Grundlage des deutschen Bilanzrechts, hrsg. v. Baetge, Jörg/Wollmert, Peter/Kirsch, Hans-Jürgen/Oser, Peter/Bischof, Stefan, 2. Aufl., Stuttgart 2002.

BALLWIESER, WOLFGANG, IFRS-Rechnungslegung – Konzept, Regeln und Wirkungen, 3. Aufl., München 2013 (IFRS-Rechnungslegung).

BALLWIESER, WOLFGANG/DOBLER, MICHAEL, Abschnitt 26, in: Handbuch International Financial Reporting Standards 2011, hrsg. v. Ballwieser, Wolfgang/Beine, Frank/Hayn, Sven/Peemöller, Volker H./Schruff, Lothar/Weber, Claus-Peter, 7. Aufl., Weinheim 2011.

BAPST, BEAT, Einschätzung von Reproduktions- und Züchtungstechniken in der ökologischen Tierzucht am Beispiel Rinderzucht, verfügbar unter: http://www.zs-l.de/fileadmin/landwirtschaft/file/tzf_dokumente/7zuechtungstechniken.pdf, Stand: 24.11.2013 (Reproduktions- und Züchtungstechniken).

BASKERVILLE, RACHEL F./CORDERY, CAROLYN J., "Small GAAP: a large jump for the IASB" – Paper to be presented to the Tenth Annual Conference for Financial Reporting and Business Communication, Cardiff Business School, 6-7 July 2006, verfügbar unter: http://ecgi.ssrn.com/delivery.php?ID=253020073123122009119090111017010028059064002079017045002025000027112079127012004078097103011016022127108104072127095118124121117039004050076090104100100078112029016082081016103114083083112011000093&EXT=pdf, Stand: 05.09.2014 (Small GAAP).

BASSEN, YASMINE, Internationale Rechnungslegung von Nonprofit-Organisationen, Lohmar/Köln 2012 (Internationale Rechnungslegung von Nonprofit-Organisationen).

BÄTHE-GUSKI, MARTINA/DEBUS, CHRISTIAN/EBERHARDT, KERSTIN/KUHN, STEFFEN, Besonderheiten bei der Fair-Value-Ermittlung von Derivaten nach IFRS 13 - unter besonderer Berücksichtigung von IDW ERS HFA 47, in: WPg 2013, Nr. 15, S. 741-752 (Besonderheiten bei der Fair-Value-Ermittlung).

BAYER AG/KWS SAAT AG/SYNGENTA INTERNATIONAL AG (HRSG.), Comment letter ED/2013/8, verfügbar unter: http://eifrs.ifrs.org/eifrs/comment_letters/26/26_2962_MartinSchloemer-DrBayer_0_Bayer.pdf, Stand: 01.06.2014 (Comment letter ED/2013/8).

BDO (HRSG.), Comment letter ED/2013/8, verfügbar unter: http://eifrs.ifrs.org/eifrs/comment_letters/26/26_2920_AndrewBuchananBDO_0_BDO_CL_2013_08_Agriculture.pdf, Stand: 01.06.2014 (Comment letter ED/2013/8).

BEAVER, WILLIAM H., Financial Reporting – An Accounting Revolution, 3. Aufl., Upper Saddle River, New Jersey 1998 (Financial Reporting).

BERENTZEN, CHRISTOPH, Die Bilanzierung von finanziellen Vermögenswerten im IFRS-Abschluss nach IAS 39 und nach IFRS 9 – Eine vergleichende Untersuchung der Entscheidungsnützlichkeit unter besonderer Berücksichtigung des Komplexitätsgrads, Lohmar/Köln 2010 (Die Bilanzierung von finanziellen Vermögenswerten).

BERGFELD, RAINER/NÜBLER-JUNG, KATHARINA, asexuelle Fortpflanzung, verfügbar unter: http://www.spektrum.de/lexikon/biologie/asexuelle-fortpflanzung/5413, Stand: 04.06.2014 (Fortpflanzung).

BIEG, HARTMUT/KÄUFER, ANKE, Rahmenkonzept - Ziel, Zwecke und Grundsätze, in: IFRS-Rechnungslegung – Grundlagen - Aufgaben - Fallstudien, hrsg. v. Brösel, Gerrit/Zwirner, Christian, 2. Aufl., München 2009, S. 3-20 (Rahmenkonzept).

BISCHOF, STEFAN, Gewinnrealisierung im industriellen Anlagengeschäft, München 1997 (Gewinnrealisierung im industriellen Anlagengeschäft).

BLAUM, ULF/HOLZWARTH, JOCHEN/WENDLANDT, GERLINDE, IAS 8, in: Rechnungslegung nach IFRS – Kommentar auf der Grundlage des deutschen Bilanzrechts, hrsg. v. Baetge, Jörg/Wollmert, Peter/Kirsch, Hans-Jürgen/Oser, Peter/Bischof, Stefan, 2. Aufl., Stuttgart 2002.

BMELV (HRSG.), C. Preise und Löhne - Statistischer Monatsbericht - BMELV-Statistik, verfügbar unter: http://www.bmelv-statistik.de/de/statistischer-monatsbericht/c-preise-und-loehne/, Stand: 17.07.2014 (Statistischer Monatsbericht - Preise).

BÖCKING, HANS-JOACHIM/LOPATTA, KERSTIN/RAUSCH, BENJAMIN, Fair Value-Bewertung versus Anschaffungskostenprinzip - ein Paradigmenwechsel in der Rechnungslegung?, in: Fair Value – Bewertung in Rechnungswesen, Controlling und Finanzwirtschaft, hrsg. v. Bieg, Hartmut/Heyd, Reinhard, München 2005, S. 83-105 (Fair Value-Bewertung vs. Anschaffungskostenprinzip).

BOSTEDT, H./KLEIN, C., Zum Abort – Totgeburten - Komplex in Milchrinderbeständen, verfügbar unter: http://www.landwirtschaft-mv.de/cms2/LFA_prod/LFA/content/de/Fachinformationen/Tierproduktion/Milcherzeugung/15Milchrindtag/bostedt.pdf, Stand: 01.06.2014 (Abort-Totgeburten-Komplex in Milchrinderbeständen).

BOTOSAN, CHRISTINE/HUFFMAN, ADRIENNA, A Business Valuation Framework for Asset Measurement, verfügbar unter: http://eifrs.ifrs.org/eifrs/comment_letters/27/27_3206_AdriennaHuffmanUniversityofUtah_1_AHRevisionsRESUBMISSION.pdf, Stand: 15.04.2014 (A Business Valuation Framework for Asset Measurement).

BUNDESMINISTERIUM FÜR ERNÄHRUNG UND LANDWIRTSCHAFT, Fachbegriffe, verfügbar unter: https://www.bundeswaldinventur.de/index.php?id=422, Stand: 26.01.2015 (Bundeswaldinventur – Fachbegriffe).

BUSINESSEUROPE (HRSG.), Comment letter ED/2013/8, verfügbar unter: http://eifrs.ifrs.org/eifrs/comment_letters/26/26_2951_BusinessEurope_0_BusinessEurope.pdf, Stand: 01.06.2014 (Comment letter ED/2013/8).

BUSSE VON COLBE, WALTHER, Aufbau und Informationsgehalt von Kapitalflußrechnungen, in: ZfB 1966, Nr. Ergänzungsheft I, S. 82-114 (Kapitalflußrechnungen).

BUSSE VON COLBE, WALTHER, Unternehmenskontrolle durch Rechnungslegung, in: Internationale Unternehmenskontrolle und Unternehmenskultur – Beiträge zu einem Symposium, hrsg. v. Sandrock, Otto/Jäger, Wilhelm, Tübingen 1994, S. 37-57 (Unternehmenskontrolle durch Rechnungslegung).

CAIRNS, DAVID H., Chapter 18 – IASC - Individual Accounts, in: Transnational Accounting TRANS-ACC – Volume 2 IASC - USA, hrsg. v. Ordelheide, Dieter/KPMG, London/Basingstoke/New York 1995, S. 1661-1767 (IASC - Individual Accounts).

CANADIAN ACCOUNTING STANDARD BOARD (HRSG.), Comment letter ED/2013/8, verfügbar unter: http://eifrs.ifrs.org/eifrs/comment_letters/26/26_2837_LindaMezonCanadianAccountingStandardsBoard_0_AcSBresponseAgricultureBearerPlants28Oct2013.pdf, Stand: 01.06.2014 (Comment letter ED/2013/8).

CASTEDELLO, MARC, Fair Value Measurement – Der neue Exposure Draft 2009/5, in: WPg 2009, Nr. 18, S. 914-917 (Fair Value Measurement).

CASTEDELLO, MARC/KLINGBEIL, CHRISTIAN, IFRS 13: Anwendungsfragen bei nicht-finanziellen Vermögenswerten in der Praxis, in: WPg 2012, Nr. 9, S. 482-488 (IFRS 13: Anwendungsfragen).

CHAMBERS, RAYMOND J., MEASUREMENT AND OBJECTIVITY IN ACCOUNTING, in: The Accounting Review 1964, Nr. 2 (April 1964), S. 264-274 (Measurement and Objectivity in Accounting).

CHINA ACCOUNTING STANDARDS COMMITTEE (HRSG.), Comment letter ED/2013/8, verfügbar unter: http://eifrs.ifrs.org/eifrs/comment_letters/26/26_2720_YuChenChinaAccountingStandardsCommittee_0_CASCsCommentsonEDAgriculture.pdf, Stand: 01.06.2014 (Comment letter ED/2013/8).

CHRISTENSEN, JOHN, Conceptual frameworks of accounting from an information perspective, in: Accounting and Business Research 2010, Nr. 3, S. 287-299 (Conceptual frameworks of accounting).

CLAUDIUS, MATTHIAS, ASMUS omnia sua SECUM portans, oder Sämmtliche Werke des Wandsbecker Bothen, IV. Theil., Hamburg 1783 (Sämmtliche Werke des Wandsbecker Bothen).

COENENBERG, ADOLF G./STRAUB, BARBARA, Rechenschaft versus Entscheidungsnützlichkeit: Harmonie oder Disharmonie der Rechnungszwecke?, in: KoR 2008, Nr. 1, S. 17-26 (Rechenschaft vs. Entscheidungsnützlichkeit).

DAHINTEN, GÜNTHER, Schweinezucht, in: Landwirtschaftliche Tierhaltung – Bedeutung der Veredelungswirtschaft - Grundlagen der Tierzucht - Grundlagen der Fütterung und Futtermittel - Grundlagen des landwirtschaftlichen Bauens - Rinderzucht- und -vermarktung - Rinderhaltung und -fütterung - Schweinezucht und -vermarktung - Schweinehaltung und -fütterung - Weitere Nutztiere - Tiergesundheit und Tierschutz, hrsg. v. Littmann, Edgar/Hammerl, Georg/Adam, Friedhelm, 13. Aufl., München 2013, S. 561-584 (Schweinezucht).

DEBREU, GÉRARD, Werttheorie – Eine axiomatische Analyse des ökonomischen Gleichgewichtes, Berlin/Heidelberg/New York 1976 (Werttheorie).

DELOITTE & TOUCHE GMBH WIRTSCHAFTSPRÜFUNGSGESELLSCHAFT, IFRS 9 Finanzinstrumente - Ein Praxisleitfaden für Finanzdienstleister, verfügbar unter: http://www.iasplus.com/de/de/publications/german-publications/other/ifrs-9-praxisleitfaden-fuer-finanzdienstleister/file, Stand: 18.09.2014 (IFRS 9 Finanzinstrumente).

DELOITTE TOUCHE TOHMATSU LIMITED (HRSG.), Comment letter ED/2013/8, verfügbar unter: http://eifrs.ifrs.org/eifrs/comment_letters/26/26_2843_VeronicaPooleDeloitteToucheTohmatsu-Limited_0_DTTLcommentletteronED20138.pdf, Stand: 01.06.2014 (Comment letter ED/2013/8).

DELOITTE TOUCHE TOHMATSU LIMITED (HRSG.), iGAAP 2014 – A guide to IFRS reporting - VOLUME A PART 2, 7. Aufl., London/Edinburgh 2013 (iGAAP 2014).

DETTENRIEDER, DOMINIK, Hedge Accounting in Industrieunternehmen nach IFRS 9, Lohmar/Köln 2014 (Hedge Accounting).

DOBLER, MICHAEL/HETTICH, SILVIA, Geplante Änderungen der Rahmenkonzepte von IASB und FASB – Konzeption, Vergleich, Würdigung, in: IRZ 2007, Nr. 1, S. 29-36 (Geplante Änderungen der Rahmenkonzepte).

DOWLING, CARLIN/GODFREY, JAYNE, AASB 1037 Sows the Seeds of Change: A Survey of SGARA Measurement Methods, in: Australian Accounting Review 2001, Nr. 1, S. 45-51 (Sows the Seeds of Change).

DRSC E.V. (HRSG.), Comment letter ED/2013/8, verfügbar unter: http://eifrs.ifrs.org/eifrs/comment_letters/26/26_2622_LieselKnorrASCG_0_131014_CL_ASCG_IAS41.pdf, Stand: 01.06.2014 (Comment letter ED/2013/8).

EBERL-BORGERS, CHRISTINA, § 833, in: Buch 2: Recht der Schuldverhaltnisse – §§ 830-838 (unerlaubte Handlungen 3), Bd. Buch 2: Recht der Schuldverhältnisse, hrsg. v. Belling, Detlev W./Eberl-Borgers, Christina, Berlin 2012.

EDER, JOACHIM/KUPFER, HERBERT/KILLERMANN, BERTA, Pflanzenzüchtung und Saatgutwesen, in: Landwirtschaftlicher Pflanzenbau – Grundlagen des Acker- und Pflanzenbaus, der guten fachlichen Praxis und der Verfahrenstechnik sowie der Agrarmeteorologie und des Klimawandels - Produktions- und Verfahrenstechnik der Kulturpflanzen - Dauergrünland - Sonderkulturen - Nachwachsende Rohstoffe - Ökologischer Landbau - Naturschutz und Landschaftspflege - Feldversuchswesen - Waldbewirtschaftung, hrsg. v. Doleschel, Peter/Frahm, Johann, 13. Aufl., München 2014, S. 337-365 (Pflanzenzüchtung und Saatgutwesen).

EFRAG (HRSG.), Comment letter ED/2013/8, verfügbar unter: http://eifrs.ifrs.org/eifrs/comment_letters/26/26_2851_RobertStojekEFRAG_0_EFRAGFinalCommentLetteronEDBearerPlants.pdf, Stand: 01.06.2014 (Comment letter ED/2013/8).

EIERLE, BRIGITTE, Die Entwicklung der Differenzierung der Unternehmensberichterstattung in Deutschland und Großbritannien – Ansatzpunkte für die Diskussion der zukünftigen Gestaltung der Abschlusserstellung nicht kapitalmarktorientierter Unternehmen in Deutschland, Frankfurt am Main [u. a.] 2004 (Entwicklung der Differenzierung der Unternehmensberichterstattung).

ERB, THORALF/EYCK, KAREN/JONAS, MARTIN, § 27, in: Beck'sches IFRS Handbuch – Kommentierung der IFRS/IAS, hrsg. v. Bohl, Werner/Riese, Joachim/Schlüter, Jörg, 4. Aufl., München 2013.

ERNST & YOUNG (HRSG.), International GAAP 2014 – Generally Accepted Accounting Practice under International Financial Reporting Standards, Chichester 2014 (International GAAP 2014).

ERNST & YOUNG GLOBAL LIMITED (HRSG.), Comment letter ED/2013/8, verfügbar unter: http://eifrs.ifrs.org/eifrs/comment_letters/26/26_3011_LeovanderTasErnstampYoungGlobalLimited_0_ErnstYoungGlobalLimited.pdf, Stand: 01.06.2014 (Comment letter ED/2013/8).

ETTENAUER, ROMANA/MEIXNER, OLIVER/PEYERL, HERMANN, Die Bewertung langfristiger pflanzlicher Vermögenswerte nach IAS 41 – Valuation of permanent corps according to IAS 41, in: Jahrbuch der ÖGA - Band 18 (1) – Beiträge der 18. ÖGA-Jahrestagung: "Neue Impulse in der Agrar- und Ernährungswirtschaft?!", 18. bis 19. September 2008, Universität für Bodenkultur Wien, Bd. 18 (1), hrsg. v. Peyerl, Hermann, Wien 2009, S. 41-50 (Die Bewertung langfristiger pflanzlicher Vermögenswerte nach IAS 41).

EULER, ROLAND, Grundsätze ordnungsmäßiger Gewinnrealisierung, Düsseldorf 1989 (Grundsätze ordnungsmäßiger Gewinnrealisierung).

EUROPÄISCHE KOMMISSION, Implementation of the IAS Regulation (1606/2002) in the EU and EEA, verfügbar unter: http://ec.europa.eu/internal_market/accounting/docs/ias/ias-use-of-options2010_en.pdf, Stand: 18.10.2013 (Implementation of the IAS Regulation).

EWELT-KNAUER, CORINNA, Der Konzernabschluss als Berichtsinstrument der wirtschaftlichen Einheit – Zur Abgrenzung des Vollkonsolidierungskreises sowie zur bilanziellen Abbildung von Transaktionen mit Dritten, Lohmar/Köln 2010 (Der Konzernabschluss als Berichtsinstrument).

FACULTY OF ACCOUNTANCY OF UNIVERSITI TEKNOLOGI MARA (HRSG.), Comment letter ED/2013/8, verfügbar unter: http://eifrs.ifrs.org/eifrs/comment_letters/26/26_2611_KamaruzzamanMuhammadUiTM_0_UiTM.pdf, Stand: 01.06.2014 (Comment letter ED/2013/8).

FLICK, PETER/GEHRER, JUDITH/MEYER, SVEN, Neue Vorschriften für die Fair Value-Ermittlung von Finanzinstrumenten durch IFRS 13, in: IRZ 2011, Nr. 9, S. 387-393 (Neue Vorschriften für die Fair Value-Ermittlung).

FRANKE, GÜNTER/HAX, HERBERT, Finanzwirtschaft des Unternehmens und Kapitalmarkt, 6. Aufl., Berlin/Heidelberg 2009 (Finanzwirtschaft des Unternehmens und Kapitalmarkt).

FRITSCH, MICHAEL, Marktversagen und Wirtschaftspolitik – Mikroökonomische Grundlagen staatlichen Handelns, 8. Aufl., München 2011 (Marktversagen und Wirtschaftspolitik).

GALLASCH, FLORIAN, Die Bilanzierung von Versicherungsverträgen nach IFRS 4 Phase II – Das Bewertungsmodell für Erst- und passive Rückversicherungsverträge im Schaden- und Unfallbereich, Lohmar/Köln 2014 (Die Bilanzierung von Versicherungsverträgen).

GANSCHOW, LENA, Die Fortpflanzungsstrategien der Tiere, verfügbar unter: http://www.planet-wissen.de/natur_technik/tierisches/sex_im_tierreich/tiersex_strategien.jsp, Stand: 08.12.2013 (Die Fortpflanzungsstrategien der Tiere).

GASSEN, JOACHIM/FISCHKIN, MICHAEL/HILL, VERENA, Das Rahmenkonzept-Projekt des IASB und des FASB: Eine normendeskriptive Analyse des aktuellen Stands, in: WPg 2008, Nr. 18, S. 874-882 (Das Rahmenkonzept-Projekt des IASB und des FASB).

GELHAUSEN, HANS FRIEDRICH, Das Realisationsprinzip im Handels- und im Steuerbilanzrecht, Frankfurt am Main, New York 1985 (Das Realisationsprinzip).

GENTING PLANTATIONS BERHAD (HRSG.), Comment letter ED/2013/8, verfügbar unter: http://eifrs.ifrs.org/eifrs/comment_letters/26/26_2594_WeeKokTanGentingPlantationsBerhad_0_CommentLetter_ED_2013_8AgricultureBearerPlants.pdf, Stand: 01.06.2014 (Comment letter ED/2013/8).

GERBAULET, CHRISTIAN, Reporting Comprehensive Income – Die Bestrebungen des FASB, des ASB sowie des IASC, Wiesbaden 1999 (Reporting Comprehensive Income).

GOEBEL, ANDREA/FUCHS, MARKUS, Rechnungslegung nach den International Accounting Standards vor dem Hintergrund des deutschen Rechnungslegungsrechts für Kapitalgesellschaften, in: DStR 1994, S. 874-880 (Rechnungslegung nach den IAS).

GRANT THORNTON (HRSG.), Comment letter ED/2013/8, verfügbar unter: http://eifrs.ifrs.org/eifrs/comment_letters/26/26_2643_KennethCSharpGrantThorntonInternationalLtd_0_GrantThorntonInternationalLtd.pdf, Stand: 01.06.2014 (Comment letter ED/2013/8).

HAASE, HANS, Ratgeber für den praktischen Landwirt, 8. Aufl., Waltrop/Leipzig 2009 (Ratgeber für den praktischen Landwirt).

HAGEMEISTER, CHRISTINA, Bilanzierung von Sachanlagevermögen nach dem Komponentenansatz des IAS 16, Düsseldorf 2004 (Bilanzierung von Sachanlagevermögen).

HALLER, AXEL, Die Grundlagen der externen Rechnungslegung in den USA – Unter besonderer Berücksichtigung der rechtlichen, institutionellen und theoretischen Rahmenbedingungen, 4. Aufl., Stuttgart 1994 (Die Grundlagen der externen Rechnungslegung in den USA).

HALLER, AXEL/EGGER, FLORIAN, Bilanzierung landwirtschaftlicher Tätigkeiten nach IFRS, in: WPg 2006, Nr. 5, S. 281-290 (Bilanzierung landwirtschaftlicher Tätigkeiten nach IFRS).

HANSEN, PALLE, The Accounting Concept of Profit – An Analysis and Evaluation in the Light of the Economic Theory of Income and Capital, Kopenhagen/Amsterdam 1962 (The Accounting Concept of Profit).

HARTUNG, SVEN, Anhang und Lagebericht im Spannungsfeld zwischen Bilanztheorie und Bilanzpolitik - eine theoretische und empirische Analyse -, Aachen 2002 (Anhang und Lagebericht im Spannungsfeld).

HAX, HERBERT, Der Bilanzgewinn als Erfolgsmaßstab, in: ZfB 1964, Nr. 642-651 (Der Bilanzgewinn als Erfolgsmaßstab).

HEMSATH, MARTINA, Fair Value oder Anschaffungskostenprinzip? – Kritische Würdigung unter Berücksichtigung der Entscheidungs- und Kontrollfunktion des Jahresabschlusses, Münster 2009 (Fair Value oder Anschaffungskostenprinzip).

HEPERS, LARS, Entscheidungsnützlichkeit der Bilanzierung von Intangible Assets in den IFRS – Analyse der Regelungen des IAS 38 unter besonderer Berücksichtigung der ergänzenden Regelungen des IAS 36 sowie des IFRS 3, Lohmar/Köln 2005 (Entscheidungsnützlichkeit der Bilanzierung von Intangible Assets).

HERBOHN, KATHLEEN F./PETERSON, RONALD/HERBOHN, JOHN L., Accounting for Forestry Assets: Current Practice and future Directions, in: Australian Accounting Review 1998, Nr. 1, S. 54-66 (Accounting for Forestry Assets).

HETTICH, SILVIA, Zweckadäquate Gewinnermittlungsregeln, Frankfurt am Main 2006 (Zweckadäquate Gewinnermittlungsregeln).

HEUSER, PAUL J./THEILE, CARSTEN, IFRS-Handbuch – Einzel- und Konzernabschluss, 5. Aufl., Köln 2012 (IFRS-Handbuch, B. II).

HFA DES IDW, IDW Stellungnahme zur Rechnungslegung: Einzelfragen zur Ermittlung des Fair Value nach IFRS 13 (IDW RS HFA 47), in: IDW Fachnachrichten 2014, Nr. 1, S. 84-100 (IDW RS HFA 47).

HITZ, JÖRG-MARKUS/ZACHOW, JANNIS, Vereinheitlichung des Wertmaßstabs „beizulegender Zeitwert“ durch IFRS 13 „Fair Value Measurement“, in: WPg 2011, Nr. 20, S. 964-972 (Vereinheitlichung des Wertmaßstabs „beizulegender Zeitwert“).

HOFFMANN, SEBASTIAN/DETZEN, DOMINIC, Das Joint Conceptual Framework von IASB und FASB - Praktische Implikation aus dem Abschluss der Phase A für kapitalmarktorientierte Unternehmen, in: KoR 2012, Nr. 2, S. 53-55 (Das Joint Conceptual Framework).

HOMMEL, MICHAEL, Grundsätze ordnungsmäßiger Bilanzierung für Dauerschuldverhältnisse, Wiesbaden 1992 (GoB für Dauerschuldverhältnisse).

HUFFMAN, ADRIENNA, Comment letter ED/2013/8, verfügbar unter: http://eifrs.ifrs.org/eifrs/comment_letters/26/26_2952_AdriennaHuffmanIndividual_0_AdriennaHuffmanletter.pdf, Stand: 01.06.2014 (Comment letter ED/2013/8).

HUFFMAN, ADRIENNA, Decision-useful asset measurement and asset use: Evidence from IAS 41, verfügbar unter: http://eifrs.ifrs.org/eifrs/comment_letters/26/26_2952_AdriennaHuffmanIndividual_2_AdriennaHuffmanapp2.pdf, Stand: 15.04.2014 (Decision-useful asset measurement and asset use).

IASB (HRSG.), Agriculture: Bearer Plants – Amendments to IAS 16 ans IAS 41, London 2014 (Agriculture: Bearer Plants).

IASB (HRSG.), Conceptual Framework – Phase A: Objective of Financial Reporting and Qualitative Characteristics—Comment Letter Summary (Agenda paper 3A), verfügbar unter: http://www.ifrs.org/Current-Projects/IASB-Projects/Conceptual-Framework/Meeting-Summaries-and-Observer-Notes/Documents/CF0702b03aobs.pdf, Stand: 21.09.2013 (Conceptual Framework (Agenda paper 3A) – Februar 2007).

IASB (HRSG.), Conceptual Framework for Financial Reporting 2010, London 2010 (zitiert: CF).

IASB (HRSG.), DISCUSSION PAPER – Preliminary Views on an improved Conceptual Framework for Financial Reporting: The Objective of Financial Reporting and Qualitative Characteristics of Decision-useful Financial Reporting Information, London 2006 (DP: Conceptual Framework 2006).

IASB (HRSG.), Discussion Paper DP/2013/1 – A Review of the Conceptual Framework for Financial Reporting, London 2013 (DP/2013/1: Conceptual Framework).

IASB (HRSG.), Exposure Draft ED/2013/8 – Agriculture: Bearer Plants Proposed amendments to IAS 16 and IAS 41, London 2013 (ED: Agriculture: Bearer Plants 2013).

IASB (HRSG.), EXPOSURE DRAFT OF – An improved Conceptual Framework for Financial Reporting: Chapter 1: The Objective of Financial Reporting, Chapter 2: Qualitative Characteristics and Constraints of Decision-useful Financial Reporting Information, London 2008 (ED: Conceptual Framework 2008).

IASB (HRSG.), Feedback Statement: Agenda Consultation 2011, verfügbar unter: http://www.ifrs.org/Current-Projects/IASB-Projects/IASB-agenda-consultation/Documents/Feedback-Statement-Agenda-Consultation-Dec-2012.pdf, Stand: 21.10.2013 (Feedback Statement: Agenda Consultation 2011).

IASB (HRSG.), Framework for the Preparation and Presentation of Financial Statements, London 1989 (Framework (1989)).

IASB (HRSG.), IASB Update – April 2001, verfügbar unter: http://www.ifrs.org/Updates/IASB-Updates/2001/Documents/upd0104.pdf, Stand: 20.10.2013 (IASB Update – April 2001).

IASB (HRSG.), IASB Update – April 2004, verfügbar unter: http://www.ifrs.org/Updates/IASB-Updates/2004/Documents/apr04.pdf, Stand: 13.09.2013 (IASB Update – April 2004).

IASB (HRSG.), IASB Update – Dezember 2012, verfügbar unter: http://media.ifrs.org/2012/Updates/IASB-Update-December-2012.pdf, Stand: 20.10.2013 (IASB Update – Dezember 2012).

IASB (HRSG.), IASB Update – Mai 2012, verfügbar unter: http://www.ifrs.org/Updates/IASB-Updates/Documents/IASBupdateMay20122.pdf, Stand: 13.09.2013 (IASB Update – Mai 2012).

IASB (HRSG.), IASB Update – November 2010, verfügbar unter: http://www.ifrs.org/Updates/IASB-Updates/2010/Documents/November2010IASBUpdate.pdf, Stand: 13.09.2013 (IASB Update – November 2010).

IASB (HRSG.), IASB Update – Oktober 2004, verfügbar unter: http://www.ifrs.org/Updates/IASB-Updates/2004/Documents/oct04.pdf, Stand: 14.09.2013 (IASB Update – Oktober 2004).

IASB (HRSG.), IASB Update – September 2012, verfügbar unter: http://media.ifrs.org/IASBSep2012.pdf, Stand: 13.09.2013 (IASB Update – September 2012).

IASB (HRSG.), IASB Update – September 2012, verfügbar unter: http://media.ifrs.org/IASBSep2012.pdf, Stand: 20.10.2013 (IASB Update – September 2012).

IASB (HRSG.), International Financial Reporting Standards, Red Book 2014, London 2014 (zitiert: IFRS; IAS).

IASB (HRSG.), International Financial Reporting Standards, Red Book 2010, London 2010 (zitiert: IAS […] (2010)].

ICAEW (HRSG.), Comment letter ED/2013/8, verfügbar unter: http://eifrs.ifrs.org/eifrs/comment_letters/26/26_2835_SarahPorthouseICAEW_0_ICAEWREP15513AgricultureBearerplants.pdf, Stand: 01.06.2014 (Comment letter ED/2013/8).

IFRIC (HRSG.), IFRIC Update – Oktober 2003, verfügbar unter: http://www.ifrs.org/Updates/IFRIC-Updates/2003/Documents/oct03.pdf, Stand: 21.10.2013 (IFRIC Update – Oktober 2003).

IJIRI, YUJI, HISTORICAL COST ACCOUNTING AND ITS RATIONALITY, Vancouver 1981 (Historical Cost Accounting and its Rationality).

IJIRI, YUJI/JAEDICKE, ROBERT K., Reliability and Objectivity of Accounting Measurements, in: Accounting Review 1966, Nr. 3, S. 474-483 (Reliability and Objectivity of Accounting Measurements).

JACOBS, OTTO H./SCHMITT, GREGOR A., IAS 2, in: Rechnungslegung nach IFRS – Kommentar auf der Grundlage des deutschen Bilanzrechts, hrsg. v. Baetge, Jörg/Wollmert, Peter/Kirsch, Hans-Jürgen/Oser, Peter/Bischof, Stefan, 2. Aufl., Stuttgart 2002.

JANZE, CHRISTIAN, IFRS im landwirtschaftlichen Rechnungswesen - Auswirkungen einer möglichen Einführung -, Sankt Augustin 2006 (IFRS im landwirtschaftlichen Rechnungswesen).

JANZE, CHRISTIAN, Umsetzungsempfehlungen des IAS 41 für einzelne Gruppen biologischer Vermögenswerte, in: KoR 2007, Nr. 3, S. 130-142 (Umsetzungsempfehlungen des IAS 41).

JANZE, CHRISTIAN, § 40, in: Haufe IFRS-Kommentar, hrsg. v. Lüdenbach, Norbert/Hoffmann, Wolf-Dieter/Freiberg, Jens, 12. Aufl., Freiburg 2014.

JARDINE MATHESON LIMITED (HRSG.), Comment letter ED/2013/8, verfügbar unter: http://eifrs.ifrs.org/eifrs/comment_letters/26/26_2820_JamesRileyJardineMathesonLimited_0_JMCommenttoIASB_2013EDonBearerPlantsdocx.pdf, Stand: 01.06.2014 (Comment letter ED/2013/8).

JENSEN, MICHAEL C./MECKLING, WILLIAM H., Theory of the Firm: Managerial Behavior, Agency Costs and Ownership Structure, in: Journal of Financial Economics 1976, Nr. 4, S. 305-360 (Theory of the Firm).

JESSEN, DIRK, § 41, in: Beck'sches IFRS Handbuch – Kommentierung der IFRS/IAS, hrsg. v. Bohl, Werner/Riese, Joachim/Schlüter, Jörg, 4. Aufl., München 2013.

JOHN, JÖRG, Tierrecht – Eine kurze Zusammenfassung der wichtigsten tierrechtlichen Gesetze und Vorschriften. Ein Handbuch für Tierhalter, Tierhüter und Tierliebhaber und für all diejenigen, die es gerne werden wollen., Dresden 2007 (Tierrecht).

JOHNSON, I. RICHARD/WALTHER, LARRY, Interpreting 'Legally Permissible' in Applying Fair Value Guidelines, in: The CPA Journal 2010, Nr. 12 (Dezember), S. 28-29 (Interpreting 'Legally Permissible' in Applying Fair Value Guidelines).

KAMPMANN, HELGA, Rahmenkonzept, in: Kommentar Internationale Rechnungslegung IFRS, hrsg. v. Buschhüter, Michael/Striegel, Andreas, Wiesbaden 2011.

KAMPMANN, HELGA/SCHWEDLER, KRISTINA, Zum Entwurf eines gemeinsamen Rahmenkonzepts von FASB und IASB - Rechnungslegungsziele und qualitative Anforderungen -, in: KoR 2006, Nr. 9, S. 521-530 (Zum Entwurf eines gemeinsamen Rahmenkonzepts).

KIRSCH, HANNO, ED of an improved Conceptual Framework for Financial Reporting: The Objective of Financial Reporting and Qualitative Characteristics and Constraints of Decision-useful Financial Reporting Information, in: IFRS Änderungskommentar 2009, hrsg. v. Vater, Hendrik/Ernst, Edgar/Hayn, Sven/Knorr, Liesel/Mißler, Peter, 2. Aufl., Weinheim 2009.

KIRSCH, HANNO, Conceptual Framework für Phase A - Zielsetzung der Finanzberichterstattung und qualitative Anforderungen an die Rechnungslegung, in: DStZ 2011, Nr. 1-2, S. 26-35 (Zielsetzung der Finanzberichterstattung und qualitative Anforderungen).

KIRSCH, HANS-JÜRGEN/KOELEN, PETER/OLBRICH, ALEXANDER/DETTENRIEDER, DOMINIK, Die Bedeutung der Verlässlichkeit der Berichterstattung im Conceptual Framework des IASB und des FASB, in: WPg 2012, Nr. 14, S. 762-771 (Die Bedeutung der Verlässlichkeit der Berichterstattung).

KIRSCH, HANS-JÜRGEN/KÖHLING, KATHRIN/DETTENRIEDER, DOMINIK/GALLASCH, FLORIAN, IFRS 13, in: Rechnungslegung nach IFRS – Kommentar auf der Grundlage des deutschen Bilanzrechts, hrsg. v. Baetge, Jörg/Wollmert, Peter/Kirsch, Hans-Jürgen/Oser, Peter/Bischof, Stefan, 2. Aufl., Stuttgart 2002.

KOELEN, PETER, Investitionstheoretische Bewertungskalküle in der IFRS-Rechnungslegung – Möglichkeiten und Grenzen einer unternehmenswertorientierten Berichterstattung, Lohmar/Köln 2009 (Investitionstheoretische Bewertungskalküle).

KÖHLING, KATHRIN, Barwertorientierte Fair Value-Ermittlung für Renditeimmobilien in der IFRS-Rechnungslegung – Empfehlungen zur Konkretisierung eines Bewertungskalküls, Lohmar/Köln 2011 (Barwertorientierte Fair Value-Ermittlung für Renditeimmobilien).

KÖHNE, MANFRED, Landwirtschaftliche Taxationslehre, 4. Aufl., Stuttgart 2007 (Landwirtschaftliche Taxationslehre).

KOSIOL, ERICH, Pagatorische Bilanz, Berlin 1976 (Pagatorische Bilanz).

KPMG (HRSG.), Insights into IFRS – KPMG's practical guide to International Financial Reporting Standards, 11. Aufl., London 2014 (Insights into IFRS).

KREITMAYR, JOSEF/DEMMEL, MARKUS, Bodenbearbeitung, in: Landwirtschaftlicher Pflanzenbau – Grundlagen des Acker- und Pflanzenbaus, der guten fachlichen Praxis und der Verfahrenstechnik sowie der Agrarmeteorologie und des Klimawandels - Produktions- und Verfahrenstechnik der Kulturpflanzen - Dauergrünland - Sonderkulturen - Nachwachsende Rohstoffe - Ökologischer Landbau - Naturschutz und Landschaftspflege - Feldversuchswesen - Waldbewirtschaftung, hrsg. v. Doleschel, Peter/Frahm, Johann, 13. Aufl., München 2014, S. 107-129 (Bodenbearbeitung).

KTBL (HRSG.), Wirtschaftlichkeitsrechner Tier – Demoversion, verfügbar unter: http://daten.ktbl.de/wkrtierdemo/, Stand: 11.07.2014 (Wirtschaftlichkeitsrechner Tier).

KÜMMEL, JENS, Grundsätze für die Fair Value-Ermittlung mit Barwertkalkülen - Eine Untersuchung auf der Grundlage des Statement of Financial Accounting Concepts No. 7 -, Düsseldorf 2002 (Grundsätze für die Fair Value-Ermittlung mit Barwertkalkülen).

KÜMPEL, THOMAS, IAS 41 als spezielle Bewertungsvorschrift für die Landwirtschaft, in: KoR 2006, Nr. 9, S. 550-558 (IAS 41 als spezielle Bewertungsvorschrift für die Landwirtschaft).

KÜTING, KARLHEINZ, Der Objektivierungsgrundsatz im HGB- und IFRS-System -Eine vergleichende Darstellung und Würdigung -, in: DB 2011, Nr. 25, S. 1404-1410 (Der Objektivierungsgrundsatz im HGB- und IFRS-System).

KÜTING, KARLHEINZ/CASSEL, JOCHEN, Zur Hierarchie der Unternehmensbewertungsverfahren bei der Fair Value-Bewertung, in: KoR 2012, Nr. 7-8, S. 322-328 (Zur Hierarchie der Unternehmensbewertungsverfahren bei der Fair Value-Bewertung).

KÜTING, KARLHEINZ/LAUER, PETER, Die Jahresabschlusszwecke nach HGB und IFRS - Polarität oder Konvergenz? - Zugleich eine Würdigung von Wolfgang Stützel -, in: DB 2011, Nr. 36, S. 1985-1991 (Die Jahresabschlusszwecke nach HGB und IFRS).

KYRIELEIS, ARMIN, Biologie, verfügbar unter: http://www.spektrum.de/lexikon/biologie/biologie/8664, Stand: 07.03.2014 (Biologie).

LANDCORP FARMING LIMITED (HRSG.), Comment letter ED/2013/8, verfügbar unter: http://eifrs.ifrs.org/eifrs/comment_letters/26/26_2613_RichardPerryLandcorpFarming_0_LandcorpFarming.pdf, Stand: 01.06.2014 (Comment letter ED/2013/8).

LANDWIRTSCHAFTSKAMMER NORDRHEIN-WESTFALEN, Schätzrahmen, verfügbar unter: http://www.landwirtschaftskammer.de/landwirtschaft/tierseuchenkasse/leistungen/schaetzrahmen/index.htm, Stand: 02.03.2014 (Schätzrahmen).

LEFFSON, ULRICH, Die Grundsätze ordnungsmäßiger Buchführung, 7. Aufl., Düsseldorf 1987 (Die Grundsätze ordnungsmäßiger Buchführung).

LEHRNER, J., Notwendigkeit, Nutzen und Realisierbarkeit eines Risiko-Managements in landwirtschaftlichen Betrieben, Wien 2002 (Risiko-Management in landwirtschaftlichen Betrieben).

LEITNER, PETER-JÜRGEN, Wertermittlung und Schadenersatz bei Milchkühen, Sankt Augustin 2003 (Wertermittlung und Schadenersatz bei Milchkühen).

LENNARD, ANDREW, Stewardship and the Objectives of Financial Statements: A Comment on IASB's Preliminary Views on an Improved Conceptual Framework for Financial Reporting: The Objective of Financial Reporting and Qualitative Characteristics of Decision-Useful Financial Reporting Information, in: Accounting in Europe 2007, Nr. 1, S. 51-66 (Stewardship and the Objectives of Financial Statements).

LITTMANN, EDGAR, Vermarktung und Qualität von Schweinefleisch, in: Landwirtschaftliche Tierhaltung – Bedeutung der Veredelungswirtschaft - Grundlagen der Tierzucht - Grundlagen der Fütterung und Futtermittel - Grundlagen des landwirtschaftlichen Bauens - Rinderzucht- und -vermarktung - Rinderhaltung und -fütterung - Schweinezucht und -vermarktung - Schweinehaltung und -fütterung - Weitere Nutztiere - Tiergesundheit und Tierschutz, hrsg. v. Littmann, Edgar/Hammerl, Georg/Adam, Friedhelm, 13. Aufl., München 2013, S. 584-598 (Vermarktung und Qualität von Schweinefleisch).

LOCHNER, HORST/BREKER, JOHANNES, Fachstufe Landwirt – Fachtheorie für; Pflanzliche Produktion: Planen, Führen, Verwerten und Vermarkten von Kulturen; Tierische Produktion: Haltung, Fütterung, Zucht und Vermarktung von Nutztieren; Energieproduktion: Erzeugen und Vermarkten regenerativer Energie, 9. Aufl., München 2012 (Fachstufe Landwirt).

LORSON, PETER/GATTUNG, ANDREAS, Die Forderung nach einer „Faithful Representation" - Quantitative und qualitative Schranken des Grundsatzes „Wahrheitsgemäßer Darstellung der IFRS" -, in: KoR 2007, Nr. 12, S. 657-665 (Faithful Representation - Quantitative und qualitative Schranken).

LORSON, PETER/GATTUNG, ANDREAS, Die Forderung nach einer „faithful representation" - Verhältnis zur Objektivität, Neutralität und Nachprüfbarkeit -, in: KoR 2008, Nr. 9, S. 556-565 (Die Forderung nach einer „Faithful Representation").

LÜDENBACH, NORBERT/HOFFMANN, WOLF-DIETER/FREIBERG, JENS, § 8, in: Haufe IFRS-Kommentar, hrsg. v. Lüdenbach, Norbert/Hoffmann, Wolf-Dieter/Freiberg, Jens, 12. Aufl., Freiburg 2014.

LÜDENBACH, NORBERT/HOFFMANN, WOLF-DIETER/FREIBERG, JENS, § 8a, in: Haufe IFRS-Kommentar, hrsg. v. Lüdenbach, Norbert/Hoffmann, Wolf-Dieter/Freiberg, Jens, 12. Aufl., Freiburg 2014.

LÜDENBACH, NORBERT/HOFFMANN, WOLF-DIETER/FREIBERG, JENS, § 10, in: Haufe IFRS-Kommentar, hrsg. v. Lüdenbach, Norbert/Hoffmann, Wolf-Dieter/Freiberg, Jens, 12. Aufl., Freiburg 2014.

LÜDENBACH, NORBERT/HOFFMANN, WOLF-DIETER/FREIBERG, JENS, § 28, in: Haufe IFRS-Kommentar, hrsg. v. Lüdenbach, Norbert/Hoffmann, Wolf-Dieter/Freiberg, Jens, 12. Aufl., Freiburg 2014.

LÜDENBACH, NORBERT/FREIBERG, JENS, BB-IFRS-Report 2010, in: BB 2010, Nr. 51-52, S. 3139-3144 (BB-IFRS-Report 2010).

LUNTZ, BERND, Leistungsprüfungen beim Rind, in: Landwirtschaftliche Tierhaltung – Bedeutung der Veredelungswirtschaft - Grundlagen der Tierzucht - Grundlagen der Fütterung und Futtermittel - Grundlagen des landwirtschaftlichen Bauens - Rinderzucht- und -vermarktung - Rinderhaltung und -fütterung - Schweinezucht und -vermarktung - Schweinehaltung und -fütterung - Weitere Nutztiere - Tiergesundheit und Tierschutz, hrsg. v. Littmann, Edgar/Hammerl, Georg/Adam, Friedhelm, 13. Aufl., München 2013, S. 272-297 (Leistungsprüfungen beim Rind).

LUNTZ, BERND, Tierzuchtrecht, in: Landwirtschaftliche Tierhaltung – Bedeutung der Veredelungswirtschaft - Grundlagen der Tierzucht - Grundlagen der Fütterung und Futtermittel - Grundlagen des landwirtschaftlichen Bauens - Rinderzucht- und -vermarktung - Rinderhaltung und -fütterung - Schweinezucht und -vermarktung - Schweinehaltung und -fütterung - Weitere Nutztiere - Tiergesundheit und Tierschutz, hrsg. v. Littmann, Edgar/Hammerl, Georg/Adam, Friedhelm, 13. Aufl., München 2013, S. 370-372 (Tierzuchtrecht).

M.P.EVANS GROUP PLC (HRSG.), Comment letter ED/2013/8, verfügbar unter: http://eifrs.ifrs.org/eifrs/comment_letters/26/26_2647_TristanPriceMPEvansGroupPLC_0_IAS-Bletter22Oct2013.pdf, Stand: 01.06.2014 (Comment letter ED/2013/8).

MAAS, JÖRG/BACK, CHRISTIAN/SINGER, KLAUS, IAS 16, in: Kommentar Internationale Rechnungslegung IFRS, hrsg. v. Buschhüter, Michael/Striegel, Andreas, Wiesbaden 2011.

MACKENZIE, BRUCE/COETSEE, DANIEL/NJIKIZANA, TAPIWA/SELBST, EDWIN/CHAMBOKO, RAYMOND/COLYVAS, BLAISE/HANEKOM, BRANDON, WILEY 2014 Interpretation and Application of International Financial Reporting Standards, Hoboken, New Jersey 2014 (WILEY IFRS 2014).

MARSH, TREBA/FISCHER, MARY, Accounting For Agricultural Products: US Versus IFRS GAAP, in: Journal of Business & Economics Research 2013, Nr. 2, S. 79-87 (Accounting For Agricultural Products).

MASB (HRSG.), Comment letter ED/2013/8, verfügbar unter: http://eifrs.ifrs.org/eifrs/comment_letters/26/26_2822_MohammadFaizAzmiMalaysianAccountingStandardsBoard_0_CL_MASB_EDonBearerPlants_28Oct2013.pdf, Stand: 01.06.2014 (Comment letter ED/2013/8).

MAZARS (HRSG.), Comment letter ED/2013/8, verfügbar unter: http://eifrs.ifrs.org/eifrs/comment_letters/26/26_2823_BARBETMASSINMICHELMAZARS_0_MazarscommentletterexpectedEDBearerPlants.pdf, Stand: 01.06.2014 (Comment letter ED/2013/8).

MCGREGOR, WARREN, Accounting for agricultural activities, in: Globale Finanzberichterstattung / Global Financial Reporting – Entwicklung, Anwendung und Durchsetzung von IFRS / Development, application und enforcement of IFRS – Festschrift für Liesel Knorr, hrsg. v. Bruns, Hans-Georg/Herz, Robert H./Neubürger, Heinz-Joachim/Tweedie, David, Stuttgart 2008, S. 233-240 (Accounting for agricultural activities).

MCGREGOR, WARREN/STREET, DONNA L., IASB and FASB Face Challenges in Pursuit of Joint Conceptual Framework, in: Journal of International Financial Management and Accounting 2007, Nr. 1, S. 39-51 (IASB and FASB Face Challenges).

MEYER, BERNHARD HEIKO, Stochastische Unternehmensbewertung – Der Wertbeitrag von Realoptionen, Wiesbaden 2006 (Unternehmensbewertung).

MILNE, JOHN, Comment letter ED/2013/8, verfügbar unter: http://eifrs.ifrs.org/eifrs/comment_letters/26/26_2892_JohnMilneIndividual_0_JohnMilne.pdf, Stand: 01.06.2014 (Comment letter ED/2013/8).

MINISTERIUM FÜR ERNÄHRUNG, LANDWIRTSCHAFT UND VERBRAUCHERSCHUTZ, Waldbewertungsrichtlinien (WBR 2014) – WBR 2014, in: Niedersächsisches Ministerialblatt 2014, Nr. 2, S. 38-55 (Waldbewertungsrichtlinien).

MOXTER, ADOLF, Bilanzlehre – Band I: Einführung in die Bilanztheorie, 3. Aufl., Wiesbaden 1984 (Bilanzlehre).

MOXTER, ADOLF, Grundsätze ordnungsgemäßer Rechnungslegung, Düsseldorf 2003 (Grundsätze ordnungsgemäßer Rechnungslegung).

MOXTER, ADOLF, Bilanzrechtsprechung, 6. Aufl., Tübingen 2007 (Bilanzrechtsprechung).

MUJKANOVIC, ROBIN, Fair Value im Financial Statement nach International Accounting Standards, Stuttgart 2002 (Fair Value im Financial Statement nach IAS).

MÜLLER, DANIEL MATHIAS, Bilanzierung des Waldvermögens im betrieblichen Rechnungswesen, Frankfurt am Main 2000 (Bilanzierung des Waldvermögens).

MÜNSTERER, PAUL, Hausschlachtung, eine Sackgasse für den amtlichen Tierarzt, verfügbar unter: http://www.tbv-obb.de/content/index.html?Hausschlachtung.html, Stand: 05.03.2014 (Hausschlachtung).

MÜNSTERMANN, HANS, Die Bedeutung des ökonomischen Gewinns für den externen Jahresabschluß der Aktiengesellschaft, in: WPg 1966, Nr. 20/21, S. 579-586 (Bedeutung des Gewinns für den Jahresabschluß der AG).

MUßHOFF, OLIVER/HIRSCHAUER, NORBERT, Modernes Agrarmanagement – Betriebswirtschaftliche Analyse- und Planungsverfahren, 3. Aufl., München 2013 (Modernes Agrarmanagement).

MYERS, JOHN H., The Critical Event and Recognition of Net Profit, in: The Accounting Review, Nr. 4 (October 1959), S. 528-532 (The Critical Event and Recognition of Net Profit).

NABORS, MURRAY W., Botanik, München 2007 (Botanik).

NEUS, WERNER, Einführung in die Betriebswirtschaftslehre aus institutionenökonomischer Sicht, 8. Aufl., Tübingen 2013 (Einführung in die Betriebswirtschaftslehre).

NIBLER, THOMAS, Praktischer Zuchtbetrieb und Herdenführung, in: Landwirtschaftliche Tierhaltung – Bedeutung der Veredelungswirtschaft - Grundlagen der Tierzucht - Grundlagen der Fütterung und Futtermittel - Grundlagen des landwirtschaftlichen Bauens - Rinderzucht- und -vermarktung - Rinderhaltung und -fütterung - Schweinezucht und -vermarktung - Schweinehaltung und -fütterung - Weitere Nutztiere - Tiergesundheit und Tierschutz, hrsg. v. Littmann, Edgar/Hammerl, Georg/Adam, Friedhelm, 13. Aufl., München 2013, S. 245-271 (Praktischer Zuchtbetrieb und Herdenführung).

NIEDERSÄCHSISCHE LANDESFORSTEN (HRSG.), Zuordnung der Baumarten – Tabelle 1.1, verfügbar unter: http://www.landesforsten.de/fileadmin/doku/Produkte_u_Service/Waldbewertung/Tab_1_Zuordnung.pdf, Stand: 20.07.2014 (Zuordnung der Baumarten).

NIEDERSÄCHSISCHE LANDESFORSTEN (HRSG.), Stammholz - Erntekosten – Tabelle 1.11, verfügbar unter: http://www.landesforsten.de/fileadmin/doku/Produkte_u_Service/Waldbewertung/Tab_11_Erntekosten.pdf, Stand: 20.07.2014 (Stammholz - Erntekosten).

NOBES, CHRISTOPHER, On the Definitions of Income and Revenue in IFRS, in: Accounting in Europe 2012, S. 85-94 (On the Definitions of Income and Revenue in IFRS).

o. V., Dauer des weiblichen Sexualzyklus, verfügbar unter: http://www.tierklinik.de/medizin/gynaekologie/sexualzyklus/dauer-des-weiblichen-sexualzyklus, Stand: 05.03.2014 (Zyklusdauer).

o. V., Scrap, verfügbar unter: http://de.pons.com/%C3%BCbersetzung/englisch-deutsch/scrap, Stand: 23.03.2014 (Scrap).

o. V., Zuchtsau: "Gebrauchsfähigkeit" bestimmt Lebensleistung der Sau, verfügbar unter: http://www.landwirt.com/Zuchtsau-quotGebrauchsfaehigkeitquot-bestimmt-Lebensleistung-der-Sau,,6098,,Bericht.html, Stand: 17.03.2014 (Lebensleistung der Sau).

o. V., Merkblatt – Hausschlachtung von Rindern, Schweinen, Schafen, Ziegen, Pferden und Haarwild und das Inverkehrbringen von Fleisch und Wurst, verfügbar unter: http://www.landkreis-zwickau.de/download/landratsamt_infos_merkbltter_lueva/Merkblatt_Hausschlachtung.pdf, Stand: 05.03.2014 (Merkblatt Hausschlachtung).

o. V., Ökologischer Landbau in Deutschland, verfügbar unter: http://www.bmelv.de/SharedDocs/Downloads/Landwirtschaft/OekologischerLandbau/OekolandbauDeutschland.pdf?__blob=publicationFile, Stand: 05.03.2014 (Ökologischer Landbau in Deutschland).

OLBRICH, ALEXANDER, Wertminderung von finanziellen Vermögenswerten der Kategorie „Fortgeführte Anschaffungskosten“ nach IFRS 9, Lohmar/Köln 2012 (Wertminderung von finanziellen Vermögenswerten).

OSCHE, GÜNTHER/EMSCHERMANN, PETER, Tiere, verfügbar unter: http://www.spektrum.de/lexikon/biologie/tiere/66664, Stand: 07.03.2014 (Tiere).

PATON, W. A./LITTLETON, A. C., An Introduction to CORPORATE ACCOUNTING STANDARDS, Sarasota 1940 (An Introduction to Corporate Accounting Standards).

PAULULAT, ACHIM/PURSCHKE, GÜNTER/HENTSCHEL, ERWIN J./WAGNER, GÜNTHER H., Wörterbuch der Zoologie – Tiernamen, allgemeinbiologische, anatomische, entwicklungsbiologische, genetische physiologische und ökologische Termini mit einer „Einführung in die Terminologie und Nomenklatur“ und einem „Überblick über das System des Tierreichs“, 8. Aufl., Heidelberg 2011 (Wörterbuch der Zoologie).

PAWELZIK, KAI UDO/DÖRSCHELL, ANDREAS, in: IFRS-Handbuch – Einzel- und Konzernabschluss, hrsg. v. Heuser, Paul J./Theile, Carsten, 5. Aufl., Köln 2012.

PEEMÖLLER, VOLKER H., Abschnitt 1, in: Handbuch International Financial Reporting Standards 2011, hrsg. v. Ballwieser, Wolfgang/Beine, Frank/Hayn, Sven/Peemöller, Volker H./Schruff, Lothar/Weber, Claus-Peter, 7. Aufl., Weinheim 2011.

PEEMÖLLER, VOLKER H., Abschnitt 10, in: Handbuch International Financial Reporting Standards 2011, hrsg. v. Ballwieser, Wolfgang/Beine, Frank/Hayn, Sven/Peemöller, Volker H./Schruff, Lothar/Weber, Claus-Peter, 7. Aufl., Weinheim 2011.

PELGER, CHRISTOPH, Entscheidungsnützlichkeit in neuem Gewand: Der Exposure Draft zur Phase A des Conceptual Framework-Projekts, in: KoR 2009, Nr. 3, S. 156-163 (Entscheidungsnützlichkeit in neuem Gewand).

PELGER, CHRISTOPH, Rechnungslegungszweck und qualitative Anforderungen im Conceptual Framework for Fianancial Reporting (2010) - Der erste Stein im neuen Fundament der internationalen Rechnungslegung, in: WPg 2011, Nr. 19, S. 908-916 (Rechnungslegungszweck und qualitative Anforderungen im Conceptual Framework).

PELLENS, BERNHARD/FÜLBIER, ROLF UWE/GASSEN, JOACHIM/SELLHORN, THORSTEN, Internationale Rechnungslegung – IFRS 1 bis 9, IAS 1 bis 41, IFRIC-Interpretationen, Standardentwürfe Mit Beispielen, Aufgaben und Fallstudie, 8. Aufl., Stuttgart 2011 (Internationale Rechnungslegung (2011)).

PELLENS, BERNHARD/FÜLBIER, ROLF UWE/GASSEN, JOACHIM/SELLHORN, THORSTEN, Internationale Rechnungslegung – IFRS 1 bis 13, IAS 1 bis 41, IFRIC-Interpretationen, Standardentwürfe; Mit Beispielen, Aufgaben und Fallstudie, 9. Aufl., Stuttgart 2014 (Internationale Rechnungslegung).

PFAFF, DIETER/KUKULE, WILFRIED, Wie fair ist der fair value?, in: KoR 2006, Nr. 9, S. 542-549 (Wie fair ist der fair value?).

PHILIPS/G. EDWARD, The accretion concept of income, in: The Accounting Review 1963, Nr. 1, S. 14-25 (Accretion Concept of Income).

PLATTNER, HELMUT/HENTSCHEL, JOACHIM, Zellbiologie, 4. Aufl., Stuttgart 2011 (Zellbiologie).

PLOCK, MARCUS, Ertragsrealisation nach International Financial Reporting Standards (IFRS), Düsseldorf 2004 (Ertragsrealisation nach IFRS).

PRICEWATERHOUSECOOPERS INTERNATIONAL LIMITED (HRSG.), A practical guide to accounting for agricultural assets – November 2009, verfügbar unter: http://www.pwc.com/gx/en/ifrs-reporting/pdf/A_practical_guide_to_accounting_for_agricultural_assets.pdf, Stand: 20.07.2014 (A practical guide to accounting for agricultural assets).

PRICEWATERHOUSECOOPERS INTERNATIONAL LIMITED (HRSG.), Comment letter ED/2013/8, verfügbar unter: http://eifrs.ifrs.org/eifrs/comment_letters/26/26_2958_JohnHitchinsPricewaterhouseCoopersLLPPwCUK_0_PricewatherhousCoopersPWC.pdf, Stand: 01.06.2014 (Comment letter ED/2013/8).

R.E.A. HOLDINGS PLC (HRSG.), Comment letter ED/2013/8, verfügbar unter: http://eifrs.ifrs.org/eifrs/comment_letters/26/26_2163_RICHARDROBINOWREAHOLDINGSPLC_0_REAHoldingsreIAS41Amendments.pdf, Stand: 01.06.2014 (Comment letter ED/2013/8).

RICHTER, FRANK, Highest and best use-Annahme nach IFRS 13 – Der Fall - die Lösung, in: IRZ, Nr. 3, S. 88-90 (Highest and best use-Annahme nach IFRS 13).

RICHTER, MARTIN, Gewinnrealisierung bei langfristiger Fertigung, in: US-amerikanische Rechnungslegung – Grundlagen und Vergleiche mit deutschem Recht, hrsg. v. Ballwieser, Wolfgang, 4. Aufl., Stuttgart 2000, S. 139-168 (Gewinnrealisierung bei langfristiger Fertigung).

RICHTER, RUDOLF/FURUBOTN, EIRIK G., Neue Institutionenökonomik – Eine Einführung und kritische Würdigung, 4. Aufl., Tübingen 2010 (Neue Institutionenökonomik).

RIESE, JOACHIM, § 8, in: Beck'sches IFRS Handbuch – Kommentierung der IFRS/IAS, hrsg. v. Bohl, Werner/Riese, Joachim/Schlüter, Jörg, 4. Aufl., München 2013.

RUHNKE, KLAUS/NERLICH, CHRISTOPH, Behandlung von Regelungslücken innerhalb der IFRS, in: DB 2004, Nr. 8, S. 389-395 (Behandlung von Regelungslücken innerhalb der IFRS).

SCHAPER, CHRISTIAN/BRONSEMA, HAUKE/THEUVSEN, LUDWIG, Risikomanagement in der Landwirtschaft – Betriebliches Risikomanagement in der Landwirtschaft - eine empirische Analyse in Sachsen, Sachsen-Anhalt, Thüringen und Mecklenburg-Vorpommern, verfügbar unter: https://publikationen.sachsen.de/bdb/artikel/13811/documents/21139 (Risikomanagement in der Landwirtschaft).

SCHAPER, CHRISTIAN/WOCKEN, CHRISTIAN/ABELN, KLAUS/LASSEN, BIRTHE/SCHIERENBECK, SVEN/SPILLER, ACHIM/THEUVSEN, LUDWIG, Risikomanagement in Milchviehbetrieben: Eine empirische Analyse vor dem Hintergrund der sich ändernden EU-Milchmarktpolitik, in: Risikomanagement in der Landwirtschaft, Bd. 23, hrsg. v. Rentenbank, Frankfurt 2008, S. 135-184 (Risikomanagement in Milchviehbetrieben).

SCHARFENBERG, ASTRID, § 5, in: Beck'sches IFRS Handbuch – Kommentierung der IFRS/IAS, hrsg. v. Bohl, Werner/Riese, Joachim/Schlüter, Jörg, 4. Aufl., München 2013.

SCHARPENBERG, REINHARD/SCHREIBER, STEFAN, IAS 41, in: Rechnungslegung nach IFRS – Kommentar auf der Grundlage des deutschen Bilanzrechts, hrsg. v. Baetge, Jörg/Wollmert, Peter/Kirsch, Hans-Jürgen/Oser, Peter/Bischof, Stefan, 2. Aufl., Stuttgart 2002.

SCHMALENBACH, EUGEN, DYNAMISCHE BILANZ, 11. Aufl., Köln/Opladen 1953 (Dynamische Bilanz).

SCHMIDT, FRITZ, Die organische Bilanz im Rahmen der Wirtschaft, Leipzig 1921 (Die organische Bilanz).

SCHMIDT, FRITZ, Die organische Tageswertbilanz, Wiesbaden 1929 (Die organische Tageswertbilanz).

SCHMIDT, MARTIN/SEIDEL, THORSTEN, Planmäßige Abschreibungen im Rahmen der Neubewertung des Sachanlagevermögens gemäß IAS 16: fehlende Systematik und Verstoß gegen das Kongruenzprinzip, in: BB 2006, Nr. 11, S. 596-601 (Planmäßige Abschreibungen im Rahmen der Neubewertung).

SCHÖLLHORN, THOMAS/MÜLLER, MARTIN, Bedeutung und praktische Relevanz des Rahmenkonzepts (framework) bei Erstellung von IFRS-Abschlüssen nach zukünftigem „deutschen Recht" (Teil I) – Darstellung und Berücksichtigung der IAS-VO und des BilReG, in: DStR 2004, Nr. 38, S. 1623-1628 (Bedeutung und praktische Relevanz des Rahmenkonzepts (I)).

SCHÖNWÄLDER, KERSTIN SONJA, Untersuchungen zum Trächtigkeitsverlust zwischen zwei Terminen der Trächtigkeitsuntersuchung bei Milchkühen, Giessen 2013 (Untersuchungen zum Trächtigkeitsverlust bei Milchkühen).

SCHOO, LENA, Umsatzrealisierung nach IFRS: Entscheidungsnützlichkeit der Regelungen des Revenue-Recognition-Projektes versus der geltenden Regelungen, Lohmar/Köln 2013 (Umsatzrealisierung nach IFRS).

SCHRÖER, THOMAS, Das Realisationsprinzip in Deutschland und Großbritannien – Eine systematische Untersuchung und ihre Anwendung auf langfristige Auftragsfertigung und Währungsumrechnung, Frankfurt am Main 1998 (Das Realisationsprinzip in Deutschland und Großbritannien).

SCHRUFF, WIENAND, Die IFRS-Rechnungslegung im Spannungsfeld zwischen Cashflow-Prognose und Rechenschaft, in: WPg 2011, Nr. 18, S. 855-860 (Spannungsfeld zwischen Cashflow-Prognose und Rechenschaft).

SCHULTE, ANDREAS, Bewertung von biologischen Vermögenswerten nach IFRS – Untersuchungen der Abweichungen von IAS 41 gegenüber HGB/EStG, in: PiR 2012, Nr. 3, S. 84-89 (Bewertung von biologischen Vermögenswerten nach IFRS).

SEBI (HRSG.), Comment letter ED/2013/8, verfügbar unter: http://eifrs.ifrs.org/eifrs/comment_letters/26/26_2957_PranavHVariavaSecuritiesandExchangeBoardofIndiaSEBI_0_SecuritiesExchangeBoardofIndiaSEBI.pdf, Stand: 01.06.2014 (Comment letter ED/2013/8).

SEICHT, GERHARD, Die kapitaltheoretische Bilanz und die Entwicklung der Bilanztheorien, Berlin 1970 (Die kapitaltheoretische Bilanz und die Entwicklung der Bilanztheorien).

SESSAR, CHRISTOPHER, Grundsätze ordnungsmäßiger Gewinnrealisierung im deutschen Bilanzrecht – Objektivierung des Realisationszeitpunkts in wirtschaftlicher Betrachtungsweise, Düsseldorf 2007 (Grundsätze ordnungsmäßiger Gewinnrealisierung im deutschen Bilanzrecht).

SIMON, HERMAN VEIT, Die Bilanzen der Aktiengesellschaften und der Kommanditgesellschaften auf Aktien, Berlin 1899 (Die Bilanzen der Aktiengesellschaften und der Kommanditgesellschaften auf Aktien).

SINGAPORE ACCOUNTING STANDARDS COUNCIL (HRSG.), Comment letter ED/2013/8, verfügbar unter: http://eifrs.ifrs.org/eifrs/comment_letters/26/26_2880_SuatChengGOHSingaporeAccountingStandardsCouncil_0_ASCCommentLettertoED20138.pdf, Stand: 01.06.2014 (Comment letter ED/2013/8).

SIPEF NV (HRSG.), Comment letter ED/2013/8, verfügbar unter: http://eifrs.ifrs.org/eifrs/comment_letters/26/26_2623_JohanNelisSipef_0_CommentLetterSipef_IAS16andIAS41.pdf, Stand: 01.06.2014 (Comment letter ED/2013/8).

SIPH (HRSG.), Comment letter ED/2013/8, verfügbar unter: http://eifrs.ifrs.org/eifrs/comment_letters/26/26_2966_HyacintheKoffiSocitInternationaldePlantationsdHvasSIPH_0_SIPH.pdf, Stand: 01.06.2014 (Comment letter ED/2013/8).

SOLOMONS, DAVID, Guidelines for Financial Reporting Standards, London 1989 (Guidelines for Financial Reporting Standards).

SPRAU, HARTWIG, § 833, in: Bürgerliches Gesetzbuch – mit Nebengesetzen; insbesondere mit Einführungsgesetz (Auszug) einschließlich Rom I-, Rom II- und Rom III-Verordnungen sowie Haager Unterhaltsprotokoll und EU-Erbrechtsverordnung, Allgemeines Gleichbehandlungsgesetz (Auszug), Wohn- und Betreuungsvertragsgesetz, BGB-Informationspflichten-Verordnung, Unterlassungsklagengesetz, Produkthaftungsgesetz, Erbbaurechtsgesetz, Wohnungseigentumsgesetz, Versorgungsausgleichsgesetz, Lebenspartnerschaftsgesetz, Gewaltschutzgesetz, Beck'sche Kurzkommentare, Bd. 7, hrsg. v. Palandt, Otto, 74. Aufl., München 2015.

SPROUSE, ROBERT T./MOONITZ, MAURICE, A Tentative Set of Broad Accounting Principles for Business Enterprises – Accounting Research Study No. 3, New York 1962 (A Tentative Set of Broad Accounting Principles for Business Enterprises).

ST. CLAIR-GEORGE, MICHAEL A., Comment letter ED/2013/8, verfügbar unter: http://eifrs.ifrs.org/eifrs/comment_letters/26/26_2990_MichaelStClairGeorgeIndividual_0_MichaelStClairGeorge.pdf, Stand: 01.06.2014 (Comment letter ED/2013/8).

STARBATTY, NIKOLAUS, IAS 41, in: Kommentar Internationale Rechnungslegung IFRS, hrsg. v. Buschhüter, Michael/Striegel, Andreas, Wiesbaden 2011.

STATISTISCHES BUNDESAMT (HRSG.), Land- und Forstwirtschaft, Fischerei – Ausgewählte Zahlen der Landwirtschaftszählung/Agrarstrukturerhebung 2010, Wiesbaden 2012 (Agrarstrukturerhebung 2010).

TANSKI, JOACHIM S., Sachanlagen nach IFRS – Bewertung, Bilanzierung und Berichterstattung, München 2005 (Sachanlagen nach IFRS).

TANSKI, JOACHIM S., Rechnungslegung und Bilanztheorie, München 2013 (Rechnungslegung und Bilanztheorie).

THE INSTITUTE OF CHARTERED ACCOUNTANTS OF INDIA (HRSG.), Comment letter ED/2013/8, verfügbar unter: http://eifrs.ifrs.org/eifrs/comment_letters/26/26_2956_AvinashChanderTheInstituteofCharteredAccountantsofIndiaICAI_0_TheInstituteofCharteredAccountantsofIndia.pdf, Stand: 01.06.2014 (Comment letter ED/2013/8).

THEILE, CARSTEN, in: IFRS-Handbuch – Einzel- und Konzernabschluss, hrsg. v. Heuser, Paul J./Theile, Carsten, 5. Aufl., Köln 2012.

THIELE, STEFAN/ECKERT, TIM, IAS 16, in: Internationales Bilanzrecht – Rechnungslegung nach IFRS Kommentar, hrsg. v. Thiele, Stefan/Keitz, Isabel von/Brücks, Michael, Bonn 2008.

TSCHAKERT, NORBERT, Stille Lasten im Jahresabschluss nach IAS/IFRS, Berlin 2004 (Stille Lasten im Jahresabschluss nach IAS/IFRS).

VOLKART, RUDOLF, Corporate Finance – Grundlagen von Finanzierung und Investition, 6. Aufl., Zürich 2014 (Corporate Finance).

WAGENHOFER, ALFRED, Internationale Rechnungslegungsstandards IAS/IFRS – Grundlagen und Grundsätze Bilanzierung, Bewertung und Angaben Umstellung und Analyse, 6. Aufl., München 2009 (Internationale Rechnungslegungsstandards IAS/IFRS).

WAGNER, GERHARD, § 833, in: Schuldrecht · Besonderer Teil III – §§ 705-853 Partnerschaftsgesellschaftsgesetz · Produkthaftungsgesetz, Münchener Kommentar zum Bürgerlichen Gesetzbuch, Bd. 5, hrsg. v. Säcker, Franz Jürgen/Rixecker, Roland/Oetker, Hartmut, 6. Aufl., München 2013.

WALB, ERNST, Finanzwirtschaftliche Bilanz, 3. Aufl., Wiesbaden 1966 (Finanzwirtschaftliche Bilanz).

WATTS, ROSS L., What has the invisible hand achieved?, in: Accounting and Business Research 2006, Sonderheft, S. 51-61 (What has the invisible hand achieved?).

WAWRZINEK, WOLFGANG, § 2, in: Beck'sches IFRS Handbuch – Kommentierung der IFRS/IAS, hrsg. v. Bohl, Werner/Riese, Joachim/Schlüter, Jörg, 4. Aufl., München 2013.

WEIß, JÜRGEN/PABST, WILHELM/GRANZ, SUSANNE, Tierproduktion, 14. Aufl., Stuttgart 2011 (Tierproduktion).

WHITTINGTON, GEOFFREY, Fair Value and the IASB/FASB Conceptual Framework Project: An Alternative View, in: ABACUS 2008, Nr. 2, S. 139-168 (Fair Value and the IASB/FASB Conceptual Framework Project).

WHITTINGTON, GEOFFREY, Harmonisation or discord? The critical role of the IASB conceptual framework review, in: Journal of Accounting and Public Policy 2008, Nr. 6, S. 495-502 (The critical role of the IASB conceptual framework review).

WIEDMANN, HARALD/SCHWEDLER, KRISTINA, Die Rahmenkonzepte von IASB und FASB: Konzeption, Vergleich und Entwicklungstendenzen, in: Rechnungslegung und Wirtschaftsprüfung – Festschrift zum 70. Geburtstag von Jörg Baetge, hrsg. v. Kirsch, Hans-Jürgen/Thiele, Stefan, Düsseldorf 2007, S. 679-716 (Die Rahmenkonzepte von IASB und FASB).

WOCKEN, CHRISTIAN/SCHAPER, CHRISTIAN/LASSEN, BIRTHE/SPILLER, ACHIM/THEUVSEN, LUDWIG, Risikowahrnehmung in Milchviehbetrieben: Eine empirische Studie zur vergleichenden Bewertung von Politik-, Markt- und Produktionsrisiken, in: Risiken in der Agrar- und Ernährungswirtschaft und ihre Bewältigung, Bd. 44, hrsg. v. Gesellschaft für Wirtschafts- und Sozialwissenschaften des Landbaues e.V., Münster 2009, S. 155-167 (Risikowahrnehmung in Milchviehbetrieben).

WOLLMERT, PETER/ACHLEITNER, ANN-KRISTIN, Konzeptionelle Grundlagen der IAS-Rechnungslegung (Teil I), in: WPg 1997, Nr. 7, S. 209-222 (Konzeptionelle Grundlagen der IAS-Rechnungslegung (Teil I)).

WULFERT, INGMAR/WIESKE, DIANA, Die externe Rechnungslegung aus der Perspektive der Prinzipal-Agenten-Theorie unter besonderer Berücksichtigung der Rechnungslegungsvorschriften für Finanzinstrumente, in: Die Prinzipal-Agenten-Theorie in der Finanzwirtschaft – Analysen und Anwendungsmöglichkeiten in der Praxis, hrsg. v. Heyd, Reinhard/Beyer, Michael, Berlin 2011 (Die externe Rechnungslegung aus der Perspektive der Prinzipal-Agenten-Theorie).

ZIMMERMANN, JOCHEN/WERNER, JÖRG RICHARD/HITZ, JÖRG-MARKUS, Buchführung und Bilanzierung nach IFRS – Mit praxisnahen Fallbeispielen, 2. Aufl., München 2011 (Buchführung und Bilanzierung nach IFRS).

ZÜLCH, HENNING/FISCHER, DANIEL/WILLMS, JESCO, Die Neugestaltung der Ertragsrealisation nach IFRS im Lichte der „Asset-Liability-Theory“, in: KoR 2006, Nr. 10, Beilage 3, S. 2-23 (Die Neugestaltung der Ertragsrealisation nach IFRS).

ZWIRNER, CHRISTIAN/BOEKER, CORINNA, Fair Value Measurement nach IFRS 13 – Praxishinweise zur Anwendung dieses Bewertungsmaßstabs, in: IRZ 2014, Nr. 1, S. 7-10 (Fair Value Measurement nach IFRS 13).

Verzeichnis der Rechtsquellen

BGH, 12.01.1982 – VI ZR 188/80, in: VersR 1982, S. 366-368.

BGH, 16.03.1982 – VI ZR 209/80, in: VersR 1982, S. 670-671.

BGH, 26.11.1985 – VI ZR 9/85, in: VersR 1986, S. 345-348.

BGH, 03.05.2005 – VI ZR 238/04, in: VersR 2005, S. 1254-1256.

BMF, 14.11.2001 – IV A 6 - S 2170 - 36/01, in: BStBl. 2001, S. 864-867.

Bürgerliches Gesetzbuch (BGB) in der Fassung der Bekanntmachung vom 02.01.2002 (BGBl. I S. 42; 2003 I, S. 738), zuletzt geändert durch das Gesetz vom 22.07.2014 (BGBl. I, S. 1218).

Handelsgesetzbuch (HGB) in der im BGBl. III, Gliederungsnummer 4100-1, veröffentlichten bereinigten Fassung, zuletzt geändert durch das Gesetz vom 22.12.2014 (BGBl. I, S. 2409).

VERORDNUNG (EG) Nr. 1606/2002 DES EUROPÄISCHEN PARLAMENTS UND DES RATES vom 19. Juli 2002 betreffend die Anwendung internationaler Rechnungslegungsstandards, in: Amtsblatt der Europäischen Gemeinschaften, 11.09.2002, S. 1-4.

VERORDNUNG (EG) Nr. 834/2007 DES RATES vom 28. Juni 2007 über die ökologische/biologische Produktion und die Kennzeichnung von ökologischen/biologischen Erzeugnissen und zur Aufhebung der Verordnung (EWG) Nr. 2092/91, in: Amtsblatt der Europäischen Union, 20.07.2007, S. 1-23.

VERORDNUNG (EG) Nr. 889/2008 DER KOMMISSION vom 5. September 2008 mit Durchführungsvorschriften zur Verordnung (EG) Nr. 834/2007 des Rates über die ökologische/ biologische Produktion und die Kennzeichnung von ökologischen/biologischen Erzeugnissen hinsichtlich der ökologischen/biologischen Produktion, Kennzeichnung und Kontrolle, in: Amtsblatt der Europäischen Union, 18.09.2008, S. 1-84.

VERORDNUNG (EG) Nr. 967/2008 DES RATES vom 29. September 2008 zur Änderung der Verordnung (EG) Nr. 834/2007 über die ökologische/biologische Produktion und die Kennzeichnung von ökologischen/biologischen Erzeugnissen, in: Amtsblatt der Europäischen Union, 03.10.2008, S. 1-2.

VERORDNUNG (EG) Nr. 1235/2008 DER KOMMISSION vom 8. Dezember 2008 mit Durchführungsvorschriften zur Verordnung (EG) Nr. 834/2007 des Rates hinsichtlich der Regelung der Einfuhren von ökologischen/biologischen Erzeugnissen aus Drittländer, in: Amtsblatt der Europäischen Union, 12.12.2008, S. 25-52.